Lothar Papula

Mathematik für Chemiker

Ein Lehrbuch für Studenten der Chemie
und anderer Naturwissenschaften

3., unveränderte Auflage
145 Abbildungen, 5 Tabellen

 Ferdinand Enke Verlag Stuttgart 1991

Professor Dr. Lothar Papula
Fachbereich Mathematik, Naturwissenschaften
und Datenverarbeitung der Fachhochschule
Wiesbaden

CIP-Titelaufnahme der Deutschen Bibliothek

Papula, Lothar:
Mathematik für Chemiker : ein Lehrbuch für Studenten der
Chemie und anderer Naturwissenschaften ; 5 Tabellen / Lothar
Papula. – 3., unveränd. Aufl. – Stuttgart : Enke, 1991
   ISBN 3-432-88133-9

Dieses Buch trägt – mit Einverständnis
des Georg Thieme Verlages, Stuttgart –
die Bezeichnung

flexibles Taschenbuch

© 1975, 1991 Ferdinand Enke Verlag, P.O. Box 10 12 54, D-7000 Stuttgart 10
Printed in Germany

Druck: Druckhaus Götz KG, D-7140 Ludwigsburg

Vorwort

Die Methoden der Mathematik haben in den letzten Jahren auch für den überwiegend experimentell arbeitenden Chemiker eine immer größere Bedeutung gewonnen. Es ist unbestritten, daß ein systematischer Aufbau des Chemiestudiums ohne grundlegende mathematische Kenntnisse undenkbar ist. Zum Pflichtprogramm des angehenden Chemikers gehört daher eine solide Grundausbildung in Mathematik, die in der Regel im Rahmen einer zweisemestrigen Vorlesung über *Mathematik für Chemiker*, begleitet von Übungen, vermittelt wird.

Die in den letzten Jahren vollzogene Neugestaltung der gymnasialen Oberstufe (Einführung des Kurssystems in der Sekundarstufe II) auf der einen Seite sowie der Numerus Clausus an den Hochschulen auf der anderen Seite haben dazu geführt, daß nur noch wenige Abiturienten das Fach Mathematik als Leistungskurs aufweisen können. *Die Folge ist, daß ein großer Prozentsatz der Erstsemester über völlig unzureichende Grundkenntnisse in Mathematik verfügt − eine Tatsache, die von den Hochschulen dieses Landes mit großer Sorge registriert wird.*

Die vorliegende Neuauflage des Lehrbuches über Mathematik für Chemiker trägt den veränderten Eingangsvoraussetzungen Rechnung und setzt daher nur geringfügige mathematische Grundkenntnisse voraus. So wurde beispielsweise dem Kapitel über Differential- und Integralrechnung ein ausführlicher Abschnitt über die *elementarsten Funktionen* (von den verschiedenen Formen der Geradengleichung bis hin zu den Exponential- und Logarithmusfunktionen) vorangestellt. Neu aufgenommen wurde auch ein Kapitel über die in der Praxis wichtige *Fehler- und Ausgleichsrechnung*.

Die Stoffauswahl dieses Lehrbuches wurde unter dem Gesichtspunkt getroffen, dem angehenden Chemiker diejenigen Kenntnisse aus dem umfangreichen Gebiet der Mathematik zu vermitteln, die er während seines Studiums zum Verständnis und zur Beschreibung chemischer Vorgänge benötigt. Das Buch eignet sich daher sowohl als *Begleiter zur Vorlesung* als auch zum *Selbststudium*, geht jedoch in Inhalt und Umfang über den in einer zweisemestrigen Grundvorlesung dargebotenen Stoff hinaus. Berücksichtigt wurden insbesondere auch die Anforderungen, die aus dem Fachgebiet der *Theoretischen Chemie* gestellt werden.

Zu diesem Lehrbuch über *Mathematik für Chemiker* gibt es ein *Übungsbuch,* das unter dem Titel *Übungen und Anwendungen zur Mathematik für Chemiker* im selben Verlag erschienen ist. Es enthält im 1. Teil *(Übungen zur Mathematik für Chemiker)* eine große Anzahl an *ausführlich durchgerechneten* Übungsbeispielen — nach Sachgebieten angeordnet wie im vorliegenden Lehrbuch — sowie zahlreiche *Übungsaufgaben mit Lösungen.* Im 2. Teil *(Anwendungen zur Mathematik für Chemiker)* wird der Leser mit 30 ausgewählten *Anwendungsbeispielen* aus den Gebieten der Thermodynamik, der Statistik, der Reaktionskinetik, der Theorie der Molekülschwingungen und insbesondere der Quantenmechanik vertraut gemacht. An diesen wichtigen Beispielen aus der Chemie wird dem angehenden Chemiker die Vielfalt der mathematischen Methoden, die zur Darstellung und Beschreibung chemischer Prozesse benötigt werden, vorgeführt. *Das Übungsbuch sei daher besonders denjenigen Studenten empfohlen, die von der schulischen Ausbildung her erhebliche Lücken im Grundwissen der Mathematik aufweisen. Darüber hinaus stellt es eine sicherlich sehr nützliche Hilfe bei der Vorbereitung auf Prüfungen und Klausuren dar.*

Mein besonderer Dank gilt Frau Rose-Marie Vogel, die mit großer Sorgfalt die Abbildungen dieser Neuauflage angefertigt hat. Dem Enke Verlag und seinen Mitarbeitern schulde ich aufrichtigen Dank für die freundliche Unterstützung während der Drucklegung dieses Werkes.

Wiesbaden, Februar 1982   *Lothar Papula*

Inhalt

I. Mengen

A. Definitionen

Definition: *,,Unter einer Menge* M *versteht man eine Zusammenfassung von bestimmten, wohlunterschiedenen Objekten* m *unserer Anschauung oder unseres Denkens zu einem Ganzen"* (Georg Cantor, 1845–1918).

Die ,,wohlunterschiedenen Objekte" werden allgemein als *Elemente* der Menge bezeichnet. So bedeutet die symbolische Schreibweise m $\in$ M, daß m ein Element der Menge M ist. Will man dagegen zum Ausdruck bringen, daß das Objekt p *nicht* zur Menge M gehört, so schreibt man: p $\notin$ M.

Mengen werden i. a. *beschrieben* und lassen sich daher symbolisch in der Form

$$M = [x \mid x \text{ genügt einer gewissen Bedingung}] \tag{1}$$

darstellen.

Beispiel: Die Menge M = [m $\mid$ m ist ein Molekül vom Typ XY] enthält als Elemente *alle diatomaren* Moleküle.

Eine Menge mit *endlich* vielen Elementen kann häufig auch durch *Aufzählen* der Elemente dargestellt werden. So läßt sich z. B. diejenige Zahlenmenge, die die ersten drei natürlichen Zahlen enthält, entweder in der beschreibenden Form [x $\mid$ x ist eine natürliche Zahl mit $1 \leqslant x \leqslant 3$] oder in der Aufzählungsform [1, 2, 3] darstellen. Dabei werden die einzelnen Elemente der Menge durch das ,,Komma"-Zeichen getrennt. Enthält eine Menge überhaupt kein Element, so heißt sie *leere Menge* und wird durch eine leere Klammer [ ] oder durch das Zeichen $\emptyset$ symbolisiert.

Beachte: Nach der Cantorschen Definition spielt bei Mengen die Reihenfolge der Elemente *keinerlei* Rolle. So sind z. B. die beiden Mengen [a, b, c] und [b, c, a] identisch. Ferner wird verabredungsgemäß jedes Element nur *einmal* aufgezählt.

Beispiele: a) Die Menge der natürlichen Zahlen:
N = [1, 2, 3, . . .] = [x $\mid$ x ist eine natürliche Zahl].

b) M_1 = [x $\mid$ x ist eine *reelle* Zahl mit $x^2 = -1$] = $\emptyset$, da die Gleichung $x^2 = -1$ im Bereich der reellen Zahlen *nicht* lösbar ist.

c) M_2 = [x $\mid$ x ist eine *komplexe* Zahl mit $x^2 = -1$] = [i, $-$ i], wobei i die sog. *imaginäre Einheit* bedeutet.

2

d) Die Menge $M = [m \mid m$ ist ein Molekül mit Tetraedersymmetrie im Molekülgrundzustand$]$ enthält alle Moleküle, deren Kerngerüst im Molekülgrundzustand ein reguläres Tetraeder bildet.

Definition: *Eine Menge* M' *heißt eine Teilmenge der Menge* M, *wenn alle Elemente von* M' *zugleich auch Elemente der Menge* M *sind.*

Dieser Sachverhalt wird symbolisch wie folgt ausgedrückt:

$$M' \subset M \tag{2}$$

(„M' ist in M enthalten") (vgl. Abb. 1).

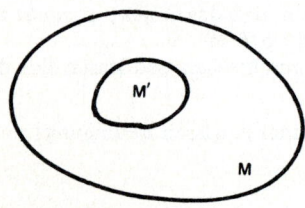

Abb. 1 Zum Begriff der Teilmenge

Die Menge M' wird häufig auch als *Untermenge*, die Menge M als *Obermenge* bezeichnet. Enthält M wenigstens ein Element, das nicht zugleich in der Teilmenge M' enthalten ist, so bezeichnet man M' als *echte Teilmenge* von M. Andernfalls heißt M' *unechte Teilmenge* von M. Per Definition ist eine Menge M immer Teilmenge ihrer selbst: $M \subset M$.

Beispiele: a) Die leere Menge ist Teilmenge einer jeden Menge M: $\emptyset \subset M$.

b) Aus der Menge $M = [a, b, c]$ lassen sich die folgenden acht Teilmengen bilden: $M_1 = [a, b, c]$; $M_2 = [a, b]$; $M_3 = [a, c]$; $M_4 = [b, c]$; $M_5 = [a]$; $M_6 = [b]$; $M_7 = [c]$; $M_8 = \emptyset$.

c) Die aus sämtlichen Teilmengen einer Menge M gebildete Menge heißt *Potenzmenge* $P(M)$ *der Menge* M.
Die Potenzmenge $P(M)$ der Menge $M = [a, b, c]$ enthält als Elemente genau die acht Teilmengen M_1 bis M_8 von Beispiel b).

Definition: *Unter dem Durchschnitt zweier Mengen* M_1 *und* M_2 *versteht man diejenige Menge* $M_1 \cap M_2$ *(„M_1 geschnitten M_2"), der alle diejenigen Elemente angehören, die zugleich Elemente beider Ausgangsmengen sind:*

$$M_1 \cap M_2 = [x \mid x \in M_1 \ und \ x \in M_2] \qquad (3)$$

(vgl. Abb. 2).

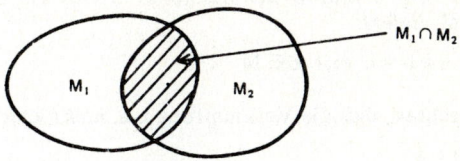

Abb. 2 Durchschnitt zweier Mengen

Beispiele: a) $M_1 = [a, b, c]$; $M_2 = [a, e]$.
$M_1 \cap M_2 = [a]$, da a das *einzige* Element ist, das zugleich beiden Mengen M_1 und M_2 angehört.

b) $M_1 = [x \mid x$ ist *reell* und genügt der Bedingung $x^2 = -1]$;
$M_2 = [x \mid x$ ist *komplex* und genügt der Bedingung $x^2 = -1]$.
$M_1 \cap M_2 = \emptyset \cap [i, -i] = \emptyset$.

c) Allgemein gilt für eine beliebige Menge M: $M \cap \emptyset = \emptyset$.

Definition: *Unter der Vereinigungsmenge* $M_1 \cup M_2$ *(,,M_1 vereinigt mit M_2") zweier Mengen* M_1 *und* M_2 *versteht man diejenige Menge, die alle Elemente enthält, die entweder zur Ausgangsmenge* M_1 *oder zur Ausgangsmenge* M_2 *gehören:*

$$M_1 \cup M_2 = [x \mid x \in M_1 \ oder \ x \in M_2] \qquad (4).$$

Beispiele: a) $M_1 = [a, b, c]$; $M_2 = [a, e]$; $M_1 \cup M_2 = [a, b, c, e]$. Das Element a wird dabei verabredungsgemäß nur *einmal* aufgeführt.

b) Für beliebige Mengen M gilt: $M \cup \emptyset = M$.

Die mengenalgebraischen Operationen $\cup$ und $\cap$ genügen dabei den folgenden Grundgesetzen:

Kommutativgesetze (Vertauschungsgesetze):

$$M_1 \cup M_2 = M_2 \cup M_1 \qquad (5a),$$

$$M_1 \cap M_2 = M_2 \cap M_1 \qquad (5b);$$

Assoziativgesetze (Anreihungsgesetze):

$$(M_1 \cup M_2) \cup M_3 = M_1 \cup (M_2 \cup M_3) \qquad (5c),$$

$$(M_1 \cap M_2) \cap M_3 = M_1 \cap (M_2 \cap M_3) \qquad (5d).$$

4

Definition: *Auf einer Menge M sei eine durch das Symbol ○ gekennzeichnete Verknüpfung[1] erklärt. Die Menge M heißt bezüglich dieser Verknüpfung abgeschlossen, wenn die Verknüpfung zweier beliebiger Elemente a und b der Menge M wieder ein Element c der Menge M liefert:*

$$a, b \in M, a \circ b = c \; \textit{mit} \; c \in M \tag{6}.$$

Es ist zu beachten, daß die Verknüpfung i. a. *nicht* kommutativ ist:

$$a \circ b \neq b \circ a \tag{7}.$$

Beispiele: a) Die Menge der *natürlichen* Zahlen ist bezüglich der *Addition* als Verknüpfungsart abgeschlossen, da durch Addition zweier beliebiger natürlicher Zahlen wiederum eine natürliche Zahl entsteht. Ebenso ist diese Menge gegenüber der *Multiplikation* abgeschlossen. Das Produkt zweier beliebiger natürlicher Zahlen ergibt wieder eine natürliche Zahl.

b) Dagegen führt die Verknüpfung *Multiplikation* bei der Menge der *negativen* ganzen Zahlen aus dieser Menge heraus. So ist z. B. $(-3) \cdot (-1) = +3$. Die Zahl $+3$ gehört aber *nicht* zur Menge der negativen ganzen Zahlen. Daher ist die Menge der negativen ganzen Zahlen bezüglich der Multiplikation *nicht* abgeschlossen.

c) Dreht man ein Quadrat um $0°, 90°, 180°, 270°$ *entgegen* dem Uhrzeigersinn um seine durch den Schnittpunkt der Flächendiagonalen verlaufende und zur Fläche senkrechten Symmetrieachse, so bringt man es mit sich selbst zur Deckung *(Deckoperation)*. Man bezeichnet diese vier Operationen als *Drehsymmetrieoperationen* und kennzeichnet sie der Reihe nach mit E (Identität), C_4, C_4^2, C_4^3. Die Drehachse selbst bezeichnet man als *vierzählige* Achse C_4.

Drehsymmetrieoperation[2]	Drehwinkel um die C_4-Achse[2] *entgegen* dem Uhrzeigersinn (in Grad)
E	$0°$
C_4	$90°$
C_4^2	$180°$
C_4^3	$270°$

(vgl. Abb. 3).

Über der Menge $[E, C_4, C_4^2, C_4^3]$ definiert man als Verknüpfungsart das *Hintereinanderausführen von Drehungen*. So bedeutet z. B. $C_4^2 \circ C_4$, daß das

---

[1] Durch eine Verknüpfung wird je zwei Elementen aus der Menge M ein drittes Element zugeordnet, das jedoch nicht unbedingt zur Menge M gehören muß

[2] Die Klassifizierung der Drehachsen und der zugehörigen Drehsymmetrieoperationen wird im Kapitel II (Symmetriegruppen) ausführlich besprochen.

Quadrat zunächst um $90°$ und anschließend um $180°$ entgegen dem Uhrzeigersinn um die C_4-Achse gedreht wird. Dies ist gleichbedeutend mit einer einmaligen Drehung um $270°$. Daher gilt: $C_4^2 \circ C_4 = C_4^3$.

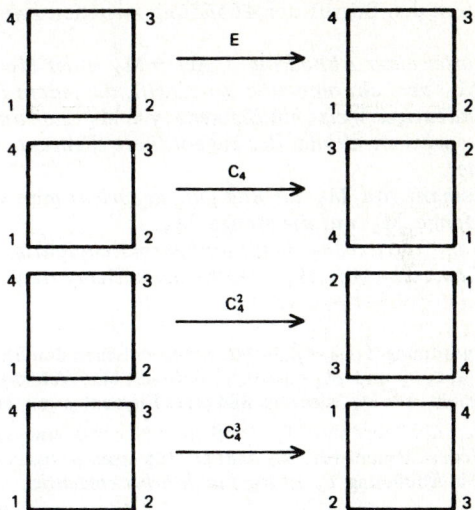

Abb. 3 Deckoperationen eines Quadrates (Drehungen um die 4-zählige Achse)

Bildet man analog die übrigen *Produkte*, so gelangt man zu der folgenden *Verknüpfungstafel:*

		2. Faktor		
$\circ$	E	C_4	C_4^2	C_4^3
E	E	C_4	C_4^2	C_4^3
C_4	C_4	C_4^2	C_4^3	E
C_4^2	C_4^2	C_4^3	E	C_4
C_4^3	C_4^3	E	C_4	C_4^2

1. Faktor

Die Bezeichnungen *1. Faktor* und *2. Faktor* beziehen sich auf die Reihenfolge der Faktoren im Produkt (von links nach rechts gelesen). Man beachte jedoch, daß bei der Produktbildung von Symmetrieoperationen verabredungsgemäß die Symmetrieoperationen in der Reihenfolge von *rechts nach links* ausgeführt werden. Im Produkt $A \circ B$ zweier Symmetrieoperationen A und B ist A der 1. Faktor und B der 2. Faktor. Das formale Produkt $A \circ B$ bedeutet jedoch, daß *zuerst* die Symmetrieoperation B und *anschließend* die Symmetrieoperation A ausgeführt wird.

Da in der Verknüpfungstabelle keine neuen, nicht schon in der Ausgangsmenge $[E, C_4, C_4^2, C_4^3]$ enthaltenen Elemente auftreten, ist diese bezüglich der Hintereinanderausführung von Symmetrieoperationen abgeschlossen.

Wir erklären nun den Begriff der *Abbildung* zwischen zwei Mengen.

Definition: *Unter einer Abbildung* $f: M_1 \to M_2$ *einer Menge* M_1 *in eine Menge* M_2 *versteht man eine Vorschrift, die jedem Element* $x \in M_1$ *in eindeutiger Weise ein Element* $y \in M_2$ *zuordnet. Das Element* $x \in M_1$ *wird als Urbild, das zugeordnete Element* $y \in M_2$ *als Bild bezeichnet.*
Tritt jedes Element von M_2 *als Bild auf, so spricht man von einer Abbildung der Menge* M_1 *auf die Menge* M_2.
Eine Abbildung $f: M_1 \to M_2$ *heißt umkehrbar eindeutig, wenn verschiedenen Elementen von* M_1 *verschiedene Elemente von* M_2 *entsprechen.*

Beispiel: Die Zuordnung $f_1: a \to \beta, b \to \alpha, c \to \alpha$ zwischen den Elementen der Mengen $M_1 = [a, b, c]$ und $M_2 = [\alpha, \beta, \gamma]$ definiert eine Abbildung von M_1 *in* M_2, da Element $\gamma \in M_2$ *nicht* als Bild eines Elementes von M_1 auftritt.
Dagegen definiert die Zuordnung $f_2: a \to \beta, b \to \gamma, c \to \alpha$ eine Abbildung von M_1 *auf* M_2. *Jedes* Element von M_2 tritt als Bild eines gewissen Elementes von M_1 auf. Die Abbildung f_2 ist sogar *umkehrbar eindeutig*.

Schließlich führen wir noch den Begriff des *kartesischen Produktes* zweier Mengen ein.

Definition: *Unter dem kartesischen Produkt* $M_1 \times M_2$ *zweier Mengen* M_1 *und* M_2 *versteht man die Menge der geordneten Paare* (x, y) *mit* $x \in M_1$ *und* $y \in M_2$:

$$M_1 \times M_2 = [(x, y) \mid x \in M_1 \ und \ y \in M_2] \tag{8}.$$

Beispiel: $M_1 = [a, b, c]$, $M_2 = [\alpha, \beta, \gamma]$,
$M_1 \times M_2 = [(a, \alpha), (a, \beta), (a, \gamma), (b, \alpha), (b, \beta), (b, \gamma), (c, \alpha), (c, \beta), (c, \gamma)]$.

B. Zahlenmengen

1. Die Menge der rationalen Zahlen

Wir gehen bei unseren weiteren Betrachtungen über Zahlenmengen von der Menge G der *ganzen* Zahlen aus:

$$G = [0, +1, -1, +2, -2, +3, -3, \ldots] \tag{9}.$$

Aus diesen Zahlen lassen sich die rationalen Zahlen wie folgt aufbauen.

Definition: *Eine Zahl heißt rational, wenn sie sich als Quotient zweier ganzer Zahlen* a *und* b *in der Form* $\frac{a}{b}$ *mit* $b \neq 0$ *darstellen läßt.*

Die Menge R_0 der rationalen Zahlen enthält also als Elemente sämtliche Brüche (einschließlich der ganzen Zahlen).
Zu einer anschaulichen Deutung der rationalen Zahlen gelangt man, wenn man jeder rationalen Zahl a in *eindeutiger* Weise einen Punkt $P(a)$ auf der *Zahlengeraden* zuordnet (vgl. Abb. 4).

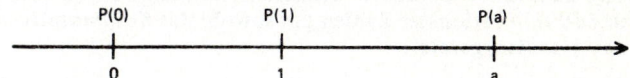

Abb. 4 Zahlengerade

$P(0)$ ist der sog. *Nullpunkt*. Er repräsentiert die Rationalzahl 0.
Der *Einheitspunkt* $P(1)$ veranschaulicht die Rationalzahl 1. Ist $a > 0$, so werden auf der Zahlengeraden von $P(0)$ aus a Einheiten nach rechts abgetragen. Für $a < 0$ dagegen trägt man entsprechend $|a|$ Einheiten nach links ab[3].
Die Menge R_0 der Rationalzahlen genügt dabei den folgenden *Grundgesetzen (Axiomen):*

(a) Die Menge R_0 ist *geordnet;* zwischen irgendzwei rationalen Zahlen a und b besteht stets *eine und nur eine* der drei Relationen

$$a < b, \ a = b, \ a > b \quad \text{(Anordnungsaxiom)} \quad (10).$$

Im ersten Fall $a < b$ liegt der Bildpunkt $P(a)$ der Rationalzahl a links vom Bildpunkt $P(b)$ der Rationalzahl b (vgl. Abb. 5). Die Relation $a = b$ bedeutet, daß $P(a)$ und $P(b)$ zusammenfallen.

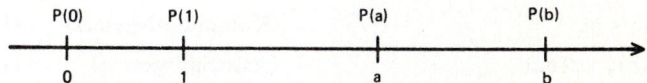

Abb. 5 Darstellung der Relation $a < b$ auf der Zahlengeraden

Schließlich folgt aus $a > b$, daß der Bildpunkt $P(a)$ rechts von $P(b)$ liegt.

(b) Je zwei Rationalzahlen a und b kann in *eindeutiger* Weise eine Rationalzahl c zugeordnet werden, die man als *Summe* $c = a + b$ bezeichnet (vgl. Abb. 6).

---

[3] Unter dem Betrag $|a|$ einer Zahl a versteht man den Abstand des Bildpunktes $P(a)$ vom Nullpunkt. Daher ist stets $|a| \geqq 0$.

8

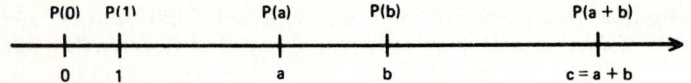

Abb. 6 Darstellung der Summe zweier rationaler Zahlen auf der Zahlengeraden

Man erhält $P(c)$, in dem man vom Punkte $P(a)$ aus b Einheiten nach rechts auf der Zahlengeraden abträgt, falls $b > 0$ ist. Andernfalls trägt man von $P(a)$ aus b Einheiten nach links ab ($b < 0$). Für die *Addition* rationaler Zahlen gilt sowohl das *Kommutativ-* als auch das *Assoziativgesetz*:

$$a + b = b + a \qquad \text{(Kommutativgesetz)} \qquad (11a),$$

$$(a + b) + c = a + (b + c) \qquad \text{(Assoziativgesetz)} \qquad (11b).$$

(c) Die Addition zweier Rationalzahlen ist stets *umkehrbar*. Sind a und b zwei beliebige rationale Zahlen, so ist die Gleichung

$$a + x = b \qquad (12)$$

stets *eindeutig* in der Menge R_0 lösbar, d. h. zu zwei beliebigen Rationalzahlen a und b existiert stets eine *eindeutig* bestimmte Rationalzahl x, so daß Gleichung (12) erfüllt ist; x heißt die *Differenz* von b und a:

$$x = b - a \qquad (13).$$

Die Umkehrung der Addition bezeichnet man als *Subtraktion*.

(d) Je zwei Rationalzahlen a und b kann in *eindeutiger* Weise als *Produkt* eine Rationalzahl $c = ab$ zugeordnet werden. Diese als *Multiplikation* bezeichnete Rechenoperation ist *kommutativ* und *assoziativ*:

$$ab = ba \qquad \text{(Kommutativgesetz)} \qquad (14a),$$

$$(ab)c = a(bc) \qquad \text{(Assoziativgesetz)} \qquad (14b).$$

Ferner gilt das folgende *Distributivgesetz*:

$$(a + b)c = ac + bc \qquad (15).$$

(e) Die Gleichung

$$ax = b \qquad (16)$$

mit $a \neq 0$ ist stets *eindeutig* in R_0 lösbar, d. h. zu irgendzwei rationalen Zahlen a und b mit $a \neq 0$ existiert genau eine Rationalzahl x mit $ax = b$. Die Lösung x bezeichnet man als *Quotient* der beiden Rationalzahlen b und a und schreibt symbolisch dafür:

$$x = \frac{b}{a} \quad (a \neq 0) \qquad (17).$$

Diese Rechenoperation bezeichnet man als *Division*. Sie ist die zur Multiplikation *inverse* Rechenoperation.

2. Die Menge der reellen Zahlen

Wir haben gesehen, daß man in *eindeutiger* Weise jeder Rationalzahl a einen Punkt P(a) auf der Zahlengeraden zuordnen kann. Durch diese Zuordnung werden jedoch nicht alle Punkte der Zahlengeraden erfaßt. Wir wollen dies anhand eines Beispiels zeigen.
Über der Strecke $\overline{P(0)\,P(1)}$ der Zahlengeraden wird ein gleichschenk-lig-rechtwinkliges Dreieck mit den Kathetenlängen 1 errichtet (vgl. Abb. 7):

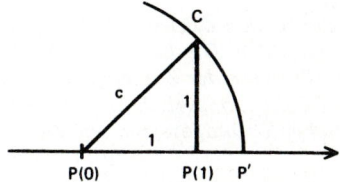

Abb. 7 Zur Konstruktion der Irrationalzahl $\sqrt{2}$

Nach dem pythagoräischen Lehrsatz berechnet sich die Hypothenuse c des Dreiecks aus der Gleichung

$$c^2 = 1^2 + 1^2 = 2 \tag{18}.$$

Schlägt man nun um P(0) einen Kreis mit dem Radius r = c, so trifft dieser die Zahlengerade in einem Punkte P'. P' wäre also als Bild-punkt einer rationalen Zahl c, deren Quadrat gleich 2 ist, aufzu-fassen. Eine solche Rationalzahl existiert jedoch nicht.

Satz: *Es gibt keine rationale Zahl, deren Quadrat gleich 2 ist.*

Beweis: Wir nehmen zunächst an, es gäbe eine solche Zahl r mit $r = \dfrac{p}{q}$ und $r^2 = 2$. Die ganzen Zahlen p und q (q ≠ 0) sind dann gewiß nicht beide gerade. Andernfalls könnte man noch durch den gemeinsamen Faktor 2 kürzen. Wir dürfen also voraussetzen, daß p und q nicht zugleich gerade sind. Dann folgt aus

$$p^2 = 2q^2 \tag{19},$$

daß $2q^2$ und damit auch p^2 gerade Zahlen sind (denn $2q^2$ ist ge-wiß durch 2 teilbar). Dann ist jedoch auch p eine gerade Zahl. Also muß die ganze Zahl q ungerade sein. Wir werden diese Forderung

jedoch zum Widerspruch führen. Da nämlich p gerade ist, läßt sich
p in der Form p = 2k darstellen. Einsetzen in (19) liefert

$$p^2 = 4k^2 = 2q^2 \quad \text{oder} \quad q^2 = 2k^2 \tag{20}.$$

Gleichung (20) kann jedoch nur bestehen, wenn auch q^2 und damit
q gerade Zahlen sind. Dann wären aber sowohl p als auch q gerade
Zahlen *entgegen* der Voraussetzung. Daher kann es *keine* Rationalzahl r mit $r^2 = 2$ geben. Man bezeichnet daher diese Zahl als *Irrationalzahl* und schreibt dafür symbolisch: $r = \sqrt{2}$ (,,r ist gleich der
Quadratwurzel aus 2"). Irrationalzahlen lassen sich jedoch stets durch
Rationalzahlen beliebig annähern. Sie sind als Grenzwert einer Folge
rationaler Zahlen darstellbar und ergänzen die Menge R_0 der Rationalzahlen zur Menge R der *reellen Zahlen*. Wir können daher zusammenfassend den folgenden Satz formulieren:

Satz: *Die Menge R der reellen Zahlen enthält als Elemente sämtliche
Rational- und Irrationalzahlen. Die Elemente von R lassen sich umkehrbar eindeutig den Punkten der Zahlengeraden zuordnen. Dabei
unterliegen die reellen Zahlen bezüglich der vier Grundrechenopera-
tionen genau den gleichen Grundgesetzen wie die Rationalzahlen.*

3. Die Menge der komplexen Zahlen

Die Gleichung $x^2 + 1 = 0$ ist im System der reellen Zahlen nicht lösbar, d. h. es gibt keine reelle Zahl x, die diese Gleichung befriedigt.
Dieser schon frühzeitig bekannte Sachverhalt führte zu einer sinn-
vollen und sich als äußerst zweckmäßig erweisenden Erweiterung des
Systems der reellen Zahlen. Wir werden im folgenden eine neue Zahlenmenge K einführen, deren Elemente wir als *komplexe Zahlen* bezeichnen wollen. Von dieser Zahlenmenge K werden wir zeigen, daß
sie die Menge R der reellen Zahlen mitumfaßt[4] und daß man mit
ihren Elementen ähnlich rechnen kann wie mit reellen Zahlen.

Definition: *Unter einer komplexen Zahl z versteht man ein geordnetes Paar (a, b) reeller Zahlen a und b:*

$$z = (a, b) \tag{21}.$$

Die Definition (21) läßt eine anschauliche Deutung der komplexen
Zahl zu. Wir können die komplexe Zahl z = (a, b) als einen Punkt
P(z) der Ebene auffassen, wobei a und b die *kartesischen Koordi-*

---

[4] Die Menge R der reellen Zahlen ist eine *echte* Teilmenge der Menge K der
komplexen Zahlen.

naten dieses Punktes bedeuten[5]. Diese Zuordnung ist *umkehrbar eindeutig*, so daß wir den folgenden Satz formulieren können.

Satz: *Jeder komplexen Zahl* $z = (a, b)$ *kann in umkehrbar eindeutiger Weise genau ein Punkt* $P(z)$ *der Gauss'schen Zahlenebene zugeordnet werden;* a *und* b *sind dabei als kartesische Koordinaten dieses Punktes aufzufassen.*

Der komplexen Zahl $(0,0)$ wird der Koordinatenanfangspunkt (Nullpunkt) der Gauss'schen Zahlenebene zugeordnet. Faßt man die in Richtung von $P_1(0,0)$ nach $P_2(a, b)$ durchlaufene Strecke $\overline{P_1 P_2}$ als einen *Vektor* auf, so erhalten wir eine *umkehrbar eindeutige* Zuordnung zwischen den komplexen Zahlen und den Vektoren der Ebene (vgl. Abb. 8).

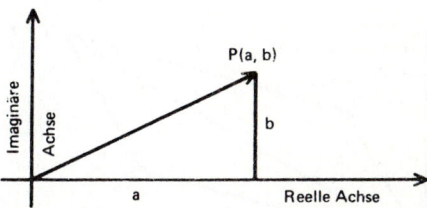

Abb. 8 Darstellung einer komplexen Zahl in der Gauss'schen Zahlenebene durch einen Punkt bzw. Vektor

Aus historischen Gründen bezeichnet man die *Komponente* a als den *Realteil,* die Komponente b als den *Imaginärteil* der komplexen Zahl $z = (a, b)$ und schreibt dafür:

$$a = R(z), \quad b = I(z) \tag{22}.$$

Die Zahlenmenge $(a, 0)$ bildet die sog. *reelle Achse,* die Zahlenmenge $(0, b)$ die sog. *imaginäre Achse* der Gauss'schen Zahlenebene. Wir erklären nun die Gleichheit zweier komplexer Zahlen.

Definition: *Zwei komplexe Zahlen* $z_1 = (a_1, b_1)$ *und* $z_2 = (a_2, b_2)$ *heißen dann und nur dann gleich,* $z_1 = z_2$, *wenn*

$$a_1 = a_2 \quad und \quad b_1 = b_2 \tag{23}$$

ist.

---

[5] Diese Ebene wird allgemein als *komplexe* oder *Gauss'sche Zahlenebene* bezeichnet.

Die den komplexen Zahlen z_1 und z_2 zugeordneten Punkte bzw.
Vektoren in der Gauss'schen Ebene fallen dann zusammen.
Wir definieren nun die Summe und das Produkt zweier komplexer
Zahlen.

Definition: *Unter der Summe* $z = z_1 + z_2$ *zweier komplexer Zahlen*
$z_1 = (a_1, b_1)$ *und* $z_2 = (a_2, b_2)$ *versteht man die komplexe Zahl*

$$z = z_1 + z_2 = (a_1 + a_2, b_1 + b_2) \tag{24}.$$

Komplexe Zahlen werden also addiert, indem man die entsprechen-
den Komponenten addiert, d. h. man addiert die Realteile und die
Imaginärteile jeweils für sich getrennt. Dies entspricht der üblichen
Addition zweier Vektoren (Parallelogrammregel, vgl. Abb. 9 und
Kapitel V. B.).

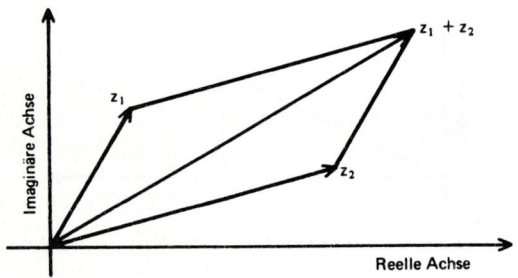

Abb. 9 Addition zweier komplexer Zahlen

Definition: *Unter dem Produkt* $z = z_1 z_2$ *zweier komplexer Zahlen*
$z_1 = (a_1, b_1)$ *und* $z_2 = (a_2, b_2)$ *versteht man die komplexe Zahl*

$$z = z_1 z_2 = (a_1 a_2 - b_1 b_2, a_1 b_2 + a_2 b_1) \tag{25}.$$

Die Menge der komplexen Zahlen ist also sowohl bezüglich der Addition als auch bezüglich der Multiplikation *abgeschlossen*.

Beispiel: Wir bilden aus den beiden komplexen Zahlen $z_1 = (1,5)$ und
$z_2 = (-2,2)$ Summe, Differenz und Produkt:

$z = z_1 + z_2 = (1,5) + (-2,2) = (-1,7)$;

$z = z_1 - z_2 = (1,5) - (-2,2) = (3,3)$;

$z = z_1 z_2 = (1,5) \cdot (-2,2) = (-2 - 10, 2 - 10) = (-12, -8)$.

Als nächsten Punkt behandeln wir das Problem, unter welcher Voraussetzung die Gleichung $z_1 z = z_2$ mit gegebenen komplexen Zahlen z_1 und z_2 im System der komplexen Zahlen lösbar ist.

Satz: *Die Gleichung* $z_1 z = z_2$ *mit* $z_1 = (a_1, b_1)$ *und* $z_2 = (a_2, b_2)$ *ist dann und nur dann in der Menge* K *der komplexen Zahlen eindeutig lösbar, wenn* $z_1 \neq (0,0)$ *ist. Die Lösung der Gleichung lautet dann:*

$$z = \frac{z_2}{z_1} = \left(\frac{a_1 a_2 + b_1 b_2}{a_1^2 + b_1^2} , \frac{a_1 b_2 - a_2 b_1}{a_1^2 + b_1^2} \right) \qquad (26).$$

Gleichung (26) definiert den *Quotienten* aus den beiden komplexen Zahlen z_2 und z_1 (*Division* komplexer Zahlen).

Beweis: Die Gleichung $z_1 z = z_2$ repräsentiert ein lineares Gleichungssystem von zwei Gleichungen in zwei Unbekannten. Aus $(a_1, b_1) \cdot (x, y) = (a_2, b_2)$ folgt nach Definition (25)

$(a_1 x - b_1 y, a_1 y + b_1 x) = (a_2, b_2)$, d. h.

$a_1 x - b_1 y = a_2,$ \hfill (27a)

$b_1 x + a_1 y = b_2.$

Multipliziert man die erste der Gleichungen (27a) mit $-b_1$, die zweite der Gleichungen (27a) mit a_1 und addiert anschließend beide Gleichungen, so erhält man:

$$y (a_1^2 + b_1^2) = a_1 b_2 - a_2 b_1 \qquad (27b).$$

Diese Gleichung ist *dann und nur dann eindeutig* lösbar, wenn der Term $(a_1^2 + b_1^2)$ von Null verschieden ist. Dies bedeutet, daß *mindestens eine* der beiden Komponenten von $z_1 = (a_1, b_1)$ von Null verschieden sein muß, d. h. $z_1 = (a_1, b_1) \neq (0,0)$. Dividiert man beide Seiten der Gleichung (27b) durch den von Null verschiedenen Term $(a_1^2 + b_1^2)$, so erhält man für den Imaginärteil y genau den Ausdruck in Gleichung (26). Analog verfährt man bei der Bestimmung des Realteiles x.

Beispiel: Die Gleichung $(1,5) \cdot (x, y) = (-2,3)$ führt zu:

$x - 5y = -2$

$5x + y = 3.$

Die eindeutige Lösung lautet: $x = 1/2$, $y = 1/2$, d. h. $z = (1/2, 1/2)$.

Man kann nun sehr leicht zeigen, daß man mit den komplexen Zahlen genauso rechnen darf wie mit den reellen Zahlen[6].

---

[6] Für komplexe Zahlen gibt es jedoch *kein* Anordnungsaxiom. Relationen vom Typ $z_1 > z_2$ bzw. $z_1 < z_2$ haben für komplexe Zahlen *keinen* Sinn.

Satz: *Die Menge* K *der komplexen Zahlen besitzt die folgenden Eigenschaften:*

(1) Grundgesetze der Addition

    (a) K *ist bezüglich der Addition abgeschlossen;*

    (b) $z_1 + z_2 = z_2 + z_1$ *(Kommutativgesetz)*   (28);

    (c) $(z_1 + z_2) + z_3 = z_1 + (z_2 + z_3)$ *(Assoziativgesetz)*   (29);

    (d) die Gleichung $z_1 + z = z_2$ *ist für beliebige komplexe Zahlen* z_1 *und* z_2 *stets eindeutig in* K *lösbar.*

(2) Grundgesetze der Multiplikation

    (a) K *ist bezüglich der Multiplikation abgeschlossen;*

    (b) $z_1 z_2 = z_2 z_1$ *(Kommutativgesetz)*   (30);

    (c) $(z_1 z_2) z_3 = z_1 (z_2 z_3)$ *(Assoziativgesetz)*   (31);

    (d) die Gleichung $z_1 z = z_2$ *ist für beliebige komplexe Zahlen* $z_1 \neq (0,0)$ *und* z_2 *stets eindeutig in* K *lösbar.*

(3) Distributivgesetz

$$(z_1 + z_2) z_3 = z_1 z_3 + z_2 z_3 \tag{32}.$$

Die Bildpunkte aller komplexen Zahlen vom Typ $(a, 0)$ bilden in ihrer Gesamtheit die reelle Achse. Dies läßt vermuten, daß man die komplexe Zahl $(a, 0)$ mit der reellen Zahl a identifizieren kann. Genau dies trifft tatsächlich zu, da die reellen Zahlen und die komplexen Zahlen vom Typ $(a, 0)$ den gleichen Rechengesetzen *einschließlich* des Anordnungsaxioms genügen.

Satz: *Die komplexe Zahl* $(a, 0)$ *mit verschwindendem Imaginärteil darf mit der reellen Zahl* a *identifiziert werden:*

$$(a, 0) \equiv a \tag{33}.$$

Insbesondere ist dann:

$$(1,0) \equiv 1 \tag{34a},$$

$$(0,0) \equiv 0 \tag{34b}.$$

Zahlen vom Typ $(0, b)$ heißen *imaginäre Zahlen,* da ihre Bildpunkte auf der imaginären Achse liegen. Die Zahl $(0,1)$ heißt *imaginäre Einheit* und wird durch das Symbol i gekennzeichnet:

$$(0,1) = i \tag{35}.$$

Eine beliebige komplexe Zahl $z = (a, b)$ läßt sich daher stets wie folgt schreiben:

$$z = (a, b) = (a, 0) + (0, b) = (a, 0) + (b, 0) \cdot (0,1)$$
$$= a + b \cdot (0,1) = a + bi \tag{36}.$$

Dabei genügt die imaginäre Einheit i der Gleichung

$$i^2 = (0,1) \cdot (0,1) = (-1,0) = -1 \tag{37}.$$

Wir fassen diesen Sachverhalt in dem folgenden Satz zusammen.

Satz: *Jede komplexe Zahl* z = (a, b) *läßt sich als Summe aus einer reellen Zahl* a *und einer imaginären Zahl* bi *in der Form*

$$z = a + bi \tag{38}$$

darstellen, wobei i = (0,1) *die imaginäre Einheit ist*[7].

Aus dem Satz folgt sofort, daß die reellen Zahlen als eine gewisse Teilmenge der Menge der komplexen Zahlen aufgefaßt werden können:

Satz: *Die reelle Zahl* a *kann als komplexe Zahl* (a, 0) *mit verschwindendem Imaginärteil verstanden werden. Die Menge* R *der reellen Zahlen ist daher eine echte Teilmenge der Menge* K *der komplexen Zahlen:*

$$R = [z \in K \mid z = (a, 0)] \tag{39}.$$

Wir definieren nun den Begriff der konjugiert komplexen Zahl.

Definition: *Zwei komplexe Zahlen heißen zueinander konjugiert komplex, wenn ihre Realteile gleich sind und sich ihre Imaginärteile nur durch das Vorzeichen voneinander unterscheiden.*

Die zu z = a + bi konjugiert komplexe Zahl wird mit z* bezeichnet. Es gilt dann:

$$z^* = a - bi \tag{40}.$$

z und z* gehen durch Spiegelung an der reellen Achse auseinander hervor (vgl. Abb. 10).

Bisher hatten wir komplexe Zahlen in der sog. *kartesischen Form* z = x + iy dargestellt. Wir führen nun für den Bildpunkt P(z) sog. *ebene Polarkoordinaten* ρ, φ ein (vgl. Abb. 11). Dabei ist ρ die Länge des Ortsvektors[8] von P(z) und φ der Winkel zwischen der positiven reellen Achse und dem Ortsvektor. Die Transformations-

---

[7] Statt z = a + bi dürfen wir auch z = a + ib schreiben.

[8] Der Ortsvektor ist die von P(0) nach P(z) gerichtete Strecke $\overline{P(0)P(z)}$.

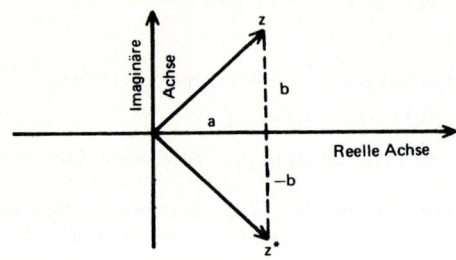

Abb. 10 Zum Begriff der konjugiert komplexen Zahl

gleichungen für den Übergang von den kartesischen Koordinaten (x, y) zu den ebenen Polarkoordinaten (ρ, φ) lauten dann:

$$x = \rho \cos \varphi \qquad \rho = \sqrt{x^2 + y^2}$$
$$\text{bzw.} \qquad\qquad\qquad\qquad (41).$$
$$y = \rho \sin \varphi \qquad \tan \varphi = y/x$$

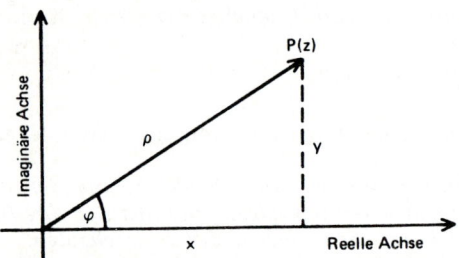

Abb. 11 Darstellung einer komplexen Zahl durch ebene Polarkoordinaten

Mit Hilfe dieser Gleichungen (41) wird die kartesische Form z = x + iy der komplexen Zahl z = (x, y) in die sog. *trigonometrische Form*

$$z = \rho (\cos \varphi + i \sin \varphi) \qquad\qquad (42)$$

übergeführt. Die Länge ρ des Ortsvektors von P(z) wird auch der Betrag | z | der komplexen Zahl z genannt. Es gilt:

$$|z|^2 = zz^* = x^2 + y^2 \qquad\qquad (43),$$

d. h. das Produkt aus z und der zugehörigen konjugiert komplexen Zahl z* ist gleich dem Quadrat des Betrages von z.
Der Winkel φ heißt auch das *Argument* arg(z) der komplexen Zahl z. φ ist bis auf ein ganzzahliges Vielfaches von 2π bestimmt. Der sog. *Hauptwert* des Arguments liegt definitionsgemäß zwischen $0 \leqslant \varphi < 2\pi$.

Die komplexe Zahl $z = (0,0) = 0 + i \cdot 0 = 0$ besitzt den Betrag $\rho = 0$; jedoch ist ihr Argument φ *unbestimmt.*

Zu einer dritten Darstellungsform der komplexen Zahl gelangt man, wenn man die sog. *Eulersche Formel*[9]

$$e^{i\varphi} = \cos \varphi + i \sin \varphi \qquad (44)$$

benutzt. Die trigonometrische Form (42) der komplexen Zahl z geht dann in die sog. *Exponentialform*

$$z = \rho \, e^{i\varphi} \qquad (45)$$

der komplexen Zahl z über.

Beispiel: Die komplexe Zahl $z = (1, \sqrt{3})$ lautet:

in der *kartesischen Form:* $z = 1 + i\sqrt{3}$,

in der *trigonometrischen Form:* $z = 2 (\cos \pi/3 + i \sin \pi/3)$,

in der *Exponentialform:* $z = 2e^{i\pi/3}$,

wenn man sich auf den Hauptwert des Arguments beschränkt.

In der trigonometrischen Form bzw. in der Exponentialform lassen sich die Rechenoperationen mit komplexen Zahlen besonders einfach geometrisch deuten. Sind z_1 und z_2 zwei komplexe Zahlen

$$\text{mit } z_1 = \rho_1 e^{i\varphi_1} \text{ und } z_2 = \rho_2 e^{i\varphi_2} \qquad (46),$$

so erhält man für ihr *Produkt:*

$$z = z_1 z_2 = (\rho_1 \rho_2) \cdot e^{i(\varphi_1 + \varphi_2)} = \rho e^{i\varphi} \qquad (47a)$$

$$\text{mit } \rho = \rho_1 \rho_2 \text{ und } \varphi = \varphi_1 + \varphi_2 \qquad (47b).$$

Demnach werden zwei komplexe Zahlen so miteinander multipliziert, daß man ihre Argumente (Winkel) addiert und ihre Beträge miteinander multipliziert. Man dreht also etwa den Vektor z_1 um den Winkel φ_2, der dem Argument von z_2 entspricht, und streckt anschließend den neu gewonnenen Vektor um den Faktor $|z_2| = \rho_2$ (vgl. Abb. 12).

Beispiel: $z_1 = 4e^{i\pi/3}$, $z_2 = 2e^{i\pi/6}$; $z = z_1 z_2 = \rho \, e^{i\varphi}$ mit $\rho = \rho_1 \rho_2 = 4 \cdot 2 = 8$ und $\varphi = \varphi_1 + \varphi_2 = \pi/3 + \pi/6 = \pi/2$, d. h. $z = 8e^{i\pi/2} = 8i$.

---

[9] Die Eulersche Formel (44) erhält man aus der Taylor-Entwicklung der Exponentialfunktion e^x, wenn man das Argument x formal durch $i\varphi$ ersetzt und die Reihenentwicklung von $\sin x$ und $\cos x$ berücksichtigt (vgl. hierzu Kapitel VII. E.2.).

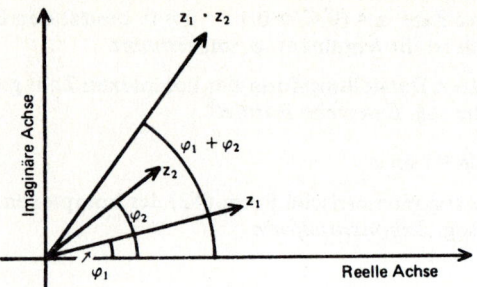

Abb. 12 Multiplikation komplexer Zahlen

Analog erhält man für den Quotienten zweier in Exponentialform vorliegender komplexer Zahlen:

$$z = \frac{z_1}{z_2} = \frac{\rho_1 e^{i\varphi_1}}{\rho_2 e^{i\varphi_2}} = \rho\, e^{i\varphi}, \quad \rho = \frac{\rho_1}{\rho_2}, \quad \varphi = \varphi_1 - \varphi_2 \tag{48}.$$

Man dreht also den Vektor z_1 im *negativen* Drehsinn (= Uhrzeigersinn) um den Winkel φ_2, der dem Argument von z_2 entspricht und streckt anschließend den neu gewonnenen Vektor um den Faktor $1/\rho_2$ (vgl. Abb. 13):

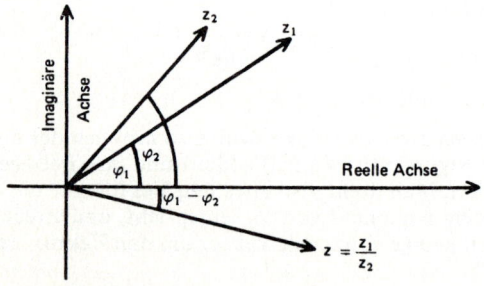

Abb. 13 Division komplexer Zahlen

Beispiel: $z_1 = 4e^{i\pi/6}$, $z_2 = 2e^{i\pi/3}$; $z = \frac{z_1}{z_2} = \rho\, e^{i\varphi}$ mit $\rho = \frac{\rho_1}{\rho_2} = 2$,

$\varphi = \varphi_1 - \varphi_2 = \pi/6 - \pi/3 = -\pi/6$, d. h. $z = \frac{z_1}{z_2} = 2e^{-i\pi/6}$.

Die n-te Potenz einer komplexen Zahl z berechnet man nach der *Formel von Moivre:*

Satz: *Für jede komplexe Zahl*

$$z = \rho(\cos \varphi + i \sin \varphi) = \rho e^{i\varphi} \qquad (49)$$

und jede natürliche Zahl n *gilt:*

$$z^n = \rho^n(\cos n\varphi + i \sin n\varphi) = \rho^n e^{in\varphi} \qquad (50)$$

(Formel von Moivre)[10].

Eine komplexe Zahl z wird demnach in die n-te Potenz erhoben, indem man den Betrag von z in die n-te Potenz erhebt und das Argument von z mit n multipliziert.

Beweis: Komplexe Zahlen werden, wie wir bereits gezeigt haben, multipliziert, indem man ihre Beträge miteinander multipliziert und ihre Argumente addiert. Daher ist

$$z^n = z \cdot z \cdot \ldots \cdot z = \rho \cdot \rho \cdot \ldots \cdot \rho \cdot e^{i\varphi} \cdot e^{i\varphi} \cdot \ldots \cdot e^{i\varphi} \qquad (51).$$

Dabei tritt jeder der Faktoren ρ und $e^{i\varphi}$ genau n-mal auf:

$$z^n = \rho^n e^{i(\varphi + \varphi + \ldots + \varphi)} = \rho^n e^{in\varphi} =$$

$$= \rho^n(\cos n\varphi + i \sin n\varphi) \qquad (52).$$

Beispiel: Die komplexe Zahl $z = 2e^{i\pi/3}$ soll in die 4-te Potenz erhoben werden. Nach Moivre (50) erhalten wir:

$$z^4 = 2^4(e^{i\pi/3})^4 = 16e^{i(4/3)\pi}.$$

Die Formel von Moivre verwendet man mit großem Vorteil bei der Bestimmung der n *Wurzeln* der Gleichung

$$z^n = 1 \qquad (53)$$

(Berechnung der n *Einheitswurzeln*)[11].
Aus (53) und (50) folgt sofort mit $z = \rho(\cos \varphi + i \sin \varphi)$:

$$z^n = \rho^n(\cos n\varphi + i \sin n\varphi) = 1 \qquad (54),$$

d. h. $\rho^n \cos n\varphi = 1$ und $\rho^n \sin n\varphi = 0$ (55).

---

[10] Die Formel von Moivre bleibt auch gültig, wenn n eine beliebige *rationale* Zahl bedeutet.

[11] Ein Polynom vom Grade n besitzt nach dem *Fundamentalsatz der Algebra* genau n Wurzeln (Nullstellen des Polynoms) (vgl. Kapitel IV).

Die Gleichungen (55) werden gelöst durch

$$\rho_k = 1, \varphi_k = k(2\pi/n) \quad (k = 0, 1, \ldots, n-1) \quad (56a).$$

Für $k > n - 1$ erhalten wir Argumente φ_k, die sich von den bereits in der Menge

$$\varphi_k = k(2\pi/n) \quad (k = 0, 1, \ldots, n-1) \quad (56b)$$

vorkommenden Argumenten lediglich um ein ganzzahliges Vielfaches von 2π unterscheiden und daher *keine* neuen Lösungen ergeben[12]. Die Gleichung (53) besitzt demzufolge *genau* n *verschiedene Lösungen*, die man als die n Einheitswurzeln der Gleichung (53) bezeichnet:

k	$|z_k| = \rho_k$	φ_k
0	1	0
1	1	$1 \cdot (2\pi/n)$
2	1	$2 \cdot (2\pi/n)$
3	1	$3 \cdot (2\pi/n)$
·	·	·
·	·	·
·	·	·
n − 1	1	$(n-1) \cdot (2\pi/n)$

Die n Einheitswurzeln der Gleichung $z^n = 1$ liegen alle auf dem Einheitskreis um den Nullpunkt und bilden in ihrer Gesamtheit die n Ecken eines regulären n-Ecks.

Beispiele: a) Die Gleichung $z^3 = 1$ besitzt die drei Lösungen $\rho_k = 1$, $\varphi_k = k \cdot (2\pi/3)$ $(k = 0, 1, 2)$ (vgl. Abb. 14):

z_k	ρ_k	φ_k	Exponentialform
z_0	1	$\varphi_0 = 0 \cong 0°$	$z_0 = 1$
z_1	1	$\varphi_1 = (2\pi/3) \cong 120°$	$z_1 = e^{i(2\pi/3)}$
z_2	1	$\varphi_2 = (4\pi/3) \cong 240°$	$z_2 = e^{i(4\pi/3)}$

---

[12] Für $k = n$ z. B. würde man die Lösung $\rho = 1$, $\varphi = n(2\pi/n) = 2\pi$ erhalten. Diese Zahl (Punkt der Gauss'schen Zahlenebene) unterscheidet sich aber nicht von der komplexen Zahl $\rho = 1$, $\varphi = 0$.

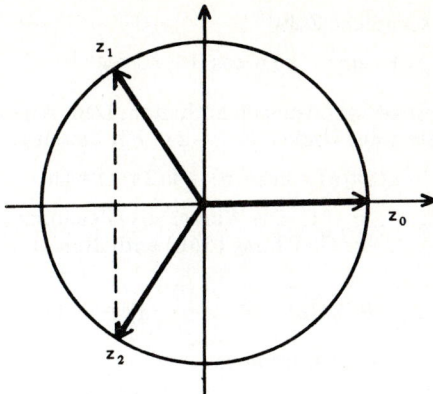

Abb. 14 Darstellung der Lösungen der Gleichung $z^3 = 1$ in der Gauss'schen Zahlenebene

b) Die Gleichung $z^5 = 1$ besitzt die fünf Einheitswurzeln

$z_0 = 1$, $z_1 = e^{i(2\pi/5)}$, $z_2 = e^{i(4\pi/5)}$, $z_3 = e^{i(6\pi/5)}$, $z_4 = e^{i(8\pi/5)}$ (vgl. Abb. 15).

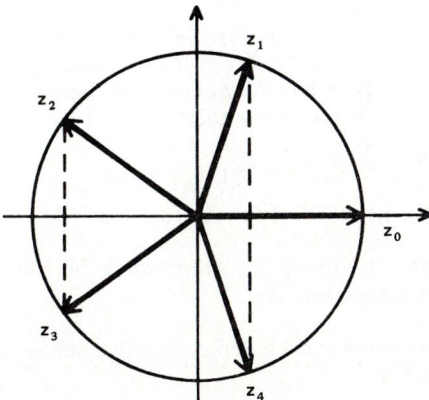

Abb. 15 Darstellung der Lösungen der Gleichung $z^5 = 1$ in der Gauss'schen Zahlenebene

In den angeführten Beispielen fällt auf, daß mit jeder Lösung z_k auch die konjugiert komplexe Zahl z_k^* eine Lösung der Gleichung $z^n = 1$ darstellt. Ist nämlich $z_k = \cos\varphi + i\sin\varphi$ mit $\varphi = k(2\pi/n)$ $(k = 0, 1, \ldots, n-1)$ eine Lösung der Gleichung $z^n = 1$, so ist auch

22

die konjugiert komplexe Zahl[13]

$$z_k^* = \cos(-\varphi) + i\sin(-\varphi) = \cos\varphi - i\sin\varphi \qquad (57)$$

unter den insgesamt n Lösungen enthalten. Dem Argument $-\varphi$ entspricht nämlich der Winkel $(2\pi - \varphi)$. Für diesen gilt aber:

$$2\pi - \varphi = 2\pi - k(2\pi/n) = n(2\pi/n) - k(2\pi/n) = (n-k)(2\pi/n) \quad (58)$$

mit $k = 0, 1, 2, \ldots, n - 1$. Die Winkel aus Gleichung (58) sind aber alle in den Winkeln aus Gleichung (56b) enthalten, d. h. mit der Lösung

$$z_k : \rho_k = 1, \quad \varphi_k = k(2\pi/n) \qquad (k = 0, 1, \ldots, n-1) \quad (59)$$

tritt auch das konjugiert Komplexe

$$z_k^* : \rho_k = 1, \quad -\varphi_k = (n-k)(2\pi/n) \qquad (k = 0, 1, \ldots, n-1) \quad (60)$$

als Lösung auf.

Beispiel: In Beispiel a) sind z_1 und z_2 zueinander konjugiert komplex: $z_2 = z_1^*$ (bzw. $z_1 = z_2^*$). In Beispiel b) sind z_1 und z_4, z_2 und z_3 zueinander konjugiert komplex. Die Lösung z_0 ist zu sich selbst konjugiert komplex[14].

Wir fassen diesen Sachverhalt in dem folgenden Satz zusammen:

Satz: *Die Gleichung* $z^n = 1$ *besitzt im System der komplexen Zahlen genau* n *verschiedene Lösungen (Einheitswurzeln), die alle auf dem Einheitskreis liegen und die Ecken eines regulären n-Ecks bilden. Die* n *Lösungen lauten wie folgt:*

$$z_k = 1 \cdot e^{i\varphi_k} = \cos\varphi_k + i\sin\varphi_k \qquad (61a)$$

$$\text{mit} \quad \varphi_k = k(2\pi/n) \qquad (k = 0, 1, \ldots, n-1) \qquad (61b).$$

Mit jeder komplexen Lösung z_k *gehört auch die konjugiert komplexe Zahl* z_k^* *zu der Lösungsmenge.*

Abschließend wollen wir noch den etwas allgemeineren Fall einer Gleichung vom Typ

$$z^n = z' = r(\cos\psi + i\sin\psi) \qquad (62)$$

---

[13] Konjugiert komplexe Zahlen unterscheiden sich in der trigonometrischen Darstellung durch das Vorzeichen ihres Argumentes.

[14] Gilt für eine komplexe Zahl z die Eigenschaft: $z = z^*$, so ist z eine *reelle* Zahl. Denn die Gleichung $x + iy = x - iy$ kann nur für x = beliebig reell, y = 0, d. h. für reelle Zahlen $(x, 0)$ erfüllt werden.

behandeln. Ganz analog dem Lösungweg für die Gleichung $z^n = 1$ findet man auch hier genau n komplexe Lösungen

$$z_k = \rho_k e^{i\varphi_k} \qquad (63a)$$

$$\text{mit } \rho_0 = \rho_1 = \cdots = \rho_{n-1} = \sqrt[n]{r} \qquad (63b)$$

$$\text{und } \varphi_k = \frac{\psi + k2\pi}{n} \qquad (k = 0, 1, \ldots, n - 1) \qquad (63c).$$

Die n verschiedenen Lösungen lauten:

$$z_k = \sqrt[n]{r} \left(\cos \frac{\psi + k2\pi}{n} + i \sin \frac{\psi + k2\pi}{n}\right) \qquad (64).$$

Beispiel: Die Gleichung $z^3 = -8i$ besitzt genau drei verschiedene Lösungen. Um diese zu bestimmen, bringen wir die Gleichung auf die Form (62):

$$z^3 = -8i = 8(\cos(3\pi/2) + i \sin(3\pi/2)).$$

Es ist also: $r = 8$, $\psi = (3\pi/2)$.
Daher gilt:

$$\rho_0 = \rho_1 = \rho_2 = \sqrt[3]{8} = 2, \quad \varphi_k = \frac{(3\pi/2) + k2\pi}{3} \qquad (k = 0, 1, 2),$$

d. h. $\varphi_0 = \pi/2$, $\varphi_1 = 7\pi/6$, $\varphi_2 = 11\pi/6$.

Die drei Lösungen der Gleichung $z^3 = -8i$ lauten daher:

$z_0 = 2(\cos \pi/2 + i \sin \pi/2) = 2i$,

$z_1 = 2(\cos 7\pi/6 + i \sin 7\pi/6)$,

$z_2 = 2(\cos 11\pi/6 + i \sin 11\pi/6)$.

Zum Schluß gehen wir noch einmal auf die *Multiplikation* und *Division* komplexer Zahlen, die in der *kartesischen* Form vorgegeben sind, näher ein. Auf Seite 12, Gleichung (25), wurde das Produkt zweier komplexer Zahlen $z_1 = (a_1, b_1) = a_1 + ib_1$, $z_2 = (a_2, b_2) = a_2 + ib_2$ definiert. Formal erhält man das richtige Ergebnis, in dem man die beiden Klammern nach den für reelle Zahlen gültigen Regeln ausmultipliziert und dabei die Beziehung $i^2 = -1$ beachtet:

$$\begin{aligned}
z = z_1 z_2 &= (a_1 + ib_1)(a_2 + ib_2) = \\
&= a_1 a_2 + ia_1 b_2 + ia_2 b_1 + i^2 b_1 b_2 = \\
&= a_1 a_2 + ia_1 b_2 + ia_2 b_1 - b_1 b_2 = \\
&= (a_1 a_2 - b_1 b_2) + i(a_1 b_2 + a_2 b_1)
\end{aligned} \qquad (65).$$

Beispiel: $z = (3 - 2i)(4 + 5i) = 12 + 15i - 8i - 10i^2 =$

$$= 12 + 15i - 8i + 10 = 22 + 7i.$$

Bei der *Division* zweier in kartesischer Form vorliegender komplexer Zahlen geht man in der Praxis wie folgt vor (vgl. hierzu auch Gleichung (26) auf Seite 13): Zunächst erweitert man den Quotienten $z = z_2/z_1$ mit dem konjugiert Komplexen z_1^* des Nenners z_1 und multipliziert anschließend die in Zähler und Nenner auftretenden Produkte aus:

$$z = \frac{z_2}{z_1} = \frac{a_2 + ib_2}{a_1 + ib_1} = \frac{(a_2 + ib_2)(a_1 - ib_1)}{(a_1 + ib_1)(a_1 - ib_1)} =$$

$$= \frac{a_1 a_2 - ia_2 b_1 + ia_1 b_2 - i^2 b_1 b_2}{a_1^2 - ia_1 b_1 + ia_1 b_1 - i^2 b_1^2} =$$

$$= \frac{a_1 a_2 - ia_2 b_1 + ia_1 b_2 + b_1 b_2}{a_1^2 + b_1^2} = \qquad (66).$$

$$= \frac{(a_1 a_2 + b_1 b_2) + i(a_1 b_2 - a_2 b_1)}{a_1^2 + b_1^2} =$$

$$= \frac{a_1 a_2 + b_1 b_2}{a_1^2 + b_1^2} + i\,\frac{a_1 b_2 - a_2 b_1}{a_1^2 + b_1^2}$$

Dies aber ist genau die Definitionsformel (26) von Seite 13 für die kartesische Form.

Beispiel: $z = \dfrac{4 - 2i}{3 + 4i} = \dfrac{(4 - 2i)(3 - 4i)}{(3 + 4i)(3 - 4i)} = \dfrac{12 - 16i - 6i + 8i^2}{9 - 12i + 12i - 16i^2} =$

$$= \frac{12 - 16i - 6i - 8}{9 + 16} = \frac{4 - 22i}{25} = \frac{4}{25} - \frac{22}{25}\,i\,.$$

II. Symmetriegruppen

A. Der Begriff der Gruppe

1. Definition einer Gruppe

Definition: *Auf einer Menge* M *sei eine durch das Symbol* ∘ *gekennzeichnete Verknüpfung zwischen je zweien ihrer Elemente erklärt. Die Menge* M *besitzt die Struktur einer Gruppe, wenn die folgenden vier Gruppenaxiome erfüllt sind:*

(G1): die Menge M *ist bezüglich der Verknüpfung* ∘ *abgeschlossen;*

(G2): für beliebige Gruppenelemente a, b, c *ist stets das Assoziativgesetz erfüllt:*

$$a \circ (b \circ c) = (a \circ b) \circ c \tag{1};$$

(G3): es existiert ein linksneutrales Element („Links-Eins") $E \in M$ *mit der Eigenschaft, daß für alle Elemente* $a \in M$ *gilt:*

$$E \circ a = a \tag{2};$$

(G4): zu jedem Element $a \in M$ *existiert ein Element* $b \in M$ *mit* $b \circ a = E$; b *heißt linksinverses Element von* a *und wird allgemein mit* a^{-1} *gekennzeichnet:*

$$a^{-1} \circ a = E \tag{3}.$$

Beispiele: a) Die Menge der *reellen* Zahlen $\neq 0$ besitzt bezüglich der Multiplikation als Verknüpfungsart die Struktur einer Gruppe. Axiom (G1) ist erfüllt, da das Produkt zweier reeller Zahlen $\neq 0$ wiederum eine eindeutig bestimmte, von Null verschiedene reelle Zahl ergibt. (G2) ist für reelle Zahlen stets gültig. Das linksneutrale Element ist die Zahl 1, da $1 \circ a = a$ ist für jede beliebige reelle Zahl a. Damit ist Axiom (G3) erfüllt. Schließlich gilt auch das vierte Axiom (G4). Die Rolle des zu $a \neq 0$ linksinversen Elements übernimmt die reelle Zahl $a^{-1} = 1/a$:

$$a^{-1} \circ a = \frac{1}{a} \circ a = 1.$$

b) Dagegen besitzt die Menge der *natürlichen* Zahlen *keine* Gruppenstruktur bezüglich der Multiplikation als Verknüpfungsart, da z. B. Axiom (G4) nicht für alle natürlichen Zahlen erfüllt ist. So existiert z. B. für $a = 2$ *kein* linksinverses Element, d. h. es gibt keine natürliche Zahl x , die mit 2 multipliziert das Einheitselement $(E = 1)$ ergibt. Die Gleichung $x \circ 2 = 1$ ist in der Menge der natürlichen Zahlen nicht lösbar.

Gruppen mit *endlich* vielen Elementen heißen *endliche Gruppen*. Die Anzahl der Elemente einer Gruppe bestimmt die *Gruppenordnung*. Bei endlichen Gruppen stellt man die Produkte a ∘ b zweier beliebiger Elemente a und b der Gruppe in einer *Gruppentafel* genannten Verknüpfungstabelle übersichtlich dar.

Beispiel: Wir greifen nochmals auf das in Kapitel I.A. behandelte Beispiel der Menge der vier Drehsymmetrieoperationen E, C_4, C_4^2, C_4^3 eines Quadrates zurück.

Diese Menge besitzt die Struktur einer Gruppe, wenn man als Verknüpfung die *Hintereinanderausführung von Drehsymmetrieoperationen* wählt. Die Abgeschlossenheit dieser Menge wurde bereits in Kapitel I.A. nachgewiesen (G1). Das linksneutrale Element ist die Identität E (G3). Zu jeder der vier Drehsymmetrieoperationen gibt es genau eine (linksinverse) Operation, die die Drehung rückgängig macht. So wird z. B. die Drehsymmetrieoperation C_4 durch die Operation C_4^3 rückgängig gemacht. Allgemein erkennt man das Vorhandensein der linksinversen Elemente daran, daß in der Gruppentafel in jeder Spalte und Zeile die Einheitsoperation E genau einmal auftritt (G4). Offensichtlich ist auch das Assoziativgesetz (G2) erfüllt. Damit ist die Gruppenstruktur der Menge $[E, C_4, C_4^2, C_4^3]$ bezüglich der Hintereinanderausführung von Symmetrieoperationen nachgewiesen.

2. Gruppeneigenschaften

Satz 1: *Ist* a^{-1} *ein linksinverses Element von* a, *dann ist auch* a *ein linksinverses Element von* a^{-1}:

$$a^{-1} \circ a = a \circ a^{-1} = E \tag{4}.$$

Beweis: Nach den Gruppenaxiomen ist

$$a^{-1} \circ (a \circ a^{-1}) = (a^{-1} \circ a) \circ a^{-1} = E \circ a^{-1} = a^{-1} \tag{5}$$

Wir multiplizieren diese Gleichung von links mit einem linksinversen Element a von a^{-1} ($a \circ a^{-1} = E$):

$$a \circ a^{-1} \circ (a \circ a^{-1}) = E \circ (a \circ a^{-1}) = a \circ a^{-1} = a \circ a^{-1} = E \tag{6a},$$

d. h.

$$a \circ a^{-1} = E \tag{6b}$$

Dies aber bedeutet, daß a ein linksinverses Element von a^{-1} ist.
Aus Satz 1 folgt sofort Satz 2.

Satz 2: *Jedes linksinverse Element ist auch rechtsinverses Element:*

$$a^{-1} \circ a = a \circ a^{-1} = E \tag{7}.$$

Satz 3: *Jedes linksneutrale Element ist auch zugleich rechtsneutrales Element:*

$E \circ a = a \circ E = a$ *für beliebiges* $a \in G$ (8).

Beweis: Es ist $E \circ a = (a \circ a^{-1}) \circ a$, da nach Satz 2 das Element a linksinvers zu a^{-1} ist. Nach (G2) folgt weiter:

$$(a \circ a^{-1}) \circ a = a \circ (a^{-1} \circ a) = a \circ E \qquad (9),$$

d. h. $E \circ a = a \circ E$.

Satz 4: *Aus* $a \circ \sigma = a \circ \tau$ *folgt stets:* $\sigma = \tau$.

Aus $\tilde{\sigma} \circ a = \tilde{\tau} \circ a$ *folgt stets:* $\tilde{\sigma} = \tilde{\tau}$

(„Kürzungsregel": Man darf durch a *„kürzen").*

Beweis: Wir multiplizieren die Gleichung $a \circ \sigma = a \circ \tau$ von links mit a^{-1} und erhalten:

$$a^{-1} \circ a \circ \sigma = (a^{-1} \circ a) \circ \sigma = E \circ \sigma = \sigma \qquad (10a)$$

bzw.

$$a^{-1} \circ a \circ \tau = (a^{-1} \circ a) \circ \tau = E \circ \tau = \tau \qquad (10b).$$

Daher ist $\sigma = \tau$.
Ebenso beweist man die zweite Kürzungsregel.

Satz 5: *Für beliebige Elemente* a *und* b *der Gruppe* G *besitzen die Gleichungen*

$$a \circ x = b, \, y \circ a = b \qquad (11)$$

eindeutige Lösungen in G:

$$x = a^{-1} \circ b \qquad bzw. \qquad y = b \circ a^{-1} \qquad (12).$$

Beweis: Wir multiplizieren die Gleichung $a \circ x = b$ von links mit a^{-1} und erhalten:

$$a^{-1} \circ a \circ x = (a^{-1} \circ a) \circ x = E \circ x = x = a^{-1} \circ b \qquad (13).$$

Es kann keine weitere von x verschiedene Lösung $\tilde{x}$ geben, da nach der ersten Kürzungsregel (Satz 4) aus der Gleichung $a \circ x = a \circ \tilde{x} = b$ stets $x = \tilde{x}$ folgen würde.
Ebenso zeigt man, daß die Gleichung $y \circ a = b$ die *eindeutige* Lösung $y = b \circ a^{-1}$ besitzt.

Satz 6: *Das Einheitselement (neutrale Element)* E *ist eindeutig bestimmt.*

Beweis: Angenommen, es existiere neben E noch ein weiteres von E verschiedenes Einheitselement $\widetilde{E}$. Dann folgt für ein beliebiges Element $a \in G$ aus der Gleichung $E \circ a = \widetilde{E} \circ a = a$ nach Satz 4· $E = \widetilde{E}$. Dies steht aber im Widerspruch zu unserer Annahme. Also gibt es in einer Gruppe genau ein Einheitselement E.

Ebenso zeigt man die Richtigkeit des folgenden Satzes.

Satz 7: *Das zu einem Gruppenelement* $a \in G$ *inverse Element* a^{-1} *ist eindeutig bestimmt.*

Damit können wir die in den Sätzen 1 bis 7 aufgezählten Gruppeneigenschaften wie folgt zu einem Satz zusammenfassen:

Satz 8:

(E1): In jeder Gruppe G gibt es genau ein neutrales Element E, das sowohl links- als auch rechtsneutral ist:

$$E \circ a = a \circ E = a \qquad \text{für beliebiges } a \in G \qquad (14);$$

(E2): zu jedem Gruppenelement a existiert genau ein sowohl links- als auch rechtsinverses Element a^{-1}:

$$a^{-1} \circ a = a \circ a^{-1} = E \qquad (15);$$

(E3): für beliebig vorgegebene Gruppenelemente a und b sind die Gleichungen $a \circ x = b$ *und* $y \circ a = b$ *stets eindeutig in G lösbar:*

$$\kappa = a^{-1} \circ b \qquad bzw. \qquad y = b \circ a^{-1} \qquad (16).$$

3. Abelsche Gruppen. Zyklische Gruppen.

Definition: *Die Gruppe G heißt eine abelsche Gruppe, wenn die Verknüpfung kommutativ ist, d. h., wenn für beliebige Elemente a, b ∈ G stets gilt:*

$$a \circ b = b \circ a \qquad (17).$$

Das aus n gleichen Faktoren a bestehende Produkt $a \circ a \circ \ldots \circ a$ faßt man zur *Potenz* a^n zusammen. Definitionsgemäß ist dabei $a^0 = E$.

Definition: *Die Gruppe G heißt zyklisch, wenn alle Gruppenelemente als Potenzen eines geeigneten Gruppenelementes a darstellbar sind. Das Gruppenelement a heißt dann das erzeugende Element der Gruppe G.*

Beispiel: Die im Zusammenhang mit den Deckoperationen eines Quadrates auftretende und bereits behandelte Gruppe $[E, C_4, C_4^2, C_4^3]$ ist sowohl *abelsch* als auch *zyklisch*. Aus der Spiegelsymmetrie der Gruppentafel (s. Kapitel I.A.) bezüglich der Hauptdiagonalen schließt man auf die Gültigkeit des Kommutativgesetzes (die Reihenfolge, in der die Drehsymmetrieoperationen ausgeführt werden, ist *ohne* Einfluß auf das Ergebnis). Diese Gruppe ist aber zugleich zyklisch, da jedes der vier Gruppenelemente als eine geeignete Potenz des erzeugenden Elementes C_4 darstellbar ist:

$$E = (C_4)^0, \; C_4 = (C_4)^1, \; C_4^2 = (C_4)^2, \; C_4^3 = (C_4)^3.$$

4. Untergruppen

Definition: *Ist* U *eine Teilmenge der Menge* G, U ⊂ G, *und besitzen sowohl* U *als auch* G *die Struktur einer Gruppe bezüglich der auf beiden Mengen erklärten Verknüpfungsart* ∘, *so bezeichnet man die Gruppe* U *als Untergruppe von* G.

Offenbar bildet in jeder Gruppe die nur aus dem neutralen Element bestehende Teilmenge [E] eine Untergruppe. Man beachte, daß per Definition jede Gruppe zugleich Untergruppe von sich selbst ist.
Der folgende Satz liefert ein brauchbares Kriterium für Untergruppen.

Satz: *Eine nicht-leere Teilmenge* U ⊂ G *der Gruppe* G *besitzt genau dann die Struktur einer Gruppe und ist eine Untergruppe der Gruppe* G, *wenn die beiden folgenden Eigenschaften für die Teilmenge* U *zutreffen:*

(U1): die Teilmenge U *ist bezüglich der auf beiden Mengen* U *und* G *erklärten Verknüpfung* ∘ *abgeschlossen;*

(U2): mit jedem Element a ∈ U *gehört auch das inverse Element* a^{-1} *zur Teilmenge* U.

Beweis: Wir prüfen die Gültigkeit der vier Gruppenaxiome (G1) bis (G4) nach. Axiom (G1) ist erfüllt, da U nach (U1) bezüglich der gemeinsamen Verknüpfung ∘ abgeschlossen ist. Das Assoziativgesetz gilt auch für jede beliebige Teilmenge von G, insbesondere also auch für U. Damit ist auch Axiom (G2) erfüllt. Die Gültigkeit des dritten Axioms (G3) beweist man wie folgt: da U nicht leer sein soll, gibt es mindestens ein Element a ∈ U, und nach (U2) gehört dann auch a^{-1} zu U. Daher gehört nach (U1) auch $a^{-1} \circ a = E$ zu U.
Axiom (G4) fordert die Existenz des linksinversen Elementes. Diese ist jedoch durch (U2) gesichert. Daher besitzt die Teilmenge U ⊂ G die Struktur einer Gruppe und ist Untergruppe von G.

Beispiel: Die Menge der *ganzen* Zahlen einschließlich der Null besitzt *bezüglich der Addition* als Verknüpfungsart Gruppenstruktur:

(G1): die Addition zweier ganzer Zahlen ergibt wieder eine ganze Zahl;

(G2): die Addition ist assoziativ;

(G3): Einheitselement ist die Zahl Null;

(G4): zur ganzen Zahl a gehört als inverses Element die ganze Zahl −a.

Die gleiche Eigenschaft trifft auch auf die Teilmenge der *geraden ganzen* Zahlen zu. Kriterium (U1) ist erfüllt, da die Addition zweier gerader ganzer Zahlen wiederum eine gerade ganze Zahl ergibt (Abgeschlossenheit). Mit der geraden ganzen Zahl g gehört auch −g zur Menge der geraden ganzen Zahlen. Damit ist auch (U2) erfüllt. Die Menge der *geraden ganzen* Zahlen besitzt demnach *bezüglich der Addition* die Struktur einer Gruppe und ist damit eine *Untergruppe* der Gruppe der ganzen Zahlen.

Ohne Beweis formulieren wir den folgenden Satz über die Ordnung einer Untergruppe (sog. *Satz von Lagrange*).

Satz: *In einer endlichen Gruppe der Ordnung* n *ist die Ordnung* m *einer Untergruppe ein Teiler der Gruppenordnung:*

$$\frac{n}{m} \in [1, 2, 3, \ldots, n] \tag{18}.$$

Beispiele: a) Ist G eine Gruppe der Ordnung $n \geqslant 2$, so besitzt G *mindestens* zwei Untergruppen, nämlich G selbst (Ordnung n) sowie die nur das Einheitselement E enthaltende Untergruppe [E] (Ordnung 1).

b) Eine Gruppe der Ordnung 8 *kann* Untergruppen der Ordnungen 1, 2, 4 und 8 besitzen. Mit Sicherheit besitzt sie nur je eine Untergruppe 1. und 8. Ordnung, nämlich [E] und G selbst. Untergruppen der Ordnung 3, 5, 6 und 7 sind jedoch nicht möglich.

Der Satz von *Lagrange* verschafft somit einen ersten Überblick über die überhaupt *möglichen* Untergruppen einer gegebenen Gruppe G. Einen sehr eindrucksvollen Einblick in die Untergruppen einer Gruppe G gestattet der sog. *Gruppengraph* (schematische Darstellung der Untergruppen einer Gruppe G). Jede Untergruppe wird dabei durch einen Kreis, in dem die Elemente der betreffenden Untergruppe angeordnet sind, symbolisiert. Untergruppen gleicher Ordnung werden in der gleichen Zeile angeordnet. Untergruppen, die in einer anderen Untergruppe vollständig enthalten sind, werden geradlinig miteinander verbunden.

Beispiel: Die sog. *Quaternionengruppe* $[1, -1, i, -i, j, -j, k, -k]$ besitzt die folgende Gruppentafel:

○	1	−1	i	−i	j	−j	k	−k
1	1	−1	i	−i	j	−j	k	−k
−1	−1	1	−i	i	−j	j	−k	k
i	i	−i	−1	1	k	−k	−j	j
−i	−i	i	1	−1	−k	k	j	−j
j	j	−j	−k	k	−1	1	i	−i
−j	−j	j	k	−k	1	−1	−i	i
k	k	−k	j	−j	−i	i	−1	1
−k	−k	k	−j	j	i	−i	1	−1

Einheitselement ist das Element $E = 1$. Zueinander invers sind: i und −i, j und −j, k und −k. Die Elemente 1 und −1 sind zu sich selbst invers. Die Verknüpfung auf dieser Menge ist nicht näher erklärt. Es existieren, wie man leicht nachweist, die folgenden Untergruppen:

Untergruppenordnung	Untergruppen mit ihren Elementen
8	$[1, -1, i, -i, j, -j, k, -k]$
4	$[1, -1, i, -i]; [1, -1, j, -j]; [1, -1, k, -k]$
2	$[1, -1]$
1	$[1]$

Damit erhält der Gruppengraph der *Quaternionengruppe* das folgende Aussehen (vgl. Abb. 1):

32

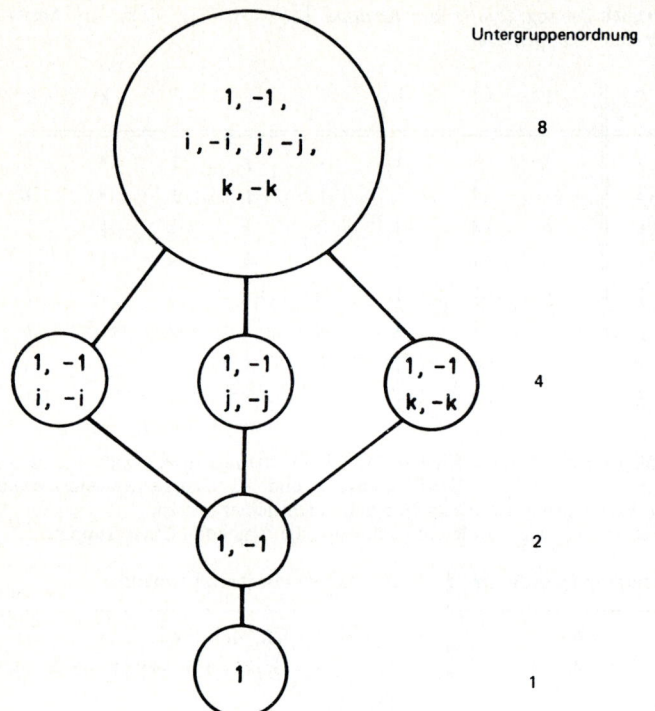

Untergruppenordnung

8

4

2

1

Abb. 1 Gruppengraph der Quaternionengruppe

5. Direktes Produkt

Satz: G_1 *und* G_2 *seien zwei Untergruppen der Gruppe* G *mit den beiden folgenden Eigenschaften:*

(P1): die Untergruppen G_1 *und* G_2 *haben nur das neutrale Element* E *gemeinsam:*

$$G_1 \cap G_2 = [E] \qquad (19);$$

(P2): jedes Element σ *von* G_1 *ist mit jedem Element* τ *von* G_2 *vertauschbar, d. h.*

$$\sigma \circ \tau = \tau \circ \sigma \qquad (20).$$

*Dann besitzt die Menge aller „Produkte" σ ∘ τ mit σ ∈ G₁, τ ∈ G₂
bezüglich der Verknüpfung ∘ ebenfalls die Struktur einer Gruppe
und stellt eine Untergruppe der Gruppe G dar. Man bezeichnet die
so konstruierte Untergruppe von G als „direktes Produkt" G₁ × G₂
der beiden Untergruppen G₁ und G₂.*

Es ist zu beachten, daß die Vertauschbarkeit aller Elemente von G_1
mit allen Elementen von G_2 *keinesfalls* bedeutet, daß die Gruppen
G_1 und G_2 abelsch sein müssen.

B. Die Symmetriegruppen der Moleküle

Vorbemerkung

Um den Einstieg in das nicht einfache und dabei für den Chemiker doch so
wichtige Gebiet der *Molekülsymmetrie* zu erleichtern, wollen wir uns zunächst
– *abweichend von den üblichen Darstellungen* – ausschließlich mit *Drehsymmetrieoperationen (Drehungen um Molekülsymmetrieachsen)* beschäftigen.
Dabei werden sämtliche Drehungen, die ein Molekül in sich überführen, zu
einer Menge zusammengefaßt, die die Struktur einer Gruppe besitzt und daher
folgerichtig als *Drehsymmetriegruppe* des Moleküls bezeichnet wird. Anschließend behandeln wir die übrigen Symmetrieelemente (Spiegelungsebenen, Drehspiegelungsachsen, Inversionszentrum) und die ihnen zugeordneten Symmetrieoperationen (Spiegelungen, Drehspiegelungen, Inversion). *Die Gesamtheit aller
Symmetrieoperationen bildet die Molekülsymmetriegruppe (kurz: Symmetriegruppe).*

Wir werden ferner zeigen, daß sich bei Molekülen mit einem *Inversionszentrum*
(dazu gehören u.a. so bedeutende Moleküle wie Benzol, Äthylen, Kohlendioxyd)
die Molekülsymmetriegruppe als *direktes Produkt* aus der Drehsymmetriegruppe
des Moleküls und der Gruppe C_i = [E, i] darstellen läßt. *Bei solchen Molekülen
kann man sich daher auf die Bestimmung der Drehachsen beschränken.*

Unberücksichtigt bleiben die Translationsbewegungen. Die auch als *Punktgruppen* bezeichneten Symmetriegruppen der Moleküle werden (wie in der Chemie
allgemein üblich) durch *Schoenflies-Symbole* gekennzeichnet. Die in der *Kristallographie* verwendeten *Herrman-Mauguin-Symbole* werden am Ende dieses
Kapitels kurz besprochen und ihre Korrelation zu den Schoenflies-Symbolen
dargestellt.

34

1. Symmetrieoperationen (Deckoperationen)

Das Kerngerüst eines Moleküls läßt sich modellmäßig als ein starres System aus endlich vielen Massenpunkten (Atomkernen) auffassen. So befinden sich zum Beispiel die drei Wasserstoffkerne des Ammoniakmoleküls NH_3 an den Ecken eines gleichseitigen Dreiecks, während der Stickstoffkern senkrecht über der Mitte der Dreiecksfläche plaziert ist (Grundzustand des NH_3-Moleküls). Das Kerngerüst des NH_3-Moleküls bildet demnach eine *trigonale Pyramide* (vgl. Abb. 2). Dreht man nun das starre Kerngerüst des Ammoniakmoleküls um die

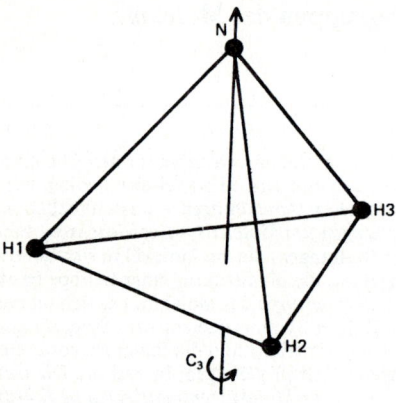

Abb. 2 Kerngerüst des NH_3-Moleküls

eingezeichnete (durch N und die Mitte der Dreiecksfläche verlaufende) C_3-Drehachse[1] um $120°$ im Gegenuhrzeigersinn, so geht das Kerngerüst des NH_3-Moleküls in sich selbst über. Für einen Beobachter ist es unmöglich, den Anfangszustand vom Endzustand zu unterscheiden, da die drei Wasserstoffatome ununterscheidbar sind und lediglich ihre Plätze vertauscht haben (H1 ist nach H2, H2 nach H3, H3 nach H1 gerückt), während das Stickstoffatom nach wie vor die alte Lage einnimmt. *Bewegungen* dieser Art, die das Kerngerüst eines Moleküls in sich überführen, bezeichnet man als *Deckoperationen* oder *Symmetrieoperationen*.

---

[1] Die Bezeichnungen der Drehachsen werden im Kapitel II.B.2. eingeführt und ausführlich erläutert.

Bei der Bewegung (Drehung) gehen offensichtlich die Punkte der Drehachse in sich über. Ferner werden weder Längen noch Winkel in irgendeiner Weise verändert. Wir definieren daher die Symmetrieoperationen (Deckoperationen) eines Körpers (Moleküls) wie folgt[2] :

Definition: *Unter einer Symmetrieoperation (Deckoperation) eines Körpers (Moleküls) verstehen wir eine Abbildung des Raumes auf sich mit den folgenden drei Eigenschaften:*

(a) es bleibt mindestens ein Punkt des Raumes fest;

(b) die Abbildung ist längen- und winkeltreu (d. h. Längen und Winkel werden nicht geändert);

(c) der Körper (das Molekülkerngerüst) wird durch die Abbildung in sich übergeführt.

Es ist zu beachten, daß die Elektronenstruktur der Moleküle *unberücksichtigt* bleibt und daß das Kerngerüst des Moleküls als *starr* angenommen wird. Die Molekülsymmetrie bezieht sich daher stets auf das Molekülkerngerüst im *Grundzustand.*

Definition: *Symmetrieoperationen heißen gleich, wenn sie dieselbe Abbildung des Raumes auf sich erzeugen.*

Wie wir bereits gezeigt haben, wird das Kerngerüst des NH_3-Moleküls z. B. durch eine Drehung um $120°$ im Gegenuhrzeigersinn um die C_3-Achse in sich übergeführt. Man bezeichnet daher die zu einer Drehsymmetrieoperation gehörende Drehachse als ein *Symmetrieelement* des betreffenden Körpers oder Moleküls. Drehachsen geben stets Anlaß zu bestimmten Drehsymmetrieoperationen. Bei Ausführung einer solchen Drehsymmetrieoperation bleiben die Punkte des Symmetrieelements (hier der Drehachse) unverändert in ihrer Lage. Die Drehachsen sind aber nicht etwa die einzigen möglichen Symmetrieelemente. So können z. B. auch *Spiegelungsebenen* auftreten, die Anlaß zu gewissen Spiegelungen geben. Ein weiteres mögliches Symmetrieelement eines Moleküls ist die *Drehspiegelungsachse.* Die zugehörigen Symmetrieoperationen sind *Produkte* aus einer Drehung um eine Achse und anschließender Spiegelung an einer zur Drehachse *senkrechten* und durch den Molekülmittelpunkt verlaufenden Ebene (oder umgekehrt). Die Symmetrieelemente *Spiegelungsebene* und *Drehspiegelungsachse* und ihre zugehörigen Symmetrieoperationen werden an späterer Stelle ausführlich behandelt (vgl. Kapitel II.B.3).

---

[2] Translationen werden *nicht* berücksichtigt.

36

Beispiele: a) Das NH_3-Molekül besitzt neben der bereits erwähnten C_3-Drehachse noch drei weitere Symmetrieelemente. So geht das NH_3-Kerngerüst in sich über, wenn man es an einer die Drehachse enthaltenden und durch jeweils ein H-Atom verlaufenden Ebene spiegelt. Offensichtlich gibt es genau drei solche Spiegelungsebenen, die wir zunächst mit $\underline{\sigma}_1$, $\underline{\sigma}_2$, $\underline{\sigma}_3$ bezeichnen wollen (vgl. Abb. 3). Weitere Symmetrieelemente besitzt das NH_3-Molekül nicht.

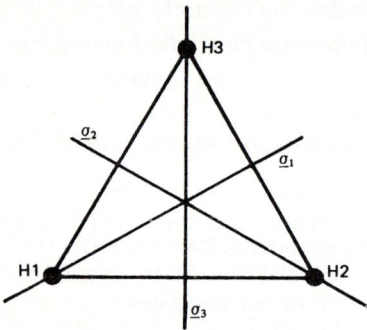

Abb. 3 Spiegelungsebenen des NH_3-Moleküls (Spiegelungsebenen senkrecht zur Zeichenebene)

b) Das Wassermolekül H_2O besitzt als Symmetrieelemente eine Drehachse C_2 sowie zwei Spiegelungsebenen $\underline{\sigma}_1$, $\underline{\sigma}_2$ (vgl. Abb. 4).

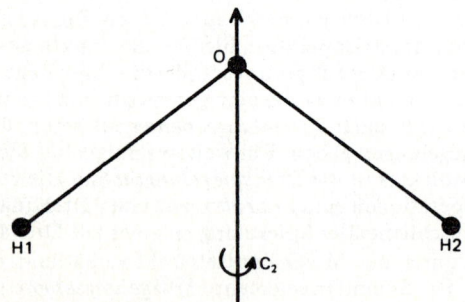

Abb. 4 Kerngerüst des H_2O-Moleküls

C_2 liegt in der Molekülebene und halbiert den Winkel $\sphericalangle$H1OH2. Diese Drehachse gibt Anlaß zu Drehungen um $0°$ und $180°$. Daher bezeichnet man diese Drehsymmetrieoperationen mit E bzw. $C_2{}^3$. σ_1 ist die Molekülebene (sie enthält C_2); σ_2 ist die dazu senkrechte Ebene, die ebenfalls C_2 enthält.

2. Die Drehsymmetriegruppen der Moleküle

a) Definition der Drehsymmetriegruppe

Wir behandeln zunächst alle diejenigen Deckoperationen eines Körpers (Molekülgerüstes), die reine *Drehsymmetrieoperationen* sind. Stellvertretend für alle übrigen Moleküle weisen wir am Beispiel des NH_3-Moleküls nach, daß die Menge aller *Drehsymmetrieoperationen* eines Körpers oder eines Molekülkerngerüstes bezüglich der Hintereinanderausführung[4] von Drehungen als Verknüpfungsart die Struktur einer Gruppe besitzt. Das NH_3-Molekül besitzt offensichtlich nur eine Drehachse als Symmetrieelement: C_3. Diese gibt Anlaß zu den mit C_3 und C_3^2 bezeichneten Drehsymmetrieoperationen, die Drehungen des Kerngerüstes um $120°$ bzw. $240°$ im Gegenuhrzeigersinn um die C_3-Achse darstellen. Eine Drehung um $360°$ erzielt die gleiche Wirkung (d. h. die gleiche Abbildung des Raumes *auf* sich) wie die Operation „*in Ruhe-Lassen*" (Drehung um $0°$). Sie wird daher als *identische Abbildung* oder *Identität* bezeichnet und durch das Symbol E gekennzeichnet ($E \equiv C_3^3$). Alle weiteren möglichen Drehungen um die C_3-Achse führen zu keinen neuen Abbildungen des Raumes auf sich. So erzeugt eine Drehung um $480°$ die gleiche Abbildung wie eine Drehung um $120°$. Auch Drehungen im Uhrzeigersinn um die C_3-Achse bringen nichts Neues. Die Drehung um $120°$ im Uhrzeigersinn führt z. B. zur gleichen Abbildung wie die Drehung um $240°$ im Gegenuhrzeigersinn. Weitere Drehsymmetrieoperationen besitzt also das NH_3-Molekül nicht. Wir werden nun zeigen, daß die Menge der drei Drehsymmetrieoperationen [E, C_3, C_3^2] die Struktur einer Gruppe besitzt, wenn man als Verknüpfung die *Hintereinanderausführung von Symmetrieoperationen* wählt. Die Verknüpfungstabelle hat das folgende Aussehen:

---

[3] Der Index 2 im Symbol C_2 ist ein Hinweis auf den Drehwinkel ($360°/2$) = $= 180°$ (vgl. Kapitel II.B.2.b).

[4] Wir erinnern: sind A und B zwei Symmetrieoperationen, so bedeutet ihr *Produkt* A $\circ$ B, daß *zuerst* B und *dann erst* A ausgeführt wird.

		2. Faktor	
	E	C_3	C_3^2
E	E	C_3	C_3^2
C_3	C_3	C_3^2	E
C_3^2	C_3^2	E	C_3

(1. Faktor — labels rows E, C_3, C_3^2)

Da in der Verknüpfungstafel keine neuen Elemente auftreten, ist die Abgeschlossenheit der Menge nachgewiesen (G1). Auch das Assoziativgesetz (G2) ist gültig, wie man leicht zeigt.
Die Identität E entspricht offensichtlich dem neutralen Element, so daß auch Gruppenaxiom (G3) erfüllt ist. Ferner existiert zu jeder Drehsymmetrieoperation eine inverse Operation, die die Drehung gerade rückgängig macht:

Element	Inverses Element
E	E
C_3	C_3^2
C_3^2	C_3

Damit ist auch (G4) erfüllt. Die Menge $[E, C_3, C_3^2]$ besitzt also die Struktur einer Gruppe. Da sie als Elemente *sämtliche* Drehsymmetrieoperationen (und nur diese) enthält, bezeichnet man sie als *Drehsymmetriegruppe* des Ammoniakmoleküls NH_3. Sie wird durch das Symbol C_3 gekennzeichnet (vgl. hierzu Kapitel II.B.2.b)).

Analog kann man jedem Molekül eine bestimmte, Drehsymmetriegruppe genannte Gruppe, zuordnen, die als Elemente *sämtliche* Drehsymmetrieoperationen und nur diese enthält. *Die Drehsymmetriegruppe eines Moleküls darf nicht mit der Molekülsymmetriegruppe verwechselt werden. Nur in Sonderfällen, wenn ein Molekül außer Drehachsen keine weiteren Symmetrieelemente besitzt, ist die Drehsymmetriegruppe mit der Molekülsymmetriegruppe identisch.*

Die Drehsymmetriegruppen der Moleküle sind nun sämtlich Untergruppen einer umfassenderen Gruppe, der sog. *Kugeldrehgruppe*. Diese ist die Drehsymmetriegruppe einer Kugel, d. h. sie enthält als Elemente sämtliche Drehsymmetrieoperationen, die die Kugel in sich überführen. Es sind dies Drehungen um irgendeinen Winkel φ um irgendeine durch den Kugelmittelpunkt laufende Drehachse (diese werden allgemein durch das Symbol $C(\varphi)$ gekennzeichnet). Die Verknüpfungsart ist das Hintereinanderausführen von Drehungen. Die

Kugeldrehgruppe besitzt die Ordnung unendlich. Da die Menge aller möglichen Abbildungen des Raumes auf sich, die *mindestens* einen Punkt des Raumes festlassen und Längen und Winkel sowie den Schraubensinn erhalten, identisch ist mit der Gesamtheit der Drehsymmetrieoperationen einer Kugel, können wir die Drehsymmetriegruppe eines Moleküls folgendermaßen definieren.

Definition: *Jedem Molekül läßt sich in eindeutiger Weise eine Drehsymmetriegruppe zuordnen. Diese enthält als Elemente alle diejenigen Abbildungen des Raumes auf sich, die*

(a) mindestens einen Punkt des Raumes festlassen,

(b) längen- und winkeltreu sind,

(c) den Schraubensinn erhalten,

und

(d) das Kerngerüst des Moleküls in sich überführen.

b) Die wichtigsten Drehsymmetriegruppen der Moleküle

Die Drehsymmetriegruppen gehören zu den sog. *Punktgruppen*[5]. Zur Kennzeichnung ihrer Elemente verwenden wir die in der Chemie allgemein üblichen *Schoenflies-Symbole.* Als Symmetrieelemente kommen nur Drehachsen in Frage. Eine Drehachse C_n heißt *n-zählig,* wenn sie zu den folgenden $(n - 1)$ Drehsymmetrieoperationen *und nur zu diesen* Anlaß gibt:

Bezeichnung der Drehsymmetrieoperation	Drehwinkel um die C_n-Achse im Gegenuhrzeigersinn (positiver Drehsinn)
$C_n^1 = C_n$	$(2\pi/n) \cong (360°/n)$
C_n^2	$2\,(2\pi/n) \cong 2\,(360°/n)$
.	. .
.	. .
.	. .
C_n^{n-1}	$(n - 1)\,(2\pi/n) \cong (n - 1)\,(360°/n)$

---

[5] Die Bezeichnung *Punktgruppe* erklärt sich aus der Tatsache, daß bei Anwendung aller Symmetrieoperationen dieser Gruppe *mindestens ein* Punkt des Raumes festbleibt.

40

Die Drehachse *höchster* Zähligkeit wird als *Hauptdrehachse* bezeichnet. Ihr ordnet man als weitere Symmetrieoperation die identische Operation E zu (E entspricht der Drehung um $0°$). Falls mehrere Drehachsen *höchster* Zähligkeit auftreten, wählt man unter ihnen eine als Hauptdrehachse aus und ordnet ihr zusätzlich die Einheitsoperation E zu.

Drehsymmetriegruppe C_n (n = 1, 2, ...)

Moleküle der Drehsymmetriegruppe C_n besitzen neben einer n-zähligen Drehachse C_n, die zu den n Drehsymmetrieoperationen E, $C_n, C_n^2, ..., C_n^{n-1}$ Anlaß gibt, *keine* weiteren Drehachsen. Diese Gruppe ist von n-ter Ordnung und wird durch das Symbol C_n gekennzeichnet. Sie ist *zyklisch* (C_n ist das erzeugende Element) und *abelsch*.

Beispiele: a) Die Moleküle H_2O und SO_2 besitzen jeweils eine 2-zählige Drehachse C_2. Ihre Drehsymmetriegruppe ist daher $C_2 = [E, C_2]$ (vgl. Abb. 4, 5).

b) Das NH_3-Molekül besitzt, wie wir bereits gezeigt haben, neben der C_3-Achse keine weiteren Drehachsen und gehört somit zur Drehsymmetriegruppe $C_3 = [E, C_3, C_3^2]$.

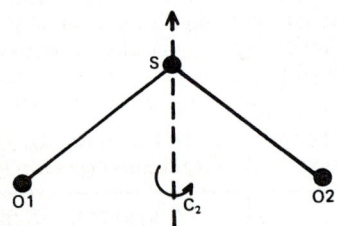

Abb. 5 Kerngerüst des SO_2 Moleküls

Drehsymmetriegruppe C_∞

Das Kerngerüst *linearer* Moleküle, die *keine* Spiegelungsebene senkrecht zur Molekülachse besitzen, geht durch Drehung um einen beliebigen Winkel φ um die Molekülachse in sich über (Drehsymmetrieoperationen $C(\varphi)$). Solche Moleküle besitzen also eine einzige „∞-zählige" Drehachse C_∞, die gleichzeitig Molekülachse ist. Die C_∞-Achse gibt zu unendlich vielen Drehsymmetrieoperationen Anlaß. Die Drehsymmetriegruppe dieser Moleküle wird daher mit C_∞ bezeichnet.

Beispiel: Die Moleküle CO bzw. HCN besitzen als einzige Drehachse die Molekülachse (vgl. Abb. 6). Sie ist ∞-zählig. Die Drehsymmetriegruppe dieser Moleküle ist daher C_∞.

Abb. 6 Kerngerüst des HCN-Moleküls

Drehsymmetriegruppe D_n (n = 2, 3, . . .)

Moleküle, die zur Drehsymmetriegruppe D_n gehören, besitzen insgesamt $(n + 1)$ Drehachsen als Symmetrieelemente:

eine n-zählige Drehachse C_n (sie wird als *Hauptdrehachse* oder *Drehachse höchster Zähligkeit* bezeichnet). Sie gibt Anlaß zu genau n Drehsymmetrieoperationen $E, C_n, C_n^2, . . ., C_n^{n-1}$; n 2-zählige Drehachsen, die jeweils senkrecht zur Hauptdrehachse C_n verlaufen. Man bezeichnet sie der Reihe nach mit $C_2', C_2'', C_2''', . . ., C_2^{(n)}$. Sie geben der Reihe nach Anlaß zu den Drehsymmetrieoperationen $C_2', C_2'', C_2''', . . ., C_2^{(n)}$.

Die Gruppenordnung ist daher 2n.

Beispiele: a) Ein zur Drehsymmetriegruppe D_2 zählendes Molekül besitzt genau drei *paarweise aufeinander senkrecht* stehende 2-zählige Drehachsen C_2, C_2', C_2''. Sie geben Anlaß zu den Drehsymmetrieoperationen C_2, C_2', C_2''. Die Einheitsoperation E zählt man zur Hauptdrehachse (hierzu haben wir eine der drei C_2-Achsen zu bestimmen): $D_2 = [E, C_2, C_2', C_2'']$.

Das planare Äthylenmolekül C_2H_4 z. B. besitzt die Drehsymmetriegruppe D_2. Zur Hauptdrehachse wählt man i. a. diejenige Achse, die den Abstand der beiden C-Atome halbiert und senkrecht zur Molekülebene verläuft (C_2-Achse, vgl. Abb. 7).

b) Die Hauptdrehachse eines Quadrates ist 4-zählig (C_4-Achse). Sie verläuft senkrecht zur Quadratebene durch den Schnittpunkt der beiden Flächendiagonalen. Ferner existieren vier 2-zählige Drehachsen in der Quadratebene. Sie verlaufen durch die beiden Flächendiagonalen (C_2', C_2'') bzw. durch die Mitten gegenüberliegender Seiten ($\dot{C}_2, \ddot{C}_2$)[6] (vgl. Abb. 8). Die Drehsymmetriegruppe des Quadrates ist daher:

$$D_4 = [E, C_4, C_4^2, C_4^3, C_2', C_2'', \dot{C}_2, \ddot{C}_2].$$

---

[6] In Abweichung von obiger Bezeichnungsweise kennzeichnen wir die 2-zähligen Drehachsen der besseren Übersicht halber durch Striche (Diagonalen) bzw. Punkte (Seitenmitten).

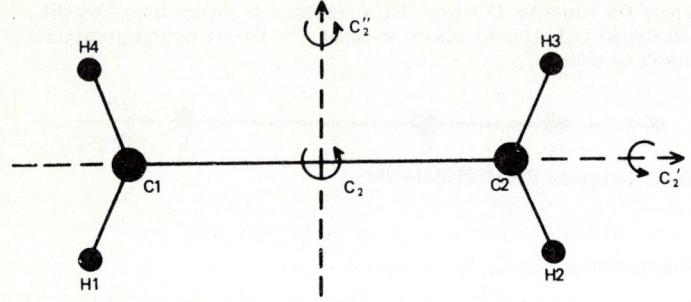

Abb. 7 **Kerngerüst und Drehachsen des Äthylen-Moleküls**

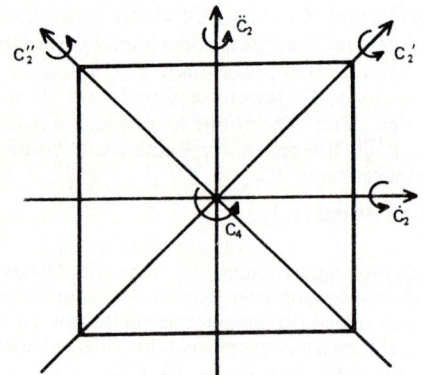

Abb. 8 **Drehachsen eines Quadrates**

Die Gruppentafel hat dabei das folgende Aussehen:

	E	C_4	C_4^2	C_4^3	C_2'	C_2''	$\dot{C}_2$	$\ddot{C}_2$
E	E	C_4	C_4^2	C_4^3	C_2'	C_2''	$\dot{C}_2$	$\ddot{C}_2$
C_4	C_4	C_4^2	C_4^3	E	$\ddot{C}_2$	$\dot{C}_2$	C_2'	C_2''
C_4^2	C_4^2	C_4^3	E	C_4	C_2''	C_2'	$\ddot{C}_2$	$\dot{C}_2$
C_4^3	C_4^3	E	C_4	C_4^2	$\dot{C}_2$	$\ddot{C}_2$	C_2''	C_2'
C_2'	C_2'	$\dot{C}_2$	C_2''	$\ddot{C}_2$	E	C_4^2	C_4	C_4^3
C_2''	C_2''	$\ddot{C}_2$	C_2'	$\dot{C}_2$	C_4^2	E	C_4^3	C_4
$\dot{C}_2$	$\dot{C}_2$	C_2''	$\ddot{C}_2$	C_2'	C_4^3	C_4	E	C_4^2
$\ddot{C}_2$	$\ddot{C}_2$	C_2'	$\dot{C}_2$	C_2''	C_4	C_4^3	C_4^2	E

Untergruppen von D_4 sind: D_4, $C_4 = [E, C_4, C_4^2, C_4^3]$ und $C_1 = [E]$. Die Drehsymmetriegruppe D_4 des Quadrates ist weder abelsch noch zyklisch.

Das Molekül $PtCl_4$ liefert ein Beispiel für ein Molekül, dessen Drehsymmetriegruppe D_4 ist.

c) Das Kerngerüst des planaren Benzolrings C_6H_6 ist ein regelmäßiges Sechseck und besitzt demzufolge die Drehsymmetriegruppe D_6. Die Symmetrieelemente sind (vgl. Abb. 9):

eine 6-zählige Hauptdrehachse C_6 durch den Molekülmittelpunkt senkrecht zur Molekülebene. Die zugehörigen Drehsymmetrieoperationen sind: $E, C_6, C_6^2, C_6^3, C_6^4, C_6^5$;

sechs 2-zählige Drehachsen: drei Achsen verlaufen durch jeweils diametral gegenüberliegende C-Atome (C_2', C_2'', C_2'''), drei Achsen durch die Mitten gegenüberliegender Seiten $(\dot{C}_2, \ddot{C}_2, \dddot{C}_2)$.

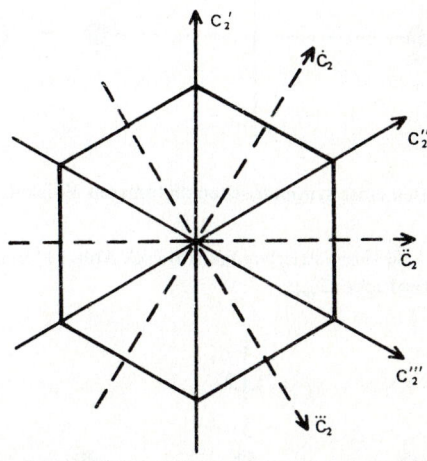

Abb. 9 Drehachsen des Benzol-Moleküls

D_6 enthält daher die folgenden 12 Elemente:
$$D_6 = [E, C_6, C_6^2, C_6^3, C_6^4, C_6^5, C_2', C_2'', C_2''', \dot{C}_2, \ddot{C}_2, \dddot{C}_2].$$

Drehsymmetriegruppe D_∞

Lineare, symmetrisch aufgebaute Moleküle, die neben der ∞- zähligen Hauptdrehachse C_∞ (Molekülachse) noch eine dazu senkrechte Spiegelungsebene besitzen, verfügen über folgende Drehachsen:

eine ∞-zählige C_∞-Achse (Molekülachse);

unendlich viele zur C_∞-Achse senkrecht orientierte 2-zählige Drehachsen C_2', C_2'', ..., die alle die Molekülmitte enthalten.

Beispiele: a) Moleküle vom Typ X_2 (z.B. H_2, O_2, vgl. Abb. 10) gehören zur Drehsymmetriegruppe D_∞.

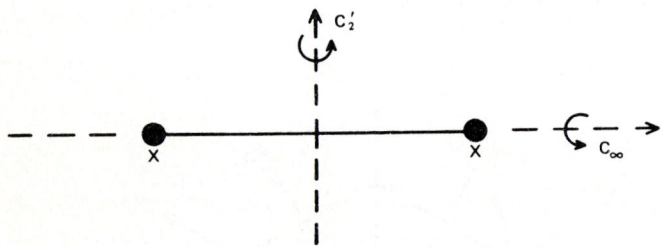

Abb. 10 Drehachsen eines symmetrischen diatomaren Moleküls

b) CO_2 ist linear und symmetrisch aufgebaut (vgl. Abb. 11) und gehört daher zur Drehsymmetriegruppe D_∞.

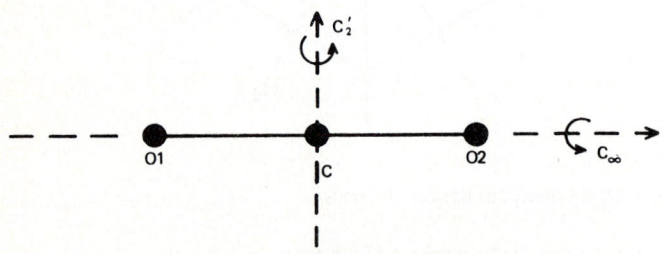

Abb. 11 Drehachsen des linearen symmetrischen CO_2-Moleküls

Die Drehsymmetriegruppe T des regulären Tetraeders

Das *reguläre Tetraeder* enthält als Symmetrieelemente insgesamt sieben Drehachsen, darunter vier 3-zählige Achsen, die der Reihe nach mit C_3, C_3', C_3'', C_3''' bezeichnet werden, und drei 2-zählige Drehachsen C_2', C_2'', C_2'''. Bettet man das reguläre Tetraeder in einen Würfel ein, so kann man die räumliche Lage der sieben Drehachsen wie folgt beschreiben: die dreizähligen Achsen verlaufen durch die Raumdiagonalen des Würfels, die 2-zähligen Achsen durch den Würfelmittelpunkt parallel zu jeweils einer Kante (d. h. sie gehen durch die Mitten gegenüberliegender Würfelflächen) (vgl. Abb. 12).

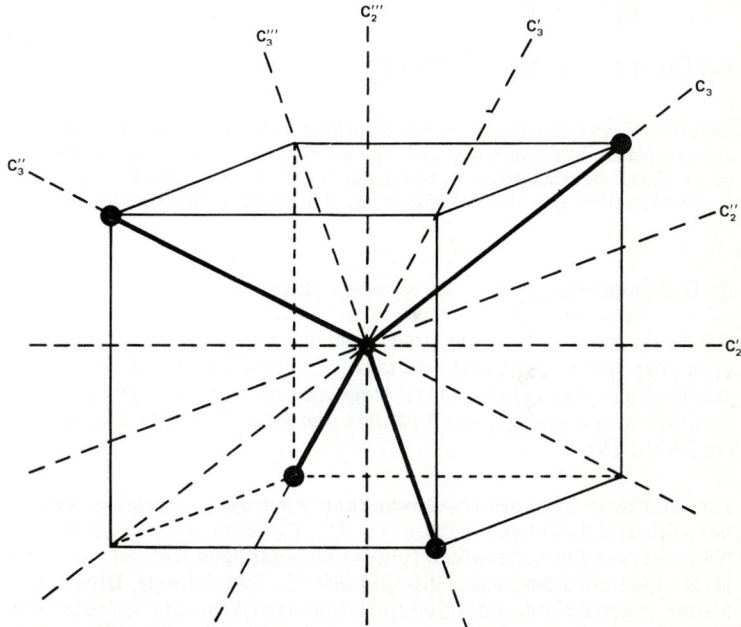

Abb. 12 Reguläres Tetraeder (in einen Würfel eingebettet)

Man wählt eine der insgesamt vier 3-zähligen Drehachsen zur Hauptdrehachse und bezeichnet sie mit C_3. Die sieben Symmetrieelemente geben dann zu den folgenden 12 Symmetrieoperationen Anlaß:

Symmetrieelement (Drehachse)	Symmetrieoperationen (Drehungen)
C_3 [7]	E, C_3, C_3^2
C_3'	$C_3', C_3'^2$
C_3''	$C_3'', C_3''^2$
C_3'''	$C_3''', C_3'''^2$
C_2'	C_2'
C_2''	C_2''
C_2'''	C_2'''

Die Gruppe T besitzt die Ordnung 12.

Beispiel: Die vier H-Atome des Silanmoleküls SiH_4 sitzen an den Ecken eines regulären Tetraeders, das Si-Atom befindet sich im Zentrum des Tetraeders. Sämtliche Drehachsen verlaufen durch das Si-Atom. Daher ist T die Drehsymmetriegruppe des SiH_4-Moleküls. Weitere Beispiele sind: CH_4, SnH_4.

Die Drehsymmetriegruppe O des regulären Oktaeders

Die Punktgruppe O ist die Drehsymmetriegruppe des *regulären Oktaeders*, das sechs Ecken und acht gleiche Seitenflächen in Form von gleichseitigen Dreiecken besitzt. Insgesamt existieren 13 Drehachsen, darunter drei 4-zählige, vier 3-zählige und sechs 2-zählige Achsen (vgl. Abb. 13).

Die räumliche Lage dieser Achsen kann wie folgt beschrieben werden: die drei 4-zähligen Achsen C_4, C_4', C_4'' gehen durch Paare gegenüberliegender Oktaederecken (unter den 4-zähligen Achsen wird eine als Hauptdrehachse ausgewählt und mit C_4 bezeichnet). Durch die Mitten gegenüberliegender Seitenflächen des Oktaeders verlaufen die 3-zähligen Achsen, die der Reihe nach mit C_3', C_3'', C_3''', C_3'''' bezeichnet werden. Schließlich existieren noch insgesamt sechs 2-zählige Drehachsen, die jeweils durch die Mitten gegenüberliegender Oktaederkanten verlaufen (C_2', C_2'', C_2''', C_2'''', C_2''''', C_2'''''').

---

[7] Die C_3-Achse ist Hauptdrehachse.

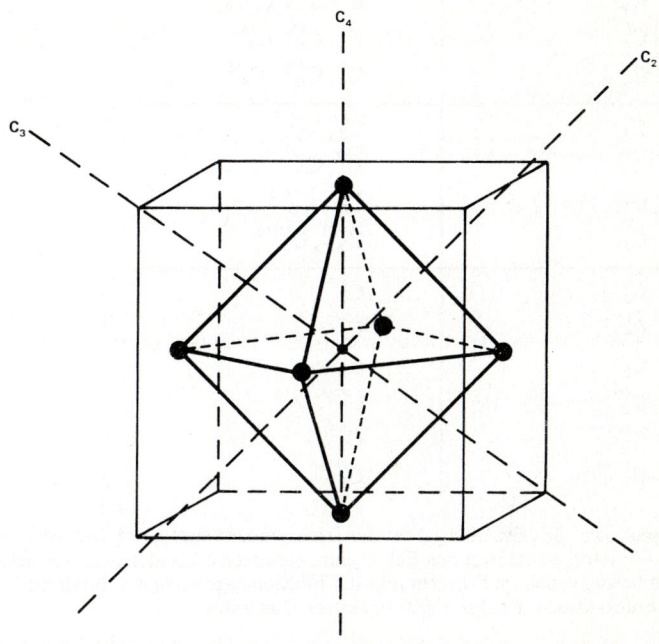

Abb. 13 Reguläres Oktaeder (in einen Würfel eingebettet)

Die 13 Drehachsen geben zu den folgenden 24 Drehsymmetrieoperationen Anlaß:

Symmetrieelement (Drehachse)	Symmetrieoperationen (Drehungen)
C_4	E, C_4, C_4^2, C_4^3
C_4'	$C_4', C_4'^2, C_4'^3$
C_4''	$C_4'', C_4''^2, C_4''^3$
C_3'	$C_3', C_3'^2$
C_3''	$C_3'', C_3''^2$
C_3'''	$C_3''', C_3'''^2$
C_3''''	$C_3'''', C_3''''^2$
C_2'	C_2'
C_2''	C_2''
C_2'''	C_2'''
C_2''''	C_2''''
C_2'''''	C_2'''''
C_2''''''	C_2''''''

Beispiel: Das SF_6-Molekül gehört zur Drehsymmetriegruppe O (vgl. Abb. 14). Die 6 F-Atome sitzen an den Ecken eines regulären Oktaeders, das Schwefelatom befindet sich im Schnittpunkt der Flächendiagonalen des durch die vier Fluor-Atome F1 bis F4 festgelegten Quadrates.

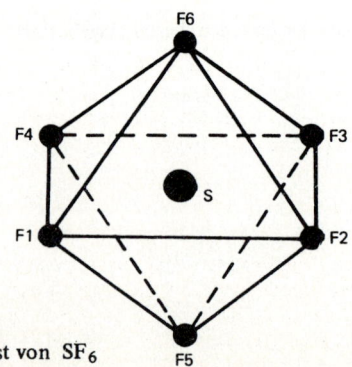

Abb. 14 Kerngerüst von SF_6

3. Symmetrieelemente

Wir hatten bereits in den beiden vorangegangenen Abschnitten darauf hingewiesen, daß neben den Drehachsen möglicherweise noch andere Symmetrieelemente existieren. Insgesamt unterscheidet man drei Arten von Symmetrieelementen: *Drehachsen, Spiegelungsebenen und Drehspiegelungsachsen.*

a) Drehachsen

Jede Drehachse C_n gibt Anlaß zu $(n-1)$ Drehsymmetrieoperationen $C_n, C_n^2, C_n^3, \ldots, C_n^{n-1}$, die Drehungen um die C_n-Achse mit Winkeln $(2\pi/n)$, $2(2\pi/n)$, $3(2\pi/n)$, $\ldots$, $(n-1)(2\pi/n)$ darstellen. Besitzt ein Molekül oder Körper mehrere Drehachsen, so wird die *Drehachse höchster Zähligkeit* (n_{max}) als *Hauptdrehachse* des Moleküls bezeichnet. Ihr rechnet man verabredungsgemäß die Einheitsoperation E als Symmetrieoperation hinzu (Drehung um den Winkel 0°, was der Identität entspricht).

Aus Gründen der besseren Übersicht wollen wir nun verabreden, daß das Molekül stets so im Raum orientiert werden soll, daß die Hauptdrehachse $C_{n_{max}}$ *vertikal* nach oben gerichtet ist. Alle anderen Symmetrieelemente werden dann auf diese Orientierung der Hauptachse bezogen. Zu jeder Drehsymmetrieoperation C_n^i ($i = 1, 2, \ldots,$ $n-1$) existiert *genau eine* inverse Drehsymmetrieoperation, nämlich C_n^{n-i}.

$$C_n^{n-i} \circ C_n^i = E \tag{21}$$

Die Einheitsoperation E, die definitionsgemäß der Hauptdrehachse als Symmetrieoperation zugeordnet wird, ist zu sich selbst invers:

$$E \circ E = E \tag{22}$$

Die Gesamtheit der Drehsymmetrieoperationen (einschließlich der Identität) eines Moleküls definiert bezüglich der Hintereinanderausführung als Verknüpfungsart die sog. *Drehsymmetriegruppe* des Moleküls. Sie ist eine Untergruppe der Kugeldrehgruppe.

b) Spiegelungsebenen

Wir hatten bereits am Beispiel des NH_3-Moleküls gesehen, daß neben den Drehachsen noch *Spiegelungsebenen* als Symmetrieelemente auftreten können. Spiegelt man das Molekül an einer solchen ausgezeichneten Ebene, so geht das Kerngerüst des Moleküls in sich über, ohne daß Längen und Winkel verändert werden. *Spiegelungen sind also ebenfalls Deckoperationen der Moleküle.* Sie werden allgemein durch den griechischen Buchstaben σ gekennzeichnet. Spiegelungen sind stets zu sich selbst invers:

$$\sigma \circ \sigma = E \tag{23}.$$

Alle Punkte der Spiegelungsebene bleiben bei Ausführung der Symmetrieoperation „Spiegelung" unverändert in ihrer Lage. Das Symmetrieelement „Spiegelungsebene" wird durch das Symbol $\underline{\sigma}$ gekennzeichnet.

Spiegelungsebenen, die *senkrecht* zur (vertikal orientierten) Hauptdrehachse verlaufen, werden mit $\underline{\sigma}_h$[8], die ihnen zugeordneten Symmetrieoperationen mit σ_h bezeichnet. Enthält dagegen die Spiegelungsebene die Hauptdrehachse, so bezeichnet man die Spiegelungsebene mit $\underline{\sigma}_v$[9] und die zugehörige Spiegelung mit σ_v. Mit dem Symbol $\underline{\sigma}_d$[10] werden i.a. vertikal orientierte Spiegelungsebenen bezeichnet, die den Winkel zwischen benachbarten, horizontal verlaufenden 2-zähligen Drehachsen halbieren.

Beispiele: a) Das lineare CO-Molekül besitzt unendlich viele Spiegelungsebenen, die alle die Molekülachse und damit die Hauptdrehachse C_∞ enthalten (vgl. Abb. 6a). Daher werden diese Ebenen mit $\underline{\sigma}_v, \underline{\sigma}'_v, \ldots$ bezeichnet.

b) Das Benzolmolekül C_6H_6 besitzt eine *horizontale* (Molekülebene) und sechs *vertikale* Spiegelungsebenen (vgl. Abb. 15). Die Molekülebene gibt Anlaß zu der Symmetrieoperation σ_h. Die vertikalen Spiegelungsebenen enthalten jeweils die Hauptdrehachse C_6 sowie eine der insgesamt sechs (horizontal orientierten) 2-zähligen Drehachsen $C'_2, C''_2, C'''_2, \dot{C}_2, \ddot{C}_2, \dddot{C}_2$ und werden daher der Reihe nach mit $\underline{\sigma}'_v, \underline{\sigma}''_v, \underline{\sigma}'''_v, \underline{\dot{\sigma}}_v, \underline{\ddot{\sigma}}_v, \underline{\dddot{\sigma}}_v$ bezeichnet[11].

---

[8] Der Index h soll darauf hinweisen, daß die Spiegelungsebene $\underline{\sigma}_h$ *horizontal* orientiert ist (immer auf die Richtung der Hauptdrehachse bezogen).

[9] σ_v bedeutet, daß die Spiegelungsebene *vertikal* orientiert ist (immer auf die Richtung der Hauptdrehachse bezogen).

[10] Der Index d ist die Abkürzung für *dihedral*.

[11] Die Spiegelungsebenen $\underline{\dot{\sigma}}_v, \underline{\ddot{\sigma}}_v, \underline{\dddot{\sigma}}_v$ werden häufig auch durch die Symbole $\underline{\dot{\sigma}}_d, \underline{\ddot{\sigma}}_d, \underline{\dddot{\sigma}}_d$ gekennzeichnet, da sie als vertikale Spiegelungsebenen jeweils den Winkel zwischen zwei horizontal verlaufenden 2-zähligen Achsen halbieren.

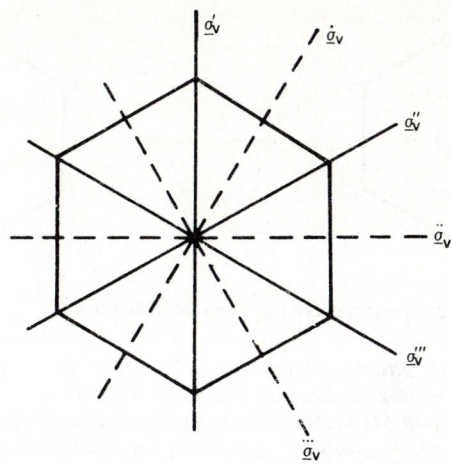

Abb. 15 Spiegelungsebenen des Benzol-Moleküls (Spiegelungsebenen senkrecht zur Zeichenebene)

c) Drehspiegelungsachsen (uneigentliche Drehachsen)

Neben Drehachsen und Spiegelungsebenen gibt es noch eine dritte Art von Symmetrieelement. Wir wollen dieses Element anhand eines Beispiels einführen und erklären. Als Demonstrationsobjekt eignet sich in besonderem Maße der ebene Benzolring C_6H_6. Als Symmetrieelemente hatten wir beim C_6H_6 bereits erkannt:

eine 6-zählige vertikale Hauptdrehachse C_6;

sechs 2-zählige horizontale Drehachsen $C_2', C_2'', C_2''', \dot{C}_2, \ddot{C}_2, \dddot{C}_2$;

eine horizontale Spiegelungsebene $\underline{\sigma}_h$;

sechs vertikale Spiegelungsebenen $\underline{\sigma}_v', \underline{\sigma}_v'', \underline{\sigma}_v''', \dot{\underline{\sigma}}_v, \ddot{\underline{\sigma}}_v, \dddot{\underline{\sigma}}_v$.

Wenden wir z. B. die Symmetrieoperation C_6 auf das C_6H_6-Molekül an (vgl. Abb. 16):

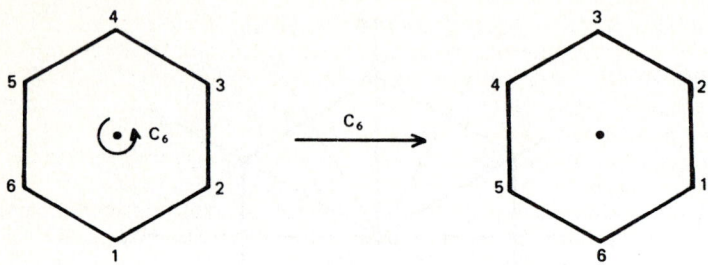

Abb. 16 Symmetrieoperation C_6 beim Benzol-Molekül

Dabei wird der Raum lediglich um $60°$ um die C_6-Achse gedreht. Alle Punkte *unterhalb* der Molekülebene bleiben *unterhalb,* alle Punkte *oberhalb* der Molekülebene *oberhalb* der Molekülebene. Stellen wir uns die „*untere*" Seite des planaren Moleküls irgendwie gekennzeichnet, z. B. „*schraffiert*" vor, so befindet sich nach Ausführung der Symmetrieoperation C_6 nach wie vor die „*schraffierte*" Seite „*unten*", die „*unschraffierte*" Seite „*oben*". Führen wir jedoch die zusammengesetzte Symmetrieoperation $\sigma_h \circ C_6$ aus, d. h. drehen wir den Benzolring zuerst um $60°$ um die Hauptdrehachse und spiegeln anschließend das Molekül an seiner Molekülebene σ_h, so gelangt die „*schraffierte*" Seite nach „*oben*", die „*unschraffierte*" Seite jedoch nach „*unten*" (vgl. Abb. 17).

Die Symmetrieoperationen C_6 und $\sigma_h \circ C_6$ vermitteln demnach *verschiedene* Abbildungen des Raumes auf sich und sind daher definitionsgemäß als *verschiedene* Deckoperationen zu betrachten. Ebenso unterscheidet sich C_6^2 von $\sigma_h \circ C_6^2$ usw. In beiden Fällen erfolgt eine Drehung des Raumes um $120°$, im zweiten Falle aber noch eine zusätzliche Vertauschung von „oben" und „unten".

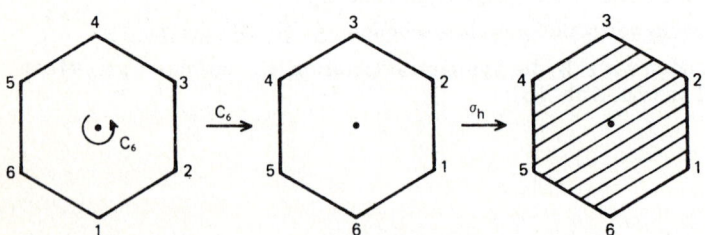

Abb. 17 Drehspiegelung $\sigma_h \circ C_6$ beim Benzol-Molekül

Bei Ausführung der Symmetrieoperationen $\sigma_h \circ C_6^i$ [12] ($i = 1, \ldots, 6$) bleibt insgesamt nur ein Punkt des Raumes, das sog. *Symmetriezentrum*, fest. Symmetrieoperationen dieser Art, die eine Drehung um eine Achse mit anschließender Spiegelung an einer zur Drehachse *senkrechten* Symmetrieebene darstellen, bezeichnet man als *Drehspiegelungen oder uneigentliche Drehungen*. Als zugehöriges Symmetrieelement betrachtet man die Drehachse C_n. Drehspiegelungsachsen werden allgemein durch das Symbol S_n gekennzeichnet *(Drehspiegelungsachse n-ter Ordnung)*. Das Benzolmolekül C_6H_6 besitzt also neben einer 6-zähligen Drehachse auch eine 6-zählige Drehspiegelungsachse (Drehspiegelungsachse 6-ter Ordnung). Die Drehspiegelungsachse S_n gibt bei *planaren* Molekülen zu folgenden Symmetrieoperationen Anlaß:

$$\sigma_h \circ C_n, \; \sigma_h \circ C_n^2, \; \sigma_h \circ C_n^3, \ldots, \; \sigma_h \circ C_n^n = \sigma_h \qquad (24).$$

Die Spiegelung an einer horizontalen Symmetrieebene σ_h ist also in diesem konkreten Beispiel in den Drehspiegelungsoperationen mitenthalten!

Die Symmetrieoperationen E und σ_h sind als *verschiedene* Symmetrieoperationen aufzufassen. Während E den Raum *unverändert* läßt (identische Abbildung), *vertauscht* σ_h „unten" und „oben".

Beim Benzolring fällt die 6-zählige Drehspiegelungsachse S_6 mit der 6-zähligen Drehachse C_6 zusammen. *Daraus darf man jedoch keineswegs ableiten, daß dies stets der Fall ist, wie die folgenden Beispiele zeigen.*

Beispiele: a) Das Methanmolekül CH_4 besitzt zwar eine 4-zählige Drehspiegelungsachse S_4, die jedoch *nicht* zugleich Drehachse gleicher Ordnung ist (vgl. Abb. 18).

Dreht man z.B. das CH_4-Kerngerüst um die in Abb. 18 eingezeichnete S_4-Achse entgegen dem Uhrzeigersinn um 90° und spiegelt das Molekül anschließend an einer dazu senkrechten, durch den Tetraedermittelpunkt (C-Atom) verlaufenden Ebene, so bringt man das Molekül mit sich selbst zur Deckung, d.h. $S_4 = \sigma_h \circ C_4$ ist eine Deckoperation des CH_4-Moleküls. Ebenso ist $S_4^3 = (\sigma_h \circ C_4)^3 = \sigma_h^3 \circ C_4^3 = \sigma_h \circ C_4^3$ eine Symmetrieoperation. Sie entspricht einer Drehung von 270° um die S_4-Achse mit anschließender Spiegelung an

---

[12] Die Symmetrieoperationen C_6^i und σ_h sind *vertauschbar:* $C_6^i \circ \sigma_h = \sigma_h \circ C_6^i$. Allgemein gilt: eine Drehsymmetrieoperation C_n ist mit einer Spiegelung σ *vertauschbar*, wenn die Drehachse *senkrecht* auf der Spiegelungsebene steht.

54

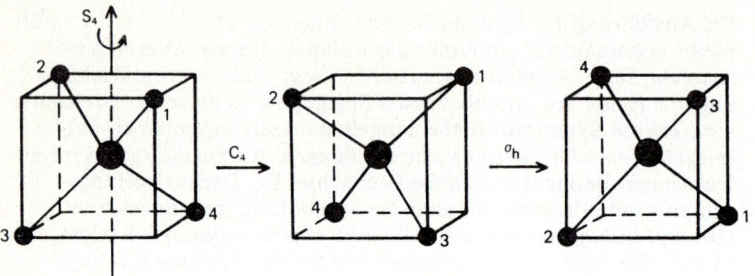

Abb. 18 4-zählige Drehspiegelungsachse des Methan-Moleküls

einer dazu senkrechten, durch den Tetraedermittelpunkt verlaufenden Ebene σ_h. *Man beachte jedoch, daß weder C_4 noch σ_h für sich genommen Symmetrieoperationen des Methanmoleküls sind. Die S_4-Achse ist daher keine C_4-Achse!*

b) Das Äthanmolekül C_2H_6 besitzt in der sog. *gestaffelten* Konformation (Abb. 19) eine 6-zählige Drehspiegelungsachse S_6, die mit der 3-zähligen Hauptdrehachse C_3 zusammenfällt. Jede der beiden CH_3-Gruppen hat die Gestalt einer *trigonalen Pyramide*. In der *gestaffelten* Stellung sind die beiden Gruppen um 60° gegeneinander verdreht. Die Hauptdrehachse C_3 liegt in der Verbindungslinie der beiden Kohlenstoffatome und gibt zu den drei Drehungen E, C_3 und C_3^2 Anlaß (die Drehwinkel sind der Reihe nach: 0° bzw. 360°, 120°, 240°). Diese Achse ist zugleich eine 6-zählige Drehspiegelungsachse S_6, der die folgenden drei Drehspiegelungen zugeordnet werden:

$$S_6 = \sigma_h \circ C_6, \quad S_6^3 = \sigma_h \circ C_6^3 = \sigma_h \circ C_2, \quad S_6^5 = \sigma_h \circ C_6^5 \ .$$

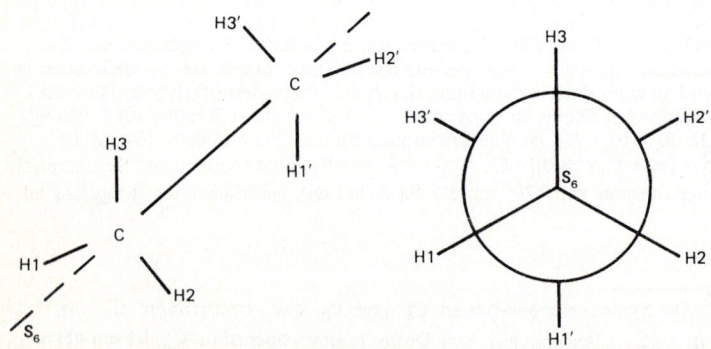

Abb. 19 Kerngerüst des Äthanmoleküls in der *gestaffelten* Konformation (Abb. links: räumliche Darstellung; Abb. rechts: Blick in Richtung der C-C-Achse)

Sie entsprechen Drehungen um $60°$, $180°$, $300°$ mit einer sich anschließenden Spiegelung an einer Ebene, die senkrecht zur S_6-Achse durch die Mitte der C-C-Verbindungsstrecke verläuft. *Wiederum sind weder* σ_h *noch* C_6, C_6^3, C_6^5 *für sich genommen Symmetrieoperationen des Äthanmoleküls!*

Abschließend wollen wir noch folgende Sonderfälle festhalten:

(1) Eine einzählige Drehspiegelungsachse S_1 ist immer mit der Spiegelungsebene σ_h identisch;

(2) eine 2-zählige Drehspiegelungsachse S_2 ist stets dem Inversionszentrum i äquivalent (vgl. hierzu den folgenden Abschnitt).

4. Moleküle mit Inversionszentrum

Die Symmetrieoperationen eines Moleküls lassen *mindestens* einen Punkt des Raumes fest. Bleibt *genau ein* Punkt fest, so bezeichnet man diesen Punkt als *Symmetriezentrum* des Moleküls.

Beispiele: a) Das NH_3-Molekül besitzt *kein* Symmetriezentrum, da alle Punkte der C_3-Achse fest bleiben (denn die drei σ_v-Ebenen enthalten ja ebenfalls die C_3-Achse).

b) Dagegen besitzt das Benzolmolekül C_6H_6 ein Symmetriezentrum (Mittelpunkt des regulären Sechsecks). Es ist der Schnittpunkt der Hauptdrehachse mit der Molekülebene.

Bei vielen Molekülen ist die *Punktspiegelung* am Symmetriezentrum eine Deckoperation, die man als *Inversion* i bezeichnet[13]. Das Symmetriezentrum heißt dann *Inversionszentrum*. Es repräsentiert das zur Inversion i gehörende Symmetrieelement i. Nicht jedes Symmetriezentrum ist jedoch zugleich auch Inversionszentrum, wie man den folgenden Beispielen entnehmen kann.

Beispiele: a) NH_3 besitzt *kein* Symmetriezentrum. Daher kann es auch *kein* Inversionszentrum geben.

b) Der Schwerpunkt eines gleichseitigen Dreiecks ist zwar Symmetriezentrum, jedoch *kein* Inversionszentrum, da die Punktspiegelung am Symmetriezentrum das Dreieck *nicht* mit sich selbst zur Deckung bringt (vgl. Abb. 20).

c) Beim Benzolring C_6H_6 ist das Symmetriezentrum zugleich auch Inversionszentrum.

---

[13] Punktspiegelung am Nullpunkt eines kartesischen Koordinatensystems führt den Punkt $P(x, y, z)$ in den Punkt $P'(-x, -y, -z)$ über.

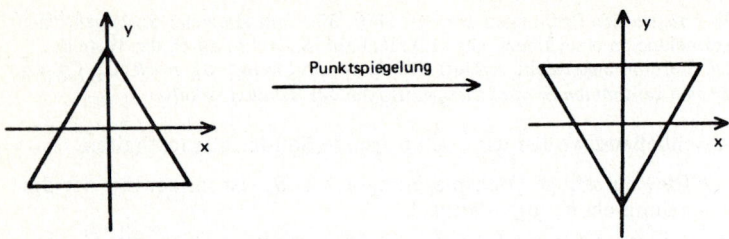

Abb. 20 Punktspiegelung eines gleichseitigen Dreiecks

Wir werden in den folgenden Abschnitten sehen, daß die *Symmetriegruppen* von Molekülen mit einem *Inversionszentrum* besonders einfach dargestellt werden können.

5. Definition der Symmetriegruppe

Nachdem wir nun in den vorangegangenen Abschnitten eingehend die möglichen Symmetrieelemente der Moleküle erforscht haben, gehen wir nun an die wichtige Aufgabe heran, die *Symmetriegruppen* der Moleküle zu bestimmen. Wir werden sehen, daß diese Symmetriegruppen Untergruppen einer umfassenderen Gruppe von Bewegungen, der sog. *orthogonalen Gruppe*, sind.

Definition: *Die orthogonale Gruppe oder Kugeldrehspiegelgruppe[14] enthält alle Abbildungen des Raumes auf sich mit den beiden folgenden Eigenschaften:*

(a) es bleibt ein Punkt des Raumes fest, d. h. es gibt genau einen Punkt, dessen Lage invariant ist gegenüber allen Abbildungen;

(b) die Abbildungen sind längen- und winkeltreu.

Dabei lassen sich die zur orthogonalen Gruppe gehörenden Abbildungen in drei Klassen einteilen:

(I): Sie enthält alle Drehungen $C(\varphi)$ *um durch den festen Raumpunkt* P *gehende Drehachsen;*

---

[14]. Die orthogonale Gruppe kann auch wie folgt definiert werden: sie enthält als Elemente alle Symmetrieoperationen (Drehungen, Spiegelungen und Drehspiegelungen), die eine Kugel in sich überführen. Der Mittelpunkt der Kugel behält dabei als einziger Punkt des Raumes unverändert seine Lage. Daher bezeichnet man die orthogonale Gruppe häufig auch als Kugeldrehspiegelgruppe.

(II): in ihr werden alle Spiegelungen σ an einer durch P gehenden Spiegelungsebene zusammengefaßt;

(III): sie enthält alle Drehspiegelungen, die durch eine Drehung C(φ) um eine durch P gehende Drehachse und anschließender Spiegelung an einer durch P gehenden und senkrecht zur Drehachse C(φ) orientierten Spiegelungsebene gewonnen werden können.

Wir sind nun in der Lage, die Symmetriegruppe eines Moleküls zu definieren.

Definition: *Die Symmetriegruppe eines Moleküls enthält alle Deckoperationen (Symmetrieoperationen) des Moleküls, d. h. alle Abbildungen des Raumes auf sich, die*

(a) mindestens einen Punkt des Moleküls festlassen,

(b) längen- und winkeltreu sind, und

(c) das Kerngerüst des Moleküls in sich überführen.

Aus der Definition folgt sofort, daß die Symmetriegruppen der Moleküle stets *Untergruppen der Kugeldrehspiegelgruppe* sind. Ferner ist die Drehsymmetriegruppe eines Moleküls stets Untergruppe der Symmetriegruppe des Moleküls, denn sie enthält ja nur die Drehsymmetrieoperationen des Moleküls. Schließlich ist die Kugeldrehgruppe selbst eine Untergruppe der Kugeldrehspiegelgruppe.

Um die Symmetriegruppe eines gegebenen Moleküls zu bestimmen, verfährt man zweckmäßigerweise wie folgt: zunächst bestimmt man sämtliche Symmetrieelemente, d. h. man stellt fest, welche Drehachsen, Spiegelungsebenen und Drehspiegelungsachsen das Molekül besitzt. Die Bezeichnungsweise der Symmetrieelemente und daher auch die der zugeordneten Symmetrieoperationen orientiert sich an der Drehachse höchster Zähligkeit (Hauptdrehachse). Hat man alle Symmetrieelemente des Moleküls bestimmt, so folgen daraus sofort die einzelnen Symmetrieoperationen. Die Kennzeichnung der Gruppe ist, wie wir später sehen werden, *eindeutig* durch ihre Symmetrieelemente bestimmt.

Beispiel: Die Drehsymmetriegruppe und die Symmetriegruppe des (planaren) Borazol-Moleküls ist zu bestimmen (vgl. Abb. 21). Zunächst bestimmen wir die Symmetrieelemente.

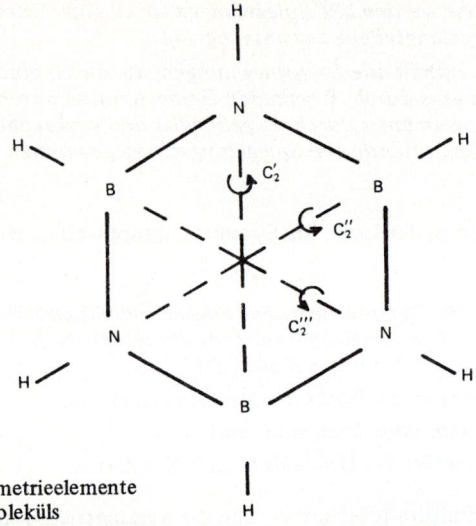

Abb. 21 Symmetrieelemente
des Borazol-Moleküls

Drehachsen: eine 3-zählige Hauptdrehachse C_3. Sie verläuft senkrecht zur
Molekülebene durch den Mittelpunkt (und ist vertikal orientiert);

drei 2-zählige Drehachsen (C_2', C_2'', C_2''') in der Molekülebene, die durch diametral liegende N-, B-Atome gehen;

weitere Drehachsen existieren nicht.

Spiegelungsebenen: die Molekülebene ist Spiegelungsebene (σ_h);

drei vertikale Spiegelungsebenen (σ_v', σ_v'', σ_v'''), die jeweils eine der drei 2-zäh-
ligen Drehachsen sowie die C_3-Achse enthalten;

weitere Spiegelungsebenen existieren nicht.

Drehspiegelungsachsen: es existiert genau eine 3-zählige Drehspiegelungsachse
(S_3), die mit der Hauptdrehachse zusammenfällt;

weitere Drehspiegelungsachsen existieren nicht.

Damit ergeben sich folgende Symmetrieoperationen:

Drehsymmetrieoperationen: E, C_3, C_3^2, C_2', C_2'', C_2''';

Spiegelungen [15]: σ_v', σ_v'', σ_v''';

Drehspiegelungen [15]: $\sigma_h \circ C_3$, $\sigma_h \circ C_3^2$, $\sigma_h \circ E = \sigma_h$.

---

[15] Die Spiegelung an der horizontalen Molekülebene (σ_h) rechnet man verabredungsgemäß den Drehspiegelungen zu ($\sigma_h \circ E = \sigma_h$).

Die *Drehsymmetriegruppe* des Borazol-Moleküls ist daher die Gruppe

$$D_3 = [E, C_3, C_3^2, C_2', C_2'', C_2'''] \quad \text{(Ordnung 6)};$$

die *Symmetriegruppe* (sie wird aus später noch ersichtlichen Gründen mit D_{3h} bezeichnet) enthält dagegen doppelt soviele Symmetrieoperationen als Elemente:

$$D_{3h} = [E, C_3, C_3^2, C_2', C_2'', C_2''', \sigma_v', \sigma_v'', \sigma_v''', \sigma_h, \sigma_h \circ C_3, \sigma_h \circ C_3^2]$$
$$\text{(Ordnung 12)}.$$

6. Die Symmetriegruppen der Moleküle mit Inversionszentrum

Bei einem Molekül mit *Inversionszentrum* lassen sich sämtlich Spiegelungen und Drehspiegelungen auch aus der Inversion i und den sog. *Drehinversionen* $i \circ C_k$ ($C_k \neq E$)[16] erzeugen. *Drehinversionen* nennt man alle Deckoperationen, die durch Hintereinanderausführung einer Drehsymmetrieoperation C_k und einer sich anschließenden Inversion i erzeugt werden. Damit besitzen wir für Moleküle mit einem Inversionszentrum *zwei* Möglichkeiten, die Symmetrieelemente auszuwählen: *entweder* bestimmen wir die Drehachsen, Spiegelungsebenen und Drehspiegelungsachsen und aus ihnen die zugehörigen Deckoperationen (Drehungen, Spiegelungen, Drehspiegelungen) *oder* wir bestimmen die Drehachsen, das Inversionszentrum und damit das Drehinversionszentrum mit den zugehörigen Symmetrieoperationen (Drehungen, Inversion, Drehinversionen). Beide Wege führen zum gleichen Ergebnis.

Satz: *Die Symmetriegruppe eines Moleküls mit Inversionszentrum läßt sich als direktes Produkt der Drehsymmetriegruppe des Moleküls und der Gruppe* $C_i = [E, i]$ *darstellen.*

Damit genügt es, bei Molekülen mit Inversionszentrum die Drehachsen zu bestimmen. Die Symmetriegruppe des Moleküls enthält dann sämtliche Drehsymmetrieoperationen C_k, die Inversion i sowie sämtliche Drehinversionen $i \circ C_k$ ($C_k \neq E$).

Beispiel: Das Äthylen-Molekül C_2H_4 besitzt ein Inversionszentrum (Mitte der Verbindungsstrecke der beiden C-Atome) (vgl. Abb. 22).

---

[16] Inversion i und Drehung C_k sind stets vertauschbar: $i \circ C_k = C_k \circ i$.

60

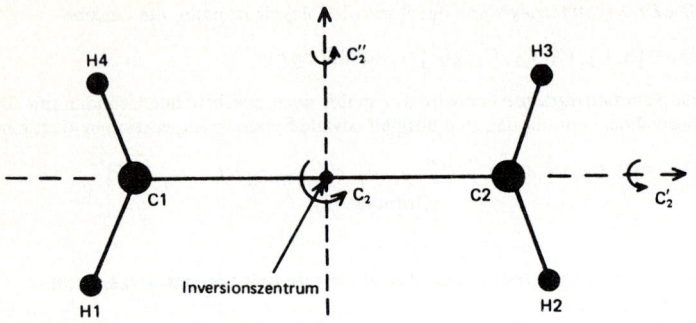

Abb. 22 Symmetrieelemente des Äthylen-Moleküls

Wir schlagen zur Bestimmung der Symmetriegruppe des C_2H_4-Moleküls zunächst den zuerst skizzierten Weg ein, d. h. wir bestimmen sämtliche Drehachsen, Spiegelungsebenen und Drehspiegelungsachsen und aus ihnen die zugehörigen Symmetrieoperationen.

Drehachsen: drei 2-zählige paarweise aufeinander senkrecht stehende Drehachsen (C_2, C_2', C_2''):

C_2 verläuft senkrecht zur Molekülebene und halbiert die Verbindungsstrecke der beiden C-Atome (wir bestimmen C_2 zur Hauptdrehachse);

C_2' verläuft in der Molekülebene durch die beiden C-Atome;

C_2'' liegt in der Molekülebene, halbiert die Verbindungsstrecke der beiden C-Atome und verläuft senkrecht zu den Achsen C_2 und C_2'.

Spiegelungsebenen: Molekülebene σ_h;

zwei vertikale Spiegelungsebenen (σ_v', σ_v''), die C_2' bzw. C_2'' enthalten und senkrecht zu σ_h stehen.

Drehspiegelungsachsen: eine 2-zählige Drehspiegelungsachse S_2, die mit der Hauptdrehachse C_2 zusammenfällt.

Damit ergeben sich die folgenden Symmetrieoperationen:

E, C_2, C_2', C_2'', σ_v', σ_v'', $\sigma_h \circ C_2$, $\sigma_h \circ E = \sigma_h$.

Wir schlagen nun zur Bestimmung der Symmetrieoperationen von C_2H_4 den zweiten Weg ein. Da die Drehsymmetriegruppe D_2 des C_2H_4-Moleküls die Deckoperationen $[E, C_2, C_2', C_2'']$ enthält, ergibt sich die Symmetriegruppe des Moleküls als das direkte Produkt

$$D_2 \times C_i = [E, C_2, C_2', C_2''] \times [E, i] = [E, C_2, C_2', C_2'', E \circ i = i, C_2 \circ i, C_2' \circ i, C_2'' \circ i].$$

Daß die auf verschiedene Arten gefundenen Gruppen identisch sind, ergibt sich aus der Gleichheit der folgenden Elemente:

$\sigma_v' = C_2'' \circ i$; $\qquad \sigma_v'' = C_2' \circ i$; $\quad \sigma_h \circ C_2 = i$; $\quad \sigma_h = C_2 \circ i$.

Wir zeigen exemplarisch die Richtigkeit der Beziehung $\sigma'_v = i \circ C''_2$:

σ'_v:

$$\overset{4}{\diagdown}C = C\overset{3}{\diagup} \quad \overset{\sigma'_v}{\longrightarrow} \quad \overset{1}{\diagdown}C = C\overset{2}{\diagup}$$

$i \circ C''_2$:

$$\overset{4}{\diagdown}C = C\overset{3}{\diagup} \quad \overset{C''_2}{\longrightarrow} \quad \overset{3}{\diagdown}C = C\overset{4}{\diagup} \quad \overset{i}{\longrightarrow} \quad \overset{1}{\diagdown}C = C\overset{2}{\diagup}$$

Ebenso zeigt man die Gültigkeit der übrigen Beziehungen.

7. Die Molekülsymmetriegruppen (Punktgruppen der Moleküle)

Besitzt ein Molekül außer Drehachsen keine weiteren Symmetrieelemente, so ist die Molekülsymmetriegruppe mit der Drehsymmetriegruppe des Moleküls identisch.
Wir geben einige Beispiele:

Symmetriegruppe C_n $(n = 1, 2, \ldots)$

$C_1 = [E]$ ist die Symmetriegruppe eines *völlig unsymmetrischen* Moleküls wie z.B. CHC1BrJ (durch Substitution aus Methan entstanden).

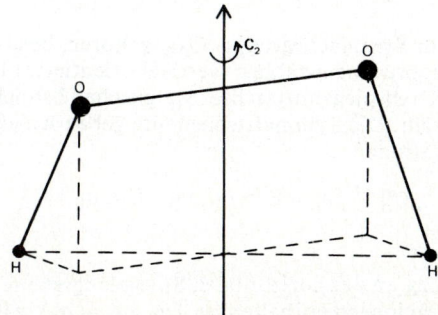

Abb. 23 Wasserstoffperoxid H_2O_2 mit C_2-Symmetrieachse

Moleküle, die genau eine 2-zählige Drehachse C_2, aber *keine* weiteren Symmetrieelemente besitzen, gehören zur Symmetriegruppe $C_2 = [E, C_2]$. Beispiele hierfür liefern Wasserstoffperoxid H_2O_2 (Abb. 23) und H_2S_2.

Symmetriegruppe D_n (n = 2, 3, . . .)

Zur Symmetriegruppe $D_2 = [E, C_2, C_2', C_2'']$ gehören alle diejenigen Moleküle, die außer drei paarweise senkrecht aufeinander stehenden 2-zähligen Drehachsen keine weiteren Symmetrieelemente besitzen. Ein Beispiel hierfür ist das Äthylen-Molekül C_2H_4 in einem *angeregten* Zustand, in dem die Molekülsymmetrie im Gegensatz zum Grundzustand nicht mehr planar ist (im Grundzustand gehört Äthylen zur Symmetriegruppe D_2h, vgl. hierzu auch Abb. 22).

Im folgenden genügt es daher, nur noch solche Moleküle zu betrachten, die außer Drehachsen mindestens noch ein weiteres von einer Drehachse verschiedenes Symmetrieelement besitzen.

a) Moleküle mit einer Drehachse C_n und weiteren Symmetrieelementen

Wir behandeln zunächst Moleküle, die eine einzige n-zählige Drehachse C_n besitzen. Ihre Molekülgruppen werden mit C_{na} bezeichnet, wobei C_n ein Hinweis auf die n-zählige (Haupt-) Drehachse ist und der Index a das Vorhandensein weiterer Symmetrieelemente andeutet, die im folgenden ausführlich besprochen werden.

Symmetriegruppe C_{nh} (n = 1, 2, . . .)

Moleküle, die zur Symmetriegruppe C_{nh} gehören, besitzen als Symmetrieelemente eine n-zählige (vertikal orientierte) Drehachse C_n sowie eine Drehspiegelungsachse S_n gleicher Zähligkeit, die mit C_n zusammenfällt. Die Symmetrieelemente geben Anlaß zu den 2n Symmetrieoperationen

$$E, C_n, C_n^2, \ldots, C_n^{n-1}, \sigma_h \circ E = \sigma_h, \sigma_h \circ C_n, \sigma_h \circ C_n^2,$$
$$\ldots, \sigma_h \circ C_n^{n-1} \tag{25}.$$

Da die Spiegelung an der horizontalen Spiegelungsebene σ_h bereits in den Drehspiegelungen enthalten ist ($\sigma_h \circ E = \sigma_h$), zählt man i. a. diese horizontale Spiegelungsebene *nicht* zu den die Gruppe erzeugenden Symmetrieelementen. Der Index h im Gruppensymbol C_{nh} ist als Hinweis darauf zu verstehen, daß alle Symmetrieoperationen als Drehungen C_n oder als „Produkte" aus einer solchen Drehung und einer sich anschließenden Spiegelung an einer *horizontalen* Ebene darstellbar sind.

Die Gruppe C_{nh} ist *abelsch*. Moleküle der Symmetriegruppe C_{nh} gehören zur Drehsymmetriegruppe C_n.

Die Gruppe C_{nh} läßt sich auch als direktes Produkt der beiden Gruppen C_n und $C_s = [E, \sigma_h]$ darstellen:

$$C_{nh} = C_n \times C_s = [E, C_n, C_n^2, \ldots, C_n^{n-1}] \times [E, \sigma_h] =$$
$$= [E, C_n, \ldots, C_n^{n-1}, \sigma_h, C_n \circ \sigma_h, \ldots, C_n^{n-1} \circ \sigma_h] \qquad (26).$$

Offensichtlich gehören alle Moleküle, die außer einer einzigen n-zähligen vertikalen Drehachse C_n noch eine horizontale Spiegelungsebene σ_h besitzen, zur Symmetriegruppe C_{nh}.

Beispiele: a) Die Gruppe C_{1h} enthält die Elemente E und σ_h und wird häufig auch mit C_s bezeichnet:

$$C_{1h} = C_s = [E, \sigma_h].$$

Ein Beispiel für ein Molekül der Symmetriegruppe $C_{1h} = C_s$ stellt das folgende Isomer des substituierten Benzolrings, C_6H_4ClF, dar (vgl. Abb. 24):

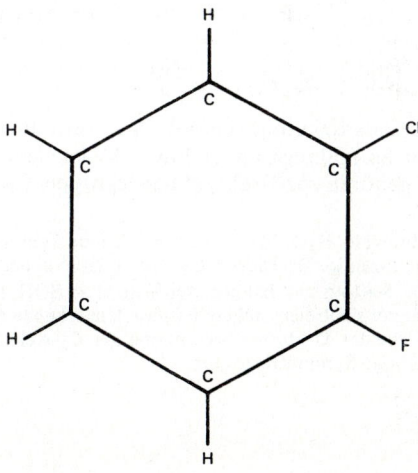

Abb. 24 Kerngerüst des substituierten Benzolrings $1,2 - C_6H_4ClF$

64

b) Ein geeignetes Beispiel für C_{2h}-Symmetrie liefert das Dichloräthylen-Molekül in der *Trans*-Stellung (*trans*-$C_2H_2Cl_2$, Abb. 25). Dieses *planare* Molekül besitzt eine 2-zählige Drehachse C_2, die senkrecht zur Molekülebene durch die Mitte der Verbindungsstrecke beider C-Atome verläuft. Ferner ist die Molekülebene selbst Spiegelungsebene (σ_h). Die Symmetriegruppe des *trans*-$C_2H_2Cl_2$ ist somit

$$C_{2h} = C_2 \times C_s = [E, C_2] \times [E, \sigma_h] = [E, C_2, \sigma_h, C_2 \circ \sigma_h].$$

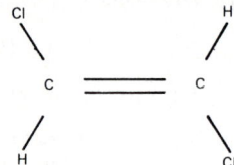

Abb. 25 Kerngerüst des *Trans*-Dichloräthylen-Moleküls *trans*-$C_2H_2Cl_2$

Symmetriegruppe C_{nv} $(n = 2, 3, \ldots)$

Moleküle, die zur Symmetriegruppe C_{nv} gehören, besitzen als Symmetrieelemente eine n-zählige (vertikale) Drehachse C_n sowie insgesamt n vertikale, die Drehachse C_n enthaltende Spiegelungsebenen $\sigma'_v, \sigma''_v, \ldots, \sigma^{(n)}_v$. Diese geben zu 2n Symmetrieoperationen Anlaß:

$$E, C_n, C_n^2, \ldots, C_n^{n-1}, \sigma'_v, \sigma''_v, \ldots, \sigma^{(n)}_v \qquad (27).$$

Der Index v im Klassifizierungssymbol C_{nv} weist auf das Vorhandensein *vertikaler* Spiegelungsebenen hin[17]. Moleküle der Symmetriegruppe C_{nv} gehören zur Drehsymmetriegruppe C_n.

Beispiele: a) Die Moleküle H_2O, SO_2 besitzen folgende Symmetrieelemente (vgl. Abb. 26): eine 2-zählige Drehachse C_2 (sie verläuft in der Molekülebene durch das O- bzw. S-Atom und halbiert den Winkel $\measuredangle$ HOH bzw. $\measuredangle$ OSO) sowie zwei aufeinander senkrecht stehende Spiegelungsebenen (eine davon ist die Molekülebene), die das O- bzw. S-Atom und die C_2-Achse enthalten. Daher ist die zugehörige Symmetriegruppe

$$C_{2v} = [E, C_2, \sigma'_v, \sigma''_v].$$

---

[17] Für gerades $n \geqslant 4$ werden diese abwechselnd mit σ_v und σ_d bezeichnet.

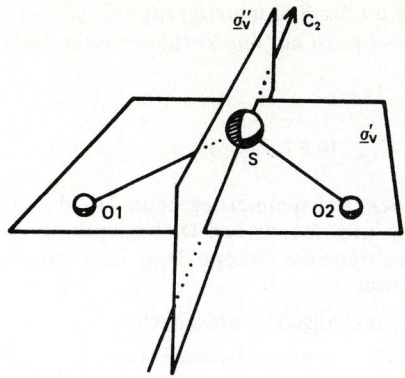

Abb. 26 Symmetrieelemente des SO_2-Moleküls

b) Das Ammoniakmolekül NH_3 besitzt als Symmetrieelemente eine 3-zählige Drehachse C_3 sowie drei Spiegelungsebenen (σ_v', σ_v'', σ_v'''), die C_3 enthalten und durch jeweils ein H-Atom und die gegenüberliegende Seitenmitte verlaufen (vgl. hierzu Abb. 2 und 3). Die Symmetriegruppe ist also

$$C_{3v} = [E, C_3, C_3^2, \sigma_v', \sigma_v'', \sigma_v'''].$$

Symmetriegruppe $C_{\infty v}$

Lineare Moleküle *ohne* Inversionszentrum besitzen neben der ∞-zähligen Drehachse C_∞ (die mit der Molekülachse identisch ist) noch beliebig viele Spiegelungsebenen, die alle die C_∞-Drehachse enthalten. Die aus diesen Symmetrieelementen erzeugte Symmetriegruppe wird mit $C_{\infty v}$ bezeichnet (der Index v ist ein Hinweis auf das Vorhandensein *vertikaler* Spiegelungsebenen). Die Ordnung dieser Gruppe ist unendlich. Die zugehörige Drehsymmetriegruppe ist die Untergruppe C_∞.

Beispiel: Die linearen Moleküle CO, HCN gehören zur Symmetriegruppe $C_{\infty v}$ (vgl. Abb. 6a, 6b). So ist z. B. jede C_∞ enthaltende Ebene zugleich Spiegelungsebene dieser beiden Moleküle.

b) **Moleküle mit einer vertikalen Hauptdrehachse C_n und n horizontalen 2-zähligen Drehachsen**

Moleküle, die eine n-zählige (vertikal orientierte) Hauptdrehachse C_n und insgesamt n horizontale 2-zählige Drehachsen C_2', C_2'', ..., $C_2^{\left(\frac{n}{2}\right)}$

besitzen, gehören zu der Symmetriegruppe $D_{n\alpha}$. Der Index α im
im Gruppensymbol weist auf das Vorhandensein weiterer Symmetrieelemente hin.

Symmetriegruppe D_{nh} $(n = 2, 3, \ldots)$

Sie entsteht aus der Drehsymmetriegruppe D_n durch Hinzunahme
bestimmter Spiegelungsebenen und Drehspiegelungsachsen. Moleküle,
deren Symmetriegruppe die Gruppe D_{nh} ist, besitzen die folgenden
Symmetrieelemente:

eine (vertikale) n-zählige Hauptdrehachse C_n;

n (horizontale) 2-zählige Drehachsen $C_2', C_2'', \ldots, C_2^{(n)}$;

eine (vertikale) Drehspiegelungsachse S_n (sie fällt mit der Hauptdrehachse C_n zusammen);

n (vertikale) Spiegelungsebenen $\sigma_v', \sigma_v'', \ldots, \sigma_v^{(n)}$ die jeweils eine
der insgesamt n C_2-Drehachsen enthalten[18].

Daher gibt es insgesamt 4n Symmetrieoperationen:

$$D_{nh} = [E, C_n, \ldots, C_n^{n-1}, C_2', C_2'', \ldots, C_2^{(n)}, \sigma_h, \sigma_h \circ C_n, \ldots,$$
$$\sigma_h \circ C_n^{n-1}, \sigma_v', \sigma_v'', \ldots, \sigma_v^{(n)}] \tag{28}.$$

Der Index h im Gruppensymbol D_{nh} ist ein Hinweis auf eine *horizontale* Spiegelung σ_h, die hier jedoch als eine Symmetrieoperation
der Drehspiegelungsachse S_n erscheint ($E \circ \sigma_h = \sigma_h$).
Die Symmetriegruppe D_{nh} läßt sich auch als direktes Produkt
schreiben:

$$D_{nh} = D_n \times C_s = D_n \times [E, \sigma_h] \tag{29}.$$

Ist n geradzahlig, so ist die Inversion i eine zur Gruppe D_{nh} gehörende Symmetrieoperation. In diesem Falle läßt sich D_{nh} auch
in der Form

$$D_{nh} = D_n \times C_i = D_n \times [E, i] \qquad (n = gerade) \tag{30}$$

darstellen.

---

[18] Für gerades $n \geqslant 4$ werden die vertikalen Spiegelungsebenen abwechselnd
mit σ_v und σ_d bezeichnet.

Beispiele: a) Das Äthylen-Molekül C_2H_4 (planar) gehört zur Drehsymmetriegruppe D_2 (die Hauptdrehachse C_2 wird i.a. senkrecht zur Molekülebene gewählt) (vgl. auch Abb. 22). C_2H_4 besitzt als weitere Symmetrieelemente eine Drehspiegelungsachse S_2, die mit C_2 zusammenfällt sowie zwei vertikale C_2' bzw. C_2'' enthaltende Spiegelungsebenen σ_v', σ_v''. Die Symmetriegruppe von C_2H_4 ist daher:

$$D_{2h} = [E, C_2, C_2', C_2'', \sigma_h, \sigma_h \circ C_2, \sigma_v', \sigma_v''].$$

Da das C_2H_4-Molekül ein Inversionszentrum besitzt (Mitte der Verbindungsstrecke der beiden C-Atome), läßt sich die Gruppe D_{2h} auch in der Form

$$D_{2h} = D_2 \times C_i = [E, C_2, C_2', C_2''] \times [E, i]$$

darstellen.

b) Das zur Drehsymmetriegruppe D_4 gehörende Quadrat besitzt noch vier Spiegelungsebenen, die alle die C_4-Achse enthalten und durch gegenüberliegende Seitenmitten bzw. durch die Flächendiagonalen verlaufen (vgl. Abb. 8). Die C_4-Achse ist zugleich auch Drehspiegelungsachse (S_4). Die Symmetriegruppe des Quadrates ist daher

$$D_{4h} = [E, C_4, C_4^2, C_4^3, C_2', C_2'', \dot{C}_2, \ddot{C}_2, \sigma_h, \sigma_h \circ C_4, \sigma_h \circ C_4^2, \sigma_h \circ C_4^3,$$

$$\sigma_v', \sigma_v'', \dot{\sigma}_v, \ddot{\sigma}_v]$$

(Statt $\dot{\sigma}_v$, $\ddot{\sigma}_v$ können wir auch $\dot{\sigma}_d$, $\ddot{\sigma}_d$ schreiben).
Andererseits besitzt das Quadrat ein Inversionszentrum (Schnittpunkt der Flächendiagonalen). Daher erhält man die Symmetriegruppe des Quadrates auch als direktes Produkt der beiden Gruppen D_4 und C_i:

$$D_{4h} = D_4 \times C_i.$$

c) Der Benzolring C_6H_6 gehört zur Symmetriegruppe D_{6h}, da neben der 6-zähligen Hauptdrehachse C_6 (vertikal) noch folgende Symmetrieelemente auftreten (vgl. Abb. 9, 15):

sechs horizontale 2-zählige Drehachsen C_2', C_2'', C_2''', $\dot{C}_2$, $\ddot{C}_2$, $\dddot{C}_2$;

eine 6-zählige Drehspiegelungsachse S_6 (sie fällt mit der Hauptdrehachse C_6 zusammen);

sechs vertikale Spiegelungsebenen σ_v', σ_v'', σ_v''', $\dot{\sigma}_v$, $\ddot{\sigma}_v$, $\dddot{\sigma}_v$, die alle C_6 sowie eine der sechs 2-zähligen Drehachsen enthalten.

Die insgesamt 24 Symmetrieoperationen des Benzolrings bilden daher die folgende Symmetriegruppe:

$$D_{6h} = [E, C_6, C_6^2, C_6^3, C_6^4, C_6^5, C_2', C_2'', C_2''', \dot{C}_2, \ddot{C}_2, \dddot{C}_2, \sigma_h, \sigma_h \circ C_6,$$

$$\sigma_h \circ C_6^2, \sigma_h \circ C_6^3, \sigma_h \circ C_6^4, \sigma_h \circ C_6^5, \sigma_v', \sigma_v'', \sigma_v''', \dot{\sigma}_v, \ddot{\sigma}_v, \dddot{\sigma}_v]$$

(Statt $\dot{\sigma}_v$, $\ddot{\sigma}_v$, $\dddot{\sigma}_v$ können wir auch $\dot{\sigma}_d$, $\ddot{\sigma}_d$, $\dddot{\sigma}_d$ schreiben).

Die Gruppenelemente lassen sich aber auch aus der Darstellung

$$D_{6h} = D_6 \times C_i$$

gewinnen, da der Molekülmittelpunkt zugleich auch Inversionszentrum ist.

Symmetriegruppe D_{nd} $(n = 2, 3, \ldots)$

Die zur Symmetriegruppe D_{nd} gehörenden Moleküle besitzen als Symmetrieelemente:

eine vertikale n-zählige Hauptdrehachse C_n;

n horizontale 2-zählige Drehachsen $C_2', C_2'', \ldots, C_2^{(n)}$;

n vertikale Spiegelungsebenen $\underline{\sigma}_d', \underline{\sigma}_d'', \ldots, \underline{\sigma}_d^{(n)}$, die jeweils den Winkel zwischen zwei benachbarten C_2-Achsen halbieren und die C_n-Achse enthalten;

eine vertikale 2n-zählige Drehspiegelungsachse S_{2n}.

Da die Drehungen $E, C_n, C_n^2, \ldots, C_n^{n-1}$ bereits als Potenzen der Drehspiegelung $S_{2n} = \sigma_h \circ C_{2n}$ auftreten, läßt man i. a. die Drehachse C_n als Symmetrieelement fort. Der Symmetriegruppe D_{nd} liegen damit als erzeugende Symmetrieelemente zugrunde:

eine vertikale 2n-zählige Drehspiegelungsachse S_{2n}. Sie gibt Anlaß zu den 2n Symmetrieoperationen

$$S_{2n} = \sigma_h \circ C_{2n}, \; S_{2n}^2 = (\sigma_h \circ C_{2n}) \circ (\sigma_h \circ C_{2n}) = C_{2n}^2 = C_n,$$

$$S_{2n}^3 = \sigma_h \circ C_{2n}^3, \ldots, S_{2n}^{2n} = E;$$

n horizontale 2-zählige Drehachsen $C_2', C_2'', \ldots, C_2^{(n)}$; sie geben zu n Drehungen $C_2', C_2'', \ldots, C_2^{(n)}$ Anlaß;

n vertikale Spiegelungsebenen $\underline{\sigma}_d', \underline{\sigma}_d'', \ldots, \underline{\sigma}_d^{(n)}$, die die Drehspiegelungsachse S_{2n} enthalten und jeweils den Winkel zwischen zwei benachbarten C_2-Achsen halbieren. Zu ihnen gehören die gleichlautenden Spiegelungen $\sigma_d', \sigma_d'', \ldots, \sigma_d^{(n)}$.

Die Gruppe D_{nd} besitzt die Ordnung 4n. Ihr Index d weist auf die Existenz von Spiegelungsebenen hin, die den Winkel benachbarter C_2-Achsen halbieren („*dihedral*").
Für ungerades n enthält die Gruppe D_{nd} die Inversion i als Gruppenelement. Man kann daher diese Gruppe in diesem Falle auch in der Form

$$D_{nd} = D_n \times C_i \qquad \text{(n = ungerade)} \qquad (31)$$

darstellen.

Beispiel: Beim Cyclohexan-Molekül C_6H_{12} in der sog. „Sesselform" liegen die C-Atome abwechselnd über und unter den Ecken eines regulären Sechsecks (vgl. Abb. 27).
Das Molekül besitzt eine 3-zählige vertikale Hauptdrehachse C_3, eine mit ihr zusammenfallende 6-zählige Drehspiegelungsachse S_6, drei horizontale 2-zählige Drehachsen C_2', C_2'', C_2''' (jeweils durch gegenüberliegende Seitenmitten) und drei vertikale Spiegelungsebenen $\underline{\sigma}_d'$, $\underline{\sigma}_d''$, $\underline{\sigma}_d'''$ (durch jeweils gegenüberliegende C-Atome). Die Symmetriegruppe ist daher D_{3d}. Das Cyclohexan-Molekül in „Sesselform" besitzt ein Inversionszentrum (Mittelpunkt des regulären Sechsecks). Daher läßt sich die Symmetriegruppe auch in der Form

$$D_{3d} = D_3 \times C_i$$

darstellen.

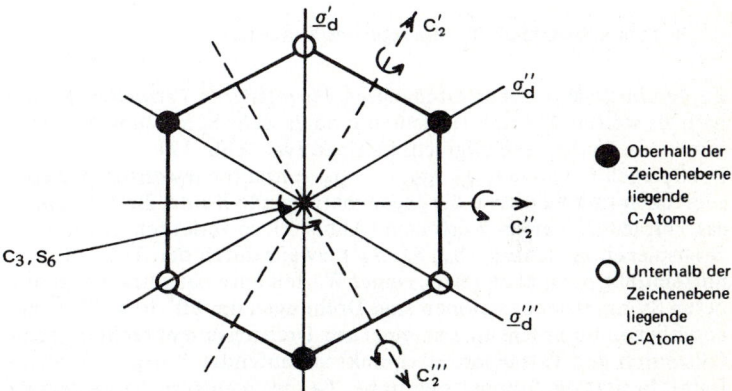

Abb. 27 Symmetrieelemente des Cyclohexan-Moleküls in der sog. „Sesselform"

Symmetriegruppe $D_{\infty h}$

Lineare Moleküle mit einem Inversionszentrum besitzen folgende Symmetrieelemente:

eine ∞-zählige Hauptdrehachse (Molekülachse) C_∞;

unendlich viele 2-zählige Drehachsen, die durch die Molekülmitte senkrecht zur Hauptachse verlaufen;

eine ∞-zählige Drehspiegelungsachse (Molekülachse) S_∞;

unendlich viele vertikale Spiegelungsebenen $\underline{\sigma}'_v, \underline{\sigma}''_v, \ldots$, die alle die C_∞-Achse sowie jeweils eine der 2-zähligen Drehachsen enthalten.

Konsequenterweise bezeichnet man daher diese Gruppe mit dem Symbol $D_{\infty h}$. Sie ist von der Ordnung unendlich.

Beispiele: a) Alle Moleküle vom Typ X_2 (z. B. H_2) besitzen ein Inversionszentrum (vgl. Abb. 10). Sie gehören daher zur Symmetriegruppe $D_{\infty h}$.

b) CO_2 ist linear und besitzt in C ein Inversionszentrum (vgl. Abb. 11). Daher ist $D_{\infty h}$ die Symmetriegruppe dieses Moleküls.

c) Beim Kreis ist die durch den Mittelpunkt senkrecht zur Kreisfläche verlaufende Achse eine C_∞-Achse. *Jeder* Durchmesser repräsentiert eine 2-zählige Drehachse. Daher ist $D_{\infty h}$ die Symmetriegruppe des Kreises.

c) Die Symmetriegruppe T_d des regulären Tetraeders

Zu den insgesamt sieben Drehachsen des *regulären Tetraeders* kommen als weitere Symmetrieelemente noch sechs Spiegelungsebenen sowie drei Drehspiegelungsachsen hinzu (vgl. Abb. 12).
Die Spiegelungsebenen $\underline{\sigma}_1, \underline{\sigma}_2, \ldots, \underline{\sigma}_6$ enthalten jeweils zwei Tetraederecken und halbieren die gegenüberliegende Kante. Bettet man das Tetraeder in einen Würfel ein (Abb. 12), so verlaufen die drei Drehspiegelungsachsen (S'_4, S''_4, S'''_4) jeweils durch den Tetraedermittelpunkt parallel zu jeweils einer Würfelkante. Die ihnen zugeordneten Symmetrieoperationen sind Drehungen um 90° bzw. 270° mit anschließender Spiegelung an einer zur Drehachse senkrechten, ebenfalls durch den Tetraedermittelpunkt verlaufenden Spiegelungsebene. Damit besitzt die Symmetriegruppe T_d des regulären Tetraeders die Ordnung 24. Ihre Symmetrieoperationen sind:

$$T_d = [E, C_3, C_3^2, C_3', C_3'^2, C_3'', C_3''^2, C_3''', C_3'''^2, C_2', C_2'', C_2''', \sigma_1,$$
$$\sigma_2, \sigma_3, \sigma_4, \sigma_5, \sigma_6, S_4', S_4'^3, S_4'', S_4''^3, S_4''', S_4'''^3] \tag{32}.$$

Das Tetraeder besitzt *kein* Inversionszentrum.

Beispiel: Die Moleküle CH_4, SiH_4, SnH_4 besitzen alle ein tetraedrisches Kerngerüst, wobei sich jeweils das Zentralatom (C, Si, Sn) im Mittelpunkt des Tetraeders befindet. Die Symmetriegruppe dieser Moleküle ist daher T_d.

d) Die Symmetriegruppe O_h des regulären Oktaeders

Wir hatten bereits an früherer Stelle gesehen, daß das *reguläre Oktaeder* folgende Drehachsen besitzt (vgl. Abb. 13):

drei 4-zählige Drehachsen C_4, C_4', C_4'' durch Paare gegenüberliegender Oktaederecken;

vier 3-zählige Drehachsen C_3', C_3'', C_3''', C_3'''' durch die Mitten gegenüberliegender Oktaederseitenflächen;

sechs 2-zählige Drehachsen C_2', C_2'', ..., $C_2^{(6)}$ durch die Mitten gegenüberliegender Oktaederkanten.

Die zugehörige Drehsymmetriegruppe O enthält 24 Elemente. Da der Oktaedermittelpunkt zugleich *Inversionszentrum* ist, ergibt sich die Symmetriegruppe O_h des regulären Oktaeders als *direktes Produkt* der beiden Untergruppen O und $C_i = [E, i]$ der orthogonalen Gruppe:

$$O_h = O \times C_i = O \times [E, i] \tag{33}.$$

Die Gruppe O_h enthält demzufolge genau 48 verschiedene Symmetrieoperationen.

Beispiele: a) Das SF_6-Molekül besitzt Oktaederstruktur (vgl. Abb. 14). Die Symmetriegruppe dieses Moleküls ist daher O_h.

b) Die Komplex-Ionen

$$[Ti(H_2O)_6]^{3+}, \quad [CoF_6]^{3-}, \quad [Fe(CN)_6]^{3-}$$

besitzen alle O_h-Symmetrie. So befinden sich z. B. im Ion $[CoF_6]^{3-}$ die Fluor-Atome an den Ecken eines regulären Oktaeders, während das Cobalt-Atom im Inversionszentrum (Mittelpunkt des Oktaeders) sitzt.

e) Symmetriegruppe S_n $(n = 2, 4, 6, ...)$

Das *einzige* Symmetrieelement dieser Punktgruppe ist eine n-zählige Drehspiegelungsachse S_n, der die folgenden n Symmetrieoperationen zugeordnet werden:

$$E, S_n, S_n^2 = C_{n/2}, S_n^3, S_n^4 = C_{n/2}^2, ... S_n^{n-1} \tag{34}.$$

Diese bei Molekülen relativ selten auftretende Symmetriegruppe ist *zyklisch* (erzeugendes Element: S_n). Die *geraden* Potenzen von S_n stellen dabei reine Drehungen dar.

72

Beispiele: a) Die Symmetriegruppe $S_2 = [E, S_2]$ ist mit der Symmetriegruppe $C_i = [E, i]$ identisch, da die S_2-Achse mit dem Inversionszentrum i äquivalent ist (vgl. hierzu die Bemerkung auf Seite 55):

$$S_2 = [E, S_2] = [E, i] = C_i .$$

Ein Beispiel für ein zu dieser Symmetriegruppe gehörendes Molekül liefert das in Abb. 28 skizzierte Isomer des $C_2H_2Cl_2F_2$-Moleküls (ein.Substitutionsprodukt des Äthan-Moleküls C_2H_6 in der *gestaffelten* Stellung). Dabei sind die aus *gleichen* Atomen bestehenden Paare *trans*-ständig. Die 2-zählige Drehspiegelungsachse S_2 fällt in die Richtung der C-C-Verbindung.

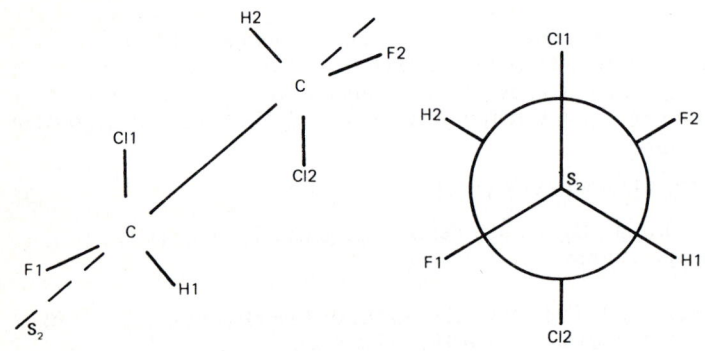

Abb. 28 Isomer des $C_2H_2Cl_2F_2$-Moleküls

b) Die Symmetriegruppe S_4 enthält die vier Symmetrieoperationen $E, S_4, S_4^2 = C_2$ und S_4^3.

f) Kennzeichnung der wichtigsten Punktgruppen durch Hermann-Mauguin-Symbole

Wir haben bisher die Symmetrieelemente und die Symmetriegruppen (Punktgruppen) der Moleküle ausschließlich durch die in der Chemie üblichen *Schoenflies-Symbole* gekennzeichnet. In der *Kristallographie* hingegen verwendet man die nach *Hermann-Mauguin* benannten Symbole. Die Kennzeichnung der *Symmetrieelemente* nach Schoenflies bzw. Hermann-Mauguin kann der folgenden Tabelle entnommen werden.

Tabelle I. Kennzeichnung der Symmetrieelemente nach Schoenflies bzw. Hermann-Mauguin

Schoenflies-Symbol	Hermann-Mauguin-Symbol	
Drehachse C_n	n	
Spiegelungsebenen σ_h, σ_v, σ_d	m	
Inversion i	$\overline{1}$	
Drehspiegelungsachsen		
$\quad S_1 = \sigma$	$\overline{2} \equiv m$	
$\quad S_2 = i$	$\overline{1}$	
$\quad S_{2n}$	$\begin{cases} \overline{2n} \\ \overline{n} \end{cases}$	n = gerade n = ungerade
$\quad S_{2n+1}$	$\overline{4n+2}$	

Beispiele: $C_1 = 1$; $C_2 = 2$; $C_3 = 3$; $C_6 = 6$;

$S_3 = \overline{6}$; $S_4 = \overline{4}$; $S_5 = \overline{10}$; $S_6 = \overline{3}$.

Zur Definition einer Symmetriegruppe werden nur bestimmte Symmetrieelemente benötigt (die sog. *Erzeugenden* der Gruppe). Die in der Kristallographie verwendete Symbolik nach Hermann-Mauguin macht von dieser Eigenschaft Gebrauch, wobei die erzeugenden Symmetrieelemente *nacheinander* aufgeführt werden. Der folgenden Tabelle kann man die Zuordnung zwischen den Schoenflies-Symbolen und den nach Hermann-Mauguin benannten Symbolen für die wichtigsten Molekülsymmetriegruppen entnehmen.

Tabelle II. Kennzeichnung der Punktgruppen nach Schoenflies bzw. Hermann-Mauguin

Schoenflies-Symbol	Hermann-Mauguin-Symbol	
C_n	n	
C_i	$\overline{1}$	
C_s	m	
C_{nh}	n/m	n = gerade
	$\overline{2n}$	n = ungerade
C_{nv}	mm	n = 2
	nmm	n = gerade, n > 2
	nm	n = ungerade
D_n	n22	n = gerade
	n2	n = ungerade
D_{nh}	mmm	n = 2
	n/mmm	n = gerade, n > 2
	n/mm	n = ungerade
D_{nd}	$\overline{2n}2m$	n = gerade
	$\overline{n}2/m$	n = ungerade
T_d	$\overline{4}3m$	
O_h	m3m	

Hinweis: Der Querstrich / trennt eine Drehachse von einer zu ihr senkrechten Spiegelungsebene. So bedeutet das Symbol n/m: Erzeugende Symmetrieelemente der Gruppe sind eine n-zählige Drehachse C_n und eine zu ihr senkrechte Spiegelungsebene σ_h.

Beispiele: $C_1 = 1$; $C_2 = 2$; $C_{2h} = 2/m$; $C_{3h} = \overline{6}$; $C_{4h} = 4/m$; $C_{2v} = mm$; $C_{3v} = 3m$; $C_{4v} = 4mm$; $D_2 = 222$; $D_3 = 32$; $D_4 = 422$; $D_{2h} = mmm$; $D_{3h} = 3/mm$; $D_{4h} = 4/mmm$; $D_{6h} = 6/mmm$; $D_{2d} = \overline{4}2m$; $D_{3d} = \overline{3}2/m$.

III. Elemente der Kombinatorik

A. Permutationen

Definition: *Unter einer Permutation* P *versteht man eine umkehrbar eindeutige Abbildung der Menge der ersten* n *natürlichen Zahlen auf sich selbst:*

$$P = \begin{pmatrix} 1 & 2 & 3 & \ldots n \\ \downarrow & \downarrow & \downarrow & \downarrow \\ N_1 & N_2 & N_3 & \ldots N_n \end{pmatrix} \tag{1}.$$

Dabei sind per Definition die Mengen $[1, 2, \ldots, n]$ und $[N_1, N_2, \ldots, N_n]$ gleich, d. h. jede der ersten n natürlichen Zahlen tritt *genau einmal* als Bild auf. Die Permutation P vermittelt eine umkehrbar eindeutige Abbildung, die der natürlichen Zahl 1 die natürliche Zahl N_1, der natürlichen Zahl 2 die natürliche Zahl N_2 usw. zuordnet. Permutationen stellt man i. a. ohne *Zuordnungspfeil* in zweizeiliger Form:

$$P = \begin{pmatrix} 1 & 2 & 3 & \ldots n \\ N_1 & N_2 & N_3 & \ldots N_n \end{pmatrix} \tag{2}$$

oder in einzeiliger Form:

$$P = (N_1 \quad N_2 \quad N_3 \quad \ldots N_n) \tag{3}$$

dar.

Beispiel: Die Permutation

$$P = \begin{pmatrix} 1 & 2 & 3 \\ 2 & 1 & 3 \end{pmatrix}$$

ordnet der natürlichen Zahl 1 die natürliche Zahl 2, der natürlichen Zahl 2 die natürliche Zahl 1 und der natürlichen Zahl 3 die natürliche Zahl 3 zu.

Legt man die einzeilige Darstellungsform der Permutationen zugrunde, so repräsentiert eine Permutation der ersten n natürlichen Zahlen eine bestimmte *Anordnung* dieser n natürlichen Zahlen. Wir werden etwas später zeigen, daß es genau n! verschiedene Permutationen der ersten n natürlichen Zahlen gibt[1].

Wir definieren nun auf der Menge der insgesamt n! Permutationen der ersten n natürlichen Zahlen $1, 2, 3, \ldots, n$ eine Verknüpfung, die sog. *Hintereinanderausführung* ∘ *zweier (oder mehrerer) Permutationen*[2]:

$$\begin{pmatrix} 1 & 2 & \ldots & n \\ N_1 & N_2 & \ldots & N_n \end{pmatrix} \circ \begin{pmatrix} 1 & 2 & \ldots & n \\ Q_1 & Q_2 & \ldots & Q_n \end{pmatrix} = \begin{pmatrix} 1 & 2 & \ldots & n \\ R_1 & R_2 & \ldots & R_n \end{pmatrix} (4).$$

Die Permutationen werden dabei in der Reihenfolge von links nach rechts ausgeführt. Zunächst wird das Element 1 in das Element N_1 übergeführt und dieses schließlich durch die zweite Permutation in das Element R_1 usw. Das Ergebnis der Hintereinanderausführung zweier Permutationen ist wiederum eine Permutation, d. h. die Menge der Permutationen ist *abgeschlossen* bezüglich der Hintereinanderausführung als Verknüpfungsart.

Beispiel: Wir wollen das *Produkt* $P_1 \circ P_2$ bilden für die beiden Permutationen

$$P_1 = \begin{pmatrix} 1 & 2 & 3 \\ 2 & 3 & 1 \end{pmatrix} \quad \text{und} \quad P_2 = \begin{pmatrix} 1 & 2 & 3 \\ 1 & 3 & 2 \end{pmatrix} :$$

$$\begin{pmatrix} 1 & 2 & 3 \\ 2 & 3 & 1 \end{pmatrix} \circ \begin{pmatrix} 1 & 2 & 3 \\ 1 & 3 & 2 \end{pmatrix} = \begin{pmatrix} 1 & 2 & 3 \\ 3 & 2 & 1 \end{pmatrix}$$

So wird z. B. durch P_1 der natürlichen Zahl 1 die natürliche Zahl 2 und dieser durch P_2 die natürliche Zahl 3 zugeordnet. Somit wird durch die Hintereinanderausführung der beiden Permutationen schließlich der natürlichen Zahl 1 die natürliche Zahl 3 zugewiesen. Dabei ist die Reihenfolge, in der die Permutationen ausgeführt werden, von Bedeutung, da die Verknüpfungsart *Hintereinanderausführung von Permutationen* i. a. *nicht kommutativ* ist. Führt man im obigen Beispiel die Permutationen in der *umgekehrten* Reihenfolge aus, so erhält man ein anderes Ergebnis:

$$\begin{pmatrix} 1 & 2 & 3 \\ 1 & 3 & 2 \end{pmatrix} \circ \begin{pmatrix} 1 & 2 & 3 \\ 2 & 3 & 1 \end{pmatrix} = \begin{pmatrix} 1 & 2 & 3 \\ 2 & 1 & 3 \end{pmatrix} \neq \begin{pmatrix} 1 & 2 & 3 \\ 3 & 2 & 1 \end{pmatrix}$$

---

[1] n! („n Fakultät") ist definitionsgemäß gleich dem Produkt der ersten n natürlichen Zahlen: $n! = 1 \cdot 2 \cdot 3 \ldots (n-1) \cdot n$. Man setzt $0! = 1$.

[2] Diese Operation ist nur sinnvoll, wenn die miteinander verknüpften Permutationen gleich viele Elemente enthalten.

Definition: *Eine Permutation* P *heißt eine Transposition, wenn sie aus der identischen Permutation* $P_E = (1\ 2\ \cdot3\ \ldots\ n)$ *durch Vertauschen zweier Elemente hervorgeht, während die übrigen* $(n-2)$ *Elemente ihren Platz unverändert beibehalten.*

Werden die Plätze i und j miteinander vertauscht, so kennzeichnet man die zugehörige Transposition durch das Indexpaar (ij): T_{ij}.

Beispiele: a) Die Permutation

$$P = \begin{pmatrix} 1 & 2 & 3 \\ 1 & 3 & 2 \end{pmatrix}$$ vertauscht die Plätze 2 und 3 und stellt somit

die Transposition T_{23} dar.

b) Die Permutation

$$P = \begin{pmatrix} 1 & 2 & 3 \\ 3 & 1 & 2 \end{pmatrix}$$ ist dagegen *keine* Transposition, da mehr als zwei Plätze

vertauscht worden sind.

Jede Permutation läßt sich aber aus endlich vielen Transpositionen aufbauen.

Definition: *Eine Permutation heißt gerade (ungerade), wenn sie aus einer geraden (ungeraden) Anzahl von Transpositionen hervorgeht.*

Eine Permutation ist daher immer entweder gerade oder ungerade.

Beispiel: Die Permutation

$$P = \begin{pmatrix} 1 & 2 & 3 \\ 3 & 1 & 2 \end{pmatrix}$$ ist *gerade*, da sie aus zwei Transpositionen $(T_{12}$ und $T_{23})$

hervorgeht:

$$\begin{pmatrix} 1 & 2 & 3 \\ 2 & 1 & 3 \end{pmatrix} \circ \begin{pmatrix} 1 & 2 & 3 \\ 1 & 3 & 2 \end{pmatrix} = \begin{pmatrix} 1 & 2 & 3 \\ 3 & 1 & 2 \end{pmatrix}$$, d. h. $P = T_{12} \circ T_{23}$.

Dagegen ist die Permutation

$$P = \begin{pmatrix} 1 & 2 & 3 \\ 1 & 3 & 2 \end{pmatrix}$$ *ungerade.* Sie geht aus der Transposition T_{23} hervor: $P = T_{23}$.

Wir können den Begriff *Permutation* noch etwas allgemeiner fassen. Gegeben seien n *Dinge (Elemente)* $a_1, a_2, \ldots, a_n$, die wir zunächst als verschieden ansehen wollen. Dann verstehen wir unter einer Permutation dieser n Elemente *jede Anordnung* dieser n Elemente. Wir definieren daher:

Definition: *Unter einer Permutation der* n *Elemente* $a_1, a_2, \ldots,$ a_n *versteht man eine umkehrbar eindeutige Abbildung der Menge der ersten* n *natürlichen Zahlen auf die Menge der Elemente* $a_1, a_2,$ $\ldots, a_n$.

Über die Anzahl der verschiedenen Anordnungsmöglichkeiten (Permutationen) von n Elementen gibt der folgende Satz Aufschluß:

Satz: *Es gibt genau*

$$P(n) = 1 \cdot 2 \cdot 3 \cdot \ldots \cdot (n-1) \cdot n = n! \tag{5}$$

verschiedene Anordnungsmöglichkeiten für n *verschiedene Elemente.*

Beweis: An die 1. Stelle der Anordnung können wir jedes der n Elemente stellen. Ist der 1. Platz besetzt, so bleiben für das Besetzen des 2. Platzes nur noch (n − 1) Möglichkeiten. Jedes der insgesamt (n − 1) übriggebliebenen Elemente kann nämlich den Platz Nummer 2 belegen. Ist auch dieser Platz besetzt, so stehen für den 3. Platz schließlich nur noch (n − 2) verschiedene Elemente zur Verfügung usw. Die Anzahl der Permutationen von n Elementen ist daher $P(n) = n \cdot (n-1) \cdot (n-2) \ldots 2 \cdot 1 = n!$.

Sind unter den insgesamt n Elementen n_1 Elemente einander gleich, die übrigen $(n - n_1)$ Elemente jedoch voneinander verschieden, so fallen alle jene Anordnungen zusammen, die durch eine Permutation dieser n_1 untereinander gleichen Elemente auseinander hervorgehen (alle übrigen Elemente behalten dabei ihre Plätze). Die Anzahl der *verschiedenen* Anordnungen von n Elementen, von denen n_1 untereinander gleich sind, ist daher:

$$P(n; n_1) = \frac{P(n)}{n_1!} = \frac{n!}{n_1!} \tag{6}$$

Sind unter den n Elementen $a_1, a_2, \ldots, a_n$ jedoch mehrere Elemente mehrmals enthalten, so geht man folgendermaßen vor. Wir fassen alle diejenigen unter den n Elementen zu einer Einheit zusammen, die untereinander gleich sind. Nehmen wir an, daß es unter den n Elementen nur k $(1 \leqslant k \leqslant n)$ verschiedene Elemente gibt. Dann gibt es genau k verschiedene Einheiten, die jeweils $n_1, n_2,$ $\ldots, n_k$ untereinander gleiche Elemente enthalten mögen. Für die

Anzahl der möglichen Permutationen dieser $n = n_1 + n_2 + \ldots + n_k$ Elemente gilt der Satz:

Satz: *Die Anzahl der Permutationen von* n *Elementen, unter denen jeweils* $n_1, n_2, \ldots, n_k$ *einander gleich sind, beträgt*

$$P(n; n_1, n_2, \ldots, n_k) = \frac{n!}{n_1! \, n_2! \ldots n_k!} \tag{7}$$

Beispiele: a) Wieviele verschiedene Möglichkeiten gibt es, die drei verschiedenen Elemente □, ○, △ anzuordnen?
Es handelt sich also um Permutationen von drei verschiedenen Elementen. Daher gibt es genau $P(3) = 3! = 6$ verschiedene Anordnungsmöglichkeiten:

□ ○ △ ; □ △ ○ ; ○ □ △ ;

○ △ □ ; △ ○ □ ; △ □ ○.

b) Wieviele Möglichkeiten gibt es, die drei Elemente ○, □, ○, von denen zwei untereinander gleich sind, anzuordnen?
In diesem Falle handelt es sich also um Permutationen von drei Elementen, die sich wie folgt in zwei Einheiten zusammenfassen lassen:

○ ○ $(n_1 = 2)$

□ $(n_2 = 1)$.

Daher ist die Anzahl der Permutationen durch $P(3; 2, 1) = \dfrac{3!}{2! \cdot 1!} = 3$ gegeben:

○ ○ □ ; ○ □ ○ ; □ ○ ○.

B. Kombinationen

Aus einer Menge von n zunächst *verschiedenen* Elementen $a_1, a_2, \ldots, a_n$ sollen jeweils k Elemente so herausgegriffen werden, daß jedes Element nur *einmal* verwendet wird und die Reihenfolge der herausgegriffenen Elemente *ohne* jede Bedeutung ist. Man bezeichnet eine solche Teilmenge aus k Elementen als *Kombination von* n *Elementen zur k-ten Klasse ohne Wiederholung*[3].

Definition: *Jede aus einer Menge von* n *Elementen herausgegriffene Teilmenge von* k *Elementen heißt eine Kombination von* n *(verschiedenen) Elementen zur* k-ten *Klasse ohne Wiederholung.*

Wieviele solcher Anordnungen gibt es? Wir setzen alle n verschiedenen Elemente in eine Zeile und kennzeichnen diejenigen k Ele-

---

[3] Ohne Wiederholung bedeutet: jedes Element darf nur *einmal* verwendet werden.

mente unter ihnen, die wir herausgegriffen haben, durch die Zahl 1, alle übrigen $(n - k)$ Elemente durch die Zahl 2:

z. B.
$$\begin{array}{cccccc} a_1 & a_2 & a_3 & \cdots & a_{n-1} & a_n \\ 1 & 1 & 2 & \cdots & 1 & 2 \end{array}$$
(8).

Die Zahl 1 tritt dann genau k-mal in der Anordnung (8) auf. $(n - k)$ Elemente sind durch die Zahl 2 gekennzeichnet. Wir können nun unsere Fragestellung etwas anders formulieren: wieviele verschiedene Möglichkeiten gibt es, die insgesamt n Zahlen, unter denen jeweils k-mal die Zahl 1 und $(n - k)$-mal die Zahl 2 vorkommt, anzuordnen? Nach dem vorangegangenen Abschnitt gibt es genau

$$P(n; k, n - k) = \frac{n!}{k! \ (n - k)!}$$
(9)

verschiedene Anordnungsmöglichkeiten. Wir fassen diese Aussage in dem folgenden Satz zusammen:

Satz: *Es gibt genau*

$$C(n; k) = \frac{n!}{k! \ (n - k)!}$$
(10)

verschiedene Möglichkeiten, aus n *verschiedenen Elementen* $a_1, a_2, \ldots, a_n$ k *Elemente so herauszugreifen, daß jedes Element nur einmal vorkommt und die Reihenfolge der herausgegriffenen Elemente ohne jede Bedeutung ist (sog. Kombinationen von* n *verschiedenen Elementen zur* k-ten *Klasse ohne Wiederholung,* $k \leqslant n$ *).*

Formelausdruck (10) können wir noch wie folgt umformen:

$$C(n; k) = \frac{n!}{k! \ (n - k)!} =$$

$$= \frac{1 \cdot 2 \ldots [n - (k + 1)] \cdot (n - k) \cdot [n - (k - 1)] \ldots (n - 1) \cdot n}{k! \ 1 \cdot 2 \ldots [n - (k + 1)] \cdot (n - k)} =$$

$$= \frac{[n - (k - 1)] \cdot [n - (k - 2)] \ldots (n - 1) \cdot n}{k!}$$
(11a).

Dafür schreibt man abgekürzt:

$$C(n; k) = \binom{n}{k} = \frac{n \cdot (n - 1) \cdot (n - 2) \ldots [n - (k - 2)] \cdot [n - (k - 1)]}{1 \cdot 2 \cdot 3 \ldots \quad (k - 1) \cdot k}$$
(11b)

(gelesen: „*n über k*").

Es ist also allgemein:

$$\binom{n}{k} = \frac{n!}{k! \; (n-k)!} \tag{12}.$$

Eine *Kombination k-ter Klasse der* n *Elemente mit Wiederholung* liegt vor, wenn man jedes der insgesamt n Elemente *mehrmals* verwenden darf. Die Anzahl dieser Kombinationen ist dann, wie man zeigen kann, durch den Ausdruck

$$C_W \; (n; k) = \binom{n+k-1}{k} \tag{13}$$

gegeben. *Man beachte, daß* k *jetzt auch größer als* n *sein darf.*

Beispiele: a) Wieviele verschiedene Tippmöglichkeiten gibt es beim deutschen Zahlenlotto (6 Zahlen aus 49 Zahlen, wobei jede Zahl nur *einmal* gezogen werden darf)?

Da die gezogene Zahl ausscheidet und daher nur einmal auftreten kann und ferner die Reihenfolge, in der die Zahlen gezogen werden, bedeutungslos ist, handelt es sich in diesem Beispiel um die Bestimmung der Anzahl der Kombinationen von 49 Elementen zur 6. Klasse *ohne* Wiederholung. Wir haben daher

$$C(49; 6) = \binom{49}{6} = 13.983.816$$

verschiedene Tippmöglichkeiten.

b) Wieviele *diatomare* Moleküle lassen sich theoretisch aus drei verschiedenen Atomen A, B, C bilden, wenn

(a) symmetrische Moleküle vom Typ X_2 ausgeschlossen werden,

(b) jedes Atom als Baustein im diatomaren Molekül mehrmals (d. h. zweimal) verwendet werden darf?

Zu (a): es handelt sich offenbar um die Anzahl der Kombinationen von drei verschiedenen Atomen A, B, C zur 2-ten Klasse *ohne* Wiederholung. Nach Gleichung (10) gibt es genau

$$C(3; 2) = \frac{3!}{2! \; (3-2)!} = \frac{3!}{2! \; 1!} = 3$$

diatomare Moleküle: AB, AC, BC.

Zu (b): da jeder Baustein (A, B, C) mehrmals verwendet werden darf, haben wir jetzt die Anzahl der Kombinationen von drei verschiedenen Atomen A, B, C zur 2-ten Klasse *mit* Wiederholung zu bestimmen. Nach Gleichung (13) erhalten wir

$$C_W(3; 2) = \binom{3+2-1}{2} = \binom{4}{2} = 6$$

verschiedene diatomare Moleküle: drei symmetrisch aufgebaute Moleküle
AA = A_2, BB = B_2, CC = C_2 und drei asymmetrisch aufgebaute Moleküle
AB, AC, BC.

C. Variationen

Variationen sind Kombinationen, bei denen die Reihenfolge der herausgegriffenen Elemente von Bedeutung ist.

Definition: *Jede aus einer Menge von* n *Elementen* $a_1, a_2, \ldots, a_n$
herausgegriffene geordnete Teilmenge von k *Elementen heißt eine Variation von* n *Elementen zur* k-ten *Klasse ohne Wiederholung.*

Man beachte, daß per Definition jedes Element nur *einmal* verwendet werden darf und die Reihenfolge der Elemente von Bedeutung ist.

Offensichtlich erhält man aus jeder Kombination von n Elementen zur k-ten Klasse ohne Wiederholung genau k! Variationen, da es zu den k herausgegriffenen Elementen genau k! Permutationen gibt. Daher gilt der Satz:

Satz: *Es gibt genau*

$$V(n; k) = k! \, C(n; k) = \frac{n!}{(n-k)!} \tag{14}$$

verschiedene Möglichkeiten, aus n *verschiedenen Elementen* $a_1, a_2,$
..., a_n k *Elemente so herauszugreifen, daß jedes Element höchstens einmal verwendet wird und die Reihenfolge der herausgegriffenen Elemente von Bedeutung ist. Eine so bestimmte geordnete Teilmenge von* $[a_1, a_2, \ldots, a_n]$ *bezeichnet man als Variation von* n *Elementen zur* k-ten *Klasse ohne Wiederholung* (k ⩽ n).

Läßt man dagegen zu, daß jedes Element *mehrmals* verwendet werden darf, so erhält man *Variationen von* n *Elementen* $a_1, a_2, \ldots, a_n$
zur k-ten *Klasse mit Wiederholung. In diesem Falle darf* k *auch größer als* n *sein.*
Die Anzahl solcher Variationen wird durch den folgenden Satz geregelt.

Satz: *Es gibt genau*

$$V_w(n; k) = n^k \tag{15}$$

verschiedene Möglichkeiten, aus n *verschiedenen Elementen* $a_1, a_2, \ldots,$
a_n k *Elemente herauszugreifen, wobei jedes Element mehrmals ver-*

wendet werden darf und die Reihenfolge der herausgegriffenen Elemente von Bedeutung ist (Variationen von n *Elementen zur* k-ten *Klasse mit Wiederholung).*

Beweis: Es sollen n verschiedene Elemente auf insgesamt k Plätze verteilt werden. Zur Besetzung des ersten Platzes haben wir insgesamt n Möglichkeiten, da *jedes* der n Elemente diesen Platz einnehmen kann. Da jedes Element mehrmals verwendet werden darf, gibt es auch für die Plätze 2, 3, ..., k jeweils n Besetzungsmöglichkeiten. Daher gibt es insgesamt genau n^k Variationen von n Elementen zur k-ten Klasse *mit* Wiederholung.

Beispiel: Wieviele Namen kann man aus den drei verschiedenen Zeichen (Elementen) a, b, c bilden, wenn ein Name aus *mindestens* einem, aber *höchstens* zwei Zeichen bestehen darf und

(a) jedes Zeichen *nur einmal,*

(b) jedes Zeichen *mehrmals* verwendet werden darf?

Zu (a): wir haben die Variationen von drei verschiedenen Elementen a, b, c zur 1-ten und zur 2-ten Klasse *ohne* Wiederholung zu bestimmen:

$$V(3; 1) = \frac{3!}{(3-1)!} = 3.$$

Die Namen sind: a, b, c.

$$V(3; 2) = \frac{3!}{(3-2)!} = 6.$$

Die Namen lauten: ab, ba, ac, ca, bc, cb.

Es gibt also insgesamt 9 verschiedene Namen.

Zu (b): da jedes Zeichen mehrmals verwendet werden darf, handelt es sich in diesem Falle um Variationen der drei Elemente a, b, c zur 1-ten und zur 2-ten Klasse *mit* Wiederholung:

$$V_w(3; 1) = 3^1 = 3.$$

Die Namen sind: a, b, c.

$$V_w(3; 2) = 3^2 = 9.$$

Die Namen lauten: aa, ab, ba, ac, ca, bb, bc, cb, cc.

Es gibt also 12 verschiedene Namen.

D. Entwicklungsformel für das allgemeine Binom $(x + y)^n$

Wir wollen die Entwicklungsformel für das allgemeine Binom $(x + y)^n$ (n ist eine natürliche Zahl) ableiten. Die in der Entwicklung auftretenden Summanden sind Produkte der Form

$$x^{n-k} y^k \qquad (k = 0, 1, \ldots, n) \tag{16}.$$

Mit welchem Faktor tritt nun der Summand $x^{n-k} y^k$ in der Entwicklung auf? Offensichtlich ist dieser Faktor gleich der Anzahl der Permutationen der insgesamt n Elemente

$$\underbrace{x, x, \ldots, x}_{(n-k)\text{-mal}} \qquad \underbrace{y, y, \ldots, y}_{k\text{-mal}} \tag{17},$$

die in zwei Einheiten mit jeweils untereinander gleichen Elementen zerfallen. Die erste Einheit enthält genau $(n - k)$-mal das Element x, die zweite Einheit genau k-mal das Element y. Daher ist die Anzahl der Permutationen gemäß Gleichung (7)

$$P(n; n - k, k) = \frac{n!}{(n-k)! \; k!} = \binom{n}{k} \tag{18}.$$

Die Entwicklungsformel für das Binom $(x + y)^n$ nimmt damit die folgende Gestalt an:

$$(x + y)^n = \sum_{k=0}^{n} \binom{n}{k} x^{n-k} y^k = \binom{n}{0} x^n + \binom{n}{1} x^{n-1} y^1 +$$

$$\tag{19}$$

$$+ \binom{n}{2} x^{n-2} y^2 + \ldots + \binom{n}{n-1} x^1 y^{n-1} + \binom{n}{n} y^n.$$

Da definitionsgemäß $0! = 1$ ist, gilt:

$$\binom{n}{0} = \frac{n!}{0! \, (n-0)!} = \frac{n!}{n!} = 1 \tag{20a},$$

$$\binom{n}{n} = \frac{n!}{n! \, (n-n)!} = \frac{n!}{n! \, 0!} = \frac{n!}{n!} = 1 \tag{20b},$$

so daß wir die Entwicklung auch in der Form

$$(x + y)^n = x^n + \binom{n}{1} x^{n-1} y^1 + \binom{n}{2} x^{n-2} y^2 + \ldots$$

$$\tag{21}$$

$$\ldots + \binom{n}{n-1} x^1 y^{n-1} + y^n$$

darstellen können. Die Koeffizienten $\binom{n}{k}$ heißen daher auch *Binomialkoeffizienten*. Diese Koeffizienten lassen sich auch direkt aus dem sog. *Pascalschen Dreieck* ablesen:

$$
\begin{array}{ccccccccccccc}
 & & & & & & 1 & & & & & & \\
 & & & & & 1 & & 1 & & & & & \\
 & & & & 1 & & 2 & & 1 & & & & \\
 & & & 1 & & 3 & & 3 & & 1 & & & \\
 & & 1 & & 4 & & 6 & & 4 & & 1 & & \\
 & 1 & & 5 & & 10 & & 10 & & 5 & & 1 & \\
1 & & 6 & & 15 & & 20 & & 15 & & 6 & & 1
\end{array}
$$

. . . .

Eine bestimmte Zahl dieses Dreiecks erhält man durch Addition der beiden links und rechts in der Zeile über ihr stehenden Zahlen. Der Binomialkoeffizient $\binom{n}{k}$ steht in der $(n + 1)$-ten Zeile und der $(k + 1)$-ten Spalte. So finden wir z. B. für $\binom{5}{4}$ den Wert 5.

Beispiele: a) $(x + y)^2 = x^2 + \binom{2}{1} xy + y^2 = x^2 + 2xy + y^2$.

b) $(x + y)^3 = x^3 + \binom{3}{1} x^2y + \binom{3}{2} xy^2 + y^3 = x^3 + 3x^2y + 3xy^2 + y^3$.

Hinweis: Der Binomische Lehrsatz (19, 21) läßt sich auch für *negative* und *gebrochen rationale* Exponenten n formulieren. Man erhält dann jeweils eine Entwicklung in Form einer *unendlichen Reihe*.

IV. Polynome und ihre algebraischen Eigenschaften

Definition: *Unter einem Polynom* $f(x)$ *in einer Unbekannten (Variablen)* x *über der Menge* K *der komplexen Zahlen versteht man den folgenden Ausdruck (Funktion)*[1]*:*

$$f(x) = a_n x^n + a_{n-1} x^{n-1} + \ldots + a_1 x^1 + a_0 =$$
$$= \sum_{i=0}^{n} a_i x^i. \tag{1}$$

Die Koeffizienten a_i *sind Elemente aus der Menge der komplexen Zahlen* $(a_n \neq 0)$. n *heißt der Grad des Polynoms.*

Beispiele: a) $f(x) = 3x^3 - 5x^2 + 1$ ist ein Polynom dritten Grades mit reellen Koeffizienten.

b) $f(x) = -4ix^4 + (2+i)x^1$ ist ein Polynom vierten Grades mit komplexwertigen Koeffizienten.

Von großer Bedeutung ist die folgende Polynomeigenschaft:

Satz 1: $g(x)$ *sei ein beliebiges Polynom vom Grade* n, $f(x)$ *ein beliebiges Polynom vom Grade* $m \leqslant n$. *Dann gibt es ein eindeutig bestimmtes Polynompaar* $q(x)$, $r(x)$ *mit der folgenden Eigenschaft:*

$$g(x) = f(x) \cdot q(x) + r(x) \tag{2},$$

wobei der Poynomgrad von $r(x)$ *kleiner ist als der von* $g(x)$ *und* $f(x)$. *Das Polynom* $q(x)$ *ist dabei vom Grade* $(n-m)$.

Beweis: Wir wollen den Beweis nur andeuten. Man setzt die beiden Polynome $q(x)$ und $r(x)$ in der Form (1) mit unbekannten Koeffizienten an, führt die Polynommultiplikation auf der rechten Seite der Gleichung (2) aus und erhält durch Koeffizientenvergleich auf beiden Seiten von (2) schließlich ein lineares Gleichungssystem für die unbekannten Koeffizienten der Polynome $q(x)$ und $r(x)$, das sich eindeutig lösen läßt.

Beispiel: Gegeben sind die beiden Polynome $g(x) = -x^4 + 2x^2 + 1$ und $f(x) = x^2 + x$. Polynom $q(x)$ ist vom Grade 2 und wird in der Form $q(x) = a_2 x^2 + a_1 x^1 + a_0$ angesetzt. Polynom $r(x)$ ist dagegen *höchstens* vom Grade 1: $r(x) = b_1 x + b_0$. Durch Einsetzen in Gleichung (2) erhält man schließlich:

---

[1] Zum Begriff der Funktion siehe Kapitel VII.A.

$$-x^4 + 2x^2 + 1 = (x^2 + x) \cdot (a_2x^2 + a_1x^1 + a_0) + b_1x^1 + b_0 =$$
$$= a_2x^4 + (a_1 + a_2)x^3 + (a_0 + a_1)x^2 + (a_0 + b_1)x^1 + b_0.$$

Durch *Koeffizientenvergleich* gelangt man zu dem folgenden linearen Gleichungssystem:

$$
\begin{aligned}
a_2 &= -1 \\
a_1 + a_2 &= 0 \\
a_0 + a_1 &= 2 \\
a_0 \quad\quad + b_1 &= 0 \\
b_0 &= 1.
\end{aligned}
$$

Die eindeutig bestimmte Lösung lautet:

$a_0 = a_1 = 1$; $a_2 = -1$; $b_0 = 1$; $b_1 = -1$.

Die Polynome $q(x)$ und $r(x)$ nehmen daher die Gestalt

$q(x) = -x^2 + x + 1$, $r(x) = -x + 1$

an.

Definition: *Das Polynom $g(x)$ heißt durch das Polynom $f(x)$ teilbar, wenn es ein eindeutig bestimmtes Polynom $q(x)$ gibt mit der Eigenschaft*

$$g(x) = f(x) \cdot q(x) \tag{3}.$$

Aus der Definitionsgleichung (3) folgt sofort, daß die Polynomdivision, wenn überhaupt, nur dann ausführbar ist, wenn der Polynomgrad von $g(x)$ nicht kleiner ist als der von $f(x)$. Ist $g(x)$ ein Polynom vom Grade n, $f(x)$ ein Polynom vom Grade m, so ist das Polynom $q(x)$ vom Grade $(n - m)$ $(n \geqslant m)$.

Beispiel: Das Polynom $g(x) = x^3 - 3x + 2$ vom Grade 3 ist durch das Polynom $f(x) = x + 2$ vom Grade 1 teilbar. Setzt man $q(x)$ in der Form $q(x) = a_2x^2 + a_1x^1 + a_0$ an, so erhält man durch Einsetzen in Gleichung (3):

$$x^3 - 3x^1 + 2 = a_2x^3 + (a_1 + 2a_2)x^2 + (a_0 + 2a_1)x^1 + 2a_0.$$

Koeffizientenvergleich liefert das lineare Gleichungssystem

$$
\begin{aligned}
a_2 &= 1 \\
a_1 + 2a_2 &= 0 \\
a_0 + 2a_1 &= -3 \\
2a_0 &= 2,
\end{aligned}
$$

das durch

$a_0 = 1$, $a_1 = -2$, $a_2 = 1$

gelöst wird. Die Polynomdivision $(x^3 - 3x + 2) : (x + 2)$ liefert also das Polynom

$$q(x) = x^2 - 2x + 1.$$

Definition: *Eine (reelle oder komplexe) Zahl* z *heißt eine Nullstelle des Polynoms* $f(x)$, *wenn* $f(z) = 0$ *ist.*

Beispiel: Das Polynom $f(x) = x^3 - 3x + 2$ besitzt z. B. die Nullstelle $z = -2$, da $f(-2) = 0$ ist.

Satz 2: *Ist* z *eine Nullstelle des Polynoms* $f(x)$, *so ist das Polynom* $f(x)$ *durch den ,,Linearfaktor"* $(x - z)$ *teilbar.*

Beweis: Nach Satz 1 läßt sich das Polynom $f(x)$ in der Form

$$f(x) = (x - z) \cdot q(x) + r(x) \tag{4}$$

darstellen, wobei $r(x)$ ein Polynom vom Grade Null ist, d. h. eine Konstante c bedeutet:

$$f(x) = (x - z) \cdot q(x) + c \tag{5}.$$

Da aber $f(z)$ nach Voraussetzung verschwindet, $f(z) = 0$, folgt aus der Gleichung (5) unmittelbar

$$f(z) = (z - z) \cdot q(z) + c = 0 + c = c = 0 \tag{6},$$

d. h. $c = 0$. Daher läßt sich $f(x)$ stets in der Form eines Produktes vom Typ

$$f(x) = (x - z) \cdot q(x) \tag{7}$$

darstellen. Das Polynom $f(x)$ ist also durch den Linearfaktor $(x - z)$ teilbar.

Beispiel: Das Polynom $f(x) = x^3 + x^2 - x - 1$ besitzt u. a. die Nullstelle $z = 1$ und ist daher durch den Linearfaktor $(x - 1)$ teilbar. Die Polynomdivision ergibt das folgende Polynom zweiten Grades:

$$q(x) = (x^3 + x^2 - x - 1) : (x - 1) = x^2 + 2x + 1.$$

Definition: *Ist ein Polynom* $f(x)$ *durch* $(x - z)^k$, *nicht aber durch* $(x - z)^{k+1}$ *teilbar, so heißt* z *eine* k-fache *Nullstelle des Polynoms* $f(x)$ (k *ist eine natürliche Zahl).*

Beispiel: Das Polynom $f(x) = x^3 + x^2 - x - 1$ besitzt die *zweifache* Nullstelle $z = -1$, da $f(x)$ durch $(x + 1)^2$, *nicht* aber durch $(x + 1)^3$ teilbar ist.

Wir formulieren nun den *Fundamentalsatz der klassischen Algebra,* der in etwas abgewandelter Form erstmals von dem Mathematiker *Gauss* bewiesen wurde.

Satz 3: *Jedes Polynom*

$$f(x) = a_n x^n + a_{n-1} x^{n-1} + \ldots + a_1 x^1 + a_0 \tag{8}$$

vom Grade n *besitzt in der Menge der komplexen Zahlen genau* n *Nullstellen, wobei jede Nullstelle mit der entsprechenden Vielfachheit gezählt wird (sog. Fundamentalsatz der klassischen Algebra).*

Beispiel: Das Polynom $f(x) = x^4 - ix^3 - 3x^2 + (2 + 3i)x - 2i$ besitzt nach dem Fundamentalsatz der klassischen Algebra genau vier Nullstellen. Diese lauten:

$z_1 = 1$ (zweifach), $z_2 = -2$ (einfach), $z_3 = i$ (einfach).

Aus den Sätzen 2 und 3 folgt sofort der folgende, für die Praxis bedeutsame Satz:

Satz 4: *Sind* $z_1, z_2, \ldots, z_n$ *die* n *Nullstellen des Polynoms*

$$f(x) = a_n x^n + a_{n-1} x^{n-1} + \ldots + a_1 x^1 + a_0 \tag{9},$$

so läßt sich das Polynom in der Form eines Produktes aus den genau n *Linearfaktoren* $(x - z_1)$, $(x - z_2)$, $\ldots$, $(x - z_n)$ *wie folgt darstellen:*

$$f(x) = a_n (x - z_1)(x - z_2) \ldots (x - z_n) \tag{10}.$$

Treten unter den n Nullstellen des Polynoms (9, 10) (auch *Wurzeln* des Polynoms genannt) *mehrfache* Nullstellen auf, so läßt sich Satz 4 auch in der folgenden Form aussprechen:

Satz 4a: *Das Polynom*

$$f(x) = a_n x^n + a_{n-1} x^{n-1} + \ldots + a_1 x^1 + a_0 \tag{11}$$

besitze insgesamt k *voneinander verschiedene (reelle oder komplexe) Nullstellen* $\xi_1, \xi_2, \ldots, \xi_k$ *der Vielfachheiten* $l_1, l_2, \ldots, l_k$ $(1 \leqslant k \leqslant n)$. *Dann lautet die Produktdarstellung des Polynoms (11):*

$$f(x) = a_n (x - \xi_1)^{l_1} \cdot (x - \xi_2)^{l_2} \ldots (x - \xi_k)^{l_k} \tag{12}$$

$$(l_1 + l_2 + \ldots + l_k = n).$$

Die Produktdarstellung eines Polynoms läßt Anzahl, Lage und Vielfachheit der Nullstellen des Polynoms deutlich erkennen.

Beispiele: a) Das Polynom $f(x) = x^3 - 2x^2 - 5x + 6$ besitzt die drei *einfachen* Nullstellen $z_1 = 1$, $z_2 = -2$, $z_3 = 3$ und läßt sich daher in der Produktform

$$f(x) = (x - 1)(x + 2)(x - 3)$$

darstellen.

b) Die Produktdarstellung des Polynoms $f(x) = x^4 - ix^3 - 3x^2 + (2 + 3i)x - 2i$ lautet:

$$f(x) = (x - 1)^2 (x + 2)(x - i).$$

Die Nullstellen eines Polynoms vom Grade n sind *eindeutig* durch die Polynomkoeffizienten $a_0, a_1, \ldots, a_n$ bestimmt. Sind umgekehrt die n Nullstellen eines Polynoms bekannt, so sind die Polynomkoeffizienten bis auf einen von Null verschiedenen gemeinsamen Faktor durch die Produktdarstellung (10, 12) *eindeutig* festgelegt.

Beispiel: Wie lautet das Polynom dritten Grades mit den folgenden *einfachen* Nullstellen: $z_1 = 1$, $z_2 = -1$, $z_3 = i$?
Das gesuchte Polynom muß sich in der Produktform

$$f(x) = c \cdot (x - 1)(x + 1)(x - i)$$

darstellen lassen, wobei c eine beliebige von Null verschiedene Konstante bedeutet. Durch Ausmultiplizieren erhält man schließlich:

$$f(x) = c \cdot (x^3 - ix^2 - x + i).$$

Die Polynomkoeffizienten lauten (bis auf den gemeinsamen Faktor c):

$a_0 = i$, $a_1 = -1$, $a_2 = -i$, $a_3 = 1$.

Der Fundamentalsatz der klassischen Algebra stellt lediglich die *Existenz* von Nullstellen sowie deren *Anzahl* sicher. Über das Auffinden dieser Nullstellen in der Praxis sagt der Satz nichts aus. Leider ist es nur für Polynome bis einschließlich vierten Grades möglich, Formelausdrücke abzuleiten, aus denen man bei gegebenen Polynomkoeffizienten die Nullstellen des Polynoms berechnen kann. Für $n > 4$ existieren *keine* solchen Formelausdrücke, wie man allgemein beweisen kann.

Aber selbst die Formelausdrücke für Polynome dritten und vierten Grades sind bereits in der Handhabung so umständlich und schwerfällig, daß man in den meisten konkreten Fällen nach einem anderen Lösungsweg Ausschau hält.

Allgemein bietet sich folgender Lösungsweg für die Bestimmung der Nullstellen eines Polynoms $f(x) = a_n x^n + a_{n-1} x^{n-1} + \ldots + a_1 x^1 + a_0$ vom Grade n an:

(a) man versucht, durch Probieren und (oder) Erraten eine Null-stelle des Polynoms zu bestimmen (in vielen Fällen kann man eine oder mehrere der *reellen* Nullstellen durch graphisches Zeichnen der entsprechenden Polynomfunktion finden). Ist die-ses Vorhaben gelungen, so ist $f(x)$ nach Satz 2 durch den ent-sprechenden Linearfaktor teilbar. Das Ergebnis der Polynomdi-vision ist ein Polynom $q_1(x)$, dessen Grad um Eins erniedrigt ist gegenüber $f(x)$;

(b) man wiederholt das Verfahren für das Polynom $q_1(x)$ vom Grade $(n-1)$;

(c) das Ausgangspolynom wird so Schritt für Schritt im Grade er-niedrigt. Man bricht das Verfahren i. a. dann ab, wenn das Rest-polynom vom Grade 2 ist und bestimmt die restlichen zwei Null-stellen nach den üblichen Lösungsmethoden für quadratische Gleichungen.

Wir wollen die Brauchbarkeit des skizzierten Verfahrens an einem konkreten Beispiel demonstrieren.

Beispiel: Es sind die Nullstellen des folgenden Polynoms vom Grade 4 zu be-stimmen: $f(x) = x^4 + x^3 - 3x^2 - x + 2$.
Durch Probieren findet man die Nullstelle $z_1 = 1 : f(1) = 0$.
Division des Polynoms durch den Linearfaktor $(x-1)$ führt zu:

$$q_1(x) = (x^4 + x^3 - 3x^2 - x + 2) : (x-1) = x^3 + 2x^2 - x - 2$$
$$\underline{-(x^4 - x^3)}$$
$$2x^3 - 3x^2 - x + 2$$
$$\underline{-(2x^3 - 2x^2)}$$
$$-x^2 - x + 2$$
$$\underline{-(-x^2 + x)}$$
$$-2x + 2$$
$$\underline{-(-2x + 2)}$$
$$0$$

Das Polynom läßt sich also in der Form

$$f(x) = (x-1)(x^3 + 2x^2 - x - 2)$$

darstellen. Wir haben nunmehr noch die Nullstellen des Polynoms $q_1(x) = x^3 + 2x^2 - x - 2$ vom Grade 3 zu bestimmen.
Wiederum durch Probieren findet man als Nullstelle dieses Polynoms (und da-mit auch des Ausgangspolynoms) $z_2 = -1$, da $q_1(-1) = f(-1) = 0$ ist.
Wir dividieren nun das Polynom $q_1(x)$ durch den entsprechenden Linearfaktor $(x + 1)$ und erhalten:

$$q_2(x) = (x^3 + 2x^2 - x - 2) : (x + 1) = x^2 + x - 2$$
$$\underline{-(x^3 + x^2)}$$
$$x^2 - x - 2$$
$$\underline{-(x^2 + x)}$$
$$-2x - 2$$
$$\underline{-(-2x - 2)}$$
$$0$$

Damit erhält man für das Ausgangspolynom $f(x)$ die Darstellung

$$f(x) = (x - 1)(x + 1)(x^2 + x - 2).$$

Die Nullstellen des Polynoms $q_2(x) = x^2 + x - 2$ vom Grade 2 sind $z_3 = 1$ und $z_4 = -2$. Damit läßt sich das Ausgangspolynom $f(x)$ wie folgt in Linearfaktoren zerlegen:

$$f(x) = x^4 + x^3 - 3x^2 - x + 2 = (x - 1)^2 (x + 1)(x + 2).$$

$f(x)$ besitzt also drei verschiedene Nullstellen $z_1 = 1$, $z_2 = -1$, $z_3 = -2$. Die Nullstelle $z_1 = 1$ tritt zweifach, alle übrigen Nullstellen einfach auf.

Nützlich für das Auffinden von Nullstellen eines gegebenen Polynoms ist unter Umständen auch der folgende Satz:

Satz 5: *Bei Polynomen mit reellen Polynomkoeffizienten treten komplexe Nullstellen stets paarweise auf, d. h. ist die komplexe Zahl $z = a + ib$ eine Nullstelle des Polynoms, so ist auch die konjugiert komplexe Zahl $z^* = a - ib$ eine Nullstelle des gleichen Polynoms.*

Beispiel: Das Polynom $f(x) = x^3 - x^2 + x - 1$ vom Grade 3 besitzt reelle Koeffizienten und – wie man leicht nachweist – u. a. die komplexe Nullstelle $z_1 = i$. Nach Satz 5 ist auch $z_2 = z_1^* = -i$ eine Nullstelle des Polynoms (die dritte Nullstelle ist $z_3 = 1$).

V. Vektoralgebra

A. Der n-dimensionale affine Raum R^n

Wir gehen vom gewöhnlichen (dreidimensionalen) Anschauungsraum aus. In einem beliebigen Punkt 0 dieses Raumes verankern wir wie folgt ein Koordinatensystem: wir legen durch den als Koordinaten-anfangspunkt oder Nullpunkt bezeichneten Punkt 0 drei *nicht* in einer gemeinsamen Ebene verlaufende Geraden, die als Koordinaten-achsen dienen und der Reihe nach als x_1-, x_2-, x_3-Achse bezeichnet werden. Auf jeder der Achsen wählen wir einen von 0 verschiedenen Einheitspunkt E_i (i = 1, 2, 3). Der Abstand der Einheits-punkte E_i vom Nullpunkt 0 definiert die Längeneinheit auf der bebetreffenden Koordinatenachse (vgl. Abb. 1). Koordinatensysteme dieser Art bezeichnet man allgemein als *Parallelkoordinatensysteme*.

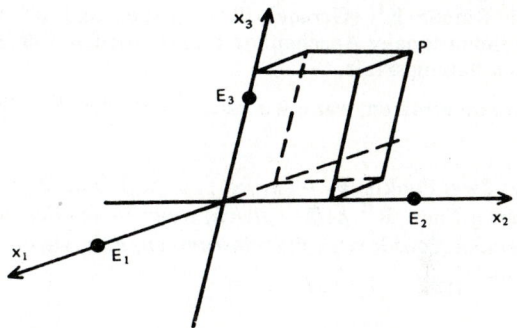

Abb. 1 Parallelkoordinatensystem

Jedem Punkt P des Raumes kann dann in *umkehrbar* eindeutiger Weise ein *geordnetes* Tripel reeller Zahlen, die sog. *Koordinaten* x_1, x_2, x_3 zugeordnet werden. Dabei ist x_1 der Abstand des Schnitt-punktes der durch P gehenden und zur x_2-, x_3-Ebene parallel ver-laufenden Ebene mit der x_1-Achse, vom Nullpunkt aus gemessen. Analog sind die beiden übrigen Koordinaten definiert. Wir dürfen daher den folgenden Satz allgemeingültig aussprechen:

Satz: *Zwischen den Punkten P des Anschauungsraumes und den ge-ordneten Tripeln* (x_1, x_2, x_3) *reeller Zahlen besteht eine umkehrbar eindeutige Zuordnung (bezogen auf ein fest verankertes Koordinaten-system):*

$$P \leftrightarrow (x_1, x_2, x_3)$$

$$(1).$$

Wählt man ein anderes Koordinatensystem, so ändern sich i. a. auch die Koordinaten eines Raumpunktes, d. h. die Koordinaten eines Raumpunktes sind *keine* absoluten Größen, sondern von der speziellen Wahl des Koordinatensystems abhängig.

Wir wollen an dieser Stelle den 3-dimensionalen affinen Raum R^3 *unabhängig von jeglicher geometrischer Anschauung* rein algebraisch als Gesamtheit aller geordneten Tripel (x_1, x_2, x_3) reeller Zahlen einführen. Diesen Sachverhalt verallgemeinern wir für Räume beliebiger Dimension wie folgt.

Definition: *Unter dem* n-*dimensionalen affinen Raum* R^n *versteht man die Gesamtheit aller geordneten* n-*Tupel* $(x_1, x_2, \ldots, x_n)$ *reeller Zahlen. Jedes geordnete* n-*Tupel definiert einen Punkt des affinen Raumes. Die Zahlen* x_i *heißen Koordinaten.*

Der n-dimensionale affine Raum R^n wird also *rein algebraisch* definiert. Eine geometrisch anschauliche Deutung ist nur für $n \leqslant 3$, d. h. für die Räume R^1 (Gerade), R^2 (Ebene) und R^3 (gewöhnlicher dreidimensionaler Anschauungsraum) möglich. Für $n > 3$ versagt die Anschauungskraft.

Wir wollen nun erklären, wann wir zwei Punkte des R^n als gleich ansehen.

Definition: *Zwei Punkte* $P_1 = (x_1, x_2, \ldots, x_n)$ *und* $P_2 = (y_1, y_2, \ldots, y_n)$ *des affinen* R^n *heißen gleich, wenn sie in allen einander entsprechenden Koordinaten übereinstimmen, d. h. wenn*

$$x_i = y_i \qquad für \qquad i = 1, 2, \ldots, n \tag{2}$$

gilt.

B. Der Vektorbegriff im n-dimensionalen affinen Raum R^n

1. Der Vektorbegriff im affinen R^3

Um eine anschauliche geometrische Interpretation zu ermöglichen, legen wir dem affinen R^3 ein *Parallelkoordinatensystem* zugrunde. Den wichtigen Begriff eines Vektors führen wir dann über die folgende Definition ein.

Definition: *Unter einem Vektor* $\vec{a}$ *des affinen* R^3 *versteht man eine durch die beiden Punkte* P *(Anfangspunkt) und* Q *(Endpunkt) des* R^3 *begrenzte, gerichtete Strecke:*

$$\vec{a} = \vec{PQ} \tag{3}.$$

Dabei werden Vektoren, die durch Parallelverschiebung auseinander hervorgehen und gleiche Richtung besitzen, als gleich betrachtet (vgl. Abb. 2): $\vec{a} = \overrightarrow{PQ} = \overrightarrow{RS}$.

Abb. 2 Zum Begriff des freien Vektors

Einem Vektor kommt zwar definitionsgemäß eine bestimmte Richtung und Länge zu, jedoch *keine* bestimmte Lage im Raum. Vektoren dieser Art bezeichnet man daher häufig auch als *freie Vektoren* im Gegensatz zu solchen Vektoren, die von einem festen Raumpunkt aus abgetragen werden (sog. *gebundene Vektoren*). Vektoren, die vom Koordinatenanfangspunkt $0 = (0, 0, 0)$ aus abgetragen werden, heißen *Ortsvektoren*.

Unter den *Komponenten* eines Vektors versteht man die Längen der Projektionen des Vektors auf die einzelnen Koordinatenachsen. In einem festen Koordinatensystem ist ein Vektor $\vec{a}$ *eindeutig* durch seine Komponenten bestimmt (vgl. hierzu Abb. 3, in der die Komponenten eines 2-dimensionalen Vektors gezeichnet sind). Die Komponenten werden der Reihe nach mit a_1, a_2, a_3 bezeichnet. Sind Anfangspunkt P und Endpunkt Q des Vektors $\vec{a} = \overrightarrow{PQ}$ bekannt:

$$P = (x_1, x_2, x_3), \quad Q = (y_1, y_2, y_3) \tag{4},$$

so sind die Komponenten von $\vec{a}$ der Reihe nach

$$a_1 = y_1 - x_1, \quad a_2 = y_2 - x_2, \quad a_3 = y_3 - x_3 \tag{5}.$$

Die *Komponentendarstellung* eines Vektors wollen wir in der sog. *Spaltenform*

$$\overrightarrow{PQ} = \vec{a} = \begin{pmatrix} a_1 \\ a_2 \\ a_3 \end{pmatrix} = \begin{pmatrix} y_1 - x_1 \\ y_2 - x_2 \\ y_3 - x_3 \end{pmatrix} \tag{6}$$

angeben (sog. *Spaltenvektor*).

Daneben ist aber auch die Darstellung eines Vektors in der *Zeilenform* (a_1, a_2, a_3) gebräuchlich (sog. *Zeilenvektor*). Wir können nun die Gleichheit zweier Vektoren auch wie folgt definieren.

Definition: *Zwei Vektoren*

$$\vec{a} = \begin{pmatrix} a_1 \\ a_2 \\ a_3 \end{pmatrix} \quad und \quad \vec{b} = \begin{pmatrix} b_1 \\ b_2 \\ b_3 \end{pmatrix} \quad des \ \mathbb{R}^3$$

heißen gleich, wenn

$$a_i = b_i \quad (i = 1, 2, 3) \tag{7}$$

ist.

Gleiche Vektoren können aber sehr wohl *verschiedene* Anfangspunkte (und damit auch Endpunkte) haben. Für den Ortsvektor $\overrightarrow{OP}$ findet man die Darstellung

$$\overrightarrow{OP} = \begin{pmatrix} x_1 \\ x_2 \\ x_3 \end{pmatrix} \tag{8},$$

wobei x_1, x_2, x_3 die Koordinaten des Endpunktes P sind. Die Komponenten des Ortsvektors $\overrightarrow{OP}$ stimmen also mit den Koordinaten seines Endpunktes P überein.

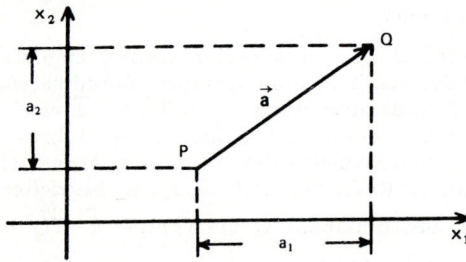

Abb. 3 Komponenten eines Vektors (in der Ebene)

Beispiel: Die Lage eines Vektors sei durch die beiden Punkte P = (2, 4, 3) und Q = (1, 0, 4) festgelegt. Der Vektor $\overrightarrow{PQ}$ besitzt die Komponentendarstellung

$$\overrightarrow{PQ} = \begin{pmatrix} -1 \\ -4 \\ 1 \end{pmatrix}$$. Der Ortsvektor des Endpunktes Q z. B. lautet:

$$\overrightarrow{OQ} = \begin{pmatrix} 1 \\ 0 \\ 4 \end{pmatrix} .$$

Definition: *Unter dem Summenvektor* $\vec{c}$ *zweier Vektoren*

$$\vec{a} = \begin{pmatrix} a_1 \\ a_2 \\ a_3 \end{pmatrix} \quad und \quad \vec{b} = \begin{pmatrix} b_1 \\ b_2 \\ b_3 \end{pmatrix} \quad des \ R^3 \ versteht \ man \ den \ Vektor$$

$$\vec{c} = \vec{a} + \vec{b} = \begin{pmatrix} a_1 + b_1 \\ a_2 + b_2 \\ a_3 + b_3 \end{pmatrix} \tag{9}.$$

Bei der Bildung des Summenvektors werden also einfach die entsprechenden Komponenten addiert. Die Lage des Summenvektors ergibt sich nach der sog. *Parallelogrammregel* als Flächendiagonale des aus den Vektoren $\vec{a}$ und $\vec{b}$ konstruierten Parallelogramms nach Abb. 4:

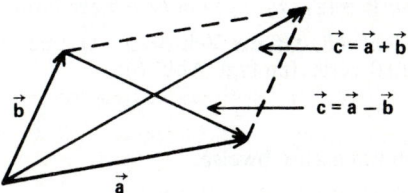

Abb. 4 Zum Begriff der Vektoraddition und der Vektorsubtraktion

Wir erklären nun die Multiplikation eines Vektors mit einer reellen Zahl (Skalar).

Definition: *Ein Vektor* $\vec{a} = \begin{pmatrix} a_1 \\ a_2 \\ a_3 \end{pmatrix}$ *des* R^3 *wird mit einer reellen*

Zahl λ *multipliziert, in dem man jede Vektorkomponente von* $\vec{a}$ *mit* λ *multipliziert:*

$$\lambda \vec{a} = \begin{pmatrix} \lambda a_1 \\ \lambda a_2 \\ \lambda a_3 \end{pmatrix} \tag{10}.$$

Der Vektor $\lambda \vec{a}$ hat die gleiche Richtung wie $\vec{a}$, falls $\lambda > 0$ ist. Seine Länge ist um den Faktor λ verändert. Für $\lambda < 0$ besitzt der Vektor $\lambda \vec{a}$ die umgekehrte Richtung wie $\vec{a}$ (vgl. Abb. 5).

Als *Nullvektor* $\vec{0}$ bezeichnet man denjenigen Vektor, dessen sämtliche Komponenten verschwinden:

$$\vec{0} = \begin{pmatrix} 0 \\ 0 \\ 0 \end{pmatrix} \tag{11}.$$

98

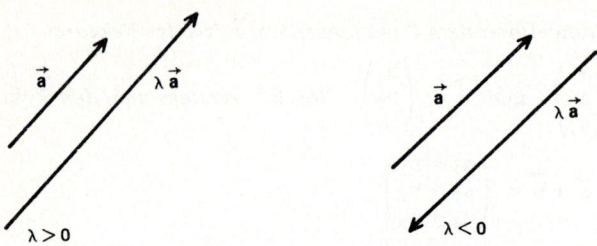

Abb. 5 Parallele und anti-parallele Vektoren (gezeichnet für $|\lambda| > 1$)

Für die durch die beiden verschiedenen Punkte $P = (x_1, x_2, x_3)$ und $Q = (y_1, y_2, y_3)$ gehende Gerade findet man die folgende *Parameterdarstellung*[1]: Ist $R = (z_1, z_2, z_3)$ ein *beliebiger* Punkt dieser Geraden, dann gilt offensichtlich, daß die Vektoren $\overrightarrow{PQ}$ und $\overrightarrow{PR}$ parallel (oder anti-parallel) verlaufen (vgl. Abb. 6):

$$\overrightarrow{PR} = \lambda \, \overrightarrow{PQ} \tag{12a}$$

oder in Komponentenschreibweise:

$$z_i - x_i = \lambda \, (y_i - x_i) = \lambda \, a_i \qquad (i = 1, 2, 3) \tag{12b}.$$

Die Größen a_i sind dabei die Komponenten des Vektors $\overrightarrow{PQ}$, λ bedeutet eine reelle Zahl. Für die Koordinaten des laufenden Punktes R auf der Geraden erhält man schließlich aus Gleichung (12b):

$$z_i = x_i + \lambda \, a_i \qquad (i = 1, 2, 3) \tag{13}.$$

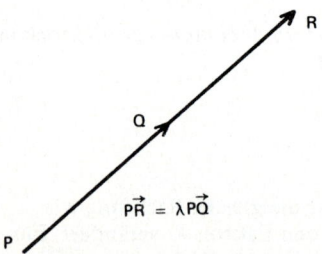

Abb. 6 Zur Parameterdarstellung einer Geraden

---

[1] Durch zwei verschiedene Punkte des R^3 geht *genau eine* Gerade.

Dabei werden die Punkte der Strecke $\overline{PQ}$ für $0 \leqslant \lambda \leqslant 1$ durchlaufen. Wir können daher die Strecke $\overline{PQ}$ auch als folgende Punktmenge des R^3 auffassen:

$$[(z_1, z_2, z_3) \mid z_i = x_i + \lambda\, a_i,\ 0 \leqslant \lambda \leqslant 1,\ i = 1, 2, 3] \tag{14}.$$

2. Der Vektorbegriff im affinen R^n

Wir wollen nun die folgenden Begriffe für den n-dimensionalen affinen Raum R^n verallgemeinern: *Gerade, Strecke, Vektor.*

Definition: *Unter der durch die beiden Punkte* $P = (x_1, x_2, \ldots, x_n)$ *und* $Q = (y_1, y_2, \ldots, y_n)$ *des affinen* R^n *verlaufenden Geraden versteht man die durch*

$$[(z_1, z_2, \ldots, z_n) \mid z_i = x_i + \lambda\,(y_i - x_i),\ i = 1, 2, \ldots, n] \tag{15}$$

definierte Punktmenge. Dabei bedeutet λ *eine beliebige reelle Zahl.* $z_1, z_2, \ldots, z_n$ *sind die Koordinaten des laufenden Punktes auf der Geraden. Die durch die Einschränkung* $0 \leqslant \lambda \leqslant 1$ *gewonnene Punktmenge*

$$[(z_1, z_2, \ldots, z_n) \mid z_i = x_i + \lambda\,(y_i - x_i),\ 0 \leqslant \lambda \leqslant 1,$$
$$i = 1, 2, \ldots, n] \tag{16}$$

definiert die Strecke $\overline{PQ}$.

Gerade und Strecke im n-dimensionalen affinen Raum R^n sind demnach als gewisse *Punktmengen* im R^n aufzufassen.
Gibt man der Strecke noch eine *Richtung*, in dem man $P = (x_1, x_2, \ldots, x_n)$ als Anfangspunkt und $Q = (y_1, y_2, \ldots, y_n)$ als Endpunkt betrachtet, so erhält man den n-dimensionalen Vektor $\overrightarrow{PQ}$.

Definition: *Die von* $P = (x_1, x_2, \ldots, x_n)$ *nach* $Q = (y_1, y_2, \ldots, y_n)$ *gerichtete Strecke* $\overline{PQ}$ *definiert einen Vektor* $\overrightarrow{PQ}$ *des affinen* n-di- *mensionalen Raumes* R^n. *Die Komponenten des Vektors* $\overrightarrow{PQ}$ *sind:*

$$\overrightarrow{PQ} = \vec{a} = \begin{pmatrix} a_1 \\ a_2 \\ \cdot \\ \cdot \\ a_n \end{pmatrix} = \begin{pmatrix} y_1 - x_1 \\ y_2 - x_2 \\ \cdot \\ \cdot \\ y_n - x_n \end{pmatrix} \tag{17}.$$

Dabei wollen wir Vektoren als *gleich* betrachten, wenn sie in ihren entsprechenden Komponenten übereinstimmen. Der Vektor

$$\vec{0} = \begin{pmatrix} 0 \\ \cdot \\ \cdot \\ \cdot \\ 0 \end{pmatrix}$$, dessen sämtliche Komponenten verschwinden, heißt

Nullvektor.
Die *Vektorsumme* zweier Vektoren $\vec{a}$ und $\vec{b}$ definieren wir wie folgt:

Definition: *Unter dem Summenvektor $\vec{c} = \vec{a} + \vec{b}$ zweier Vektoren $\vec{a}$ und $\vec{b}$ des R^n versteht man den durch Addition entsprechender Komponenten gewonnenen Vektor*

$$\vec{c} = \vec{a} + \vec{b} = \begin{pmatrix} a_1 + b_1 \\ a_2 + b_2 \\ \cdot \quad \cdot \\ \cdot \quad \cdot \\ a_n + b_n \end{pmatrix} \qquad (18)$$

(„Vektoraddition").

Definition: *Der durch Multiplikation mit dem reellen Skalar λ aus $\vec{a}$ hervorgehende Vektor $\vec{c} = \lambda \vec{a}$ besitzt die Komponentendarstellung*

$$\vec{c} = \lambda \vec{a} = \lambda \begin{pmatrix} a_1 \\ a_2 \\ \cdot \\ \cdot \\ a_n \end{pmatrix} = \begin{pmatrix} \lambda a_1 \\ \lambda a_2 \\ \cdot \\ \cdot \\ \lambda a_n \end{pmatrix} \qquad (19).$$

Jede Komponente des Vektors $\vec{a}$ wird also mit λ multipliziert. Für $\lambda > 0$ sind die Vektoren $\vec{a}$ und $\lambda \vec{a}$ *parallel,* für $\lambda < 0$ *antiparallel* gerichtet.

Für die Multiplikation von Vektoren mit reellen Zahlen (Skalaren) ergeben sich folgende Regeln:

(a) $\lambda \vec{a} = \vec{a} \lambda$ \qquad (20a);

(b) $\mu (\lambda \vec{a}) = (\mu \lambda) \vec{a} = \lambda (\mu \vec{a})$ \qquad (20b);

(c) $\lambda (\vec{a} + \vec{b}) = \lambda \vec{a} + \lambda \vec{b}$ \qquad (20c);

(d) $(\lambda + \mu) \vec{a} = \lambda \vec{a} + \mu \vec{a}$ \qquad (20d)

(λ und μ sind irgendwelche reelle Zahlen).

Wir erklären schließlich noch das sog. *innere Produkt* oder *Skalarprodukt* zweier Vektoren.

Definition: *Unter dem inneren Produkt oder Skalarprodukt* $(\vec{a}, \vec{b})$

zweier Vektoren $\vec{a} = \begin{pmatrix} a_1 \\ \cdot \\ \cdot \\ a_n \end{pmatrix}$ *und* $\vec{b} = \begin{pmatrix} b_1 \\ \cdot \\ \cdot \\ b_n \end{pmatrix}$

des affinen R^n *versteht man die durch die Gleichung*

$$(\vec{a}, \vec{b}) = a_1 b_1 + a_2 b_2 + \ldots + a_n b_n \qquad (21)$$

definierte reelle Zahl.

Das Skalarprodukt genügt dabei den folgenden Gesetzen:

(a) $(\vec{a}, \vec{b}) = (\vec{b}, \vec{a})$ (Kommutativgesetz) (22a);

(b) $(\vec{a}, \vec{b} + \vec{c}) = (\vec{a}, \vec{b}) + (\vec{a}, \vec{c})$ (Distributivgesetz) (22b);

(c) für jede reelle Zahl λ gilt:

$$\lambda (\vec{a}, \vec{b}) = (\lambda \vec{a}, \vec{b}) = (\vec{a}, \lambda \vec{b}) \qquad (22c).$$

Beispiel: Das Skalarprodukt der beiden Vektoren $\vec{a} = \begin{pmatrix} 1 \\ 0 \end{pmatrix}$

und $\vec{b} = \begin{pmatrix} 0 \\ 3 \end{pmatrix}$ des affinen R^2 verschwindet:

$$(\vec{a}, \vec{b}) = 1 \cdot 0 + 0 \cdot 3 = 0.$$

Die Menge der Vektoren des R^n besitzt bezüglich der Vektoraddition die Struktur einer abelschen Gruppe, wie wir abschließend zeigen wollen.

Satz: *Die Gesamtheit der Vektoren des* n-*dimensionalen affinen Raumes* R^n *besitzt die Struktur einer abelschen Gruppe bezüglich der Vektoraddition als Verknüpfungsart.*

Beweis: Wir haben zu zeigen, daß die vier Gruppenaxiome (G1 bis G4) sowie das Kommutativgesetz erfüllt sind. Die Menge der Vektoren ist bezüglich der Vektoraddition *abgeschlossen*, da zwei beliebigen Vektoren $\vec{a}$ und $\vec{b}$ in eindeutiger Weise ein dritter Vektor $\vec{c} = \vec{a} + \vec{b}$ als Summenvektor zugeordnet ist (G1 erfüllt). Das Assoziativgesetz (G2) fordert: $(\vec{a} + \vec{b}) + \vec{c} = \vec{a} + (\vec{b} + \vec{c})$ oder – in Komponentendarstellung –: $(a_i + b_i) + c_i = a_i + (b_i + c_i)$ $(i = 1, \ldots, n)$. Diese Eigenschaft trifft für Vektoren zu, da a_i, b_i, c_i reelle Zahlen sind, für die bekanntlich das Assoziativgesetz erfüllt ist. Damit ist die Gültigkeit von Axiom (G2) gezeigt. (G3) fordert die Existenz eines linksneutralen Elementes. Diese Rolle übernimmt offensichtlich der Nullvektor, da nach den Regeln der Vektoraddition

$$\vec{0} + \vec{a} = \vec{a} \tag{23}$$

ist für *jeden* beliebigen Vektor $\vec{a}$ des R^n. Schließlich existiert zu jedem Vektor $\vec{a}$ auch ein linksinverses Element, nämlich der durch Multiplikation mit $\lambda = -1$ aus $\vec{a}$ hervorgehende Vektor $-\vec{a}$:

$$-\vec{a} + \vec{a} = \begin{pmatrix} -a_1 + a_1 \\ \cdot \\ \cdot \\ -a_n + a_n \end{pmatrix} = \begin{pmatrix} 0 \\ \cdot \\ \cdot \\ 0 \end{pmatrix} = \vec{0} \tag{24}.$$

Damit sind alle vier Gruppenaxiome erfüllt. Die Gruppe ist sogar abelsch, da die Eigenschaft

$$\vec{a} + \vec{b} = \vec{b} + \vec{a} \tag{25}$$

allgemein für beliebige Vektoren $\vec{a}, \vec{b}$ des R^n zutrifft. Denn für die Komponenten gilt: $a_i + b_i = b_i + a_i$ $(i = 1, 2, \ldots, n)$, da a_i, b_i als reelle Zahlen das Kommutativgesetz erfüllen.

C. Lineare Unabhängigkeit von Vektoren

Definition: *Es seien* k *Vektoren* $\vec{a}_1, \vec{a}_2, \ldots, \vec{a}_k$ *des* n-*dimensionalen affinen Raumes* R^n *vorgegeben. Die* k *Vektoren heißen linear unabhängig, wenn die lineare Vektorgleichung*

$$\lambda_1 \vec{a}_1 + \lambda_2 \vec{a}_2 + \ldots + \lambda_k \vec{a}_k = \vec{0} \tag{26}$$

nur für $\lambda_1 = \lambda_2 = \ldots = \lambda_k = 0$ *erfüllt werden kann.*

Gibt es dagegen mindestens einen von Null verschiedenen Koeffizienten λ_i, *so heißen die* k *Vektoren* $\vec{a}_1, \vec{a}_2, \ldots, \vec{a}_k$ *linear abhängig.*

Beispiele: a) Im R^n ist jeder vom Nullpunkt verschiedene Vektor $\vec{a} \neq \vec{0}$ *linear unabhängig*, da die Vektorgleichung $\lambda\vec{a} = \vec{0}$ nur für $\lambda = 0$ erfüllbar ist. Der Nullvektor selbst ist dagegen stets *linear abhängig*, denn $\lambda\vec{0} = \vec{0}$ wird für beliebiges $\lambda \neq 0$ erfüllt.

b) Die beiden Vektoren

$$\vec{e_1} = \begin{pmatrix} 1 \\ 0 \end{pmatrix} \quad \text{und} \quad \vec{e_2} = \begin{pmatrix} 0 \\ 1 \end{pmatrix} \quad \text{des } R^2 \text{ sind linear unabhängig. Schreibt man}$$

die Vektorgleichung $\lambda_1 \vec{e_1} + \lambda_2 \vec{e_2} = \vec{0}$

komponentenweise:

$$\lambda_1 \cdot 1 + \lambda_2 \cdot 0 = 0$$

$$\lambda_1 \cdot 0 + \lambda_2 \cdot 1 = 0,$$

so wird dieses Gleichungssystem durch $\lambda_1 = \lambda_2 = 0$ gelöst.

c) Lineare Abhängigkeit zweier Vektoren $\vec{a_1}$ und $\vec{a_2}$ des R^n bedeutet, daß beide Vektoren *parallel* oder *antiparallel* zueinander verlaufen. Denn aus

$$\lambda_1 \vec{a_1} + \lambda_2 \vec{a_2} = \vec{0}$$

folgt (es sei etwa $\lambda_1 \neq 0$):

$$\vec{a_1} = - \frac{\lambda_2}{\lambda_1} \vec{a_2} = \mu \vec{a_2} \quad (\mu = - \frac{\lambda_2}{\lambda_1}).$$

d) Kommt unter den k Vektoren $\vec{a_1}, \vec{a_2}, \ldots, \vec{a_k}$ des R^n der Nullvektor vor (etwa $\vec{a_j} = \vec{0}$), so sind die k Vektoren sicher linear abhängig. Denn die lineare Vektorgleichung

$$\lambda_1 \vec{a_1} + \lambda_2 \vec{a_2} + \ldots + \lambda_{j-1} \vec{a_{j-1}} + \lambda_j \vec{0} + \lambda_{j+1} \vec{a_{j+1}} + \ldots + \lambda_k \vec{a_k} = \vec{0}$$

läßt sich identisch erfüllen für beliebiges $\lambda_j \neq 0$ und Verschwinden der übrigen λ_i:

$$\lambda_1 = \lambda_2 = \ldots = \lambda_{j-1} = \lambda_{j+1} = \ldots = \lambda_k = 0; \quad \lambda_j \neq 0.$$

Satz: k *Vektoren* $\vec{a_1}, \vec{a_2}, \ldots, \vec{a_k}$ *des* R^n *sind dann und nur dann linear abhängig, wenn mindestens einer der k Vektoren als Linearkombination der übrigen Vektoren darstellbar ist.*

Beweis: Sind die k Vektoren linear abhängig, so ist mindestens einer der Koeffizienten λ_i von Null verschieden (wir bezeichnen diesen Koeffizienten mit λ_j). Wir dividieren die Gleichung

$$\lambda_1 \vec{a_1} + \lambda_2 \vec{a_2} + \ldots + \lambda_j \vec{a_j} + \ldots + \lambda_k \vec{a_k} = \vec{0} \tag{27}$$

durch λ_j und lösen nach $\vec{a_j}$ auf:

$$\vec{a_j} = - \frac{\lambda_1}{\lambda_j} \vec{a_1} - \frac{\lambda_2}{\lambda_j} \vec{a_2} - \ldots - \frac{\lambda_{j-1}}{\lambda_j} \vec{a_{j-1}} - \frac{\lambda_{j+1}}{\lambda_j} \vec{a_{j+1}} -$$

$$- \ldots - \frac{\lambda_k}{\lambda_j} \vec{a_k}. \tag{28}$$

Der Vektor $\vec{a_j}$ läßt sich also linear kombinieren aus den übrigen $(k-1)$ Vektoren.

Ist umgekehrt einer der Vektoren $\vec{a_i}$ (z. B. $\vec{a_j}$) als Linearkombination der übrigen $(k-1)$ Vektoren darstellbar:

$$\vec{a_j} = \lambda_1 \vec{a_1} + \lambda_2 \vec{a_2} + \ldots + \lambda_{j-1} \vec{a}_{j-1} + \lambda_{j+1} \vec{a}_{j+1} + \ldots + \lambda_k \vec{a_k} \tag{29},$$

so ist in der umgeformten Vektorgleichung (29)

$$\lambda_1 \vec{a_1} + \lambda_2 \vec{a_2} + \ldots - \vec{a_j} + \ldots + \lambda_k \vec{a_k} = \vec{0} \tag{30}$$

mindestens ein Koeffizient von Null verschieden (nämlich der Koeffizient $\lambda_j = -1$). Daher sind die k Vektoren $\vec{a_1}, \vec{a_2}, \ldots, \vec{a_k}$ linear abhängig.

Von außerordentlicher Bedeutung ist die folgende Fragestellung: Gibt es unter den Vektoren des n-dimensionalen affinen Raumes R^n eine *Maximalzahl linear unabhängiger Vektoren?* Wir können diese Frage bejahen. Ohne Beweis formulieren wir den folgenden bedeutenden Satz.

Satz: *Unter den Vektoren des n-dimensionalen affinen Raumes* R^n *gibt es maximal* n *linear unabhängige Vektoren, d. h. es lassen sich stets im* R^n n *linear unabhängige Vektoren finden. Mehr als* n *Vektoren sind jedoch stets linear abhängig.*

Beispiel: Die folgenden n sog. *Einheitsvektoren* des R^n sind stets *linear unabhängig:*

$$\vec{e_1} = \begin{pmatrix} 1 \\ 0 \\ \cdot \\ \cdot \\ 0 \end{pmatrix}, \quad \vec{e_2} = \begin{pmatrix} 0 \\ 1 \\ \cdot \\ \cdot \\ 0 \end{pmatrix}, \ldots, \vec{e_n} = \begin{pmatrix} 0 \\ 0 \\ \cdot \\ \cdot \\ 1 \end{pmatrix}.$$

D. Lineare Vektorräume und lineare Räume

Definition: V *sei eine Menge von Vektoren des* n-dimensionalen *affinen Raumes* R^n *mit folgenden Eigenschaften:*

(a) V *ist nicht leer:* $V \neq \emptyset$;

(b) mit jedem Vektor $\vec{a} \in V$ *gehört auch der Vektor* $\lambda \vec{a}$ *zu* V *(λ ist eine beliebige reelle Zahl);*

(c) sind $\vec{a}$ und $\vec{b}$ Vektoren aus V, so gehört auch der Summen-vektor $\vec{c} = \vec{a} + \vec{b}$ zu V;

(d) es gibt k linear unabhängige Vektoren in V; mehr als k Vektoren sind jedoch stets linear abhängig.

Die Menge V heißt dann ein linearer Vektorraum der Dimension dim V = k *(linearer Vektorraum k-ter Dimension)* ($0 \leqslant k \leqslant n$).

Statt V schreibt man häufig auch V_k, um die Dimension k des Vektorraumes anzudeuten.

Aus der Definition folgt sofort, daß mit irgendwelchen p Vektoren $\vec{a}_1, \vec{a}_2, \ldots, \vec{a}_p$ aus V_k auch jede beliebige Linearkombination dieser Vektoren zum Vektorraum gehört. Auch der Nullvektor ist in V_k enthalten. Wegen Eigenschaft (a) enthält V_k mindestens einen Vektor ($\vec{a}$ z. B.). Dann gehört nach Eigenschaft (b) auch der Vektor $0 \cdot \vec{a} = \vec{0}$ zur Menge V_k.

Satz: $\vec{q}_1, \vec{q}_2, \ldots, \vec{q}_k$ *seien irgendwelche k linear unabhängige Vektoren aus einem linearen Vektorraum V_k der Dimension* dim V_k = k. *Der lineare Vektorraum besitzt dann die folgenden Eigenschaften:*

(a) jeder Vektor $\vec{a} \in V_k$ läßt sich in eindeutiger Weise als Linearkombination der linear unabhängigen Vektoren $\vec{q}_1, \vec{q}_2, \ldots, \vec{q}_k$ darstellen;

(b) der lineare Vektorraum V_k besteht genau aus der Gesamtheit der Linearkombinationen von $\vec{q}_1, \vec{q}_2, \ldots, \vec{q}_k$. Die k linear unabhängigen Vektoren bilden eine sog. Basis des linearen Vektorraumes.

Beweis: (a) Es ist zu zeigen, daß jeder beliebige Vektor $\vec{a} \in V_k$ in *eindeutiger* Weise als Linearkombination der linear unabhängigen Vektoren $\vec{q}_1, \vec{q}_2, \ldots, \vec{q}_k$ darstellbar ist. Da k die Maximalzahl linear unabhängiger Vektoren in V_k ist, sind die (k + 1) Vektoren $\vec{a}, \vec{q}_1, \vec{q}_2, \ldots, \vec{q}_k$ sicher *linear abhängig*. In der Vektorgleichung

$$\lambda \vec{a} + \mu_1 \vec{q}_1 + \mu_2 \vec{q}_2 + \ldots + \mu_k \vec{q}_k = \vec{0} \qquad (31)$$

gibt es also *mindestens einen* von Null verschiedenen Koeffizienten. Zu diesen gehört sicherlich λ. Wäre nämlich $\lambda = 0$, so könnte man den ersten Summand in Gleichung (31) ($\lambda \vec{a} = 0 \cdot \vec{a} = \vec{0}$) weglassen, und in der übriggebliebenen Vektorgleichung

$$\mu_1 \vec{q}_1 + \mu_2 \vec{q}_2 + \ldots + \mu_k \vec{q}_k = \vec{0} \qquad (32)$$

müßte es *mindestens einen* von Null verschiedenen Koeffizienten geben. Das aber wiederum würde bedeuten, daß die k Vektoren $\vec{q}_1$, $\vec{q}_2, \ldots, \vec{q}_k$ *entgegen* der Voraussetzung linear abhängig wären. Also ist $\lambda \neq 0$. Daher läßt sich der beliebige Vektor $\vec{a}$ des R^n in der Form

$$\vec{a} = -\frac{\mu_1}{\lambda} \vec{q}_1 - \frac{\mu_2}{\lambda} \vec{q}_2 - \ldots - \frac{\mu_k}{\lambda} \vec{q}_k \qquad (33)$$

darstellen.

Wir haben noch zu zeigen, daß die Darstellung eines beliebigen Vektors $\vec{a} \in V_k$ bei *fester* Basis *eindeutig* ist.

Angenommen, es gäbe *mindestens zwei* verschiedene Darstellungen des Vektors $\vec{a}$ (bei gleicher Basis):

$$\vec{a} = \lambda_1 \vec{q}_1 + \lambda_2 \vec{q}_2 + \ldots + \lambda_k \vec{q}_k = \mu_1 \vec{q}_1 + \mu_2 \vec{q}_2 + \ldots + \mu_k \vec{q}_k$$

$$(34a)$$

(unter den Koeffizienten λ_i gibt es *mindestens einen* Koeffizienten λ_j, der sich von dem entsprechenden Koeffizienten μ_j unterscheidet). Dann verschwinden in der linearen Vektorgleichung

$$(\lambda_1 - \mu_1)\vec{q}_1 + \ldots + (\lambda_k - \mu_k)\vec{q}_k = \vec{0} \qquad (34b)$$

nicht alle Koeffizienten $(\lambda_i - \mu_i)$. Dann aber wären die Vektoren $\vec{q}_1, \vec{q}_2, \ldots, \vec{q}_k$ linear abhängig, was zum Widerspruch zur Voraussetzung führt (die Vektoren $\vec{q}_1, \vec{q}_2, \ldots, \vec{q}_k$ sind als Basisvektoren stets linear unabhängig). Der Widerspruch kann nur durch die Forderung $\lambda_i = \mu_i$ ($i = 1, 2, \ldots, k$) beseitigt werden. Die Darstellung ist daher stets *eindeutig*.

(b) Unter (a) haben wir bereits gezeigt, daß sich jeder Vektor $\vec{a}$ des linearen Vektorraumes linear aus den k linear unabhängigen Basisvektoren $\vec{q}_1, \vec{q}_2, \ldots, \vec{q}_k$ kombinieren läßt. Umgekehrt gehören nach der Definition des linearen Vektorraumes V_k mit den Vektoren $\vec{q}_1$, $\vec{q}_2, \ldots, \vec{q}_k$ auch sämtliche Linearkombinationen dieser Vektoren zu V_k.

Beispiel: Im R^2 gibt es *maximal zwei* linear unabhängige Vektoren. So bilden z. B. die beiden Vektoren

$\vec{e_1} = \begin{pmatrix} 1 \\ 0 \end{pmatrix}$ und $\vec{e_2} = \begin{pmatrix} 0 \\ 1 \end{pmatrix}$ eine *Basis* des R^2.

Jeder Vektor $\vec{a} = \begin{pmatrix} a_1 \\ a_2 \end{pmatrix}$ des R^2 läßt sich in *eindeutiger* Weise als Linearkombination der Basisvektoren $\vec{e_1}, \vec{e_2}$ darstellen:

$$\vec{a} = \begin{pmatrix} a_1 \\ a_2 \end{pmatrix} = \begin{pmatrix} a_1 \\ 0 \end{pmatrix} + \begin{pmatrix} 0 \\ a_2 \end{pmatrix} = a_1 \cdot \begin{pmatrix} 1 \\ 0 \end{pmatrix} + a_2 \cdot \begin{pmatrix} 0 \\ 1 \end{pmatrix}$$

d. h. $\vec{a} = a_1 \vec{e_1} + a_2 \vec{e_2}$. .

Geht man von der Basis $\vec{q_1}, \vec{q_2}, \ldots, \vec{q_k}$ des linearen Vektorraumes V_k der Dimension k zu einer *anderen* Basis $\vec{p_1}, \vec{p_2}, \ldots, \vec{p_k}$ des gleichen Vektorraumes V_k über, so spannt die Basis $\vec{p_1}, \vec{p_2}, \ldots, \vec{p_k}$ den gleichen Vektorraum V_k auf wie die Basis $\vec{q_1}, \vec{q_2}, \ldots, \vec{q_k}$.

Wir hatten bereits gezeigt, daß es im affinen R^n maximal n linear unabhängige Vektoren gibt. Daher läßt sich der folgende Satz aussprechen:

Satz: *Die Vektoren des* n-*dimensionalen affinen Raumes* R^n *bilden in ihrer Gesamtheit einen linearen Vektorraum* V_n *der Dimension* n.

Wir betrachten nun einen linearen Vektorraum V_k der Dimension $\dim V_k = k$. In V_k sei eine Basis $\vec{q_1}, \vec{q_2}, \ldots, \vec{q_k}$ festgelegt. Jeder Vektor $\vec{a}$ aus dem Vektorraum V_k läßt sich dann in *eindeutiger* Weise aus den Basisvektoren $\vec{q_1}, \vec{q_2}, \ldots, \vec{q_k}$ linear kombinieren.

Wir können diesen Sachverhalt auch wie folgt formulieren:

Satz: *Jedem Vektor* $\vec{a}$ *eines linearen Vektorraumes* V_k *der Dimension* $\dim V_k = k$ *wird bezüglich der festen Basis* $\vec{q_1}, \vec{q_2}, \ldots, \vec{q_k}$ *durch die Vektorgleichung*

$$\vec{a} = \lambda_1 \vec{q_1} + \lambda_2 \vec{q_2} + \ldots + \lambda_k \vec{q_k} \tag{35a}$$

in umkehrbar eindeutiger Weise ein geordnetes k-*Tupel* $(\lambda_1, \lambda_2, \ldots, \lambda_k)$ *reeller Zahlen zugeordnet:*

$$\vec{a} \leftrightarrow (\lambda_1, \lambda_2, \ldots, \lambda_k) \tag{35b}.$$

Die reellen Zahlen λ_i heißen die *Komponenten* des Vektors $\vec{a}$ bezüglich der Basis $\vec{q_1}, \vec{q_2}, \ldots, \vec{q_k}$ [2]. Legt man dem linearen Vektor-

---

[2] Häufig bezeichnet man die Zahlen λ_i auch als die *Koordinaten* des Vektors $\vec{a}$ und als Vektorkomponenten die Größen $\lambda_i \vec{q_i}$.

raum V_k eine andere Basis zugrunde, so ändern sich i. a. auch die Komponenten des Vektors (Basistransformation).

Beispiel: Wir betrachten einen linearen Vektorraum der Dimension $k = 2$ im R^3. Als Basis wählen wir die beiden Einheitsvektoren

$$\vec{e_1} = \begin{pmatrix} 1 \\ 0 \\ 0 \end{pmatrix} \quad \text{und} \quad \vec{e_2} = \begin{pmatrix} 0 \\ 1 \\ 0 \end{pmatrix}. \text{ Der zu dem Vektorraum gehörende}$$

Vektor $\vec{a} = \begin{pmatrix} -5 \\ 11 \\ 0 \end{pmatrix}$ läßt sich aus $\vec{e_1}$ und $\vec{e_2}$ wie folgt linear kombinieren:

$$\vec{a} = \begin{pmatrix} -5 \\ 11 \\ 0 \end{pmatrix} = -5 \cdot \begin{pmatrix} 1 \\ 0 \\ 0 \end{pmatrix} + 11 \cdot \begin{pmatrix} 0 \\ 1 \\ 0 \end{pmatrix}, \text{ d. h.}$$

$$\vec{a} = -5\,\vec{e_1} + 11\,\vec{e_2}.$$

Der Vektor $\vec{a}$ besitzt daher, bezogen auf die Basis $\vec{e_1}$, $\vec{e_2}$, die Komponenten $\lambda_1 = -5$, $\lambda_2 = 11$.

Wir kommen nun zum Begriff des linearen Raumes.

Definition: *Unter einem linearen Raum L_k der Dimension* $\dim L_k = k$ *versteht man diejenige Punktmenge im affinen* R^n, *die durch Abtragen aller Vektoren eines linearen Vektorraumes V_k gleicher Dimension von einem festen Punkt P des affinen R^n aus entsteht.*

Man verwechsle nicht die Begriffe *linearer Vektorraum* V_k und *linearer Raum* L_k. V_k enthält *Vektoren* des affinen R^n mit bestimmten Eigenschaften. L_k dagegen definiert die durch Abtragen eines Vektorraumes V_k im R^n gewonnene Punktmenge.

Beispiele: a) Wir tragen vom Nullpunkt 0 des R^n aus einen linearen Vektorraum V_0 der Dimension $k = 0$ ab. V_0 enthält nur den Nullvektor. Der lineare Raum L_0 der Dimension Null ist also der *Nullpunkt*.
Allgemein repräsentiert ein 0-dimensionaler linearer Raum stets eine aus nur einem einzigen Punkt bestehende Punktmenge.
b) Der lineare Vektorraum V_1 enthält außer dem Basisvektor $\vec{a} \neq \vec{0}$ alle Vektoren $\lambda\vec{a}$ (λ reell). Trägt man von einem festen Punkt des R^n aus sämtliche Vektoren $\lambda\vec{a}$ ab, so erhält man als linearen Raum L_1 der Dimension $k = 1$ stets eine *Gerade*.
c) Durch Abtragen eines 2-dimensionalen Vektorraumes V_2 von einem Punkt P des R^n aus entsteht als linearer Raum der Dimension 2 stets eine *Ebene*.

d) Lineare Räume der Dimension $(n-1)$ bezeichnet man allgemein als *Hyperebenen*. So ist jeder Punkt des R^1 eine Hyperebene im R^1. Eine Hyperebene im R^2 ist eine Gerade, eine Hyperebene im R^3 eine Ebene.

Der n-dimensionale affine Raum R^n ist selbst ein linearer Raum L_n der Dimension n. Man erzeugt ihn, indem man den n-dimensionalen Vektorraum V_n, der sämtliche Vektoren des R^n enthält, vom Nullpunkt $0 = (0, 0, \ldots, 0)$ des R^n aus abträgt.

E. Der n-dimensionale affine Raum R^n mit Euklidischer Maßbestimmung

1. Der metrische Raum

Wollen wir in einem linearen Raum Längen-, Flächen- und Winkelmessungen ausführen, so müssen wir den Raum metrisieren, d. h. ihm eine bestimmte *Abstandsdefinition* zugrunde legen.

Definition: *Eine Menge* M *heißt ein metrischer Raum, wenn je zwei Elementen* x, y $\in$ M *eine nicht-negative Zahl* d(x, y) *mit den folgenden drei Eigenschaften zugeordnet ist:*

(M1) d(x, y) = 0 *dann und nur dann, wenn* x = y *ist;*

(M2) d(x, y) = d(y, x)   (36);

(M3) *für drei beliebige Elemente* x, y, z $\in$ M *gilt die sog. ,,Dreiecksungleichung:*

$$d(x, z) \leqslant d(x, y) + d(y, z) \qquad (37).$$

Die reelle Zahl d(x, y) *heißt der Abstand oder die Entfernung zweier Elemente (,,Punkte") x, y aus* M.

2. Der Euklidische oder kartesische Raum

a) Definition des Euklidischen Raumes

Der n-dimensionale affine Raum R^n enthält als Elemente alle geordneten n-Tupel reeller Zahlen. Jedes n-Tupel $(x_1, x_2, \ldots, x_n)$ definiert einen Punkt P des R^n. Der affine R^n wird zu einem metrischen Raum, wenn wir ihm eine bestimmte Abstandsdefinition zugrunde legen. Wir sind dann in der Lage, ,,Messungen" in diesem (metrisierten) Raum vorzunehmen.

Von besonderer Bedeutung ist die *Euklidische oder kartesische Metrik*, die wir im Folgenden einführen wollen.

Definition: *Der* n-*dimensionale affine Raum* R^n *heißt ein Euklidischer oder kartesischer Raum, wenn in ihm der Abstand zweier Punkte* $P = (x_1, x_2, \ldots, x_n)$ *und* $Q = (y_1, y_2, \ldots, y_n)$ *durch die nicht-negative Zahl*

$$d(P, Q) = + \sqrt{\sum_{i=1}^{n} (y_i - x_i)^2} \tag{38}$$

definiert wird[3].

Man zeigt leicht, daß die Abstandsdefinition (38) tatsächlich die drei geforderten Eigenschaften **(M1)**, **(M2)**, **(M3)** besitzt.

Die Koordinaten eines beliebigen Punktes P des Euklidischen Raumes bezeichnet man aus später noch ersichtlichen Gründen als *rechtwinklige oder kartesische Koordinaten*.

Die Länge eines Vektors $\vec{a} = \overrightarrow{PQ}$ des Euklidischen Raumes definieren wir als Abstand zwischen den Punkten P und Q (die *Länge* oder den *Betrag* eines Vektors $\vec{a}$ wollen wir durch das Symbol a oder $|\vec{a}|$ kennzeichnen):

$$a = |\vec{a}| = + \sqrt{(y_1 - x_1)^2 + \ldots + (y_n - x_n)^2} =$$
$$= + \sqrt{a_1^2 + a_2^2 + \ldots + a_n^2} \tag{39a}$$

($a_i = y_i - x_i$ ist die i-te Komponente des Vektors $\vec{a}$).

Der Ausdruck unter dem Wurzelzeichen in Gleichung (39a) ist aber nichts anderes als das Skalarprodukt des Vektors $\vec{a}$ mit sich selbst. Wir können daher (39a) auch schreiben:

$$a = |\vec{a}| = + \sqrt{(\vec{a}, \vec{a})} \tag{39b}.$$

Vektoren der Länge 1 heißen *normiert*.

Beispiel: Der Vektor $\vec{a} = \begin{pmatrix} 3 \\ 0 \\ 4 \end{pmatrix}$ des Euklidischen R^3 besitzt den Betrag

$$a = |\vec{a}| = \sqrt{3^2 + 0^2 + 4^2} = \sqrt{25} = 5.$$

Dividiert man die Komponenten von $\vec{a}$ durch $|\vec{a}| = 5$, so erhält man den

---

[3] Diese Abstandsdefinition stimmt mit der anschaulichen Abstandsdefinition in den Räumen R^1 (Gerade), R^2 (Ebene) und R^3 (gewöhnlicher 3-dimensionaler Anschauungsraum) überein.

normierten Vektor $\vec{b} = \dfrac{\vec{a}}{|\vec{a}|} = \begin{pmatrix} 3/5 \\ 0 \\ 4/5 \end{pmatrix}$.

b) Orthonormierte Basen

Definition: *Zwei Vektoren $\vec{a}, \vec{b}$ des R^n heißen zueinander orthogonal, wenn ihr Skalarprodukt verschwindet:*

$$(\vec{a}, \vec{b}) = 0. \tag{40}$$

Wir zeigen nun, daß m paarweise zueinander orthogonale Vektoren $\vec{a_1}, \vec{a_2}, \ldots, \vec{a_m}$ des R^n stets linear unabhängig sind $(m \leqslant n)$.

Satz: *Sind die $m \leqslant n$ Vektoren $\vec{a_1}, \vec{a_2}, \ldots, \vec{a_m}$ des R^n paarweise zueinander orthogonal, so sind sie auch linear unabhängig.*

Beweis: Wir multiplizieren die lineare Vektorgleichung

$$\lambda_1 \vec{a_1} + \lambda_2 \vec{a_2} + \ldots + \lambda_m \vec{a_m} = \vec{0} \tag{41}$$

skalar mit dem Vektor $\vec{a_i}$ $(i = 1, 2, \ldots, m)$. Wegen der Orthogonalität der Vektoren $\vec{a_1}, \vec{a_2}, \ldots, \vec{a_m}$ verschwinden in der Gleichung

$$\lambda_1 (\vec{a_1}, \vec{a_i}) + \lambda_2 (\vec{a_2}, \vec{a_i}) + \ldots + \lambda_{i-1} (\vec{a_{i-1}}, a_i) + \lambda_i (\vec{a_i}, \vec{a_i}) +$$
$$+ \lambda_{i+1} (\vec{a_{i+1}}, a_i) + \ldots + \lambda_m (\vec{a_m}, \vec{a_i}) = (\vec{0}, \vec{a_i}) \tag{42}$$

alle Skalarprodukte außer $(\vec{a_i}, \vec{a_i})$. Gleichung (42) reduziert sich daher auf

$$\lambda_i (\vec{a_i}, \vec{a_i}) = 0 \qquad (i = 1, 2, \ldots, m) \tag{43},$$

woraus

$$\lambda_i = 0 \qquad (i = 1, 2, \ldots, m) \tag{44}$$

folgt. Die Gleichung (41) kann also nur für verschwindende λ_i $(i = 1, 2, \ldots, m)$ gültig sein, d. h. die paarweise zueinander orthogonalen Vektoren $\vec{a_1}, \vec{a_2}, \ldots, \vec{a_m}$ sind linear unabhängig.

Von besonderer Bedeutung sind Basen, deren Vektoren normiert und zugleich paarweise zueinander orthogonal sind.

Definition: *Eine Basis* $\vec{q}_1, \vec{q}_2, \ldots, \vec{q}_n$ *des Euklidischen* R^n *heißt orthonormiert, wenn alle Basisvektoren die Länge 1 haben und paarweise zueinander orthogonal sind.* Die Basisvektoren genügen also den Bedingungen

$$(\vec{q}_i, \vec{q}_j) = \left\{ \begin{array}{ll} 1 & i = j \\ & \textit{für} \\ 0 & i \neq j \end{array} \right\} \tag{45}.$$

Wir werden in Zukunft die Basisvektoren einer *orthonormierten Basis* mit · $\vec{e}_1, \vec{e}_2, \ldots, \vec{e}_n$ bezeichnen:

$$(\vec{e}_i, \vec{e}_j) = \delta_{ij} \tag{46}.$$

Das Symbol δ_{ij} heißt „*Kroneckersymbol*" und wird wie folgt definiert:

$$\delta_{ij} = \left\{ \begin{array}{ll} 1 & i = j \\ & \text{für} \\ 0 & i \neq j \end{array} \right\} \tag{47}.$$

Beispiel: Ein kartesisches Koordinatensystem im Euklidischen R^n wird z. B. durch die aus den n *Einheitsvektoren*

$$\vec{e}_1 = \begin{pmatrix} 1 \\ 0 \\ \cdot \\ \cdot \\ 0 \\ 0 \end{pmatrix}, \quad \vec{e}_2 = \begin{pmatrix} 0 \\ 1 \\ \cdot \\ \cdot \\ 0 \\ 0 \end{pmatrix}, \ldots, \quad \vec{e}_n = \begin{pmatrix} 0 \\ 0 \\ \cdot \\ \cdot \\ 0 \\ 1 \end{pmatrix}$$

gebildete orthonormierte Basis $\vec{e}_1, \vec{e}_2, \ldots, \vec{e}_n$ festgelegt.

Ein beliebiger Vektor $\vec{a} = \begin{pmatrix} a_1 \\ a_2 \\ \cdot \\ \cdot \\ a_n \end{pmatrix}$ des R^n läßt sich

dann bezüglich dieser Basis in der Form

$$\vec{a} = \begin{pmatrix} a_1 \\ a_2 \\ \cdot \\ a_n \end{pmatrix} = \begin{pmatrix} a_1 \\ 0 \\ \cdot \\ 0 \end{pmatrix} + \begin{pmatrix} 0 \\ a_2 \\ \cdot \\ 0 \end{pmatrix} + \ldots + \begin{pmatrix} 0 \\ 0 \\ \cdot \\ a_n \end{pmatrix} = a_1 \begin{pmatrix} 1 \\ 0 \\ \cdot \\ 0 \end{pmatrix} + a_2 \begin{pmatrix} 0 \\ 1 \\ \cdot \\ 0 \end{pmatrix} +$$

$$\ldots + a_n \begin{pmatrix} 0 \\ 0 \\ \cdot \\ 1 \end{pmatrix} = a_1 \vec{e}_1 + a_2 \vec{e}_2 + \ldots + a_n \vec{e}_n \qquad \text{darstellen.}$$

Man beachte, daß zwar n paarweise zueinander orthogonale Vektoren $\vec{q}_1, \vec{q}_2, \ldots, \vec{q}_n$ des R^n in ihrer Gesamtheit eine Basis des affinen R^n bilden, jedoch umgekehrt nicht jede Basis des R^n aus zueinander orthogonalen Vektoren besteht. Es ist jedoch stets möglich, n linear unabhängige Vektoren $\vec{q}_1, \vec{q}_2, \ldots, \vec{q}_n$ des R^n zu orthogonalisieren bzw. zu orthonormieren. Ein gängiges Verfahren ist z. B. das *Orthonormierungsverfahren nach Schmidt.*

Satz: *Jedes System von* m *linear unabhängigen Vektoren* $\vec{q}_1, \vec{q}_2,$ $\ldots, \vec{q}_m$ *des* R^n *kann in ein orthonormiertes System* $\vec{e}_1, \vec{e}_2, \ldots, \vec{e}_m$ *übergeführt werden* $(m \leqslant n)$. *Die Vektoren* $\vec{e}_i$ $(i = 1, 2, \ldots, m)$ *werden nach dem folgenden Schema berechnet: aus den gegebenen Vektoren* $\vec{q}_1, \vec{q}_2, \ldots, \vec{q}_m$ *werden gemäß der Anweisung*

$$\vec{r}_i = \vec{q}_i - \sum_{j=1}^{i-1} (\vec{q}_i, \vec{e}_j)\, \vec{e}_j, \qquad \vec{e}_i = \frac{\vec{r}_i}{|\vec{r}_i|} \tag{48}$$

die orthonormierten Vektoren $\vec{e}_1, \vec{e}_2, \ldots, \vec{e}_m$ *erzeugt (Schmidtsches Orthonormierungsverfahren).*

Wendet man diesen Satz auf eine beliebige Basis des R^n an, so erhält man die folgende Aussage:

Satz: *Jede Basis* $\vec{q}_1, \vec{q}_2, \ldots, \vec{q}_n$ *des* R^n *läßt sich durch das Schmidtsche Orthonormierungsverfahren in eine orthonormierte Basis* $\vec{e}_1, \vec{e}_2, \ldots, \vec{e}_n$ *des* R^n *überführen.*

Beispiel: Die drei Vektoren

$$\vec{q}_1 = \begin{pmatrix} 1 \\ 0 \\ 0 \end{pmatrix}, \quad \vec{q}_2 = \begin{pmatrix} 1 \\ 1 \\ 0 \end{pmatrix}, \quad \vec{q}_3 = \begin{pmatrix} 0 \\ 2 \\ -1 \end{pmatrix}$$ des R^3 sind, wie man sich leicht

überzeugt, linear unabhängig und bilden daher eine Basis des R^3. Wir wollen diese Basis nach Schmidt orthonormieren.

1. Schritt: Wir berechnen $\vec{e}_1$ aus Gleichung (48):

$$\vec{r}_1 = \vec{q}_1 - \sum_{j=1}^{0} (\vec{q}_1, \vec{e}_j)\, \vec{e}_j = \vec{q}_1 = \begin{pmatrix} 1 \\ 0 \\ 0 \end{pmatrix}, \quad \vec{e}_1 = \frac{\vec{r}_1}{|\vec{r}_1|} = \begin{pmatrix} 1 \\ 0 \\ 0 \end{pmatrix};$$

2. Schritt: Für $i = 2$ erhalten wir aus Gleichung (48):

$$\vec{r}_2 = \vec{q}_2 - \sum_{j=1}^{1} (\vec{q}_2, \vec{e}_j)\,\vec{e}_j = \vec{q}_2 - (\vec{q}_2, \vec{e}_1)\,\vec{e}_1 = \begin{pmatrix} 1 \\ 1 \\ 0 \end{pmatrix} - 1 \cdot \begin{pmatrix} 1 \\ 0 \\ 0 \end{pmatrix} =$$

$$= \begin{pmatrix} 1 \\ 1 \\ 0 \end{pmatrix} - \begin{pmatrix} 1 \\ 0 \\ 0 \end{pmatrix} = \begin{pmatrix} 0 \\ 1 \\ 0 \end{pmatrix} \;,\quad \vec{e}_2 = \frac{\vec{r}_2}{|\vec{r}_2|} = \begin{pmatrix} 0 \\ 1 \\ 0 \end{pmatrix} \;;$$

3. Schritt: Für $i = 3$ berechnet sich $\vec{e}_3$ wie folgt aus (48):

$$\vec{r}_3 = \vec{q}_3 - \sum_{j=1}^{2} (\vec{q}_3, \vec{e}_j)\,\vec{e}_j = \vec{q}_3 - (\vec{q}_3, \vec{e}_1)\,\vec{e}_1 - (\vec{q}_3, \vec{e}_2)\,\vec{e}_2 = \begin{pmatrix} 0 \\ 2 \\ -1 \end{pmatrix} -$$

$$- 0 \cdot \begin{pmatrix} 1 \\ 0 \\ 0 \end{pmatrix} - 2 \cdot \begin{pmatrix} 0 \\ 1 \\ 0 \end{pmatrix} = \begin{pmatrix} 0 \\ 2 \\ -1 \end{pmatrix} - \begin{pmatrix} 0 \\ 0 \\ 0 \end{pmatrix} - \begin{pmatrix} 0 \\ 2 \\ 0 \end{pmatrix} = \begin{pmatrix} 0 \\ 0 \\ -1 \end{pmatrix},$$

$$\vec{e}_3 = \frac{\vec{r}_3}{|\vec{r}_3|} = \begin{pmatrix} 0 \\ 0 \\ -1 \end{pmatrix} \;.$$

Das orthonormierte System besteht also aus den drei Vektoren

$$\vec{e}_1 = \begin{pmatrix} 1 \\ 0 \\ 0 \end{pmatrix} \;,\quad \vec{e}_2 = \begin{pmatrix} 0 \\ 1 \\ 0 \end{pmatrix} \;,\quad \vec{e}_3 = \begin{pmatrix} 0 \\ 0 \\ -1 \end{pmatrix} \;.$$

3. Geometrische Deutung des 3-dimensionalen Euklidischen Raumes

Die Abstandsdefinition im 3-dimensionalen Euklidischen Raum R^3 stimmt mit der Abstandsdefinition im gewöhnlichen 3-dimensionalen Anschauungsraum überein, wenn wir diesem ein kartesisches Koordinatensystem zugrunde legen (die drei Koordinatenachsen stehen paarweise aufeinander senkrecht). Wir können daher den Euklidischen R^3 mit dem gewöhnlichen 3-dimensionalen Anschauungsraum identifizieren. Daher bezeichnet man affine Räume mit Euklidischer Maßbestimmung häufig auch als *kartesische* Räume.

a) Geometrische Deutung des Skalarproduktes und der Orthogonalität zweier Vektoren

Im 3-dimensionalen affinen Raum mit Euklidischer Maßbestimmung läßt sich das skalare Produkt $(\vec{a}, \vec{b})$ zweier Vektoren $\vec{a}$ und $\vec{b}$ auch in der Form

$$(\vec{a}, \vec{b}) = a_1 b_1 + a_2 b_2 + a_3 b_3 = |\vec{a}| \cdot |\vec{b}| \cdot \cos\gamma \tag{49}$$

darstellen, wie man leicht mit Hilfe des Kosinussatzes der ebenen Trigonometrie nachweisen kann. Dabei ist γ derjenige Winkel zwischen den beiden Vektoren $\vec{a}$ und $\vec{b}$, der der Bedingung $0 \leqslant \gamma \leqslant \pi$ genügt (vgl. Abb. 7).

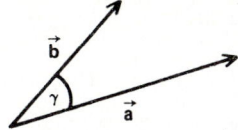

Abb. 7 Zur geometrischen Deutung des Skalarproduktes zweier Vektoren

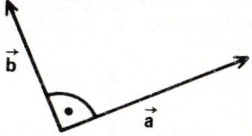

Abb. 8 Zur geometrischen Deutung orthogonaler Vektoren

Den Winkel γ zwischen zwei vom Nullvektor verschiedenen Vektoren $\vec{a}$ und $\vec{b}$ des Euklidischen R^3 erhält man durch Auflösen der Gleichung (49) aus

$$\cos \gamma = \frac{(\vec{a}, \vec{b})}{|\vec{a}| \cdot |\vec{b}|} = \frac{a_1 b_1 + a_2 b_2 + a_3 b_3}{a \cdot b} \qquad (50).$$

Aus Gleichung (50) erhält man unmittelbar eine geometrische Deutung für die Orthogonalität zweier Vektoren. Die vom Nullvektor verschiedenen Vektoren $\vec{a}$ und $\vec{b}$ sind definitionsgemäß genau dann zueinander orthogonal, wenn ihr Skalarprodukt verschwindet. Dieser Fall tritt jedoch nur dann ein, wenn die beiden Vektoren einen rechten Winkel miteinander bilden, da der Kosinus von 90° verschwindet (vgl. Abb. 8). Wir können daher den folgenden Satz aussprechen.

Satz: *Die Orthogonalität zweier vom Nullvektor verschiedener Vektoren des Euklidischen R^3 findet ihren geometrischen Ausdruck in der Tatsache, daß die Vektoren aufeinander senkrecht stehen.*

b) Das vektorielle Produkt zweier Vektoren im Euklidischen R^3

Definition: *Unter dem vektoriellen Produkt oder Vektorprodukt $\vec{c} = \vec{a} \times \vec{b}$ zweier Vektoren $\vec{a}$ und $\vec{b}$ des Euklidischen R^3 versteht man einen Vektor mit den folgenden Eigenschaften:*

(a) das Vektorprodukt $\vec{c} = \vec{a} \times \vec{b}$ ist ein sowohl zu $\vec{a}$ als auch zu $\vec{b}$ orthogonaler Vektor, d. h.

$$(\vec{c}, \vec{a}) = 0 \ und \ (\vec{c}, \vec{b}) = 0 \qquad (51a);$$

116

(b) der Betrag des Vektorproduktes $\vec{c} = \vec{a} \times \vec{b}$ ist gleich dem Produkt aus den Beträgen der beiden Vektoren $\vec{a}$ und $\vec{b}$ sowie dem Sinus des eingeschlossenen Winkels γ:

$$|\vec{c}| = |\vec{a} \times \vec{b}| = |\vec{a}| \, |\vec{b}| \sin \gamma = a \cdot b \cdot \sin \gamma \qquad (51b);$$

(c) die Vektoren $\vec{a}, \vec{b}, \vec{c}$ bilden ein Rechtssystem[4].

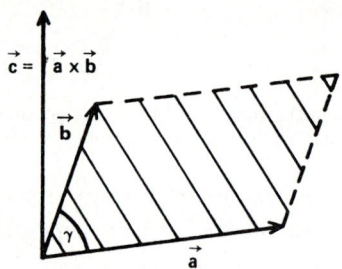

Abb. 9 Zum Begriff des Vektorproduktes zweier Vektoren

Das Vektorprodukt zweier Vektoren ist — im Gegensatz zum Skalarprodukt — wiederum ein Vektor, der senkrecht auf der von den beiden Vektoren $\vec{a}$ und $\vec{b}$ aufgespannten Ebene steht. Der Betrag des Vektorproduktes ist dabei gleich dem Flächeninhalt des von den beiden Vektoren $\vec{a}$ und $\vec{b}$ erzeugten Parallelogramms (vgl. Abb. 9).

Aus der Gleichung (51b) folgt sofort, daß das vektorielle Produkt zweier vom Nullvektor verschiedener Vektoren $\vec{a} \neq \vec{0}$ und $\vec{b} \neq \vec{0}$ dann und nur dann verschwindet, wenn $\gamma = 0°$ oder $\gamma = 180°$ ist, d. h. wenn die Vektoren $\vec{a}$ und $\vec{b}$ *parallel oder antiparallel* zueinander verlaufen und damit *linear abhängig* sind. Daraus folgt der Satz:

Satz: *Zwei vom Nullvektor verschiedene Vektoren $\vec{a} \neq \vec{0}$ und $\vec{b} \neq \vec{0}$ sind dann und nur dann linear unabhängig, wenn ihr Vektorprodukt vom Nullvektor verschieden ist, d. h. wenn*

$$\vec{a} \times \vec{b} \neq \vec{0} \qquad (52)$$

ist.

---

[4] Die kürzeste Drehung des Vektors $\vec{a}$ in den Vektor $\vec{b}$ erfolgt für einen von der Pfeilspitze des Vektors $\vec{c}$ auf die von $\vec{a}$ und $\vec{b}$ aufgespannte Ebene blickenden Beobachters im *Gegenuhrzeigersinn* (vgl. Abb. 9).

In kartesischen Koordinatensystemen (d. h. für orthonormierte Basen) läßt sich das Vektorprodukt $\vec{a} \times \vec{b}$ der beiden Vektoren

$$\vec{a} = \begin{pmatrix} a_1 \\ a_2 \\ a_3 \end{pmatrix} \quad \text{und} \quad \vec{b} = \begin{pmatrix} b_1 \\ b_2 \\ b_3 \end{pmatrix} \quad \text{des } R^3 \text{ folgendermaßen darstellen:}$$

$$\vec{a} \times \vec{b} = (a_2 b_3 - a_3 b_2) \vec{e}_1 + (a_3 b_1 - a_1 b_3) \vec{e}_2 + (a_1 b_2 - a_2 b_1) \vec{e}_3$$

oder $\hspace{7cm}$ (53a)

$$\vec{a} \times \vec{b} = \begin{pmatrix} a_2 b_3 - a_3 b_2 \\ a_3 b_1 - a_1 b_3 \\ a_1 b_2 - a_2 b_1 \end{pmatrix} \hspace{3cm} (53b),$$

wobei $\vec{e}_1, \vec{e}_2, \vec{e}_3$ eine orthonormierte Basis bedeutet[5].

Abschließend stellen wir noch einige Rechenregeln für Vektorprodukte zusammen:

(a) $\vec{a} \times \vec{b} = - \vec{b} \times \vec{a}$ $\hspace{2cm}$ (Anti-Kommutativgesetz) $\hspace{1cm}$ (54a);

(b) für reelles λ gilt:

$$\lambda(\vec{a} \times \vec{b}) = \lambda \vec{a} \times \vec{b} = \vec{a} \times \lambda \vec{b} \hspace{3cm} (54b);$$

(c) $\vec{a} \times (\vec{b} + \vec{c}) = \vec{a} \times \vec{b} + \vec{a} \times \vec{c}$ (Distributivgesetz) $\hspace{1cm}$ (54c).

Man beachte, daß das Assoziativgesetz i. a. *nicht* gültig ist:

$$\vec{a} \times (\vec{b} \times \vec{c}) \neq (\vec{a} \times \vec{b}) \times \vec{c} \hspace{4cm} (55).$$

Ferner ist stets

$$\vec{a} \times \vec{a} = \vec{0} \hspace{6cm} (56).$$

---

[5] Das Vektorprodukt $\vec{a} \times \vec{b}$ läßt sich auch *formal* in Form einer Determinante angeben (vgl. hierzu Kapitel VI.B.):

$$\vec{a} \times \vec{b} = \begin{vmatrix} \vec{e}_1 & \vec{e}_2 & \vec{e}_3 \\ a_1 & a_2 & a_3 \\ b_1 & b_2 & b_3 \end{vmatrix} .$$

Entwickelt man nämlich diese Determinante nach *Laplace* nach den Elementen der ersten Zeile, so erhält man genau die Darstellung (53a) (vgl. hierzu Kapitel VI.B.2.).

Beispiele: a) Für die drei Einheitsvektoren

$$\vec{e_1} = \begin{pmatrix} 1 \\ 0 \\ 0 \end{pmatrix} \;,\quad \vec{e_2} = \begin{pmatrix} 0 \\ 1 \\ 0 \end{pmatrix} \;,\quad \vec{e_3} = \begin{pmatrix} 0 \\ 0 \\ 1 \end{pmatrix} \quad \text{des } R^3 \text{ gilt stets:}$$

$$\vec{e_1} \times \vec{e_2} = \vec{e_3}, \quad \vec{e_2} \times \vec{e_3} = \vec{e_1}, \quad \vec{e_3} \times \vec{e_1} = \vec{e_2}.$$

b) Bewegt sich ein Elektron mit der Elementarladung e mit der Geschwindigkeit $\vec{v}$ durch ein Magnetfeld der magnetischen Induktion $\vec{B}$, so erfährt es die sog. *Lorentzkraft*

$$\vec{F} = e\,(\vec{v} \times \vec{B}).$$

Die Kraft wirkt senkrecht zur Bewegungsrichtung und senkrecht zur Richtung der magnetischen Feldlinien.

c) Um festzustellen, ob die beiden Vektoren

$$\vec{a} = \begin{pmatrix} 1 \\ 2 \\ 0 \end{pmatrix} \quad \text{und} \quad \vec{b} = \begin{pmatrix} 0 \\ 2 \\ -1 \end{pmatrix} \quad \text{linear abhängig sind oder nicht, berechnen wir}$$

ihr Vektorprodukt gemäß Gleichung (53b):

$$\vec{a} \times \vec{b} = \begin{pmatrix} 2 \cdot (-1) - 0 \cdot 2 \\ 0 \cdot 0 - 1 \cdot (-1) \\ 1 \cdot 2 - 2 \cdot 0 \end{pmatrix} = \begin{pmatrix} -2 \\ 1 \\ 2 \end{pmatrix} \neq \begin{pmatrix} 0 \\ 0 \\ 0 \end{pmatrix} \;.$$

Die Vektoren $\vec{a}$ und $\vec{b}$ sind also *linear unabhängig*.

F. Der komplexe n-dimensionale Vektorraum $V_n(K)$

Der bisher betrachtete n-dimensionale Vektorraum V_n enthält als Elemente alle Vektoren mit *reellen* Komponenten. Er wird daher häufig auch durch das Symbol $V_n(R)$ gekennzeichnet und als n-dimensionaler Vektorraum über der Menge R der *reellen* Zahlen oder kurz als *reeller* n-dimensionaler Vektorraum bezeichnet. Bei der mathematischen Behandlung zahlreicher naturwissenschaftlicher Probleme erweist es sich jedoch als sehr nützlich, einen allgemeineren n-dimensionalen Vektorraum einzuführen, dessen Vektoren auch *komplexwertige* Komponenten besitzen dürfen. Man bezeichnet diesen Vektorraum als n-dimensionalen Vektorraum über der Menge K der *komplexen* Zahlen oder kurz als *komplexen* n-dimensionalen Vektorraum und kennzeichnet ihn durch das Symbol $V_n(K)$. Mit Ausnahme des Skalarproduktes zweier Vektoren lassen sich alle übrigen Definitionen und Eigenschaften des reellen n-dimensionalen Vektorraumes $V_n(R)$ auch auf komplexe Vektoren sinngemäß übertragen. Das Skalarprodukt definiert man wie folgt:

Definition: *Unter dem inneren Produkt oder Skalarprodukt zweier komplexer Vektoren*

$$\vec{a} = \begin{pmatrix} a_1 \\ \cdot \\ \cdot \\ a_n \end{pmatrix} \quad und \quad \vec{b} = \begin{pmatrix} b_1 \\ \cdot \\ \cdot \\ b_n \end{pmatrix} \quad des \; komplexen \; n\text{-}dimensionalen$$

Vektorraumes $V_n(K)$ *versteht man die durch*

$$(\vec{a}, \vec{b}) = a_1 b_1^* + a_2 b_2^* + \ldots + a_n b_n^* \tag{57}[6]$$

definierte (komplexe) Zahl.

Das Skalarprodukt genügt dabei den folgenden Gesetzen:

(a) $(\vec{a}, \vec{b}) = (\vec{b}, \vec{a})^*$ $\qquad\qquad$ (58a);

(b) $(\vec{a}, \vec{b} + \vec{c}) = (\vec{a}, \vec{b}) + (\vec{a}, \vec{c})$ $\qquad$ (58b);

(c) für jede komplexe Zahl λ gilt:

$$\lambda (\vec{a}, \vec{b}) = (\lambda \vec{a}, \vec{b}) = (\vec{a}, \lambda^* \vec{b}) \tag{58c}.$$

Beispiel: Wir berechnen das Skalarprodukt $(\vec{a}, \vec{b})$ mit

$$\vec{a} = \begin{pmatrix} 2 \\ 3 - i \\ 2i \end{pmatrix} \quad und \quad \vec{b} = \begin{pmatrix} 1 - 2i \\ 4 + i \\ 6 - 5i \end{pmatrix} \; :$$

$$(\vec{a}, \vec{b}) = \begin{pmatrix} 2 \\ 3 - i \\ 2i \end{pmatrix} \cdot \begin{pmatrix} 1 - 2i \\ 4 + i \\ 6 - 5i \end{pmatrix} = 2(1 - 2i)^* + (3 - i)(4 + i)^* + 2i(6 - 5i)^* =$$

$$= 2(1 + 2i) + (3 - i)(4 - i) + 2i(6 + 5i) =$$
$$= 2 + 4i + 12 - 3i - 4i + i^2 + 12i + 10i^2 =$$
$$= 2 + 4i + 12 - 3i - 4i - 1 + 12i - 10 = 3 + 9i \; .$$

---

[6] b_i^* ist die zu b_i konjugiert komplexe Zahl.

VI. Elemente der linearen Algebra

A. Der Matrizenkalkül

1. Definition einer Matrix

Definition: *Unter einer Matrix* **A** *vom* (m, n)-*Typ verstehen wir die* m · n *Zahlen* a_{ik} (i = 1, 2, . . ., m; k = 1, 2, . . ., n), *die in dem rechteckigen Schema*

$$A = \begin{pmatrix} a_{11} & a_{12} & \cdots & a_{1n} \\ a_{21} & a_{22} & \cdots & a_{2n} \\ \cdot & \cdot & & \cdot \\ \cdot & \cdot & & \cdot \\ \cdot & \cdot & & \cdot \\ a_{m1} & a_{m2} & \cdots & a_{mn} \end{pmatrix}^{1} \tag{1}$$

zusammengefaßt werden. Die Matrix **A** *besteht aus* m *(waagerecht angeordneten) Zeilen und* n *(senkrecht angeordneten) Spalten.* m *heißt daher Zeilenzahl[2],* n *Spaltenzahl[2] der Matrix. Die Zahlen* a_{ik} *heißen Matrixelemente.*

Häufig stellt man Matrizen auch in der Form

$$A_{mn} = (a_{ik}) \tag{2}$$

dar. Die Indizes m und n geben den Zeilen- bzw. Spaltenindex der Matrix **A** an.

Das Element a_{ik} der Matrix **A** befindet sich in der i-ten Zeile und der k-ten Spalte. Der erste Index legt also die Zugehörigkeit zu einer bestimmten Zeile, der zweite Index die Zugehörigkeit zu einer bestimmten Spalte fest. Matrixelemente, deren Zeilen- und Spaltenindex übereinstimmen, befinden sich in der Hauptdiagonalen der Matrix und werden als *Diagonalelemente* a_{ii} der Matrix **A** bezeichnet:

---

[1] Enthält die Matrix **A** als Elemente nur *reelle* Zahlen, so bezeichnet man sie als *reelle* Matrix.

[2] Man bezeichnet m (n) auch als *Zeilenindex (Spaltenindex)*.

$$\begin{pmatrix} a_{11} & a_{12} & a_{13} & \cdots & a_{1n} \\ a_{21} & a_{22} & a_{23} & \cdots & a_{2n} \\ a_{31} & a_{32} & a_{33} & \cdots & a_{3n} \\ \cdot & \cdot & \cdot & & \cdot \\ \cdot & \cdot & \cdot & & \cdot \\ \cdot & \cdot & \cdot & & \cdot \\ a_{m1} & a_{m2} & a_{m3} & \cdots & a_{mn} \end{pmatrix} \qquad (3).$$

Alle übrigen Matrixelemente a_{ik} mit $i \neq k$ heißen *Nichtdiagonalelemente*.

Beispiel: Die reelle Matrix

$A = \begin{pmatrix} 1 & 0 & 4 \\ 2 & 5 & 1 \end{pmatrix}$ ist vom Typ (2, 3), d. h. sie besitzt zwei Zeilen und drei

Spalten. Ihre Diagonalelemente sind $a_{11} = 1$ und $a_{22} = 5$. Alle übrigen Elemente sind Nichtdiagonalelemente.

Definition: *Eine Matrix* A *heißt quadratisch vom Grade* n, *wenn Zeilenzahl und Spaltenzahl übereinstimmen* (m = n).

Eine quadratische Matrix vom (n, n)-Typ heißt auch eine *n-reihige quadratische Matrix*.

Beispiel:

$A = \begin{pmatrix} 1 & 2 \\ 2 & 0 \end{pmatrix}$ ist eine reelle 2-reihige quadratische Matrix.

Definition: *Zwei Matrizen* $A = (a_{ik})$ *und* $B = (b_{ik})$ *heißen dann und nur dann gleich, wenn sie vom gleichen Typ* (m, n) *sind und wenn ihre entsprechenden Elemente übereinstimmen:*

$$a_{ik} = b_{ik} \qquad (i = 1, 2, \ldots, m; \ k = 1, 2, \ldots, n) \qquad (4).$$

Quadratische Matrizen vom Grade n, deren sämtliche Nichtdiagonalelemente a_{ik} $(i \neq k)$ verschwinden, heißen *Diagonalmatrizen*. Sie sind vom Typ

$$D = \begin{pmatrix} a_{11} & 0 & 0 & \cdots & 0 \\ 0 & a_{22} & 0 & \cdots & 0 \\ \cdot & \cdot & \cdot & & \cdot \\ \cdot & \cdot & \cdot & & \cdot \\ \cdot & \cdot & \cdot & & \cdot \\ 0 & 0 & 0 & \cdots & a_{nn} \end{pmatrix} \qquad (5).$$

Eine n-reihige quadratische Diagonalmatrix, deren Diagonalelemente alle gleich Eins sind,

$$a_{ii} = 1 \quad (i = 1, 2, \ldots, n) \qquad (6),$$

heißt *Einheitsmatrix* **E**:

$$E = \begin{pmatrix} 1 & 0 & \cdots & 0 \\ 0 & 1 & \cdots & 0 \\ \cdot & \cdot & & \cdot \\ \cdot & \cdot & & \cdot \\ \cdot & \cdot & & \cdot \\ 0 & 0 & \cdots & 1 \end{pmatrix} = (\delta_{ik}) \qquad (7)$$

(δ_{ik} ist das Kroneckersymbol, vgl. Kapitel V.E.2.b).

In der quadratischen Nullmatrix **0** sind alle Elemente gleich Null:

$$a_{ik} = 0 \quad (i, k = 1, 2, \ldots, n) \qquad (8),$$

$$0 = \begin{pmatrix} 0 & 0 & \cdots & 0 \\ 0 & 0 & \cdots & 0 \\ \cdot & \cdot & & \cdot \\ \cdot & \cdot & & \cdot \\ \cdot & \cdot & & \cdot \\ 0 & 0 & \cdots & 0 \end{pmatrix} \qquad (9).$$

Quadratische Matrizen, die unterhalb oder oberhalb der Hauptdiagonalen nur Nullen als Elemente enthalten, bezeichnet man als *Dreiecksmatrizen:*

$$\begin{pmatrix} a_{11} & a_{12} & a_{13} & \cdots & a_{1n} \\ 0 & a_{22} & a_{23} & \cdots & a_{2n} \\ 0 & 0 & a_{33} & \cdots & a_{3n} \\ \cdot & \cdot & \cdot & & \cdot \\ \cdot & \cdot & \cdot & & \cdot \\ \cdot & \cdot & \cdot & & \cdot \\ 0 & 0 & 0 & \cdots & a_{nn} \end{pmatrix}$$ (10a)

bzw.

$$\begin{pmatrix} a_{11} & 0 & 0 & \cdots & 0 \\ a_{21} & a_{22} & 0 & \cdots & 0 \\ a_{31} & a_{32} & a_{33} & \cdots & 0 \\ \cdot & \cdot & \cdot & & \cdot \\ \cdot & \cdot & \cdot & & \cdot \\ \cdot & \cdot & \cdot & & \cdot \\ a_{n1} & a_{n2} & a_{n3} & \cdots & a_{nn} \end{pmatrix}$$ (10b).

Beispiel: Die Matrizen

$$A = \begin{pmatrix} 1 & 0 & 0 \\ 2 & 1 & 0 \\ 3 & 4 & 0 \end{pmatrix} \quad \text{und} \quad B = \begin{pmatrix} 1 & -2 & 0 \\ 0 & 1 & 8 \\ 0 & 0 & 4 \end{pmatrix}$$

sind Dreiecksmatrizen. A enthält oberhalb der Hauptdiagonalen, B unterhalb der Hauptdiagonalen nur Nullen.

2. Addition von Matrizen

Definition: *Unter der Summe* C *zweier Matrizen* $A = (a_{ik})$ *und* $B = (b_{ik})$ *vom* (m, n)-*Typ versteht man die durch Addition der entsprechenden Elemente* a_{ik} *und* b_{ik} *aus* A *und* B *hervorgehende Matrix*

$$C = A + B$$ (11a)

mit

$$c_{ik} = a_{ik} + b_{ik}$$ (11b)

(i = 1, 2, . . ., m; k = 1, 2, . . ., n).

Die Matrix **C** *ist ebenfalls vom* (m, n)-*Typ.*

Daher schreibt man häufig auch statt (11a, 11b):

$$(c_{ik}) = (a_{ik}) + (b_{ik}) = (a_{ik} + b_{ik}) \qquad (12).$$

Zu beachten ist, daß die Matrizenaddition nur für Matrizen vom *gleichen* Typ erklärt ist.

Beispiel: Aus den Matrizen

$$A = \begin{pmatrix} 1 & 2 & 3 \\ 0 & 1 & 0 \end{pmatrix} \text{ und } B = \begin{pmatrix} 2 & 1 & 0 \\ 0 & 0 & 1 \end{pmatrix}$$

vom Typ (2, 3) erhält man die Matrizensumme

$$C = A + B = \begin{pmatrix} 1+2 & 2+1 & 3+0 \\ 0+0 & 1+0 & 0+1 \end{pmatrix} = \begin{pmatrix} 3 & 3 & 3 \\ 0 & 1 & 1 \end{pmatrix}.$$

Wir zeigen nun, daß die Menge aller Matrizen vom (m, n)-Typ bezüglich der Matrizenaddition als Verknüpfung die Struktur einer Gruppe besitzt.

Satz: *Die Gesamtheit aller komplexen Matrizen vom Typ* (m, n) *besitzt gegenüber der Matrizenaddition als Verknüpfungsart die Struktur einer abelschen Gruppe.*

Beweis: Die Addition zweier Matrizen vom (m, n)-Typ ergibt nach den Definitionsgleichungen (11, 12) wieder eine Matrix vom gleichen Typ, d. h. die Menge der Matrizen vom (m, n)-Typ ist bezüglich der Addition *abgeschlossen.* Gruppenaxiom (G1) ist also erfüllt.

Das Assoziativgesetz (G2) ist ebenfalls erfüllt, da dieses Gesetz bekanntlich für komplexe Zahlen gilt: $a_{ik} + (b_{ik} + c_{ik}) = (a_{ik} + b_{ik}) + c_{ik}$. Daher gilt auch:

$$A + (B + C) = (A + B) + C \qquad (13),$$

wobei **A**, **B**, **C** drei beliebige Matrizen vom (m, n)-Typ sind.

Das *linksneutrale Element* wir durch die Nullmatrix **0** repräsentiert, da diese nach (12) offensichtlich die Eigenschaft

$$0 + A = A \qquad (14)$$

für beliebige Matrizen **A** vom (m, n)-Typ besitzt. Damit ist auch Axiom (G3) erfüllt.

Die Rolle des *linksinversen Elementes* übernimmt die mit − **A** gekennzeichnete Matrix − **A** = ($-a_{ik}$), die ebenfalls in der Menge der

Matrizen vom (m, n)-Typ enthalten ist und offensichtlich Axiom (G4) erfüllt:

$$- A + A = (-a_{ik}) + (a_{ik}) = (-a_{ik} + a_{ik}) = 0 \qquad (15).$$

Da für komplexe Zahlen $a_{ik} + b_{ik} = b_{ik} + a_{ik}$ gilt, ist auch die Matrizenaddition *kommutativ:* $A + B = B + A$. Die komplexen Matrizen vom (m, n)-Typ bilden also eine *kommutative additive Gruppe.*

3. Multiplikation von Matrizen

Wir definieren zunächst die Multiplikation einer Matrix A mit einem (reellen oder komplexen) Skalar λ.

Definition: *Die Multiplikation einer Matrix A vom (m, n)-Typ mit einem Skalar λ ergibt eine Matrix $B = \lambda A$ vom gleichen Typ, deren Elemente b_{ik} aus den entsprechenden Elementen a_{ik} von A durch Multiplikation mit λ hervorgehen:*

$$B = \lambda A \quad mit \quad b_{ik} = \lambda a_{ik} \quad (i = 1, 2, \ldots, m; \ k = 1, 2, \ldots, n) \quad (16).$$

Man multipliziert also eine Matrix mit einer Zahl, indem man *jedes* Element der Matrix mit dieser Zahl multipliziert.

Beispiel: Multipliziert man die 3-reihige quadratische Matrix

$$A = \begin{pmatrix} 1 & 4 & 2 \\ 0 & 1 & 2 \\ 2 & 1 & 1 \end{pmatrix} \quad \text{mit } \lambda = -5, \text{ so erhält man die 3-reihige quadratische Matrix}$$

$$B = -5 \cdot A = \begin{pmatrix} -5 & -20 & -10 \\ 0 & -5 & -10 \\ -10 & -5 & -5 \end{pmatrix}$$

Die Matrizenmultiplikation wird wie folgt erklärt.

Definition: *Unter dem Produkt $C = A \cdot B$ der Matrix A vom (m, n)-Typ mit der Matrix B vom (n, p)-Typ versteht man diejenige Matrix C vom (m, p)-Typ, deren Elemente c_{ik} durch*

$$c_{ik} = \sum_{j=1}^{n} a_{ij} b_{jk} \qquad (i = 1, 2, \ldots, m; \ k = 1, 2, \ldots, p) \qquad (17)$$

gegeben sind.

Man beachte, daß nacn Definition die Matrizenmultiplikation nur dann durchführbar ist, wenn die Spaltenzahl der Matrix **A** mit der Zeilenzahl der Matrix **B** übereinstimmt:

$$m \boxed{\overset{n}{\mathbf{A}}} \cdot n \boxed{\overset{p}{\mathbf{B}}} = m \boxed{\overset{p}{\mathbf{C} = \mathbf{A} \cdot \mathbf{B}}} \qquad (18).$$

Daher lassen sich zwei n-reihige quadratische Matrizen stets miteinander multiplizieren. Das Produkt ist wieder eine n-reihige quadratische Matrix.

Die durch Gleichung (17) eingeführte Matrizenmultiplikation läßt sich wesentlich übersichtlicher darstellen, wenn man für eine Matrix **A** vom (m, n)-Typ folgende Bezeichnungen einführt: wir fassen jede der insgesamt m Zeilen der Matrix **A** als n-dimensionalen Vektor des *komplexen* Raumes auf und bezeichnen ihn als *Zeilenvektor*

$$\vec{a}_i = (a_{i1}, a_{i2}, \ldots, a_{in}) \quad (i = 1, 2, \ldots, m) \qquad (19).$$

Entsprechend kann man jede der insgesamt p Spalten der Matrix **B** als einen n-dimensionalen *Spaltenvektor*[3]

$$\vec{b}^k = \begin{pmatrix} b_{1k} \\ \vdots \\ b_{nk} \end{pmatrix} \quad (k = 1, 2, \ldots, p) \qquad (20)$$

des *komplexen* Raumes auffassen.

Die Matrizenmultiplikation (17) läßt sich dann auch wie folgt erklären: das Element c_{ik} der Produktmatrix ist gleich dem Skalarprodukt aus dem i-ten Zeilenvektor $\vec{a}_i$ *von* **A** und dem konjugiert Komplexen des k-ten Spaltenvektors $\vec{b}^k$ von **B**:

$$c_{ik} = (\vec{a}_i, \vec{b}^{k*}) \qquad (21).$$

Beispiele: a) Wir multiplizieren die beiden Matrizen

$$\mathbf{A} = \begin{pmatrix} 1 & 2 & 3 \\ 0 & 1 & 4 \end{pmatrix} \text{ vom Typ } (2, 3) \text{ und } \mathbf{B} = \begin{pmatrix} 1 & -2 & 0 \\ 2 & 5 & 1 \\ 3 & 0 & 0 \end{pmatrix}$$

vom Typ (3, 3) miteinander. Die Produktmatrix $\mathbf{C} = \mathbf{A} \cdot \mathbf{B}$ ist dann vom Typ (2, 3). Ihre Elemente lauten:

---

[3] In diesem Abschnitt werden Zeilenvektoren durch einen unteren Index, Spaltenvektoren durch einen oberen Index gekennzeichnet.

$c_{11} = (1, 2, 3) \cdot (1, 2, 3) = 1 + 4 + 9 = 14,$

$c_{12} = (1, 2, 3) \cdot (-2, 5, 0) = -2 + 10 + 0 = 8,$

$c_{13} = (1, 2, 3) \cdot (0, 1, 0) = 0 + 2 + 0 = 2,$

$c_{21} = (0, 1, 4) \cdot (1, 2, 3) = 0 + 2 + 12 = 14,$

$c_{22} = (0, 1, 4) \cdot (-2, 5, 0) = 0 + 5 + 0 = 5,$

$c_{23} = (0, 1, 4) \cdot (0, 1, 0) = 0 + 1 + 0 = 1.$

Die Produktmatrix $C = A \cdot B$ nimmt damit die Gestalt

$$C = \begin{pmatrix} 14 & 8 & 2 \\ 14 & 5 & 1 \end{pmatrix} \text{ an.}$$

b) Wir zeigen, daß die Multiplikation einer n-reihigen quadratischen Matrix A mit der n-reihigen Einheitsmatrix E wiederum die Matrix A ergibt:

$A \cdot E = E \cdot A = A.$

Nach Gleichung (17) gilt für die Multiplikation $(a_{ik}) \cdot (\delta_{ik}) = (c_{ik})$:

$c_{ik} = \sum_{j=1}^{n} a_{ij} \delta_{jk} = a_{ik} \delta_{kk} = a_{ik}$, d. h. $(a_{ik}) \cdot (\delta_{ik}) = (a_{ik})$ oder $A \cdot E = A.$

Ebenso folgt nach Gleichung (17):

$(\delta_{ik}) \cdot (a_{ik}) = (c_{ik})$ mit $c_{ik} = \sum_{j=1}^{n} \delta_{ij} a_{jk} = a_{ik}$, d. h.

$(\delta_{ik}) \cdot (a_{ik}) = (a_{ik})$ oder $E \cdot A = A.$

Die Matrizenmultiplikation ist i. a. *nicht* kommutativ, d. h. $A \cdot B \neq B \cdot A$, wie das folgende Beispiel zeigt.

Beispiel:

$$A = \begin{pmatrix} 1 & 0 \\ -1 & 1 \end{pmatrix}, \quad B = \begin{pmatrix} 2 & 1 \\ 0 & 1 \end{pmatrix};$$

$$A \cdot B = \begin{pmatrix} 1 & 0 \\ -1 & 1 \end{pmatrix} \cdot \begin{pmatrix} 2 & 1 \\ 0 & 1 \end{pmatrix} = \begin{pmatrix} 2 & 1 \\ -2 & 0 \end{pmatrix},$$

$$B \cdot A = \begin{pmatrix} 2 & 1 \\ 0 & 1 \end{pmatrix} \cdot \begin{pmatrix} 1 & 0 \\ -1 & 1 \end{pmatrix} = \begin{pmatrix} 1 & 1 \\ -1 & 1 \end{pmatrix}.$$

Die Produkte $A \cdot B$ und $B \cdot A$ sind *verschieden*.

Definition: *Eine Matrix* **B** *heißt linksinvers zu einer Matrix* **A**, *wenn die Matrizengleichung*

$$B \cdot A = E \tag{22a}$$

gilt. Ist dagegen

$$A \cdot B = E \tag{22b},$$

so heißt **B** *Rechtsinverse von* **A**.

Definition: *Eine Matrix* **A** *heißt regulär (oder auch nicht-singulär), wenn es eine Matrix* **B** *gibt, die zugleich Rechts- und Linksinverse von* **A** *ist:*

$$A \cdot B = B \cdot A = E \tag{23a}.$$

B *heißt dann schlicht die Inverse*[4] *von* **A** *und wird allgemein mit* A^{-1} *bezeichnet:*

$$A \cdot A^{-1} = A^{-1} \cdot A = E \tag{23b}.$$

Eine Matrix, die keine Inverse hat, heißt singulär.

Wir zeigen nun, daß *nicht-quadratische* Matrizen vom Typ (m, n) (m ≠ n) *stets singulär* sind, d. h. *keine* Inverse besitzen.

Satz: *Jede nicht-quadratische Matrix* **A** *vom Typ* (m, n) (m ≠ n) *ist singulär.*

Beweis: Angenommen, die nicht-quadratische Matrix **A** vom (m, n)-Typ wäre nicht-singulär (d. h. regulär). Dann gäbe es eine inverse Matrix A^{-1} vom (a, β)-Typ mit

$$A^{-1} \cdot A = A \cdot A^{-1} = E \tag{24}.$$

Die Produktmatrix $A^{-1} \cdot A$ existiert aber nur, falls $\beta = m$ ist. Sie ist vom (a, n)-Typ. Produktmatrix $A \cdot A^{-1}$ dagegen existiert nur für $n = a$ und wäre vom (m, β)-Typ. Daher kann Gleichung (24) nur gültig sein, wenn gleichzeitig folgende Beziehungen bestehen:

$$m = \beta, \quad n = a \quad \text{und} \quad (a, n)\text{-Typ} = (m, \beta)\text{-Typ, d. h.}$$
$$m = \beta, \quad n = a, \quad a = m, \quad n = \beta . \tag{25}$$

Dies bedeutet aber, daß reguläre Matrizen *notwendigerweise* quadratisch sein müssen. Es kann daher keine Matrizen geben, die *zugleich* nicht-quadratisch *und* regulär sind. Damit ist der Satz bewiesen.

---

[4] Am Ende dieses Kapitels (Kapitel VI.C.3.) werden wir ein Verfahren zur Berechnung der Inversen A^{-1} einer Matrix **A** kennenlernen.

Eine reguläre Matrix ist also notwendigerweise quadratisch. Wir werden später jedoch sehen, daß keinesfalls alle quadratischen Matrizen regulär sind.

Damit ist klar, daß die Menge aller n-reihigen quadratischen Matrizen gegenüber der Matrizenmultiplikation als Verknüpfungsart *nicht* die Struktur einer Gruppe besitzen kann. Zwar werden die Gruppenaxiome (G1) bis (G3) erfüllt: (G1): das Produkt zweier quadratischer Matrizen ergibt wieder eine quadratische Matrix; (G2): das Assoziativgesetz ist für quadratische Matrizen erfüllt, d. h.

$$A \cdot (B \cdot C) = (A \cdot B) \cdot C \qquad (26);$$

(G3): es existiert ein links-neutrales Element, nämlich die Einheitsmatrix **E** mit

$$E \cdot A = A \qquad (27).$$

Jedoch existiert nicht zu jeder quadratischen Matrix **A** eine inverse Matrix (da nicht alle quadratischen Matrizen regulär sind). Man kann jedoch zeigen, daß das Produkt zweier regulärer Matrizen wieder eine reguläre Matrix ergibt[5]. Daher gilt der Satz:

Satz: *Die Menge aller regulären n-reihigen quadratischen Matrizen besitzt bezüglich der Matrizenmultiplikation als Verknüpfungsart die Struktur einer Gruppe.*

4. Quadratische Matrizen

Die n-reihigen quadratischen Matrizen sind von besonderer Bedeutung. Daher sollen ihre Eigenschaften im folgenden sorgfältig studiert werden.

a) Rang einer Matrix

Die Zeilen- bzw. Spaltenvektoren einer n-reihigen quadratischen Matrix lassen sich als Vektoren des *komplexen* Vektorraumes auffassen. Unter den n Zeilenvektoren sind maximal k linear unabhängige Vektoren ($k \leq n$). Die Maximalzahl k der linear unabhängigen Zeilenvektoren heißt *Zeilenrang* der Matrix. Analog gibt es unter den n Spaltenvektoren einer Matrix maximal l linear unabhängige Vektoren. l definiert den *Spaltenrang* der Matrix. Man kann

---

[5] Wir werden im nächsten Abschnitt zeigen, daß reguläre Matrizen stets von Null verschiedene Determinanten besitzen. Aus dem Multiplikationstheorem für Determinanten folgt dann, daß auch die Determinante der Produktmatrix von Null verschieden ist. Daher ist auch die Produktmatrix regulär.

nun zeigen, daß der Zeilenrang einer Matrix gleich ihrem Spaltenrang ist[6]. Daher nennt man die Maximalzahl linear unabhängiger Vektoren unter den Zeilen- bzw. Spaltenvektoren einer Matrix schlicht den *Rang* r *einer Matrix.*

Definition: *Unter dem Rang* r *einer Matrix* A *versteht man die Maximalzahl linear unabhängiger Zeilen- bzw. Spaltenvektoren.*

Beispiele: a) Die 2-reihige Matrix

$$A = \begin{pmatrix} 1 & 2 \\ 1 & 1 \end{pmatrix}$$ besitzt den Rang r = 2. D. h. die beiden Spaltenvektoren

$$\vec{a}^1 = \begin{pmatrix} 1 \\ 1 \end{pmatrix} \quad \text{und} \quad \vec{a}^2 = \begin{pmatrix} 2 \\ 1 \end{pmatrix}$$ sind *linear unabhängig.* Die lineare Beziehung

$$\lambda_1 \begin{pmatrix} 1 \\ 1 \end{pmatrix} + \lambda_2 \begin{pmatrix} 2 \\ 1 \end{pmatrix} = \begin{pmatrix} 0 \\ 0 \end{pmatrix}$$

führt zu dem Gleichungssystem

$$\lambda_1 + 2\lambda_2 = 0,$$

$$\lambda_1 + \lambda_2 = 0,$$

das nur für $\lambda_1 = \lambda_2 = 0$ lösbar ist.

Die Spaltenvektoren sind also tatsächlich linear unabhängig. Da stets Zeilen- und Spaltenrang einer Matrix übereinstimmen, müssen auch die beiden Zeilenvektoren $\vec{a}_1 = (1, 2)$ und $\vec{a}_2 = (1, 1)$ linear unabhängig sein.

b) Die n-reihige Einheitsmatrix E hat stets den Rang r = n, da E n linear unabhängige Einheitsvektoren des affinen R^n enthält.

c) Enthält die n-reihige Matrix A den Nullvektor, so sind die Spalten- bzw. Zeilenvektoren der Matrix stets linear abhängig und der Matrizenrang r ist sicher kleiner als n.

Ohne Beweis führen wir den folgenden Satz über quadratische Matrizen an.

Satz: *Eine* n-*reihige quadratische Matrix* A *ist dann und nur dann regulär, wenn ihr Rang* r *gleich* n *ist.*

Damit existiert zu einer gegebenen n-reihigen quadratischen Matrix A genau dann eine Inverse A^{-1}, wenn die Spalten- und Zeilenvektoren von A *linear unabhängig* sind (d. h. wenn r = n ist).

---

[6] Die Aussage bleibt auch für nicht-quadratische Matrizen vom (m, n)-Typ $(m \neq n)$ gültig.

Beispiele: a) Die 2-reihige Matrix $A = \begin{pmatrix} 1 & 2 \\ 1 & 1 \end{pmatrix}$ besitzt, wie wir bereits gezeigt

hatten, den Rang $r = 2$. A ist daher *regulär*. Die ihr zugeordnete inverse Matrix A^{-1} lautet:

$$A^{-1} = \begin{pmatrix} -1 & 2 \\ 1 & -1 \end{pmatrix} \cdot$$

Es ist

$$A^{-1} \cdot A = \begin{pmatrix} -1 & 2 \\ 1 & -1 \end{pmatrix} \cdot \begin{pmatrix} 1 & 2 \\ 1 & 1 \end{pmatrix} = \begin{pmatrix} 1 & 0 \\ 0 & 1 \end{pmatrix} = E,$$

$$A \cdot A^{-1} = \begin{pmatrix} 1 & 2 \\ 1 & 1 \end{pmatrix} \cdot \begin{pmatrix} -1 & 2 \\ 1 & -1 \end{pmatrix} = \begin{pmatrix} 1 & 0 \\ 0 & 1 \end{pmatrix} = E,$$

d. h. $A^{-1} \cdot A = A \cdot A^{-1} = E$.

b) Die Einheitsmatrix E ist zu sich selbst invers, da aus $(\delta_{ik}) \cdot (\delta_{ik}) = (c_{ik})$ nach Definitionsgleichung (17) folgt:

$$c_{ik} = \sum_{j=1}^{n} \delta_{ij}\,\delta_{jk} = \delta_{ii}\,\delta_{ik} = \delta_{ik}, \quad \text{d. h.} \quad E \cdot E = E.$$

b) Rechengesetze

An früherer Stelle hatten wir bereits gezeigt, daß die Matrizen vom (m, n)-Typ bezüglich der Matrizenaddition als Verknüpfungsart eine *abelsche Gruppe* bilden. Diese Eigenschaft besitzen selbstverständlich auch die n-reihigen quadratischen Matrizen.

An weiteren Rechenregeln führen wir an (A, B, C sind beliebige n-reihige quadratische Matrizen):

    (a) $A \cdot (B \cdot C) = (A \cdot B) \cdot C$ (Assoziativgesetz)   (28a);

    (b) $A \cdot (B + C) = A \cdot B + A \cdot C$ (Distributivgesetz)   (28b).

Die Multiplikation einer Matrix mit Skalaren λ, μ genügt den folgenden Regeln:

    (a) $\lambda\,(\mu\,A) = (\lambda\mu)A = \mu(\lambda A)$ (29a);

    (b) $(\lambda + \mu)A = \lambda A + \mu A$ (29b);

    (c) $\lambda(A + B) = \lambda A + \lambda B$ (29c).

c) Spezielle quadratische Matrizen

Definition: *Unter der Transponierten* $\mathbf{A}^T$ *einer* n-*reihigen quadratischen Matrix* $\mathbf{A}$ *versteht man eine Matrix gleichen Typs mit den Elementen*

$$a_{ik}^T = a_{ki} \tag{30}.$$

Die Transponierte $\mathbf{A}^T$ geht aus $\mathbf{A}$ durch *Spiegelung an der Hauptdiagonalen* hervor. Dabei behalten nur die Diagonalelemente ihre Plätze unverändert bei.

Es gelten die folgenden Rechenregeln:

(a)　　$(\mathbf{A}^T)^T = \mathbf{A}$ $\tag{31a};$

(b)　　$(\mathbf{A} + \mathbf{B})^T = \mathbf{A}^T + \mathbf{B}^T$ $\tag{31b};$

(c)　　$(\mathbf{A} \cdot \mathbf{B})^T = \mathbf{B}^T \cdot \mathbf{A}^T$ $\tag{31c};$

(d)　　$(\mathbf{A}^{-1})^T = (\mathbf{A}^T)^{-1}$ $\tag{31d}.$

Beispiel: Zur Matrix

$$\mathbf{A} = \begin{pmatrix} 1 & 3 & -2 \\ 0 & 2 & 1 \\ 1 & 1 & 4 \end{pmatrix} \text{ gehört die Transponierte } \mathbf{A}^T = \begin{pmatrix} 1 & 0 & 1 \\ 3 & 2 & 1 \\ -2 & 1 & 4 \end{pmatrix}.$$

Definition: *Eine* n-*reihige quadratische Matrix* $\mathbf{A}$ *heißt symmetrisch, wenn*

$$\mathbf{A} = \mathbf{A}^T, \; d.\,h. \quad a_{ik} = a_{ki} \tag{32}$$

ist.
Gilt jedoch

$$\mathbf{A} = -\mathbf{A}^T, \; d.\,h. \quad a_{ik} = -a_{ki} \tag{33},$$

so heißt $\mathbf{A}$ *schiefsymmetrisch.*

Eine symmetrische Matrix geht durch Spiegelung an ihrer Hauptdiagonalen in sich selbst über.

Beispiele: a) Die Matrix

$$\mathbf{A} = \begin{pmatrix} 1 & 2 & 3 \\ 2 & 2 & -1 \\ 3 & -1 & 4 \end{pmatrix} \text{ ist } symmetrisch, \text{ da für alle Elemente die Beziehung}$$

$a_{ik} = a_{ki}$ gilt. So ist z. B. $a_{13} = a_{31} = 3$.

b) Eine schiefsymmetrische Matrix besitzt in der Hauptdiagonalen nur Nullen, da $a_{ii} = -a_{ii}$ nur für $a_{ii} = 0$ erfüllbar ist. Ein Beispiel für eine schiefsymmetrische Matrix liefert die Matrix

$$B = \begin{pmatrix} 0 & 1 & 2 \\ -1 & 0 & 3 \\ -2 & -3 & 0 \end{pmatrix}$$

Von besonderer Bedeutung ist die Klasse der *reellen orthogonalen Matrizen*, die wir folgendermaßen definieren:

Definition: *Eine reelle* n-*reihige Matrix* A *heißt orthogonal, wenn sie der Bedingung*

$$A^T = A^{-1} \tag{34}$$

genügt.

Aus der Definition folgt sofort, daß eine orthogonale Matrix stets *regulär* ist (nach Gleichung (34) existiert die inverse Matrix A^{-1}). aus (34) folgt:

$$A^{-1} \cdot A = A^T \cdot A = E \tag{35a},$$

d. h. $\displaystyle\sum_{j=1}^{n} a_{ji} a_{jk} = \delta_{ik}$ (i, k = 1, 2, ..., n) \hfill (35b).

Gleichung (35b) besagt, daß die Spaltenvektoren einer orthogonalen Matrix zueinander *orthogonal*[7] und normiert sind. Diese Eigenschaft gilt auch für die Zeilenvektoren, da aus

$$A \cdot A^{-1} = A \cdot A^T = E \tag{36a}$$

die Beziehung

$$\sum_{j=1}^{n} a_{ij} a_{kj} = \delta_{ik} \qquad (i, k = 1, 2, ..., n) \tag{36b}$$

folgt.

Beispiele: a) Die Einheitsmatrix E ist stets *orthogonal*, da $E = E^{-1} = E^T$ ist (Spiegelung an der Hauptdiagonalen verändert nichts).

---

[7] Aus dieser Eigenschaft erklärt sich die Bezeichnung *„orthogonale Matrix"*. Wir werden später zeigen, daß die Determinanten orthogonaler Matrizen stets einen der beiden Werte +1 oder −1 annehmen (vgl. Kapitel VI.B.3.).

b) Die reelle Matrix

$$A = \begin{pmatrix} \cos\varphi & \sin\varphi \\ -\sin\varphi & \cos\varphi \end{pmatrix}$$

ist *orthogonal*. Denn das Skalarprodukt der beiden Spaltenvektoren verschwindet ebenso wie das Skalarprodukt der beiden Zeilenvektoren:

$$\begin{pmatrix} \cos\varphi \\ -\sin\varphi \end{pmatrix} \cdot \begin{pmatrix} \sin\varphi \\ \cos\varphi \end{pmatrix} = \cos\varphi \sin\varphi - \sin\varphi \cos\varphi = 0;$$

$$(\cos\varphi, \ \sin\varphi) \cdot (-\sin\varphi, \ \cos\varphi) = -\cos\varphi \sin\varphi + \sin\varphi \cos\varphi = 0.$$

Darüber hinaus sind Zeilen- und Spaltenvektoren jeweils normiert.

B. Determinantentheorie

1. Definition einer Determinante n-ter Ordnung

Definition: *Jeder n-reihigen quadratischen Matrix*

$$A = (a_{ik}) = \begin{pmatrix} a_{11} & a_{12} & a_{13} & \cdots & a_{1n} \\ a_{21} & a_{22} & a_{23} & \cdots & a_{2n} \\ a_{31} & a_{32} & a_{33} & \cdots & a_{3n} \\ \cdot & \cdot & \cdot & & \cdot \\ \cdot & \cdot & \cdot & & \cdot \\ \cdot & \cdot & \cdot & & \cdot \\ a_{n1} & a_{n2} & a_{n3} & \cdots & a_{nn} \end{pmatrix} \tag{37}$$

wird durch die Rechenvorschrift

$$D = \sum_{(r_1 r_2 \ldots r_n)} \operatorname{sgn}(r_1 r_2 \ldots r_n)\, a_{1r_1} a_{2r_2} \cdots a_{nr_n} \tag{38}$$

eine Zahl D zugeordnet, die man als die Determinante n-ter Ordnung der Matrix A bezeichnet. $(r_1 r_2 \ldots r_n)$ bedeutet dabei irgendeine Permutation der ersten n natürlichen Zahlen, d. h.

$$(r_1 r_2 \ldots r_n) = \begin{pmatrix} 1 & 2 & \ldots & n \\ r_1 & r_2 & \ldots & r_n \end{pmatrix} \tag{39}.$$

Die Signumfunktion $\operatorname{sgn}(r_1 r_2 \ldots r_n)$ *ist wie folgt definiert:*

$$\text{sgn}(r_1 r_2 \ldots r_n) = \begin{cases} +1 \\ -1 \end{cases} \text{falls} \ (r_1 r_2 \ldots r_n) \begin{matrix} \text{gerade} \\ \text{ungerade} \end{matrix} \text{ist} \qquad (40)^8$$

Das Produkt $a_{1r_1} a_{2r_2} \ldots a_{nr_n}$ *enthält jeweils ein Element aus jeder der n Zeilen und Spalten und wird mit dem Vorzeichen + oder − versehen, je nachdem ob die Permutation* $(r_1 r_2 \ldots r_n)$ *gerade oder ungerade ist. Die Determinante enthält also insgesamt* n! *Summanden vom Typ* $a_{1r_1} a_{2r_2} \ldots a_{nr_n}$

Gebräuchliche Symbole für die Determinante D einer Matrix **A** sind:

$$D = \det \mathbf{A} = \det (a_{ik}) = |A| = |a_{ik}| = \begin{vmatrix} a_{11} & \cdots & a_{1n} \\ \cdot & & \cdot \\ \cdot & & \cdot \\ \cdot & & \cdot \\ a_{n1} & \cdots & a_{nn} \end{vmatrix} \qquad (41).$$

Man beachte, daß die Determinante einer Matrix i. a. komplexwertig ist.

Beispiele: a) Die Determinante einer 1-reihigen Matrix **A** = (a) ist:

$D = |a| = a.$

b) Wir berechnen die zur 2-reihigen Matrix

$$\mathbf{A} = \begin{pmatrix} a_{11} & a_{12} \\ a_{21} & a_{22} \end{pmatrix}$$ gehörende Determinante 2-ter Ordnung. Die natürlichen

Zahlen 1, 2 lassen sich auf genau 2! = 2 verschiedene Arten anordnen: (1 2), (2 1). Daher ist nach Definitionsgleichung (38):

$$D = \begin{vmatrix} a_{11} & a_{12} \\ a_{21} & a_{22} \end{vmatrix} = \text{sgn}(1 \ 2) \, a_{11} a_{22} + \text{sgn}(2 \ 1) \, a_{12} a_{21}.$$

Da die Permutation (1 2) gerade ist, gilt: $\text{sgn}(1 \ 2) = +1$. Die Permutation (2 1) geht durch genau *eine* Tansposition aus (1 2) hervor und ist daher ungerade: $\text{sgn}(2 \ 1) = -1$. So erhält man schließlich

$$D = \begin{vmatrix} a_{11} & a_{12} \\ a_{21} & a_{22} \end{vmatrix} = a_{11} a_{22} - a_{12} a_{21}.$$

---

[8] Wir erinnern: eine Permutation heißt gerade (ungerade), wenn sie aus einer geraden (ungeraden) Anzahl von Transpositionen hervorgeht (vgl. hierzu Kapitel III.A.).

Rein formal kann man den Wert dieser Determinante auch nach folgendem Schema gewinnen:

$$\begin{vmatrix} a_{11} & a_{12} \\ a_{21} & a_{22} \end{vmatrix} = (+)\, a_{11} a_{22} - a_{12} a_{21}.$$

Die jeweils durch Striche verbundenen Elemente werden miteinander multipliziert und mit einem + oder – Zeichen versehen, je nachdem ob die Linien durchgezogen oder gestrichelt sind, und schließlich aufsummiert.

So wird z. B. der Matrix

$$A = \begin{pmatrix} 2 & -5 \\ 3 & 8 \end{pmatrix} \quad \text{der Determinantenwert } D = 2 \cdot 8 - (-5) \cdot 3 = 31 \quad \text{zugeordnet.}$$

c) Die Determinante 3-ter Ordnung

$$D = \begin{vmatrix} a_{11} & a_{12} & a_{13} \\ a_{21} & a_{22} & a_{23} \\ a_{31} & a_{32} & a_{33} \end{vmatrix}$$

besitzt $3! = 6$ Summanden:

$$D = \text{sgn}(1\ 2\ 3)\, a_{11} a_{22} a_{33} + \text{sgn}(1\ 3\ 2)\, a_{11} a_{23} a_{32}$$
$$+ \text{sgn}(2\ 1\ 3)\, a_{12} a_{21} a_{33} + \text{sgn}(2\ 3\ 1)\, a_{12} a_{23} a_{31}$$
$$+ \text{sgn}(3\ 1\ 2)\, a_{13} a_{21} a_{32} + \text{sgn}(3\ 2\ 1)\, a_{13} a_{22} a_{31}.$$

Den Wert der Signumfunktion entnimmt man der folgenden Tabelle.

Permutation $(r_1 r_2 r_3)$	Anzahl der Transpositionen	sgn $(r_1 r_2 r_3)$
(1 2 3)	0 (g)	+ 1
(1 3 2)	1 (u)	– 1
(2 1 3)	1 (u)	– 1
(2 3 1)	2 (g)	+ 1
(3 1 2)	2 (g)	+ 1
(3 2 1)	1 (u)	– 1

(g: gerade;   u: ungerade).

Die Determinante berechnet sich daher wie folgt:

$$D = a_{11} a_{22} a_{33} - a_{11} a_{23} a_{32} - a_{12} a_{21} a_{33} + a_{12} a_{23} a_{31}$$
$$+ a_{13} a_{21} a_{32} - a_{13} a_{22} a_{31}.$$

Rein formal erhält man den Determinantenwert nach der *Regel von Sarrus:*

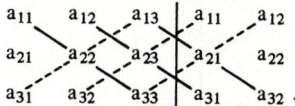

Wiederum werden alle Elemente, die durch einen Strich verbunden sind, miteinander multipliziert, ihre Produkte mit einem Vorzeichen versehen (durchgezogene Linie: +; gestrichelte Linie: −) und schließlich aufsummiert.

Wir berechnen nach der Regel von Sarrus die Determinante der Matrix

$$A = \begin{pmatrix} 1 & -4 & 3 \\ 2 & 0 & 5 \\ 1 & 8 & 2 \end{pmatrix} :$$

$D = 1 \cdot 0 \cdot 2 + (-4) \cdot 5 \cdot 1 + 3 \cdot 2 \cdot 8 - 1 \cdot 0 \cdot 3 - 8 \cdot 5 \cdot 1 - 2 \cdot 2 \cdot (-4) = 4.$

d) Aus der Definitionsgleichung (38) folgt unmittelbar, daß die Determinante der n-reihigen Einheitsmatrix **E** stets den Wert +1 hat:

$$\det \mathbf{E} = |\mathbf{E}| = \begin{vmatrix} 1 & 0 & 0 & \cdots & 0 \\ 0 & 1 & 0 & \cdots & 0 \\ 0 & 0 & 1 & \cdots & 0 \\ \cdot & \cdot & \cdot & & \cdot \\ \cdot & \cdot & \cdot & & \cdot \\ 0 & 0 & 0 & \cdots & 1 \end{vmatrix} = 1.$$

2. Der Laplacesche Entwicklungssatz

Die aus einer Determinante n-ter Ordnung durch Streichen von p Zeilen und Spalten hervorgehende Determinante der Ordnung (n − p) bezeichnet man als *Unterdeterminante*. Streicht man in einer Determinante D n-ter Ordnung die i-te Zeile und die j-te Spalte, so erhält man die mit D_{ij} bezeichnete *Unterdeterminante* (n − 1)-ter Ordnung:

138

$$D_{ij} = \begin{vmatrix} a_{11} & a_{12} & \cdots & a_{1j} & \cdots & a_{1n} \\ a_{21} & a_{22} & \cdots & a_{2j} & \cdots & a_{2n} \\ \cdot & \cdot & & & & \cdot \\ \cdot & \cdot & & & & \cdot \\ -a_{11}\!-\!\!&\!\!a_{12}\!-\!&\!\!\cdots\!\!&\!\!a_{ij}\!-\!&\!\!\cdots\!\!&\!\!a_{in}\!- \\ \cdot & \cdot & & & & \cdot \\ \cdot & \cdot & & & & \cdot \\ a_{n1} & a_{n2} & \cdots & a_{nj} & \cdots & a_{nn} \end{vmatrix} \quad \leftarrow \text{i-te Zeile} \qquad (42).$$

$\uparrow$
j-te Spalte

Die mit dem Faktor $(-1)^{i+j}$ versehene Unterdeterminante D_{ij} heißt das *algebraische Komplement* von a_{ij} in der Determinante D und wird mit A_{ij} bezeichnet:

$$A_{ij} = (-1)^{i+j} D_{ij} \qquad (43).$$

Beispiel: Streicht man in der Determinante

$$D = \begin{vmatrix} 2 & 1 & 5 \\ 0 & 1 & 2 \\ 3 & 1 & 1 \end{vmatrix}$$ die 2-te Zeile und die 3-te Spalte, so erhält man die 2-reihige

Unterdeterminante

$$D_{23} = \begin{vmatrix} 2 & 1 \\ 3 & 1 \end{vmatrix}$$, deren Wert -1 beträgt. Das algebraische Komplement

von $a_{23} = 2$ in D ist also

$$A_{23} = (-1)^{2+3} D_{23} = -1 \cdot (-1) = 1.$$

Von *Laplace* stammt ein Entwicklungssatz, der die Berechnung einer Determinante n-ter Ordnung aus den Elementen einer Zeile oder Spalte und den zugehörigen algebraischen Komplementen gestattet.

Satz: *Jede Determinante n-ter Ordnung läßt sich in der Form*

$$D = \sum_{j=1}^{n} a_{ij} A_{ij} \qquad (i = 1, 2, \ldots, n) \qquad (44)$$

nach den Elementen a_{ij} der i-ten Zeile, oder in der Form

$$D = \sum_{i=1}^{n} a_{ik} A_{ik} \qquad (k = 1, 2, \ldots, n) \qquad (45)$$

nach den Elementen a_{ik} *der k-ten Spalte entwickeln (Entwicklungssatz von Laplace).*

Die Größen A_{ij} bzw. A_{ik} in den Gleichungen (44) bzw. (45) bedeuten die algebraischen Komplemente der Matrixelemente a_{ij} bzw. a_{ik} in der Determinante D.

Auf den Beweis des Laplaceschen Entwicklungssatzes wollen wir verzichten.

Man beachte, daß der Wert der Determinante unabhängig davon ist, nach welcher Zeile oder Spalte wir die Determinante entwickeln.

Der Laplacesche Entwicklungssatz vereinfacht die Berechnung von Determinanten höherer Ordnung ganz erheblich. So ist es stets möglich, eine Determinante n-ter Ordnung im 1. Schritt auf Determinanten $(n - 1)$-ter Ordnung zurückzuführen. Im 2. Schritt führt man jede dieser Determinanten $(n - 1)$-ter Ordnung auf solche der Ordnung $(n - 2)$ zurück. Letzten Endes läßt sich daher jede Determinante n-ter Ordnung auf Determinanten 3. Ordnung zurückführen, die nach der Regel von Sarrus direkt berechnet werden können. Um dabei den Arbeitsaufwand möglichst niedrig zu halten, entwickelt man stets nach derjenigen Zeile oder Spalte, die die meisten Nullen als Elemente enthält. Denn diese Matrixelemente liefern keinen Beitrag zum Wert der Determinante, so daß sich die Berechnung des zugehörigen algebraischen Komplementes erübrigt.

Beispiele: a) Wir entwickeln die Determinante

$$D = \begin{vmatrix} 1 & 4 & -2 \\ 0 & 1 & 3 \\ 4 & -5 & 1 \end{vmatrix} \quad \text{nach den Elementen der 2. Zeile:}$$

$D = a_{21} A_{21} + a_{22} A_{22} + a_{23} A_{23}$.

Die Werte der Elemente und ihrer algebraischen Komplemente in D entnimmt man der folgenden Tabelle.

Element a_{2j}	Unterdeterminante D_{2j}	Algebraisches Komplement $A_{2j} = (-1)^{2+j} D_{2j}$
$a_{21} = 0$	$D_{21} = \begin{vmatrix} 4 & -2 \\ -5 & 1 \end{vmatrix} = -6$	$A_{21} = 6$
$a_{22} = 1$	$D_{22} = \begin{vmatrix} 1 & -2 \\ 4 & 1 \end{vmatrix} = 9$	$A_{22} = 9$
$a_{23} = 3$	$D_{23} = \begin{vmatrix} 1 & 4 \\ 4 & -5 \end{vmatrix} = -21$	$A_{23} = 21$

Damit besitzt die Determinante den Wert

$D = 0 \cdot 6 + 1 \cdot 9 + 3 \cdot 21 = 72.$

b) Um die Determinante 4-ter Ordnung

$$D = \begin{vmatrix} 1 & 0 & 0 & 2 \\ 3 & 1 & 4 & 5 \\ 0 & 1 & 2 & -1 \\ -2 & -3 & 1 & 4 \end{vmatrix}$$

zu berechnen, entwickelt man D zweckmäßigerweise nach den Elementen der 1. Zeile, da dort zwei Elemente verschwinden und daher in der Laplace-schen Entwicklung keinen Beitrag liefern:

$$D = 1 \cdot (-1)^{1+1} \begin{vmatrix} 1 & 4 & 5 \\ 1 & 2 & -1 \\ -3 & 1 & 4 \end{vmatrix} + 0 \cdot (-1)^{1+2} \begin{vmatrix} 3 & 4 & 5 \\ 0 & 2 & -1 \\ -2 & 1 & 4 \end{vmatrix}$$

$$+ 0 \cdot (-1)^{1+3} \begin{vmatrix} 3 & 1 & 5 \\ 0 & 1 & -1 \\ -2 & -3 & 4 \end{vmatrix} + 2 \cdot (-1)^{1+4} \begin{vmatrix} 3 & 1 & 4 \\ 0 & 1 & 2 \\ -2 & -3 & 1 \end{vmatrix} =$$

$$= 1 \cdot \begin{vmatrix} 1 & 4 & 5 \\ 1 & 2 & -1 \\ -3 & 1 & 4 \end{vmatrix} - 2 \cdot \begin{vmatrix} 3 & 1 & 4 \\ 0 & 1 & 2 \\ -2 & -3 & 1 \end{vmatrix}$$

Damit ist die Berechnung von D auf die Berechnung zweier Determinanten 3-ter Ordnung zurückgeführt worden. Unter Berücksichtigung der Regel von Sarrus ergibt sich für die Determinante der Wert $D = -10$.

3. Eigenschaften der Determinanten n-ter Ordnung

Faßt man die n Elemente der i-ten Zeile einer n-reihigen quadratischen Matrix **A** zu einem n-dimensionalen „Zeilenvektor"

$$\vec{a_i} = (a_{i1}, a_{i2}, \ldots, a_{in}) \qquad (i = 1, 2, \ldots, n) \tag{46}$$

des *komplexen* n-dimensionalen Vektorraumes $V_n(K)$ zusammen, so kann man die Determinante von **A** auch als eine Funktion[9] D der n Zeilenvektoren $\vec{a_1}, \vec{a_2}, \ldots, \vec{a_n}$ auffassen:

$$\det \mathbf{A} = D(\vec{a_1}, \vec{a_2}, \ldots, \vec{a_n}) \tag{47}.$$

Diese Darstellung einer Determinante n-ter Ordnung als Funktion von n Vektoren des $V_n(K)$ ermöglicht in vielen Fällen eine bequemere und anschaulichere Interpretation. Wir werden nun die wichtigsten Eigenschaften der Determinanten in den folgenden Sätzen zusammenfassen.

Satz 1: *Vertauscht man in einer Determinante zwei Zeilenvektoren $\vec{a_i}$ und $\vec{a_k}$ miteinander, so ändert die Determinante ihr Vorzeichen $(i \neq k)$:*

$$D(\vec{a_1}, \ldots, \vec{a_i}, \ldots, \vec{a_k}, \ldots, \vec{a_n}) = -D(\vec{a_1}, \ldots, \vec{a_k}, \ldots, \vec{a_i}, \ldots, \vec{a_n}) \tag{48}.$$

Beispiel: Es ist

$$\begin{vmatrix} 1 & -2 \\ 2 & 3 \end{vmatrix} = 1 \cdot 3 - (-2) \cdot 2 = 7.$$

Vertauschen wir die beiden Zeilen, so erhält man:

$$\begin{vmatrix} 2 & 3 \\ 1 & -2 \end{vmatrix} = 2 \cdot (-2) - 1 \cdot 3 = -7,$$

d. h. $\quad \begin{vmatrix} 1 & -2 \\ 2 & 3 \end{vmatrix} = - \begin{vmatrix} 2 & 3 \\ 1 & -2 \end{vmatrix}$.

Satz 2: *Enthält eine Determinante zwei gleiche Zeilenvektoren, $\vec{a_i} = \vec{a_k}$ $(i \neq k)$, so verschwindet die Determinante:*

$$D(\vec{a_1}, \vec{a_2}, \ldots, \vec{a_i}, \ldots, \vec{a_i}, \ldots, \vec{a_n}) = 0 \tag{49}.$$

---

[9] Zum Funktionsbegriff vgl. Kapitel VIII.A.1.

Beweis: Die durch Vertauschung zweier Zeilenvektoren aus D hervorgehende Determinante bezeichnen wir mit D'. Da die vertauschten Vektoren gleich sind, kann sich der Wert der Determinante nicht ändern, d. h. $D' = D$. Andererseits muß D nach Satz 1 das Vorzeichen ändern: $D' = -D$. Die beiden Bedingungen sind dann nur in Einklang zu bringen, wenn $D = 0$ ist.

Beispiel: Die Determinante

$$D = \begin{vmatrix} 1 & 3 & -2 \\ 0 & 2 & 1 \\ 1 & 3 & -2 \end{vmatrix} \quad \text{besitzt zwei gleiche Zeilenvektoren } (\vec{a_1} = \vec{a_3}).$$

Daher ist nach Satz 2 $D = 0$. Zum gleichen Ergebnis gelangt man selbstverständlich auch durch direktes Ausrechnen der Determinante (etwa nach der Regel von Sarrus).

Satz 3: *Multipliziert man einen Zeilenvektor $\vec{a_i}$ (d. h. die Elemente dieser Zeile) mit einer Zahl λ, so multipliziert sich die Determinante mit λ:*

$$D(\vec{a_1}, \ldots, \lambda\vec{a_i}, \ldots, \vec{a_n}) = \lambda D(\vec{a_1}, \ldots, \vec{a_i}, \ldots, \vec{a_n}) \tag{50}.$$

Satz 3 können wir auch wie folgt formulieren:

Satz 3a: *Eine Determinante wir mit einer Zahl λ multipliziert, indem man die Elemente einer (beliebigen) Zeile mit λ multipliziert*[10].

Beweis: Der Satz folgt sofort aus der Definitionsgleichung (38) der Determinante:

$$D(\vec{a_1}, \ldots, \lambda\vec{a_i}, \ldots, \vec{a_n}) =$$

$$= \sum_{(r_1 \ldots r_n)} \mathrm{sgn}(r_1 \ldots r_n) \, a_{1r_1} \ldots (\lambda a_{ir_i}) \ldots a_{nr_n} =$$

$$= \lambda \cdot \sum_{(r_1 \ldots r_n)} \mathrm{sgn}(r_1 \ldots r_n) \, a_{1r_1} \ldots a_{ir_i} \ldots a_{nr_n} = \tag{51}$$

$$= \lambda D(\vec{a_1}, \ldots, \vec{a_i}, \ldots, \vec{a_n}).$$

---

[10] Man beachte den folgenden Unterschied: eine Matrix **A** wird mit einer Zahl λ multipliziert, indem man *jedes* der Matrixelemente (d. h. *jeden* Zeilenvektor) mit λ multipliziert. Anders bei Determinanten: hier wird nur *eine* Zeile (d. h. die Elemente *einer* Zeile) mit der Zahl λ multipliziert.

Beispiel: Einen allen Elementen *einer* Zeile gemeinsamen Faktor λ kann man vor die Determinante ziehen, z. B.:

$$\begin{vmatrix} 4 & 8 & 12 \\ 1 & 0 & -2 \\ 1 & 1 & 3 \end{vmatrix} = 4 \cdot \begin{vmatrix} 1 & 2 & 3 \\ 1 & 0 & -2 \\ 1 & 1 & 3 \end{vmatrix} = 4 \cdot (-4 + 3 + 2 - 6) = -20$$

(alle Elemente der 1. Zeile haben den Faktor 4 gemeinsam).

Satz 4: *Ist unter den* n *Zeilenvektoren einer Determinante* n-*ter Ordnung der Nullvektor* $\vec{0}$ *enthalten (d. h. enthält eine Zeile als Elemente nur Nullen), etwa* $\vec{a_i} = \vec{0}$, *so verschwindet die Determinante:*

$$D(\vec{a_1}, \vec{a_2}, \ldots, \vec{a}_{i-1}, \vec{a_i} = \vec{0}, \vec{a}_{i+1}, \ldots, \vec{a_n}) = 0 \qquad (52).$$

Beweis: Nach Satz 3 gilt:

$$D(\vec{a_1}, \ldots, \vec{0}, \ldots, \vec{a_n}) = D(\vec{a_1}, \ldots, 0 \cdot \vec{b}, \ldots, \vec{a_n}) =$$

$$= 0 \cdot D(\vec{a_1}, \ldots, \vec{b}, \ldots, \vec{a_n}) = 0 \qquad (53),$$

wobei $\vec{b}$ ein beliebiger n-dimensionaler Vektor $\neq \vec{0}$ ist.

Beispiel: Die Determinante

$$\det A = \begin{vmatrix} 0 & 0 & 0 \\ 2 & 2 & 1 \\ -5 & 15 & 5 \end{vmatrix} \qquad \text{verschwindet, da der erste Zeilenvektor den}$$

Nullvektor repräsentiert: $\det A = 0$.

Satz 5: *Ist einer der Zeilenvektoren einer Determinante* D *als Summe zweier Vektoren* $\vec{b}$ *und* $\vec{c}$ *darstellbar, etwa* $\vec{a_i} = \vec{b} + \vec{c}$, *so läßt sich die Determinante* D *als Summe zweier Determinanten darstellen, die als* i-*ten Zeilenvektor den Vektor* $\vec{b}$ *bzw.* $\vec{c}$ *enthalten und in den übrigen* (n − 1) *Zeilenvektoren mit* D *übereinstimmen:*

$$D(\vec{a_1}, \ldots, \vec{a}_{i-1}, \vec{b}+\vec{c}, \vec{a}_{i+1}, \ldots, \vec{a_n}) = D(\vec{a_1}, \ldots, \vec{a}_{i-1},$$

$$\vec{b}, \vec{a}_{i+1}, \ldots, \vec{a_n}) + D(\vec{a_1}, \ldots, \vec{a}_{i-1}, \vec{c}, \vec{a}_{i+1}, \ldots, \vec{a_n}) \qquad (54)$$

(Additionstheorem für Determinanten).

Auf einen Beweis dieses Satzes wollen wir verzichten.

Beispiel:

$$\begin{vmatrix} (1+3) & (2-3) \\ 0 & 1 \end{vmatrix} = \begin{vmatrix} 1 & 2 \\ 0 & 1 \end{vmatrix} + \begin{vmatrix} 3 & -3 \\ 0 & 1 \end{vmatrix} = 1 + 3 = 4.$$

Satz 6: *Addiert man zu einem beliebigen Zeilenvektor* $\vec{a_i}$ *das* λ-*fache eines anderen Zeilenvektors* $\vec{a_k}$ $(i \neq k)$, *so behält die Determinante ihren Wert unverändert bei:*

$$D(\vec{a_1}, \ldots, \vec{a_i} + \lambda\vec{a_k}, \ldots, \vec{a_n}) = D(\vec{a_1}, \ldots, \vec{a_i}, \ldots, \vec{a_n}) \qquad (55).$$

Beweis: Aus den Sätzen 3 und 5 folgt sofort:

$$D(\vec{a_1}, \ldots, \vec{a_i} + \lambda\vec{a_k}, \ldots, \vec{a_n}) = D(\vec{a_1}, \ldots, \vec{a_i}, \ldots, \vec{a_n}) +$$
$$+ \lambda D(a_1, \ldots, a_k, \ldots, a_n). \qquad (56)$$

Die Determinante $D(\vec{a_1}, \ldots, \vec{a_k}, \ldots, \vec{a_n})$ verschwindet jedoch, da sie den Zeilenvektor $\vec{a_k}$ *zweimal* enthält (nämlich in der i-ten und k-ten Zeile). Damit ist der Satz bewiesen.

Beispiel: Wir addieren zur dritten Zeile der Determinante

$$D = \begin{vmatrix} 1 & 2 & 0 \\ 0 & 1 & 4 \\ 0 & 2 & -3 \end{vmatrix} \quad \text{das 4-fache der ersten Zeile und erhalten:}$$

$$\begin{vmatrix} 1 & 2 & 0 \\ 0 & 1 & 4 \\ 4 & 10 & -3 \end{vmatrix} = -3 + 32 - 40 = -11.$$

Beide Determinanten besitzen den gleichen Wert.

Satz 7: *Addiert man zu einem beliebigen Zeilenvektor* $\vec{a_i}$ *eine beliebige Linearkombination der übrigen Zeilenvektoren, so bleibt der Wert der Determinante unverändert:*

$$D(\vec{a_1}, \ldots, \vec{a_i} + \sum_{\substack{p=1 \\ (p \neq i)}}^{n} \lambda_p \vec{a_p}, \ldots, \vec{a_n}) = D(\vec{a_1}, \ldots, \vec{a_i}, \ldots, \vec{a_n}) \quad (57).$$

Der Beweis folgt unmittelbar aus Satz 6.

Beispiel: Die Anwendung der Sätze 6 und 7 führt in vielen Fällen zu wesentlich einfacher gebauten Determinanten. Wir führen das folgende Beispiel an:

$$D = \begin{vmatrix} 1 & 2 & 3 & 4 \\ 2 & 3 & 4 & 5 \\ -1 & 1 & 8 & 5 \\ -1 & 0 & 1 & 2 \end{vmatrix}.$$

Wir addieren zum zweiten Zeilenvektor das (-1)-fache des ersten Zeilenvektors und erhalten:

$$D = \begin{vmatrix} 1 & 2 & 3 & 4 \\ 1 & 1 & 1 & 1 \\ -1 & 1 & 8 & 5 \\ -1 & 0 & 1 & 2 \end{vmatrix}.$$

Jetzt addieren wir das (-1)-fache der ersten Zeile zur vierten Zeile:

$$D = \begin{vmatrix} 1 & 2 & 3 & 4 \\ 1 & 1 & 1 & 1 \\ -1 & 1 & 8 & 5 \\ -2 & -2 & -2 & -2 \end{vmatrix}.$$

Nach den Sätzen 6 und 7 hat sich dabei der Wert der Determinante *nicht* geändert. Nach Satz 3 läßt sich der gemeinsame Faktor -2 der Elemente des vierten Zeilenvektors vor die Determinante ziehen:

$$D = -2 \cdot \begin{vmatrix} 1 & 2 & 3 & 4 \\ 1 & 1 & 1 & 1 \\ -1 & 1 & 8 & 5 \\ 1 & 1 & 1 & 1 \end{vmatrix}.$$

Damit besitzt die Determinante nun zwei gleiche Zeilenvektoren (der zweite und vierte Zeilenvektor stimmen überein). Nach Satz 2 ist daher $D = 0$.

Satz 8: *Vertauscht man Zeilen und Spalten einer Determinante miteinander, so bleibt der Wert der Determinante ungeändert:*

$$\det A = \det A^T \tag{58}.$$

Eine Determinante ändert also ihren Wert nicht, wenn man sie an ihrer Hauptdiagonalen spiegelt. Der Beweis folgt unmittelbar aus der Definitionsgleichung (38).

Beispiel:

$$A = \begin{pmatrix} 2 & 4 \\ 3 & 5 \end{pmatrix} \; ; \; \det A = \begin{vmatrix} 2 & 4 \\ 3 & 5 \end{vmatrix} = 10 - 12 = -2;$$

$$\det A^T = \begin{vmatrix} 2 & 3 \\ 4 & 5 \end{vmatrix} = 10 - 12 = -2, \text{ d. h. } \det A = \det A^T.$$

Im vorangegangenen Abschnitt hatten wir gezeigt, daß das Produkt $C = A \cdot B$ zweier n-reihiger quadratischer Matrizen A und B wiederum eine n-reihige quadratische Matrix C ergibt. Für Determinanten gilt ein ähnliches Multiplikationstheorem: aus der Matrizengleichung $C = A \cdot B$ folgt stets $\det C = \det A \cdot \det B$ oder $|C| = |A| \cdot |B|$.

Satz 9: *Für zwei quadratische Matrizen A und B gleichen Typs gilt stets, daß die Determinante ihres Produktes gleich dem Produkt ihrer Determinanten ist:*

$$\det C = \det (A \cdot B) = \det A \cdot \det B \tag{59}$$

(Multiplikationstheorem für Determinanten).

Wir haben damit zwei Möglichkeiten, eine Produktdeterminante auszurechnen. Entweder berechnet man zunächst die beiden Determinanten $\det A$ und $\det B$ und daraus ihr Produkt $\det A \cdot \det B$. Oder man bestimmt zunächst die Produktmatrix $C = A \cdot B$ und anschließend deren Determinante $\det (A \cdot B)$. Beide Wege führen nach Satz 9 zum selben Ergebnis.

Beispiele: a) Gegeben sind zwei 3-reihige quadratische Matrizen A und B:

$$A = \begin{pmatrix} 1 & 2 & -4 \\ 0 & 4 & 2 \\ 1 & 0 & 1 \end{pmatrix} , \quad B = \begin{pmatrix} 0 & 2 & 1 \\ -1 & 2 & 4 \\ 0 & 0 & 1 \end{pmatrix} .$$

Wir berechnen zunächst das Matrizenprodukt $C = A \cdot B$ und daraus die Produktdeterminante 3-ter Ordnung:

$$C = A \cdot B = \begin{pmatrix} 1 & 2 & -4 \\ 0 & 4 & 2 \\ 1 & 0 & 1 \end{pmatrix} \cdot \begin{pmatrix} 0 & 2 & 1 \\ -1 & 2 & 4 \\ 0 & 0 & 1 \end{pmatrix} = \begin{pmatrix} -2 & 6 & 5 \\ -4 & 8 & 18 \\ 0 & 2 & 2 \end{pmatrix};$$

$$\det (A \cdot B) = \begin{vmatrix} -2 & 6 & 5 \\ -4 & 8 & 18 \\ 0 & 2 & 2 \end{vmatrix} = 48.$$

Jetzt berechnen wir zunächst die Determinanten der beiden Matrizen A und B und daraus das Produkt $\det A \cdot \det B$:

$$\det A = \begin{vmatrix} 1 & 2 & -4 \\ 0 & 4 & 2 \\ 1 & 0 & 1 \end{vmatrix} = 24;$$

$$\det B = \begin{vmatrix} 0 & 2 & 1 \\ -1 & 2 & 4 \\ 0 & 0 & 1 \end{vmatrix} = 2;$$

$\det A \cdot \det B = 24 \cdot 2 = 48.$

Es ist also $\det A \cdot \det B = \det (A \cdot B) = 48$.

b) Wir hatten *orthogonale* Matrizen A durch die Matrizengleichung

$$A^T = A^{-1}$$

definiert. Die Determinante einer orthogonalen Matrix besitzt, wie wir zeigen wollen, stets den Wert $+1$ oder -1:

Aus $A^{-1} \cdot A = A^T \cdot A = E$ folgt die Determinantengleichung

$$\det (A^T \cdot A) = \det A^T \cdot \det A = \det E$$

und weiter, da nach Satz 8 $\det A^T = \det A$ ist:

$$\det A^T \cdot \det A = \det A \cdot \det A = (\det A)^2 = \det E = 1.$$

Aus $(\det A)^2 = 1$ folgt aber sofort die Behauptung:

$$\det A = +1 \quad oder \quad \det A = -1.$$

Bisher hatten wir die Determinante

$$D = \begin{vmatrix} a_{11} & a_{12} & a_{13} & \cdots & a_{1n} \\ a_{21} & a_{22} & a_{23} & \cdots & a_{2n} \\ a_{31} & a_{32} & a_{33} & \cdots & a_{3n} \\ \cdot & \cdot & \cdot & & \cdot \\ \cdot & \cdot & \cdot & & \cdot \\ \cdot & \cdot & \cdot & & \cdot \\ a_{n1} & a_{n2} & a_{n3} & \cdots & a_{nn} \end{vmatrix} \qquad (60)$$

als Funktion ihrer Zeilenvektoren $\vec{a}_i = (a_{i1}, a_{i2}, \ldots, a_{in})$ aufgefaßt:

$$D = D(\vec{a}_1, \vec{a}_2, \ldots, \vec{a}_n) \qquad (61).$$

Mit dem gleichen Recht können wir die Determinante D aber auch als Funktion ihrer Spaltenvektoren

$$\vec{a}^j = \begin{pmatrix} a_{1j} \\ a_{2j} \\ a_{3j} \\ \cdot \\ \cdot \\ \cdot \\ a_{nj} \end{pmatrix} \qquad (62)$$

auffassen:

$$D = D(\vec{a}^1, \vec{a}^2, \ldots, \vec{a}^n) \qquad (63).$$

Es gilt nun der folgende Satz:

Satz 10: *Die Sätze 1 bis 8 behalten ihre Gültigkeit unverändert bei, wenn man in ihnen das Wort „Zeilenvektor" $\vec{a}_i$ durch das Wort „Spaltenvektor" $\vec{a}^i$ und das Wort „Zeile" durch das Wort „Spalte" ersetzt und umgekehrt.*

Zusammenfassend können wir sagen, daß es gewisse *elementare Operationen* gibt, die den Wert einer Determinante *unverändert* lassen. Dies sind:

(a)   Spiegelung der Determinante an der Hauptdiagonalen;

(b)   Hinzuaddieren einer aus den übrigen Zeilenvektoren (Spaltenvektoren) gebildeten beliebigen Linearkombination zu einem Zeilenvektor (Spaltenvektor);

(c)   n-maliges Vertauschen zweier Zeilen oder Spalten, wobei n eine gerade natürliche Zahl ist[11].

C. Anwendungen der Determinantentheorie

1. Lineare Unabhängigkeit von Vektoren

Mit Hilfe der Determinantentheorie sind wir nun in der Lage, ein für die Praxis bedeutsames Kriterium für die lineare Unabhängigkeit von n Vektoren $\vec{a}_1, \vec{a}_2, \ldots, \vec{a}_n$ des affinen R^n anzugeben. Im vorangegangenen Abschnitt hatten wir gesehen, daß die Determinante det A einer n-reihigen Matrix A verschwindet, wenn unter den Zeilenoder Spaltenvektoren der Matrix A zwei gleiche Vektoren oder aber der Nullvektor vorkommen. In beiden Fällen sind die jeweils n Zeilen- bzw. Spaltenvektoren linear abhängig. Allgemein gilt nun der Satz:

Satz: n *Vektoren* $\vec{a}_1, \vec{a}_2, \ldots, \vec{a}_n$ *des n-dimensionalen affinen Raumes* R^n *sind dann und nur dann linear unabhängig, wenn ihre Determinante* $D(\vec{a}_1, \vec{a}_2, \ldots, \vec{a}_n)$ *nicht verschwindet. Ist ihre Determinante jedoch gleich Null, so sind die* n *Vektoren linear abhängig.*

Beispiele: a) Die n Einheitsvektoren des R^n,

$$\vec{e}_1 = \begin{pmatrix} 1 \\ 0 \\ \cdot \\ \cdot \\ \cdot \\ 0 \end{pmatrix}, \quad \vec{e}_2 = \begin{pmatrix} 0 \\ 1 \\ \cdot \\ \cdot \\ \cdot \\ 0 \end{pmatrix}, \ldots, \quad \vec{e}_n = \begin{pmatrix} 0 \\ 0 \\ \cdot \\ \cdot \\ \cdot \\ 1 \end{pmatrix}$$

sind stets *linear unabhängig*, da ihre Determinante von Null verschieden ist:

$$D(\vec{e}_1, \vec{e}_2, \ldots, \vec{e}_n) = \begin{vmatrix} 1 & 0 & \cdots & 0 \\ 0 & 1 & \cdots & 0 \\ \cdot & \cdot & & \cdot \\ \cdot & \cdot & & \cdot \\ \cdot & \cdot & & \cdot \\ 0 & 0 & \cdots & 1 \end{vmatrix} = 1 \neq 0.$$

---

[11]   Bei jeder Vertauschung zweier Zeilen oder zweier Spalten multipliziert sich die Determinante mit dem Faktor (-1). Bei n-maliger Wiederholung ist der Multiplikationsfaktor gleich $(-1)^n$ und hat den Wert $+1$, falls n gerade ist.

b) Sind die folgenden drei Vektoren des R^3 linear unabhängig?

$$\vec{a_1} = \begin{pmatrix} 1 \\ 1 \\ 1 \end{pmatrix}, \quad \vec{a_2} = \begin{pmatrix} 1 \\ 0 \\ 0 \end{pmatrix}, \quad \vec{a_3} = \begin{pmatrix} 10 \\ 5 \\ 5 \end{pmatrix}$$

Die Antwort lautet: sie sind *linear abhängig,* da ihre Determinante verschwindet:

$$D(\vec{a_1}, \vec{a_2}, \vec{a_3}) = \begin{vmatrix} 1 & 1 & 1 \\ 1 & 0 & 0 \\ 10 & 5 & 5 \end{vmatrix} = 5 - 5 = 0.$$

Wie aber kann man nun entscheiden, ob m gegebene Vektoren des R^n linear unabhängig sind oder nicht, wenn $m \leqslant n$ ist? Auch für diesen allgemeinen Fall läßt sich mit Hilfe der Determinantentheorie ein praktikables Kriterium angeben. Da für Matrizen vom (m, n)-Typ stets gilt, daß die Anzahl der linear unabhängigen Zeilenvektoren gleich der Anzahl der linear unabhängigen Spaltenvektoren ist (Zeilenrang = Spaltenrang = Rang r der Matrix), läuft die Fragestellung darauf hinaus, festzustellen, ob der Rang der aus den gegebenen Vektoren gebildeten Matrix A vom Typ (m, n)[12] kleiner oder gleich ist. Ist der Rang der Matrix A gleich der Anzahl der gegebenen Vektoren (d. h. gleich m), so sind diese linear unabhängig, andernfalls linear abhängig.

Für die Bestimmung des Ranges r einer Matrix zieht man das folgende Kriterium heran:

Satz: *Der Rang einer Matrix* A *vom Typ* (m, n) *ist gleich der größtmöglichen Zahl* r, *für die noch eine von Null verschiedene r-reihige Unterdeterminante existiert.*

Man geht daher zweckmäßigerweise wie folgt vor. Falls $m < n$ ist, kann der Rang der Matrix höchstens gleich m sein. Gibt es unter den m-reihigen Unterdeterminanten *wenigstens eine,* deren Wert von Null verschieden ist, so ist r = m. Falls es *keine* von Null verschiedene m-reihige Unterdeterminante gibt, so bestimmt man die Werte *aller* (m − 1)-reihigen Unterdeterminanten. Falls unter diesen auch nur *eine* Determinante einen von Null verschiedenen Wert besitzt, ist der Rang der Matrix A gleich (m − 1). Gibt es jedoch *keine* von Null verschiedene (m − 1)-reihige Unterdeterminante, so wiederholt man das Verfahren für alle (m − 2)-reihigen Unterdeterminanten usw..

Beispiel: Sind die folgenden Vektoren des R^3 linear unabhängig oder nicht?

---

[12] Die Matrix A enthält die gegebenen Vektoren als Zeilenvektoren. Sie besitzt daher m Zeilen und n Spalten.

$$\vec{a_1} = \begin{pmatrix} 1 \\ 0 \\ 4 \end{pmatrix} \quad , \qquad \vec{a_2} = \begin{pmatrix} 2 \\ 3 \\ 1 \end{pmatrix}$$

Die Matrix **A** lautet:

$$\mathbf{A} = \begin{pmatrix} 1 & 0 & 4 \\ 2 & 3 & 1 \end{pmatrix} .$$

Ihr Rang kann höchstens 2 sein. Er ist genau 2, wenn es wenigstens eine 2-reihige Unterdeterminante gibt, die nicht verschwindet. Eine solche 2-reihige Unterdeterminante existiert tatsächlich:

z. B. $\begin{vmatrix} 1 & 0 \\ 2 & 3 \end{vmatrix} = 3 \neq 0.$

Daher sind die beiden Vektoren $\vec{a_1}$ und $\vec{a_2}$ *linear unabhängig*.

2. Lineare Gleichungssysteme

a) Definition eines linearen Gleichungssystems

Definition: *Unter einem linearen Gleichungssystem verstehen wir ein System aus* n *linearen Gleichungen mit* n *Unbekannten* $x_1, x_2, \ldots, x_n$:

$$a_{11} x_1 + a_{12} x_2 + \ldots + a_{1n} x_n = b_1$$
$$a_{21} x_1 + a_{22} x_2 + \ldots + a_{2n} x_n = b_2$$

$$\qquad \cdot \qquad\qquad \cdot \qquad\qquad\quad \cdot \qquad \cdot$$
$$\qquad \cdot \qquad\qquad \cdot \qquad\qquad\quad \cdot \qquad \cdot \qquad\qquad (64a)[13]$$
$$\qquad \cdot \qquad\qquad \cdot \qquad\qquad\quad \cdot \qquad \cdot$$

$$a_{n1} x_1 + a_{n2} x_2 + \ldots + a_{nn} x_n = b_n$$

Die n Gleichungen (64a) können wir auch in der Form

$$\sum_{k=1}^{n} a_{ik} x_k = b_i \qquad (i = 1, 2, \ldots, n) \qquad\qquad (64b)$$

darstellen.

---

[13] Wir behandeln an dieser Stelle nur solche linearen Gleichungssysteme, bei denen die Anzahl der Gleichungen mit der Anzahl der Unbekannten übereinstimmt.

Faßt man $x_1, x_2, \ldots, x_n$ zu einem *Lösungsvektor* $\vec{x}$, die Größen $b_1, b_2, \ldots, b_n$ zu einem Vektor $\vec{b}$ und die insgesamt n^2 Zahlen a_{ik} zu einer *Koeffizientenmatrix*

$$A = \begin{pmatrix} a_{11} & a_{12} & \cdots & a_{1n} \\ a_{21} & a_{22} & \cdots & a_{2n} \\ \cdot & \cdot & & \cdot \\ \cdot & \cdot & & \cdot \\ \cdot & \cdot & & \cdot \\ a_{n1} & a_{n2} & \cdots & a_{nn} \end{pmatrix} \qquad (65)$$

zusammen, so läßt sich das lineare Gleichungssystem (64a, b) auch in der übersichtlicheren Matrizenform

$$A \vec{x} = \vec{b} \qquad (64c)$$

darstellen ($\vec{x}, \vec{b}$ fassen wir als Matrizen vom $(n, 1)$-Typ auf).

Gleichungssystem (64a, b) läßt sich aber auch in Form einer linearen Vektorgleichung darstellen. Faßt man nämlich die Elemente a_{ik} wie folgt zu Spaltenvektoren $\vec{a_i}$ zusammen:

$$\vec{a_i} = \begin{pmatrix} a_{1i} \\ a_{2i} \\ \cdot \\ \cdot \\ \cdot \\ a_{ni} \end{pmatrix} \qquad (66),$$

so erhält man die Darstellung

$$x_1 \vec{a_1} + x_2 \vec{a_2} + \ldots + x_n \vec{a_n} = \vec{b} \qquad (64d).$$

Das lineare Gleichungssystem (64a – d) heißt *homogen,* falls $b_1 = b_2 = \ldots = b_n = 0$ ist, d. h. falls der Vektor $\vec{b}$ den Nullvektor $\vec{0}$ repräsentiert. Für $\vec{b} \neq \vec{0}$ liegt ein *inhomogenes* lineares Gleichungssystem vor.

b) Lösbarkeit linearer Gleichungssysteme

Aufschluß über die Frage, unter welchen Voraussetzungen ein lineares Gleichungssystem überhaupt lösbar ist[14], gibt der folgende Satz:

Satz: *Ein lineares Gleichungssystem* $A \vec{x} = \vec{b}$ *ist dann und nur dann lösbar, wenn der Rang der Koeffizientenmatrix* A *gleich dem Rang der erweiterten Koeffizientenmatrix*

$$\tilde{A} = \begin{pmatrix} a_{11} & a_{12} & \cdots & a_{1n} & b_1 \\ a_{21} & a_{22} & \cdots & a_{2n} & b_2 \\ \cdot & \cdot & & \cdot & \cdot \\ \cdot & \cdot & & \cdot & \cdot \\ \cdot & \cdot & & \cdot & \cdot \\ a_{n1} & a_{n2} & \cdots & a_{nn} & b_n \end{pmatrix} \qquad (67)$$

ist.

Matrix $\tilde{A}$ besitzt n Zeilen und $(n+1)$ Spalten.

Beweis: Als Darstellungsform des linearen Gleichungssystems wählen wir die lineare Vektorgleichung

$$x_1 \vec{a_1} + x_2 \vec{a_2} + \ldots + x_n \vec{a_n} = \vec{b} \qquad (64e),$$

die wir wie folgt interpretieren können: das lineare Gleichungssystem ist offenbar genau dann lösbar, wenn der Vektor $\vec{b}$ als Linearkombination der Vektoren $\vec{a_1}, \vec{a_2}, \ldots, \vec{a_n}$ darstellbar ist. Dies bedeutet, daß der von den n Vektoren $\vec{a_1}, \vec{a_2}, \ldots, \vec{a_n}$ aufgespannte Vektorraum die gleiche Dimension wie der von den insgesamt $(n+1)$ Vektoren $\vec{a_1}, \vec{a_2}, \ldots, \vec{a_n}, \vec{b}$ aufgespannte Vektorraum besitzen muß. Also müssen die Matrizen A und $\tilde{A}$ den gleichen Rang besitzen.

Beispiel: Um festzustellen, ob das inhomogene lineare Gleichungssystem

$x_1 + x_2 + x_3 = 4$

$x_1 + 2x_2 - x_3 = 5$

$x_1 - x_2 + 5x_3 = 2$

überhaupt lösbar ist, haben wir den Rang der Koeffizientenmatrix

---

[14] Ein lineares Gleichungssystem heißt *lösbar*, wenn es *wenigstens einen* Lösungsvektor $\vec{x}$ gibt.

$$A = \begin{pmatrix} 1 & 1 & 1 \\ 1 & 2 & -1 \\ 1 & -1 & 5 \end{pmatrix}$$

und den Rang der erweiterten Koeffizientenmatrix

$$\widetilde{A} = \begin{pmatrix} 1 & 1 & 1 & 4 \\ 1 & 2 & -1 & 5 \\ 1 & -1 & 5 & 2 \end{pmatrix}$$

zu bestimmen. Da die Determinante von A verschwindet:

$$\det A = \begin{vmatrix} 1 & 1 & 1 \\ 1 & 2 & -1 \\ 1 & -1 & 5 \end{vmatrix} = 0,$$

gilt jedenfalls: Rang $(A) < 3$. Matrix A besitzt den Rang 2, da mindestens eine von Null verschiedene 2-reihige Unterdeterminante existiert, nämlich:

$$\begin{vmatrix} 1 & 1 \\ 1 & 2 \end{vmatrix} = 2 - 1 = 1 \neq 0.$$

Die erweiterte Koeffizientenmatrix $\widetilde{A}$ kann höchstens den Rang 3 besitzen: Rang $(\widetilde{A}) \leqslant 3$. Wir müssen daher prüfen, ob eine von Null verschiedene 3-reihige Unterdeterminante existiert. Dies ist nicht der Fall, da:

$$\begin{vmatrix} 1 & 1 & 1 \\ 1 & 2 & -1 \\ 1 & -1 & 5 \end{vmatrix} = \begin{vmatrix} 1 & 1 & 4 \\ 1 & 2 & 5 \\ 1 & -1 & 2 \end{vmatrix} = \begin{vmatrix} 1 & 1 & 4 \\ 1 & -1 & 5 \\ 1 & 5 & 2 \end{vmatrix} =$$

$$= \begin{vmatrix} 1 & 1 & 4 \\ 2 & -1 & 5 \\ -1 & 5 & 2 \end{vmatrix} = 0.$$

Daher ist der Rang von $\widetilde{A}$ höchstens gleich 2. Er ist genau gleich 2, da es wenigstens eine von Null verschiedene 2-reihige Unterdeterminante gibt, nämlich:

$$\begin{vmatrix} 1 & 1 \\ 1 & 2 \end{vmatrix} = 1 \neq 0.$$

Die Matrizen A und $\widetilde{A}$ besitzen den Rang 2, d. h. das vorliegende lineare Gleichungssystem ist *lösbar*.

Mit der Lösungsmannigfaltigkeit von linearen Gleichungssystemen wollen wir uns in den nächsten beiden Abschnitten ausführlich beschäftigen.

c) Homogene lineare Gleichungssysteme

Satz: *Die Lösungsvektoren eines homogenen linearen Gleichungssystems*

$$A \vec{x} = \vec{0} \tag{68}$$

bilden in ihrer Gesamtheit einen linearen Vektorraum, d. h. mit dem Lösungsvektor $\vec{x}$ gehört auch $\lambda \vec{x}$ und mit den beiden Lösungsvektoren $\vec{x}$ und $\vec{y}$ auch ihre Vektorsumme $\vec{x} + \vec{y}$ zur Menge der Lösungsvektoren (λ ist ein beliebiger Skalar).

Beweis: Ist $\vec{x}$ ein Lösungsvektor des Systems (68), $A \vec{x} = \vec{0}$, so ist auch der Vektor $\vec{y} = \lambda \vec{x}$ mit beliebigem λ ein Lösungsvektor von (68):

$$A \vec{y} = A (\lambda \vec{x}) = \lambda \, A \vec{x} = \lambda \vec{0} = \vec{0} \tag{69}.$$

Sind $\vec{x}$ und $\vec{y}$ zwei beliebige Lösungsvektoren von (68), so ist auch ihre Vektorsumme $\vec{z} = \vec{x} + \vec{y}$ ein Lösungsvektor von (68):

$$A \vec{z} = A (\vec{x} + \vec{y}) = A \vec{x} + A \vec{y} = \vec{0} + \vec{0} = \vec{0} \tag{70}.$$

Die Lösungsmannigfaltigkeit des homogenen linearen Gleichungssystems $A \vec{x} = \vec{0}$ wird durch die Dimension des aus den Lösungsvektoren aufgespannten Vektorraumes bestimmt. Einige wichtige Fälle sind in der folgenden Tabelle zusammengestellt worden:

Dimension des Lösungsvektorraumes	Maximalzahl linear unabhängiger Lösungsvektoren (Basis)	Lösungsmannigfaltigkeit des Systems $A \vec{x} = \vec{0}$
0	0	$\vec{0}$ (triviale Lösung)
1	1: ein linear unabhängiger Basisvektor $\vec{x}_1$	$\lambda \vec{x}_1$
2	2: zwei linear unabhängige Basisvektoren $\vec{x}_1, \vec{x}_2$	$\lambda_1 \vec{x}_1 + \lambda_2 \vec{x}_2$

Die Dimension des von den Lösungsvektoren aufgespannten Vektorraumes ist *eindeutig* durch den Rang der Koeffizientenmatrix A

bestimmt. **A** enthalte genau r linear unabhängige Zeilenvektoren
(und damit auch Spaltenvektoren). Unter den insgesamt n linearen
Gleichungen des Systems

$$a_{11}\, x_1 + a_{12}\, x_2 + \ldots + a_{1n}\, x_n = 0$$

$$a_{21}\, x_1 + a_{22}\, x_2 + \ldots + a_{2n}\, x_n = 0$$

$$\begin{matrix} \cdot & \cdot & \cdot & \cdot \\ \cdot & \cdot & \cdot & \cdot \\ \cdot & \cdot & \cdot & \cdot \end{matrix} \qquad (71)$$

$$a_{n1}\, x_1 + a_{n2}\, x_2 + \ldots + a_{nn}\, x_n = 0$$

sind daher genau r *linear unabhängige* Gleichungen. Der Rang der
Koeffizientenmatrix **A** von (71) ist demnach gleich r.

Nach einigen *elementaren Umformungen* läßt sich diese Koeffizien-
tenmatrix stets in eine Matrix gleichen Typs umwandeln, die in genau
$(n - r)$ Zeilen nur Nullen als Matrixelemente enthält, d. h. genau
$(n - r)$ Zeilenvektoren von **A** sind in den Nullvektor übergangen.
Unter einer *elementaren Umformung* verstehen wir dabei das Hinzuaddieren einer aus den übrigen Zeilenvektoren gebildeten beliebigen
Linearkombination zu einem Zeilenvektor der Koeffizientenmatrix.
Nach Ausführung der elementaren Umformungen, die *keinerlei* Einfluß auf die Lösungsmannigfaltigkeit des homogenen linearen Glei-
chungssystems (71) haben, läßt sich das Gleichungssystem (71) stets
in der folgenden Form darstellen:

$$x_1 + c_{1,\, r+1}\, x_{r+1} + \ldots + c_{1n}\, x_n = 0$$

$$x_2 + c_{2,\, r+1}\, x_{r+1} + \ldots + c_{2n}\, x_n = 0$$

$$\begin{matrix} \cdot & \cdot & \cdot & \cdot \\ \cdot & \cdot & \cdot & \cdot \\ \cdot & \cdot & \cdot & \cdot \end{matrix} \qquad (72).$$

$$x_r + c_{r,\, r+1}\, x_{r+1} + \ldots + c_{rn}\, x_n = 0$$

Über die $(n - r)$ Unbekannten $x_{r+1}, x_{r+2}, \ldots, x_n$ können wir
frei verfügen *(freie Parameter)*. Wir setzen daher der Reihe nach einen
der Parameter $x_{r+1}, x_{r+2}, \ldots, x_n$ gleich Eins, die übrigen gleich
Null und erhalten dann genau $(n - r)$ spezielle *linear unabhängige*
Lösungsvektoren $\vec{z_1}, \vec{z_2}, \ldots, \vec{z}_{n-r}$:

$$\vec{z_1} = \begin{pmatrix} -c_{1,\,r+1} \\ -c_{2,\,r+1} \\ \cdot \\ \cdot \\ \cdot \\ -c_{r,\,r+1} \\ 1 \\ 0 \\ \cdot \\ \cdot \\ \cdot \\ 0 \end{pmatrix}, \ldots, \quad \vec{z}_{n-r} = \begin{pmatrix} -c_{1n} \\ -c_{2n} \\ \cdot \\ \cdot \\ \cdot \\ -c_{rn} \\ 0 \\ 0 \\ \cdot \\ \cdot \\ \cdot \\ 1 \end{pmatrix} \qquad (73).$$

Der allgemeine Lösungsvektor des homogenen linearen Gleichungs-systems $A\vec{x} = \vec{0}$ läßt sich — wie man zeigen kann — aus den $(n-r)$ linear unabhängigen Lösungsvektoren $\vec{z_1}, \vec{z_2}, \ldots, \vec{z}_{n-r}$ linear kombinieren:

$$\vec{x} = \lambda_1 \vec{z_1} + \lambda_2 \vec{z_2} + \ldots + \lambda_{n-r} \vec{z}_{n-r} \qquad (74),$$

d. h. die $(n-r)$ Lösungsvektoren $\vec{z_1}, \vec{z_2}, \ldots, \vec{z}_{n-r}$ bilden eine *Basis* des aus sämtlichen Lösungsvektoren aufgespannten Vektorraumes. Dieser besitzt also die Dimension $(n-r)$.

Daher können wir den folgenden Satz aussprechen.

Satz: *Die Lösungsvektoren eines homogenen linearen Gleichungssystems $A\vec{x} = \vec{0}$ bilden einen linearen Vektorraum der Dimension $(n-r)$, wenn r der Rang der Koeffizientenmatrix A ist.*

Ist $r = n$, so ist das Gleichungssystem nur trivial lösbar (d. h. einziger Lösungsvektor ist der Nullvektor).

Für $r < n$ gibt es stets vom Nullvektor verschiedene Lösungsvektoren.

Das homogene lineare Gleichungssystem ist also nur dann nicht-trivial lösbar, d. h. es gibt nur dann vom Nullvektor *verschiedene* Lösungsvektoren, wenn die Zeilenvektoren (Spaltenvektoren) der Koeffizientenmatrix A *linear abhängig* sind. Daher gilt der Satz:

Satz: *Das homogene lineare Gleichungssystem $A\vec{x} = \vec{0}$ ist dann und nur dann nicht-trivial lösbar, wenn die n Zeilenvektoren (Spaltenvektoren) der Koeffizientenmatrix A linear abhängig sind, d. h.*

wenn die Matrix **A** *singulär ist. Dies ist genau dann der Fall, wenn*

$$\det \mathbf{A} = 0 \qquad (75)$$

ist. Gilt dagegen

$$\det \mathbf{A} \neq 0 \qquad (76),$$

so ist das homogene lineare Gleichungssystem nur durch den Null-vektor lösbar (triviale Lösung).

Beispiele: a) Wir betrachten das homogene lineare Gleichungssystem

$$x_1 \qquad + 2x_3 = 0$$
$$ 3x_2 + x_3 = 0$$
$$x_1 - 2x_2 - 3x_3 = 0 .$$

Für die Determinante der Koeffizientenmatrix **A** gilt:

$$\det \mathbf{A} = \begin{vmatrix} 1 & 0 & 2 \\ 0 & 3 & 1 \\ 1 & -2 & -3 \end{vmatrix} = -13 \neq 0 .$$

Die Koeffizientenmatrix **A** besitzt also den Rang 3. Daher ist die Dimension des aus den Lösungsvektoren aufgespannten Vektorraumes gleich Null. Das System ist daher nur *trivial lösbar*. Einzige Lösung ist also

$$\vec{x} = \vec{0} = \begin{pmatrix} 0 \\ 0 \\ 0 \end{pmatrix} , \text{d. h.} \quad x_1 = x_2 = x_3 = 0 .$$

b) Das homogene lineare Gleichungssystem

$$2x_1 - x_2 + 5x_3 = 0$$
$$-x_1 + x_2 - 2x_3 = 0$$
$$2x_1 \qquad + 6x_3 = 0$$

ist dagegen *nicht-trivial lösbar*, da die Koeffizientendeterminante verschwindet:

$$\det \mathbf{A} = \begin{vmatrix} 2 & -1 & 5 \\ -1 & 1 & -2 \\ 2 & 0 & 6 \end{vmatrix} = 0 .$$

Der Rang der Matrix **A** beträgt 2, da es wenigstens eine von Null verschiedene 2-reihige Unterdeterminante gibt, nämlich:

$$\begin{vmatrix} 2 & -1 \\ -1 & 1 \end{vmatrix} = 1 \neq 0 .$$

Die Lösungsvektoren bilden daher einen linearen Vektorraum der Dimension 1. Da z. B. der Vektor

$$\vec{x_1} = \begin{pmatrix} 3 \\ 1 \\ -1 \end{pmatrix} \quad \text{ein Lösungsvektor des gegebenen Systems ist, läßt sich der}$$

allgemeine Lösungsvektor in der Form

$$\vec{x} = \lambda \vec{x_1} = \lambda \begin{pmatrix} 3 \\ 1 \\ -1 \end{pmatrix} = \begin{pmatrix} 3\lambda \\ \lambda \\ -\lambda \end{pmatrix}$$

darstellen (λ ist eine beliebige Zahl).

d) Inhomogene lineare Gleichungssysteme

Wir wollen zunächst zeigen, daß sich der allgemeine Lösungsvektor eines *inhomogenen* linearen Gleichungssystems

$$A \vec{x} = \vec{b} \tag{77}$$

aus einem speziellen Lösungsvektor von (77) und dem allgemeinen Lösungsvektor des zugeordneten homogenen Gleichungssystems

$$A \vec{x} = \vec{0} \tag{78}$$

aufbauen läßt.

Satz: *Ist $\vec{x_0}$ ein spezieller Lösungsvektor (sog. partikuläre Lösung) des inhomogenen linearen Systems $A \vec{x} = \vec{b}$, so erhält man alle Lösungsvektoren des inhomogenen Gleichungssystems, indem man zu $\vec{x_0}$ der Reihe nach alle Lösungsvektoren des zugehörigen homogenen linearen Gleichungssystems $A \vec{x} = \vec{0}$ addiert.*

Beweis: (a) $\vec{x_0}$ sei ein Lösungsvektor des inhomogenen Systems, $\vec{y}$ ein Lösungsvektor des zugehörigen homogenen Systems:

$$A \vec{x_0} = \vec{b}, \quad A \vec{y} = \vec{0} \tag{79}.$$

Dann ist der Summenvektor $\vec{x} = \vec{x_0} + \vec{y}$ ebenfalls ein Lösungsvektor des inhomogenen Systems:

$$A \vec{x} = A (\vec{x_0} + \vec{y}) = A \vec{x_0} + A \vec{y} = \vec{b} + \vec{0} = \vec{b} \tag{80}.$$

160

(b) Umgekehrt haben wir noch zu zeigen, daß sich *jeder* Lösungsvektor $\vec{x}$ des inhomogenen Systems in der Form $\vec{x} = \vec{x}_0 + \vec{y}$ darstellen läßt, wobei $\vec{x}_0$ *irgendein* beliebiger Lösungsvektor des inhomogenen Systems und $\vec{y}$ ein Lösungsvektor des zugehörigen homogenen Systems ist. D. h. wir haben zu zeigen, daß der Vektor $\vec{y} = \vec{x} - \vec{x}_0$ Lösungsvektor des homogenen Systems ist:

$$\mathbf{A}\,\vec{y} = \mathbf{A}\,(\vec{x} - \vec{x}_0) = \mathbf{A}\,\vec{x} - \mathbf{A}\,\vec{x}_0 = \vec{b} - \vec{b} = \vec{0} \qquad (81).$$

Damit ist der Satz bewiesen.

Die Lösungsmannigfaltigkeit eines inhomogenen linearen Gleichungssystems ist somit auf diejenige des zugehörigen homogenen Gleichungssystems zurückgeführt worden. Wir können daher den folgenden Satz aussprechen.

Satz: *Das inhomogene lineare Gleichungssystem* $\mathbf{A}\,\vec{x} = \vec{b}$ *ist dann und nur dann eindeutig lösbar, wenn die Dimension des aus den Lösungsvektoren des zugehörigen homogenen linearen Systems aufgebauten Vektorraumes Null ist, d. h. wenn der Rang der Koeffizientenmatrix* $\mathbf{A}$ *gleich* n *ist.*

Daher besitzt das inhomogene System $\mathbf{A}\,\vec{x} = \vec{b}$ *genau dann eine eindeutig bestimmte Lösung, wenn*

$$\det \mathbf{A} \neq 0 \qquad (82)$$

ist.

Beweis: (a) Die Gesamtheit der Lösungsvektoren des inhomogenen linearen Gleichungssystems läßt sich in der Form

$$\vec{x} = \vec{x}_0 + \vec{y} \qquad (83)$$

darstellen ($\vec{x}_0$ ist ein spezieller Lösungsvektor des inhomogenen Systems, $\vec{y}$ der allgemeine Lösungsvektor des zugehörigen homogenen Systems). Der von den Lösungsvektoren des zugehörigen homogenen Systems aufgespannte Vektorraum besitze die Dimension Null. Er enthält dann nur den Nullvektor $(\vec{y} = \vec{0})$. Daher besitzt das inhomogene System nur den einen Lösungsvektor $\vec{x} = \vec{x}_0$.

(b) Umgekehrt folgt aus (83), daß das inhomogene System nur dann genau eine Lösung besitzt, wenn für alle $\vec{y}$ die Gleichung $\vec{x} = \vec{x}_0$ erfüllt ist. Daher muß $\vec{y}$ der Nullvektor sein, d. h. der zum homogenen System gehörende Vektorraum der Lösungsvektoren enthält nur den Nullvektor und besitzt daher die Dimension Null.

(c) Das homogene System besitzt aber dann und nur dann nur die triviale Lösung, wenn die Koeffizientendeterminante det **A** *nicht* verschwindet.

Wir können daher den letzten Satz auch wie folgt aussprechen:

Satz: *Das inhomogene lineare Gleichungssystem* **A** $\vec{x} = \vec{b}$ *ist dann und nur dann eindeutig lösbar, wenn* det **A** $\neq 0$ *ist.*

Für inhomogene lineare Gleichungssysteme **A** $\vec{x} = \vec{b}$, die eine *eindeutig* bestimmte Lösung besitzen, läßt sich der Lösungsvektor $\vec{x}$ explizit angeben.

Satz: *Das inhomogene lineare Gleichungssystem* **A** $\vec{x} = \vec{b}$ *wird für* det **A** $\neq 0$ *in eindeutiger Weise durch den Lösungsvektor* $\vec{x}$ *gelöst, dessen* j-te *Komponente als Quotient zweier Determinanten darstellbar ist:*

$$x_j = \frac{\begin{vmatrix} a_{11} & \cdots & a_{1,j-1} & b_1 & a_{1,j+1} & \cdots & a_{1n} \\ \cdot & & \cdot & \cdot & \cdot & & \cdot \\ \cdot & & \cdot & \cdot & \cdot & & \cdot \\ \cdot & & \cdot & \cdot & \cdot & & \cdot \\ a_{n1} & \cdots & a_{n,j-1} & b_n & a_{n,j+1} & \cdots & a_{nn} \end{vmatrix}}{\begin{vmatrix} a_{11} & a_{12} & \cdots\cdots\cdots\cdots\cdots & a_{1n} \\ \cdot & & & \cdot \\ \cdot & & & \cdot \\ \cdot & & & \cdot \\ a_{n1} & a_{n2} & \cdots\cdots\cdots\cdots\cdots & a_{nn} \end{vmatrix}} \qquad (84).$$

Die Zählerdeterminante geht dabei aus der Koeffizientendeterminante det **A** $= |a_{ik}|$ *dadurch hervor, daß man den* j-ten *Spaltenvektor durch*

den Vektor $\vec{b} = \begin{pmatrix} b_1 \\ \cdot \\ \cdot \\ \cdot \\ b_n \end{pmatrix}$ *ersetzt (sog. Cramersche Regel).*

Beweis: Da det **A** $\neq 0$ ist, gibt es *genau einen* Lösungsvektor $\vec{x}$ des inhomogenen linearen Systems **A** $\vec{x} = \vec{b}$. Wir multiplizieren die j-te Spalte in der Determinante det **A** mit der j-ten Komponente x_j des Lösungsvektors $\vec{x}$:

$$x_j \mid a_{ik} \mid = \begin{vmatrix} a_{11} & \cdots & a_{1,j-1} & (x_j a_{1j}) & a_{1,j+1} & \cdots & a_{1n} \\ a_{21} & \cdots & a_{2,j-1} & (x_j a_{2j}) & a_{2,j+1} & \cdots & a_{2n} \\ \cdot & & \cdot & \cdot & \cdot & & \cdot \\ \cdot & & \cdot & \cdot & \cdot & & \cdot \\ \cdot & & \cdot & \cdot & \cdot & & \cdot \\ a_{n1} & \cdots & a_{n,j-1} & (x_j a_{nj}) & a_{n,j+1} & \cdots & a_{nn} \end{vmatrix} \qquad (85).$$

Nun addieren wir zur j-ten Spalte der Determinante (85) nacheinander jeweils das x_l-fache der *übrigen* Spalten (x_l ist die l-te Komponente des Lösungsvektors; der Index l durchläuft dabei alle Werte von 1 bis n mit Ausnahme von l = j) und erhalten:

$$x_j \mid a_{ik} \mid =$$

$$\begin{vmatrix} a_{11} & \cdots & a_{1,j-1} & (\sum_{l=1}^{n} a_{1l} x_l) & a_{1,j+1} & \cdots & a_{1n} \\ \cdot & & \cdot & \cdot & \cdot & & \cdot \\ \cdot & & \cdot & \cdot & \cdot & & \cdot \\ \cdot & & \cdot & \cdot & \cdot & & \cdot \\ a_{n1} & \cdots & a_{n,j-1} & (\sum_{l=1}^{n} a_{nl} x_l) & a_{n,j+1} & \cdots & a_{nn} \end{vmatrix} \qquad (86).$$

Dadurch hat sich der Wert der Determinante *nicht* geändert. In der j-ten Spalte stehen jetzt aber genau die Komponenten des Vektors $\vec{b}$, da das inhomogene lineare Gleichungssystem $A \vec{x} = \vec{b}$ sich auch in der Form

$$\sum_{l=1}^{n} a_{il} x_l = b_i \qquad (i = 1, 2, \ldots, n) \qquad (87)$$

darstellen läßt. Gleichung (86) geht also über in

$$x_j \mid a_{ik} \mid = \begin{vmatrix} a_{11} & \cdots & a_{1,j-1} & b_1 & a_{1,j+1} & \cdots & a_{1n} \\ \cdot & & \cdot & \cdot & \cdot & & \cdot \\ \cdot & & \cdot & \cdot & \cdot & & \cdot \\ \cdot & & \cdot & \cdot & \cdot & & \cdot \\ a_{n1} & \cdots & a_{n,j-1} & b_n & a_{n,j+1} & \cdots & a_{nn} \end{vmatrix} \qquad (88).$$

Dividiert man beide Seiten durch $\mid a_{ik} \mid \neq 0$, so erhält man schließlich für die j-te Komponente des eindeutig bestimmten Lösungsvektors:

$$x_j = \frac{\begin{vmatrix} a_{11} & \cdots & a_{1,j-1} & b_1 & a_{1,j+1} & \cdots & a_{1n} \\ \cdot & & \cdot & \cdot & \cdot & & \cdot \\ \cdot & & \cdot & \cdot & \cdot & & \cdot \\ \cdot & & \cdot & \cdot & \cdot & & \cdot \\ a_{n1} & \cdots & a_{n,j-1} & b_n & a_{n,j+1} & \cdots & a_{nn} \end{vmatrix}}{\left| a_{ik} \right|} \qquad (89).$$

Entwickelt man die Zählerdeterminante schließlich nach den Elementen des j-ten Spaltenvektors $\vec{b}$, so erhält man nach Laplace die Darstellung

$$x_j = \frac{1}{\left| a_{ik} \right|} \cdot \sum_{i=1}^{n} b_i A_{ij} \qquad (j = 1, 2, \ldots, n) \qquad (90).$$

Beispiele: a) Das inhomogene lineare Gleichungssystem

$$x_1 + x_2 + x_3 = 4$$
$$x_1 + 2x_2 - x_3 = 5$$
$$x_1 - x_2 + 5x_3 = 2$$

ist, wie wir bereits an früherer Stelle gezeigt haben, lösbar, da der Rang der Koeffizientenmatrix mit dem Rang der erweiterten Koeffizientenmatrix übereinstimmt. Jedoch ist die Lösung *nicht eindeutig* bestimmt, da die Koeffizientendeterminante verschwindet. Da die Koeffizientenmatrix den Rang 2 besitzt, bildet die Gesamtheit der Lösungsvektoren des zugehörigen homogenen Systems einen 1-dimensionalen Vektorraum. Der allgemeine Lösungsvektor des homogenen Systems und damit auch der allgemeine Lösungsvektor des inhomogenen Systems enthält daher noch jeweils *einen Parameter*. Wir bestimmen zunächst den allgemeinen Lösungsvektor des homogenen linearen Gleichungssystems

$$x_1 + x_2 + x_3 = 0$$
$$x_1 + 2x_2 - x_3 = 0$$
$$x_1 - x_2 + 5x_3 = 0 \, .$$

Nach Kapitel VI.C.2.c) muß sich dieses System auf die Form

$$x_1 + c_{13} x_3 = 0$$
$$x_2 + c_{23} x_3 = 0$$

bringen lassen (Gleichung (72)). D. h. wir haben durch elementare Umformungen die Koeffizientenmatrix

$$A = \begin{pmatrix} 1 & 1 & 1 \\ 1 & 2 & -1 \\ 1 & -1 & 5 \end{pmatrix}$$

auf die Form

$$C = \begin{pmatrix} 1 & 0 & c_{13} \\ 0 & 1 & c_{23} \\ 0 & 0 & 0 \end{pmatrix}$$

zu bringen. Dies geschieht wie folgt: wir addieren zur zweiten und dritten Zeile jeweils das (-1)-fache der ersten Zeile. Dabei geht A über in

$$\begin{pmatrix} 1 & 1 & 1 \\ 0 & 1 & -2 \\ 0 & -2 & 4 \end{pmatrix}.$$

Jetzt addieren wir zur dritten Zeile das 2-fache der zweiten Zeile und zur ersten Zeile das (-1)-fache der zweiten Zeile. Damit hat die Matrix die gewünschte Gestalt:

$$C = \begin{pmatrix} 1 & 0 & 3 \\ 0 & 1 & -2 \\ 0 & 0 & 0 \end{pmatrix}.$$

Das homogene lineare Gleichungssystem hat damit die gewünschte Form

$$x_1 + 3x_3 = 0$$
$$x_2 - 2x_3 = 0.$$

x_3 ist als Parameter zu betrachten. *Einen* Lösungsvektor erhält man, indem man z. B. $x_3 = 1$ setzt:

$$x_3 = 1, \qquad x_1 = -3, \qquad x_2 = 2.$$

Allgemeiner Lösungsvektor des homogenen Systems ist daher der Vektor

$$\vec{x} = \lambda \cdot \begin{pmatrix} -3 \\ 2 \\ 1 \end{pmatrix}$$

mit beliebigem λ.

Gelingt es nun noch, *irgendeine partikuläre Lösung* des inhomogenen linearen Gleichungssystems zu finden, dann ist auch die allgemeine Lösung des inhomogenen Systems bekannt. Ein solcher spezieller Lösungsvektor ist z. B. der Vektor

$$\vec{x}_0 = \begin{pmatrix} 3 \\ 1 \\ 0 \end{pmatrix}^{[15]}.$$

---

[15] Man setzt versuchsweise $x_3 = 0$ und löst das verbleibende inhomogene lineare System in den beiden Unbekannten x_1 und x_2.

Daher läßt sich der allgemeine Lösungsvektor unseres inhomogenen linearen Gleichungssystems in der Form

$$\vec{x} = \begin{pmatrix} 3 \\ 1 \\ 0 \end{pmatrix} + \lambda \begin{pmatrix} -3 \\ 2 \\ 1 \end{pmatrix} = \begin{pmatrix} 3 - 3\lambda \\ 1 + 2\lambda \\ \lambda \end{pmatrix}$$

darstellen.

b) Das inhomogene lineare Gleichungssystem

$$2x_1 + x_2 \qquad = 1$$
$$-x_1 + x_2 - 2x_3 = 0$$
$$\qquad x_2 + 3x_3 = 1$$

besitzt eine nicht-verschwindende Koeffizientendeterminante:

$$\det A = |a_{ik}| = \begin{vmatrix} 2 & 1 & 0 \\ -1 & 1 & -2 \\ 0 & 1 & 3 \end{vmatrix} = 13 \neq 0 .$$

Daher besitzt das Gleichungssystem eine *eindeutig bestimmte Lösung,* die sich nach der Cramerschen Regel berechnen läßt. Um z. B. x_1 zu berechnen, hat man in der Determinante det A die erste Spalte durch den Vektor

$$\vec{b} = \begin{pmatrix} 1 \\ 0 \\ 1 \end{pmatrix} \qquad \text{zu ersetzen und anschließend durch det A zu dividieren:}$$

$$x_1 = \frac{\begin{vmatrix} 1 & 1 & 0 \\ 0 & 1 & -2 \\ 1 & 1 & 3 \end{vmatrix}}{13} = \frac{3}{13}$$

Analog erhält man für die übrigen Komponenten:

$$x_2 = \frac{7}{13} , \quad x_3 = \frac{2}{13}$$

Der Lösungsvektor lautet damit:

$$\vec{x} = \begin{pmatrix} \dfrac{3}{13} \\[2mm] \dfrac{7}{13} \\[2mm] \dfrac{2}{13} \end{pmatrix}$$

3. Berechnung inverser Matrizen

Wir sind nun in der Lage, die zu einer *regulären Matrix* $\mathbf{A} = (a_{ik})$ *inverse Matrix* $\mathbf{A}^{-1} = \mathbf{X} = (x_{ik})$ zu berechnen. Per Definition gilt:

$$\mathbf{A} \cdot \mathbf{X} = \mathbf{X} \cdot \mathbf{A} = \mathbf{E} \tag{91a},$$

oder, in anderer Form geschrieben:

$$a_{ij} \, x_{jk} = \delta_{ik} \qquad (i, k = 1, 2, \ldots, n) \tag{91b}.$$

Läßt man den Index k *fest*, so erhält man aus Gleichung (91b) das folgende inhomogene lineare Gleichungssystem in den insgesamt n Unbekannten $x_{1k}, x_{2k}, \ldots, x_{nk}$:

$$a_{11} \, x_{1k} + a_{12} \, x_{2k} + \ldots + a_{1n} \, x_{nk} = \delta_{1k}$$

$$a_{21} \, x_{1k} + a_{22} \, x_{2k} + \ldots + a_{2n} \, x_{nk} = \delta_{2k}$$

$$\vdots \qquad \vdots \qquad \qquad \vdots \qquad \qquad \vdots \tag{92}.$$

$$a_{n1} \, x_{1k} + a_{n2} \, x_{2k} + \ldots + a_{nn} \, x_{nk} = \delta_{nk}$$

Nach den Ergebnissen des vorangegangenen Abschnitts ist das System (92) dann und nur dann *eindeutig* in den Unbekannten $x_{1k}, x_{2k}, \ldots, x_{nk}$ lösbar, wenn die Determinante $|a_{ik}|$ *nicht* verschwindet. Diese Forderung ist aber erfüllt, da die Matrix $\mathbf{A} = (a_{ik})$ nach Voraussetzung *regulär* ist. Nach der Cramerschen Regel (Gleichung (90)) erhält man dann:

$$x_{jk} = \frac{1}{|a_{ik}|} \cdot \sum_{i=1}^{n} \delta_{ik} \, A_{ij} = \frac{A_{kj}}{|a_{ik}|} \tag{93}.$$

In Gleichung (93) bedeutet A_{kj} das algebraische Komplement von a_{kj} in der Determinante $|a_{ik}|$. Für die inverse Matrix $\mathbf{X} = \mathbf{A}^{-1}$ erhält man somit die Darstellung

$$\mathbf{X} = \mathbf{A}^{-1} = \frac{1}{|a_{ik}|} \cdot \begin{pmatrix} A_{11} & A_{21} & \cdots & A_{n1} \\ A_{12} & A_{22} & \cdots & A_{n2} \\ \cdot & \cdot & & \cdot \\ \cdot & \cdot & & \cdot \\ \cdot & \cdot & & \cdot \\ A_{1n} & A_{2n} & \cdots & A_{nn} \end{pmatrix} \tag{94}.$$

Man beachte, daß das Element x_{jk} der inversen Matrix *nicht* aus dem algebraischen Komplement A_{jk}, sondern aus dem algebraischen Komplement A_{kj} berechnet wird (Vertauschung der Indizes).

Beispiel: Die zur Matrix $A = \begin{pmatrix} 1 & 3 \\ 2 & -1 \end{pmatrix}$ inverse Matrix A^{-1} existiert sicher, da die Determinante $|a_{ik}|$ von Null verschieden ist:

$$|a_{ik}| = \begin{vmatrix} 1 & 3 \\ 2 & -1 \end{vmatrix} = -7 \neq 0 \,.$$

Wir berechnen die vier algebraischen Komplemente:

$$A_{11} = (-1)^{1+1} \cdot \begin{vmatrix} 1 & 3 \\ 2 & -1 \end{vmatrix} = (-1)^2 \cdot (-1) = -1 \,;$$

$$A_{12} = (-1)^{1+2} \cdot \begin{vmatrix} 1 & 3 \\ 2 & -1 \end{vmatrix} = (-1)^3 \cdot 2 = -2 \,;$$

$$A_{21} = (-1)^{2+1} \cdot \begin{vmatrix} 1 & 3 \\ 2 & -1 \end{vmatrix} = (-1)^3 \cdot 3 = -3 \,;$$

$$A_{22} = (-1)^{2+2} \cdot \begin{vmatrix} 1 & 3 \\ 2 & -1 \end{vmatrix} = (-1)^4 \cdot 1 = 1.$$

Die inverse Matrix hat damit die Gestalt

$$A^{-1} = \frac{1}{|a_{ik}|} \cdot \begin{pmatrix} A_{11} & A_{21} \\ A_{12} & A_{22} \end{pmatrix} = -\frac{1}{7} \cdot \begin{pmatrix} -1 & -3 \\ -2 & 1 \end{pmatrix} =$$

$$= \begin{pmatrix} 1/7 & 3/7 \\ 2/7 & -1/7 \end{pmatrix}$$

Man verifiziert leicht die Richtigkeit der Matrizengleichung $A \cdot A^{-1} = A^{-1} \cdot A = E$.

D. Lineare Tranformationen

1. Definition und Eigenschaften einer linearen Transformation

Definition: *Unter einer linearen Transformation $\hat{\sigma}$ versteht man eine eindeutige Abbildung des komplexen n-dimensionalen Vektorraumes $V_n(K)$ in sich, die jedem Vektor $\vec{x} \in V_n(K)$ einen Vektor $\vec{y} = \hat{\sigma}(\vec{x}) \in V_n(K)$ so zuordnet, daß die beiden folgenden Eigenschaften zutreffen:*

(a) $\hat{\sigma}(\lambda \vec{x}) = \lambda \hat{\sigma}(\vec{x})$ (95);

(b) $\hat{\sigma}(\vec{x_1} + \vec{x_2}) = \hat{\sigma}(\vec{x_1}) + \hat{\sigma}(\vec{x_2})$ (96)

(für beliebige Vektoren $\vec{x_1}, \vec{x_2} \in V_n(K)$; λ komplex).

Vektor $\vec{x}$ bezeichnet man häufig als *Urbildvektor*, Vektor $\vec{y} = \hat{\sigma}(\vec{x})$ als *Bildvektor*.

Definition: *Zwei lineare Transformationen $\hat{\sigma}$ und $\hat{\tau}$ heißen gleich, wenn die Beziehung*

$$\hat{\sigma}(\vec{x}) = \hat{\tau}(\vec{x}) \tag{97}$$

für alle Vektoren $\vec{x}$ aus $V_n(K)$ erfüllt ist.

Man beachte, daß *jede* lineare Transformation $\hat{\sigma}$ den Nullvektor in sich überführt: $\hat{\sigma}(\vec{0}) = \vec{0}$, da nach Eigenschaft (95) $\hat{\sigma}(0) = \hat{\sigma}(0 \cdot \vec{x}) = 0 \cdot \hat{\sigma}(\vec{x}) = \vec{0}$ ist für *alle* $\vec{x} \in V_n(K)$.

Wir wollen nun die *Summe* $\hat{\rho} = \hat{\sigma} + \hat{\tau}$ zweier linearer Transformationen $\hat{\sigma}$ und $\hat{\tau}$ definieren.

Definition: *Unter der Summe $\hat{\rho} = \hat{\sigma} + \hat{\tau}$ zweier linearer Transformationen $\hat{\sigma}$ und $\hat{\tau}$ versteht man diejenige eindeutige Abbildung des komplexen n-dimensionalen Vektorraumes $V_n(K)$ in sich, die einen beliebigen Vektor $\vec{x} \in V_n(K)$ in den Vektor*

$$\hat{\rho}(\vec{x}) = \hat{\sigma}(\vec{x}) + \hat{\tau}(\vec{x}) \tag{98}$$

überführt.

$\hat{\rho}$ ist ebenfalls eine lineare Transformation.

Beispiele: a) Die Nulltransformation $\hat{0}$ bildet jeden Vektor $\vec{x} \in V_n(K)$ in den Nullvektor $\vec{0}$ ab: $\hat{0}(\vec{x}) = \vec{0}$.

b) Die Einheitstransformation $\hat{\epsilon} = \hat{1}$ läßt jeden Vektor $\vec{x} \in V_n(K)$ unverändert: $\hat{\epsilon}(\vec{x}) = \hat{1}(\vec{x}) = \vec{x}$.

c) Die Abbildung $\hat{\sigma}(\vec{x}) = \vec{x} + \vec{a}$ $(\vec{a} \neq \vec{0})$ ist *keine* lineare Transformation, da z. B. Eigenschaft (95) nicht erfüllt ist:

$\hat{\sigma}(\lambda \vec{x}) = \lambda \vec{x} + \vec{a};$

$\lambda \hat{\sigma}(\vec{x}) = \lambda(\vec{x} + \vec{a}) = \lambda \vec{x} + \lambda \vec{a} \neq \hat{\sigma}(\lambda \vec{x}).$

Wir weisen noch auf eine wichtige Eigenschaft der Menge der linearen Transformationen des $V_n(K)$ hin.

Satz: *Die Menge der linearen Transformationen des $V_n(K)$ besitzt die Struktur einer abelschen Gruppe bezüglich der Addition als Verknüpfungsart.*

Von besonderer Bedeutung sind solche linearen Transformationen des $V_n(K)$, die *jede* Basis des $V_n(K)$ wieder in eine solche Basis überführen.

Definition: *Eine lineare Transformation $\hat{\sigma}$, die jede Basis des $V_n(K)$ wiederum in eine Basis des $V_n(K)$ überführt, heißt regulär (oder auch nicht-singulär). Andernfalls heißt die lineare Tranformation singulär.*

Eine reguläre lineare Tranformation $\hat{\sigma}$ bildet demnach jede Basis $\vec{q_1}, \vec{q_2}, \ldots, \vec{q_n}$ des $V_n(K)$ in n linear unabhängige Basisvektoren $\hat{\sigma}(\vec{q_1}), \hat{\sigma}(\vec{q_2}), \ldots, \hat{\sigma}(\vec{q_n})$ ab.

2. Darstellung einer linearen Transformation durch eine Matrix

Wir gehen von einer beliebigen (dann aber *festen*) Basis $\vec{q_1}, \vec{q_2}, \ldots, \vec{q_n}$ des $V_n(K)$ aus[16]. Ein beliebiger Vektor $\vec{x} \in V_n(K)$ läßt sich dann bezüglich dieser Basis in der Form

$$\vec{x} = x_1 \vec{q_1} + x_2 \vec{q_2} + \ldots + x_n \vec{q_n} \tag{99}$$

darstellen. Die komplexen Zahlen $x_1, x_2, \ldots, x_n$ definieren die *Komponenten* (häufig auch Koordinaten genannt) des Vektors $\vec{x}$ im „Koordinatensystem" $\vec{q_1}, \vec{q_2}, \ldots, \vec{q_n}$. Die lineare Transformaformation $\hat{\sigma}$ führt den Vektor $\vec{x}$ in den Vektor $\hat{\sigma}(\vec{x})$ über, der sich ebenfalls als Linearkombination der Basisvektoren $\vec{q_1}, \vec{q_2}, \ldots, \vec{q_n}$ darstellen lassen muß:

$$\vec{y} = \hat{\sigma}(\vec{x}) = y_1 \vec{q_1} + y_2 \vec{q_2} + \ldots + y_n \vec{q_n} = \sum_{k=1}^{n} y_k \vec{q_k} \tag{100}.$$

---

[16] Die n Basisvektoren $\vec{q_1}, \vec{q_2}, \ldots, \vec{q_n}$ legen ein Koordinatensystem im $V_n(K)$ fest.

Andererseits ordnet die lineare Transformation $\hat{\sigma}$ jedem Basisvektor $\vec{q_i}$ einen Bildvektor $\hat{\sigma}(\vec{q_i})$ des $V_n(K)$ zu:

$$\hat{\sigma}(\vec{q_i}) = a_{1i}\vec{q_1} + a_{2i}\vec{q_2} + \ldots + a_{ni}\vec{q_n} = \sum_{k=1}^{n} a_{ki}\vec{q_k} \tag{101}$$

$(i = 1, 2, \ldots, n)$.

Daher läßt sich $\hat{\sigma}(\vec{x})$ auch in der Form

$$\hat{\sigma}(\vec{x}) = \hat{\sigma}\left(\sum_{i=1}^{n} x_i \vec{q_i}\right) = \sum_{i=1}^{n} x_i \hat{\sigma}(\vec{q_i}) = \sum_{i=1}^{n} x_i \left(\sum_{k=1}^{n} a_{ki}\vec{q_k}\right) =$$

$$= \sum_{k=1}^{n} \left(\sum_{i=1}^{n} x_i a_{ki}\right)\vec{q_k} \tag{102}$$

darstellen. Da die Darstellung des Vektors $\hat{\sigma}(\vec{x})$ *eindeutig* sein muß, ergibt sich aus den Gleichungen (100) und (102) die Beziehung

$$\hat{\sigma}(\vec{x}) = \sum_{k=1}^{n} y_k \vec{q_k} = \sum_{k=1}^{n} \left(\sum_{i=1}^{n} a_{ki} x_i\right)\vec{q_k} \tag{103},$$

d. h. $\quad \sum_{i=1}^{n} a_{ki} x_i = y_k \quad (k = 1, 2, \ldots, n) \tag{104a}$.

Das Gleichungssystem (104a) gestattet die Berechnung des Vektors $\vec{y} = \hat{\sigma}(\vec{x})$, wenn die Komponenten der Bildvektoren $\hat{\sigma}(\vec{q_i})$ bezüglich der Basis $\vec{q_1}, \vec{q_2}, \ldots, \vec{q_n}$ bekannt sind. Gleichungssystem (104a) läßt sich in Matrizenform wie folgt schreiben:

$$A\vec{x} = \vec{y} \tag{104b}.$$

Die Matrix A *ist durch die lineare Transformation* $\hat{\sigma}$ *eindeutig bestimmt.* Wir können daher den folgenden Satz aussprechen:

Satz: *Jede lineare Transformation*

$$\vec{y} = \hat{\sigma}(\vec{x}) \tag{105}$$

läßt sich bezüglich einer festen Basis $\vec{q_1}, \vec{q_2}, \ldots, \vec{q_n}$ *durch ein lineares Gleichungssystem*

$$A\vec{x} = \vec{y} \tag{106}$$

darstellen. Die Spaltenvektoren der Matrix A *sind dabei der Reihe nach die Komponenten der Vektoren* $\hat{\sigma}(\vec{q_1}), \hat{\sigma}(\vec{q_2}), \ldots, \hat{\sigma}(\vec{q_n})$

bezüglich der festen Basis $\vec{q}_1, \vec{q}_2, \ldots, \vec{q}_n$.

Der linearen Transformation $\hat{\sigma}$ *kann also (bezogen auf das feste Basissystem* $\vec{q}_1, \vec{q}_2, \ldots, \vec{q}_n$*) in eindeutiger Weise eine* n-reihige *quadratische Matrix* **A** *zugeordnet werden:*

$$\hat{\sigma} \longrightarrow \mathbf{A} \tag{107}.$$

Zuordnung (107) definiert die Matrixdarstellung der linearen Transformation $\hat{\sigma}$.

Es ist dabei jedoch zu beachten, daß i. a. eine lineare Transformation in jedem Koordinatensystem (Basissystem) eine *andere* Matrixdarstellung besitzt.

3. Koordinatentransformation (Basistransformation)

$\vec{p}_1, \vec{p}_2, \ldots, \vec{p}_n$ und $\vec{q}_1, \vec{q}_2, \ldots, \vec{q}_n$ seien zwei verschiedene Basen des $V_n(K)$, $\vec{x}$ ein beliebiger Vektor des $V_n(K)$. Die Komponenten des Vektors $\vec{x}$ bezüglich der (alten) Basis $\vec{p}_1, \vec{p}_2, \ldots, \vec{p}_n$ bezeichnen wir der Reihe nach mit $x_1, x_2, \ldots, x_n$, die Komponenten des gleichen Vektors $\vec{x}$ bezüglich der (neuen) Basis $\vec{q}_1, \vec{q}_2, \ldots, \vec{q}_n$ der Reihe nach mit $\tilde{x}_1, \tilde{x}_2, \ldots, \tilde{x}_n$. Wir fassen die Komponenten zu Spaltenvektoren zusammen:

$$\vec{x} = \begin{pmatrix} x_1 \\ \cdot \\ \cdot \\ \cdot \\ x_n \end{pmatrix}, \qquad \vec{\tilde{x}} = \begin{pmatrix} \tilde{x}_1 \\ \cdot \\ \cdot \\ \cdot \\ \tilde{x}_n \end{pmatrix} \tag{108}.$$

Die alten Basisvektoren $\vec{p}_1, \vec{p}_2, \ldots, \vec{p}_n$ lassen sich bezüglich der neuen Basis in der Form

$$\vec{p}_k = \sum_{i=1}^{n} t_{ik} \vec{q}_i \quad (k = 1, 2, \ldots, n) \tag{109}$$

darstellen. Dann berechnen sich die neuen Komponenten $\tilde{x}_1, \tilde{x}_2, \ldots, \tilde{x}_n$ des Vektors $\vec{x}$ aus den alten Komponenten $x_1, x_2, \ldots, x_n$ wie folgt:

$$\vec{x} = \sum_{k=1}^{n} x_k \, \vec{p_k} = \sum_{k=1}^{n} \sum_{i=1}^{n} x_k \, t_{ik} \, \vec{q_i} = \sum_{i=1}^{n} \left(\sum_{k=1}^{n} t_{ik} \, x_k \right) \vec{q_i} =$$

$$= \sum_{i=1}^{n} \tilde{x}_i \, \vec{q_i} \qquad \qquad (110),$$

d. h. $\displaystyle\sum_{k=1}^{n} t_{ik} \, x_k = \tilde{x}_i \qquad (i = 1, 2, \ldots, n) \qquad\qquad (111a)$

oder in der Matrizenform

$$\mathbf{T} \, \vec{x} = \vec{\tilde{x}} \qquad\qquad (111b).$$

Die Matrix $\mathbf{T}$ heißt *Transformationsmatrix* für den Übergang von der Basis $\vec{p_1}, \vec{p_2}, \ldots, \vec{p_n}$ des $V_n(K)$ zur Basis $\vec{q_1}, \vec{q_2}, \ldots, \vec{q_n}$ des $V_n(K)$. Sie besitzt die folgende Eigenschaft.

Satz: *Die Transformationsmatrix* $\mathbf{T}$, *die den Übergang von einer Basis* $\vec{p_1}, \vec{p_2}, \ldots, \vec{p_n}$ *des* $V_n(K)$ *zu einer anderen Basis* $\vec{q_1}, \vec{q_2}, \ldots, \vec{q_n}$ *des* $V_n(K)$ *vermittelt:*

$$\mathbf{T} \, \vec{x} = \vec{\tilde{x}} \qquad\qquad (112),$$

ist stets regulär, d. h.

$$\det \mathbf{T} \neq 0 \qquad\qquad (113).$$

Sie enthält in der j*-ten Spalte genau die Komponenten des (alten) Basisvektors* $\vec{p_j}$ *bezüglich der (neuen) Basis* $\vec{q_1}, \vec{q_2}, \ldots, \vec{q_n}$.

Beweis: Da die Vektoren $\vec{p_1}, \vec{p_2}, \ldots, \vec{p_n}$ nach Voraussetzung eine Basis bilden, sind sie linear unabhängig. Die Matrix $\mathbf{T}$ enthält damit n linear unabhängige Spaltenvektoren. Daher ist $\det \mathbf{T} \neq 0$, d. h. $\mathbf{T}$ ist regulär.

Beispiel: Die *reguläre* und sogar *orthogonale* Matrix

$$\mathbf{T} = \begin{pmatrix} \cos\varphi & \sin\varphi \\ -\sin\varphi & \cos\varphi \end{pmatrix}$$

vermittelt einen Übergang von der orthogonalen Basis $\vec{e_1}, \vec{e_2}$ des V_2 zur neuen (ebenfalls orthogonalen) Basis $\vec{\tilde{e}}_1, \vec{\tilde{e}}_2$ des V_2. Geometrisch betrachtet gehen die neuen Basisvektoren $\vec{\tilde{e}}_1, \vec{\tilde{e}}_2$ aus den alten Basisvektoren $\vec{e_1}, \vec{e_2}$

durch *Drehung* um den Winkel φ im Gegenuhrzeigersinn um den Koordinatenursprung hervor (vgl. Abb. 1). Der Punkt P hat im alten Koordinatensystem die Koordinaten x_1, x_2, im neuen Koordinatensystem die Koordinaten $\tilde{x}_1$, $\tilde{x}_2$. Zwischen den alten und den neuen Koordinaten besteht der Zusammenhang

$$\begin{pmatrix} \tilde{x}_1 \\ \tilde{x}_2 \end{pmatrix} = \begin{pmatrix} \cos\varphi & \sin\varphi \\ -\sin\varphi & \cos\varphi \end{pmatrix} \cdot \begin{pmatrix} x_1 \\ x_2 \end{pmatrix}$$

oder in Komponentenschreibweise:

$$\tilde{x}_1 = x_1 \cos\varphi + x_2 \sin\varphi$$

$$\tilde{x}_2 = -x_1 \sin\varphi + x_2 \cos\varphi.$$

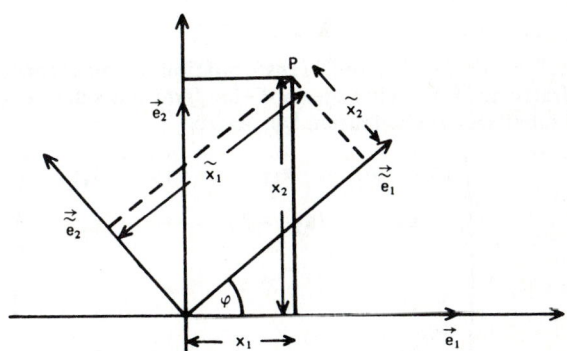

Abb. 1 Transformation einer Basis durch eine reguläre und órthogonale Matrix

Wir hatten gesehen, daß man *jeder* linearen Transformation $\hat{\sigma}$ des $V_n(K)$ in *eindeutiger* Weise bezüglich einer *festen* Basis eine n-reihige quadratische Matrix **A** zuordnen kann. Wie transformiert sich diese, wenn man zu einer anderen Basis des $V_n(K)$ übergeht? Der folgende (ohne Beweis angeführte) Satz gibt darüber Aufschluß.

Satz: *Die lineare Transformation $\hat{\sigma}$ des $V_n(K)$ werde bezüglich der Basis $\vec{p}_1, \vec{p}_2, \ldots, \vec{p}_n$ durch die Matrix* **P** *und bezüglich der Basis $\vec{q}_1, \vec{q}_2, \ldots, \vec{q}_n$ durch die Matrix* **Q** *dargestellt. Ist* **T** *die reguläre Transformationsmatrix beim Übergang von der Basis $\vec{p}_1, \vec{p}_2, \ldots, \vec{p}_n$ zur Basis $\vec{q}_1, \vec{q}_2, \ldots, \vec{q}_n$, so transformiert sich die Matrix* **P** *gemäß der Beziehung*

$$\mathbf{Q} = \mathbf{T} \cdot \mathbf{P} \cdot \mathbf{T}^{-1} \tag{114}.$$

E. Matrixeigenwertprobleme

1. Eigenwerte und Eigenvektoren einer Matrix

Die lineare Transformation $\hat{\sigma}$ führt den beliebigen Vektor $\vec{x}$ des n-dimensionalen Vektorraumes $V_n(K)$ über in einen Vektor $\vec{y}$ des $V_n(K)$. Wir suchen nun alle diejenigen vom Nullvektor *verschiedenen* Vektoren $\vec{x}$ des $V_n(K)$, die durch die lineare Transformation $\hat{\sigma}$ in ein *Vielfaches* von sich selbst übergeführt werden:

$$\hat{\sigma}(\vec{x}) = \lambda \vec{x} \tag{115},$$

wobei λ reell oder auch komplex sein darf. In der Matrizendarstellung nimmt Gleichung (115) die Gestalt

$$\mathbf{A}\,\vec{x} = \lambda \vec{x} \quad \text{oder} \quad (\mathbf{A} - \lambda\,\mathbf{E})\,\vec{x} = \vec{0} \tag{116}$$

an, wobei $\mathbf{A}$ die der linearen Transformation $\hat{\sigma}$ zugeordnete n-reihige quadratische Matrix (bezogen auf eine *feste* Basis des $V_n(K)$) und $\mathbf{E}$ die Einheitsmatrix bedeuten. Die Matrix

$$(\mathbf{A} - \lambda\,\mathbf{E}) = \begin{pmatrix} (a_{11} - \lambda) & a_{12} & \cdots & a_{1n} \\ a_{21} & (a_{22} - \lambda) & \cdots & a_{2n} \\ \cdot & \cdot & & \cdot \\ \cdot & \cdot & & \cdot \\ \cdot & \cdot & & \cdot \\ a_{n1} & a_{n2} & \cdots & (a_{nn} - \lambda) \end{pmatrix} \tag{117}$$

heißt *charakteristische Matrix* von $\mathbf{A}$. Das durch (116) definierte homogene lineare Gleichungssystem ist bekanntlich dann und nur dann nicht-trivial lösbar, wenn die Koeffizientendeterminante verschwindet:

$$\det(\mathbf{A} - \lambda\,\mathbf{E}) = \begin{vmatrix} (a_{11} - \lambda) & a_{12} & \cdots & a_{1n} \\ a_{21} & (a_{22} - \lambda) & \cdots & a_{2n} \\ \cdot & \cdot & & \cdot \\ \cdot & \cdot & & \cdot \\ \cdot & \cdot & & \cdot \\ a_{n1} & a_{n2} & \cdots & (a_{nn} - \lambda) \end{vmatrix} = 0 \tag{118}.$$

Gleichung (118) heißt *charakteristische Gleichung*[17] der Matrix **A** und repräsentiert eine Gleichung n-ten Grades in λ, die nach dem Fundamentalsatz der klassischen Algebra genau n Wurzeln λ_1, λ_2, ..., λ_n besitzt. Diese Zahlen $\lambda_1, \lambda_2, ..., \lambda_n$ bezeichnet man als *Eigenwerte der Matrix* **A**. Für $\lambda = \lambda_i$ ist die als *spezielles Eigenwertproblem* bezeichnete Aufgabe (116) stets *nicht-trivial* lösbar. Die zugehörigen Lösungsvektoren $\vec{x}_1, \vec{x}_2, ..., \vec{x}_n$ bezeichnet man als *Eigenvektoren der Matrix* **A**. Sie genügen der Matrizengleichung

$$A \vec{x}_i = \lambda_i \vec{x}_i \qquad (i = 1, 2, ..., n) \tag{119}.$$

Ist $\vec{x}_i$ ein Eigenvektor der Matrix **A** zum Eigenwert λ_i, so trifft dies auch für jeden Vektor $a \vec{x}_i (a \neq 0)$ zu, d. h. die Eigenvektoren sind stets bis auf einen beliebigen von Null verschiedenen Zahlenfaktor bestimmt. Im Allgemeinen *normiert* man die Eigenvektoren $\vec{x}_i$, d. h. man bestimmt den Zahlenfaktor a so, daß der Eigenvektor $a \vec{x}_i$ den Betrag Eins erhält.

Zweckmäßigerweise verfährt man bei der Lösung eines Matrixeigenwertproblems wie folgt: zunächst bestimmt man aus Gleichung (118) die Eigenwerte der Matrix. Anschließend löst man für *jeden* Eigenwert λ_i *separat* das homogene lineare Gleichungssystem (116) und bestimmt so den oder die zugehörigen Eigenvektoren.

Beispiel: Wir wollen die Eigenwerte und Eigenvektoren der reellen 2-reihigen quadratischen Matrix

$$A = \begin{pmatrix} 1 & 0 \\ -1 & 2 \end{pmatrix}$$

bestimmen. Die charakteristische Gleichung lautet dann:

$$\det (A - \lambda E) = \begin{vmatrix} (1 - \lambda) & 0 \\ -1 & (2 - \lambda) \end{vmatrix} = (1 - \lambda)(2 - \lambda) = 0.$$

Die Matrix **A** besitzt somit genau *zwei verschiedene* Eigenwerte. Zum Eigenwert $\lambda_1 = 1$ gehört das homogene lineare Gleichungssystem $(A - 1 \cdot E) \vec{x} = \vec{0}$. Komponentenweise geschrieben erhält man:

$$0 \cdot x_1 + 0 \cdot x_2 = 0$$
$$-x_1 + x_2 = 0,$$

d. h. $x_1 = x_2$. Das Gleichungssystem wird z. B. gelöst durch $x_1 = x_2 = 1$.

---

[17] $\det (A - \lambda E)$ heißt auch *charakteristisches Polynom der Matrix* **A** und ist vom Grade n in λ.

Der Vektor $\vec{x_1} = \begin{pmatrix} 1 \\ 1 \end{pmatrix}$ ist also ein Eigenvektor der Matrix **A** zum Eigenwert $\lambda_1 = 1$. Ebenso ist aber nach dem Vorangegangenen jeder Vektor

$\vec{x} = a\,\vec{x_1} = a \begin{pmatrix} 1 \\ 1 \end{pmatrix} = \begin{pmatrix} a \\ a \end{pmatrix}$ mit $a \neq 0$ Eigenvektor zum gleichen Eigenwert. Durch Normierung erhält man schließlich den Eigenvektor

$\vec{x_1} = \dfrac{1}{\sqrt{2}} \cdot \begin{pmatrix} 1 \\ 1 \end{pmatrix}$

Eigenwert $\lambda_2 = 2$ führt zum homogenen linearen Gleichungssystem
$(\mathbf{A} - 2 \cdot \mathbf{E})\,\vec{x} = \vec{0}$ oder in Komponentenschreibweise

$-1 \cdot x_1 + 0 \cdot x_2 = 0$

$-1 \cdot x_1 + 0 \cdot x_2 = 0.$

Es wird gelöst durch $x_1 = 0$, $x_2 = \text{const.} \neq 0$. So ist z. B. der Vektor

$\vec{x_2} = \begin{pmatrix} 0 \\ 1 \end{pmatrix}$ ein Eigenvektor der Matrix **A** zum Eigenwert $\lambda_2 = 2$.
$\vec{x_2}$ ist bereits normiert.

Wir führen im folgenden Satz die Eigenschaften eines Matrixeigenwertproblems an, dessen Eigenwerte λ_i *paarweise verschieden* sind.

Satz 1: *Das spezielle Matrixeigenwertproblem*

$$(\mathbf{A} - \lambda\,\mathbf{E})\,\vec{x} = \vec{0} \qquad (120)$$

werde durch insgesamt n *paarweise verschiedene Eigenwerte* λ_1, $\lambda_2, \ldots, \lambda_n$ *gelöst. Dann besitzen die Eigenvektoren der Matrix* **A** *die beiden folgenden Eigenschaften:*
(a) zu jedem Eigenwert λ_i *gibt es genau einen Eigenvektor* $\vec{x_i}$[18];
(b) die insgesamt n *verschiedenen Eigenvektoren* $\vec{x_1}, \vec{x_2}, \ldots, \vec{x_n}$
der Matrix **A** *sind linear unabhängig und bilden daher eine Basis des*
$V_n(K)$.

Beispiel: Wir haben im vorangegangenen Beispiel gezeigt, daß die Matrix

$\mathbf{A} = \begin{pmatrix} 1 & 0 \\ -1 & 2 \end{pmatrix}$ genau zwei verschiedene Eigenwerte $\lambda_1 = 1$ und $\lambda_2 = 2$ besitzt. Die zugehörigen normierten Eigenvektoren

---

[18] Dieser ist bis auf einen von Null verschiedenen Faktor eindeutig bestimmt.

$$\vec{x}_1 = \frac{1}{\sqrt{2}} \begin{pmatrix} 1 \\ 1 \end{pmatrix} \quad \text{und} \quad \vec{x}_2 = \begin{pmatrix} 0 \\ 1 \end{pmatrix} \quad \text{sind daher nach Satz 1 linear}$$

unabhängig.

Matrixeigenwertprobleme, bei denen unter den n Eigenwerten nur $k < n$ *verschiedene* Werte auftreten, können unter Umständen *weniger* als n linear unabhängige Eigenvektoren besitzen. Wir nehmen an, daß der Eigenwert λ_1 n_1-mal, der Eigenwert λ_2 n_2-mal, . . ., und schließlich der Eigenwert λ_k n_k-mal unter den insgesamt n Eigenwerten auftritt $(n_1 + n_2 + \ldots + n_k = n)$. Der Eigenwert λ_i heißt dann n_i-*fach entartet.* Besitzt die Matrix $(A - \lambda_i E)$ den Rang r_i, dann besitzt das homogene lineare Gleichungssystem

$$(A - \lambda_i E) \vec{x} = \vec{0} \tag{121}$$

genau $(n - r_i)$ *linear unabhängige* Lösungsvektoren. Der Rang r_i ist aber *mindestens* gleich $(n - n_i)$ und *höchstens* gleich $(n - 1)$, da $\det (A - \lambda_i E) = 0$ ist. Infolgedessen gilt: $1 \leqslant n - r_i \leqslant n_i$. Damit gehören zum Eigenwert λ_i *mindestens* ein linear unabhängiger Eigenvektor und *höchstens* n_i linear unabhängige Eigenvektoren. Wir fassen diesen Sachverhalt in dem folgenden Satz 2 zusammen.

Satz 2: *Das spezielle Matrixeigenwertproblem*

$$(A - \lambda E) \vec{x} = \vec{0} \tag{122}$$

besitze unter den insgesamt n *Eigenwerten genau* k *paarweise verschiedene Eigenwerte* $\lambda_1, \lambda_2, \ldots, \lambda_k$ *mit den Vielfachheiten* $n_1,$ $n_2, \ldots, n_k$ $(n_1 + n_2 + \ldots + n_k = n)$. *Ist* λ_i *der* i-te *Eigenwert der Vielfachheit* n_i, *so gibt es zu* λ_i *genau* s_i *linear unabhängige Eigenvektoren, wobei* s_i *der Beziehung*

$$1 \leqslant s_i \leqslant n_i \tag{123}$$

genügt. Die zum i-ten *Eigenwert* λ_i *gehörenden* s_i *linear unabhängigen Eigenvektoren spannen einen* s_i-*dimensionalen Unterraum des* $V_n(K)$ *auf (sog. Eigenraum der Dimension* s_i). *Insgesamt besitzt das Matrixeigenwertproblem* $(A - \lambda E) \vec{x} = \vec{0}$ *genau* $s = s_1 + s_2 + \ldots + s_k$ *linear unabhängige Eigenvektoren, wobei* s *der Beziehung*

$$k \leqslant s \leqslant n \tag{124}$$

genügt.

2. Invariante Größen einer linearen Transformation

Wir haben bereits in Kapitel VI.D.3. gezeigt, daß sich bei einer Basis-transformation die Matrix einer linearen Transformation $\hat{\sigma}$ wie folgt transformiert:

$$Q = T \cdot P \cdot T^{-1} \tag{125}.$$

Darin bedeuten P bzw. Q die Matrizen der linearen Transforma-tion $\hat{\sigma}$ bezüglich der *alten* bzw. bezüglich der *neuen* Basis. T ist dabei die reguläre Transformationsmatrix für den Übergang von der alten Basis zur neuen Basis. Es gilt nun der folgende Satz:

Satz 3: *Die einer linearen Transformation $\hat{\sigma}$ bezüglich einer festen Basis zugeordnete Matrix P besitzt gegenüber einer Basistransfor-mation die Eigenschaft, daß sich*

(a)   weder ihre Determinante

(b)   noch ihr charakteristisches Polynom

(c)   noch ihre Eigenwerte ändern.

Es ist also:

$$\det P = \det Q \tag{126},$$

$$\det (P - \lambda E) = \det (Q - \lambda E) \tag{127}.$$

Damit können wir *jeder* linearen Transformation *unabhängig* von der jeweiligen Basis eine *eindeutig* bestimmte Determinante, ein *eindeu-tig* bestimmtes charakteristisches Polynom und *eindeutig* bestimmte Eigenwerte zuordnen. Der Satz 3 kann daher auch wie folgt ausge-sprochen werden:

Satz 3a: *Determinante, charakteristisches Polynom und Eigenwerte der einer linearen Transformation zugeordneten Matrix sind invariante Größen gegenüber einer Basistransformation.*

Beweis: (a) Wir beweisen zunächst die Invarianz der Determinante. Aus der Matrizengleichung $Q = T \cdot P \cdot T^{-1}$ folgt nach dem Multi-plikationstheorem für Determinanten:

$$\det Q = \det (T \cdot P \cdot T^{-1}) = \det T \cdot \det P \cdot \det T^{-1} =$$

$$= \det P \cdot \det T \cdot \det T^{-1} = \det P \cdot \det (T \cdot T^{-1}) =$$

$$= \det P \cdot \det E = \det P \tag{128}.$$

(b) Wir multiplizieren die Matrix $(P - \lambda E)$ von links mit T und von rechts mit T^{-1} und erhalten:

$$T \cdot (P - \lambda E) \cdot T^{-1} = (T \cdot P - \lambda T \cdot E) \cdot T^{-1} =$$

$$T \cdot P \cdot T^{-1} - \lambda T \cdot E \cdot T^{-1} = T \cdot P \cdot T^{-1} - \lambda T \cdot T^{-1} =$$

$$T \cdot P \cdot T^{-1} - \lambda E = Q - \lambda E \qquad (129).$$

Aus der Matrizengleichung $T \cdot (P - \lambda E) \cdot T^{-1} = Q - \lambda E$ folgt schließlich die Determinantengleichung

$$\det (T \cdot (P - \lambda E) \cdot T^{-1}) = \det T \cdot \det (P - \lambda E) \cdot \det T^{-1} =$$

$$= \det (P - \lambda E) \cdot \det (T \cdot T^{-1}) = \det (P - \lambda E) \cdot \det E = \qquad (130)$$

$$= \det (P - \lambda E) = \det (Q - \lambda E).$$

(c) Da also die charakteristischen Polynome übereinstimmen, stimmen auch die Eigenwerte überein.

Damit können wir den folgenden wichtigen Satz 4 aussprechen:

Satz 4: *Ist* T *eine reguläre Matrix, so stimmen die Matrizen* A *und* $B = T \cdot A \cdot T^{-1}$ *überein*

(a) in ihren Determinanten: $\det A = \det B$,

(b) in ihren charakteristischen Polynomen: $\det (A - \lambda E) = \det (B - \lambda E)$,

(c) in ihren Eigenwerten.

Wichtig ist, daß diese Invarianzeigenschaften nur dann zutreffen, wenn die Matrix T *regulär* ist. So ist es in vielen Fällen möglich, eine Matrix A so durch eine reguläre Transformationsmatrix T zu transformieren, daß sich z. B. die Berechnung der Matrixeigenwerte von A wesentlich vereinfacht.

3. Eigenwertproblem reeller symmetrischer Matrizen

Reelle *symmetrische* Matrizen $(A = A^T)$ sind von besonderer Bedeutung in den Anwendungen. Sie besitzen die im Satz 5 zusammengefaßten Eigenschaften.

Satz 5: *Das spezielle Eigenwertproblem*

$$(A - \lambda E)\,\vec{x} = \vec{0} \tag{131}$$

mit reeller symmetrischer Matrix **A**:

$$A = A^T \tag{132},$$

besitzt folgende Eigenschaften:

(a) alle n *Eigenwerte sind reell;*

(b) es gibt insgesamt genau n *linear unabhängige Eigenvektoren;*

(c) Eigenvektoren, die zu verschiedenen Eigenwerten gehören, sind zueinander orthogonal;

(d) zu jedem Eigenwert λ_i *der Vielfachheit* n_i *existieren genau* n_i *linear unabhängige Eigenvektoren*

$$\vec{x}_i^{(1)},\ \vec{x}_i^{(2)},\ \dots,\ \vec{x}_i^{(n_i)} \tag{133},$$

die sich stets durch geeignete Verfahren orthonormieren lassen.

Besonders einfach lassen sich die Eigenwerte einer in Diagonal- oder Dreiecksgestalt vorliegenden Matrix berechnen.

Satz 6: *Für eine Matrix in Diagonal- oder Dreiecksgestalt stimmen die Eigenwerte mit den Elementen in der Hauptdiagonalen überein:*

$$\lambda_i = a_{ii} \qquad (i = 1, 2, \dots, n) \tag{134}.$$

Man kann nun zeigen, daß es stets möglich ist, eine reelle symmetrische Matrix durch eine geeignete Transformationsmatrix so zu transformieren, daß sie Diagonalgestalt annimmt. Die Eigenwerte dieser Matrix sind dann nach Satz 6 identisch mit den Hauptdiagonalelementen.

Satz 7: *Zu jeder reellen symmetrischen Matrix* **A** *läßt sich eine reelle orthogonale Matrix* **T** *finden mit der Eigenschaft, daß die transformierte Matrix* $B = T^{-1} \cdot A \cdot T$ *Diagonalgestalt besitzt. Die Transformationsmatrix* **T** *enthält in der* j-ten *Spalte genau die Komponenten des* j-ten *Eigenvektors* $\vec{x}_j$ *der Matrix* **A**. *Die Diagonalelemente* b_{ii} *der transformierten Matrix* $B = T^{-1} \cdot A \cdot T$ *sind identisch mit den Eigenwerten* λ_i *der Matrix* **A**.

Die durch die reelle orthogonale Matrix **T** erzeugte Transformation bezeichnet man als *Hauptachsentransformation* der reellen symmetrischen Matrix **A**.

Beispiel: Wir wollen die Eigenwerte und die Eigenvektoren der reellen symmetrischen Matrix

$$A = \begin{pmatrix} 0 & 1 \\ 1 & 0 \end{pmatrix}$$

berechnen und die Aussagen des Satzes 7 überprüfen. Aus dem charakteristischen Polynom

$$\det (A - \lambda E) = \begin{vmatrix} -\lambda & 1 \\ 1 & -\lambda \end{vmatrix} = \lambda^2 - 1$$

berechnen wir die beiden Eigenwerte zu: $\lambda_1 = 1$ und $\lambda_2 = -1$. Der zum ersten Eigenwert gehörende Eigenvektor $\vec{x}_1$ bestimmt sich aus dem homogenen linearen Gleichungssystem $(A - 1 \cdot E) \vec{x} = \vec{0}$:

$$\begin{pmatrix} -1 & 1 \\ 1 & -1 \end{pmatrix} \cdot \begin{pmatrix} x_1 \\ x_2 \end{pmatrix} = \begin{pmatrix} 0 \\ 0 \end{pmatrix} \quad \text{oder} \quad \begin{array}{c} -x_1 + x_2 = 0 \\ x_1 - x_2 = 0 \end{array}$$

Die Koeffizientenmatrix besitzt den Rang 1, d. h. es gibt genau einen linear unabhängigen Lösungsvektor ($x_1 = x_2 \neq 0$). Der zum Eigenwert $\lambda_1 = 1$ gehörende normierte Eigenvektor lautet damit:

$$\vec{x}_1 = \frac{1}{\sqrt{2}} \cdot \begin{pmatrix} 1 \\ 1 \end{pmatrix} \quad .$$

Analog bestimmt man den zum Eigenwert $\lambda_2 = -1$ gehörenden Eigenvektor $\vec{x}_2$ aus dem homogenen linearen Gleichungssystem $(A - (-1) \cdot E) \vec{x} = \vec{0}$:

$$\begin{pmatrix} 1 & 1 \\ 1 & 1 \end{pmatrix} \cdot \begin{pmatrix} x_1 \\ x_2 \end{pmatrix} = \begin{pmatrix} 0 \\ 0 \end{pmatrix} \quad \text{oder} \quad \begin{array}{c} x_1 + x_2 = 0 \\ x_1 + x_2 = 0 \end{array}$$

Es existiert genau eine linear unabhängige Lösung ($x_1 = -x_2 \neq 0$).

Eigenvektor ist der normierte Vektor

$$\vec{x}_2 = \frac{1}{\sqrt{2}} \begin{pmatrix} 1 \\ -1 \end{pmatrix} \quad .$$

Nach Satz 7 soll die aus den beiden Eigenvektoren $\vec{x}_1$ und $\vec{x}_2$ konstruierte Matrix

$$T = \frac{1}{\sqrt{2}} \begin{pmatrix} 1 & 1 \\ 1 & -1 \end{pmatrix}$$

die folgenden Eigenschaften besitzen: **T** ist reell, orthogonal und transformiert die Matrix **A** auf Diagonalgestalt, wobei die Diagonalelemente mit den Eigenwerten von **A** übereinstimmen.

Tatsächlich enthält **T** nur reelle Zahlen als Elemente. Sie ist ferner orthogonal, da

$$\det \mathbf{T} = \begin{vmatrix} 1/\sqrt{2} & 1/\sqrt{2} \\ 1/\sqrt{2} & -1/\sqrt{2} \end{vmatrix} = -1$$

ist. Wir haben noch zu zeigen, daß die transformierte Matrix $\mathbf{T}^{-1} \cdot \mathbf{A} \cdot \mathbf{T}$ tatsächlich die geforderte Gestalt annimmt:

$$\mathbf{T}^{-1} \cdot \mathbf{A} \cdot \mathbf{T} = \begin{pmatrix} 1/\sqrt{2} & \cdot \ 1/\sqrt{2} \\ 1/\sqrt{2} & -1/\sqrt{2} \end{pmatrix} \cdot \begin{pmatrix} 0 & 1 \\ 1 & 0 \end{pmatrix} \cdot \begin{pmatrix} 1/\sqrt{2} & 1/\sqrt{2} \\ 1/\sqrt{2} & -1/\sqrt{2} \end{pmatrix} =$$

$$= \begin{pmatrix} 1 & 0 \\ 0 & -1 \end{pmatrix} \ .$$

Die transformierte Matrix besitzt tatsächlich die geforderte Diagonalgestalt. Die Hauptdiagonalelemente 1 und −1 stimmen mit den Matrixeigenwerten überein.

VII. Funktionen einer Veränderlichen

A. Der Funktionsbegriff

1. Definition einer Funktion

Definition: *Unter einer Funktion einer Veränderlichen versteht man eine Vorschrift, die jedem Element* x *der Menge* X *in eindeutiger Weise ein Element* y *der Menge* Y *zuordnet.*

Funktionen können demnach als *Abbildungen* zwischen zwei Mengen X und Y aufgefaßt werden. In der Praxis handelt es sich dabei stets um *reelle Zahlenmengen.* Die Menge X heißt *Definitionsbereich*, die Menge Y *Wertebereich* der Funktion. Die Zuordnung der Elemente von X zu solchen der Menge Y wird durch das Funktionszeichen f wie folgt symbolisch ausgedrückt:

$$y = f(x) \tag{1}$$

(gelesen: „y ist eine Funktion von x"). Die Größe x wird als *unabhängige Veränderliche (Variable)*, die Größe y als *abhängige Veränderliche (Variable)* bezeichnet.

Der Definitionsbereich einer Funktion besteht häufig aus allen zwischen zwei reellen Zahlen a und b liegenden Zahlen. Eine solche Zahlenmenge wird als *Intervall* bezeichnet. Gehören *beide* Randpunkte zum Definitionsbereich, so heißt das Intervall *abgeschlossen:* $<$a, b$>$ oder a $\leqslant$ x $\leqslant$ b. Werden dagegen die Randpunkte *nicht* zum Definitionsbereich gezählt, so liegt ein *offenes* Intervall vor: (a, b) oder a $<$ x $<$ b. Gehört nur *einer* der beiden Randpunkte zur Menge, so spricht man von einem *halboffenen* Intervall: $<$a, b) oder a $\leqslant$ x $<$ b bzw. (a, b$>$ oder a $<$ x $\leqslant$ b.

Beispiel: Die innere Energie U eines idealen Gases ist temperaturabhängig, d.h. U ist eine Funktion der (absoluten) Temperatur T. Es gilt: $U = U(T) = C_V T + const.$ (C_V = Molwärme bei konstantem Volumen). Dabei ist die Temperatur T die *unabhängige* und die innere Energie U die *abhängige* Variable.

2. Darstellung einer Funktion

Es gibt verschiedene Möglichkeiten, den funktionalen Zusammenhang zwischen zwei Größen x und y zu formulieren.

Von einer *analytischen* Darstellung spricht man, wenn die Zuordnungsvorschrift in die Form einer Gleichung gefaßt werden kann. Ist die Gleichung vom Typ $y = f(x)$, so hat man die Funktion *explizit* dargestellt. Von einer *impliziten* Darstellung spricht man, wenn die Variablen x und y durch eine Gleichung vom Typ $F(x, y) = 0$ miteinander verknüpft sind.

Beispiel: Eine Funktion werde durch die folgende Vorschrift definiert: *„Man ordne jeder reellen Zahl x als Funktionswert ihre Quadratzahl x^2 zu."* Explizit läßt sich diese Funktion durch die Gleichung $y = f(x) = x^2$ darstellen. Die implizite Darstellung lautet: $F(x, y) = y - x^2 = 0$.

Die Darstellung einer Funktion kann auch *tabellarisch* in Form einer *Wertetabelle* erfolgen.

Beispiel: In einem Versuch wird die Temperaturabhängigkeit des Gasvolumens V gemessen (bei konstantem Druck). Man erhält die folgende Wertetabelle:

$T(^\circ K)$	300	320	340	360	380	...
$V(m^3)$	2.09	2.19	2.21	2.33	2.41	...

Eine weitere häufig benutzte Darstellungsform ist die *graphische* Darstellung. Dabei werden die unabhängige Variable x und der Funktionswert $y = f(x)$ (abhängige Variable) als *rechtwinklige oder kartesische* Koordinaten eines Punktes der Ebene R^2 aufgefaßt. Liegen die Punkte $P = (x, y = f(x))$ dicht genug, so erhält man durch Verbinden benachbarter Punkte eine Kurve, die den Verlauf der Funktion $y = f(x)$ widerspiegelt. Die Punktmenge

$$f : [(x, y) \mid x \in X, \ y = f(x)] \tag{2}$$

heißt im Sprachgebrauch der modernen Mathematik *Funktionsgraph* (alte, noch übliche Bezeichnung: *Kurve*).

Beispiel: Der Zustand eines Gases kann durch die drei Zustandsvariablen p (Druck), V (Volumen) und T (Temperatur) beschrieben werden. Handelt es sich dabei um ein *ideales* Gas, so gilt die Zustandsgleichung $pV = RT$ (für 1 Mol, R = allgemeine Gaskonstante). Bei *isothermen* Zustandsänderungen (die Temperatur T bleibt konstant) ist der Druck p eine reine Funktion des Volumens V: $p = p(V) = \dfrac{RT}{V} = \dfrac{\text{const.}}{V}$ (Boyle-Mariottesches Gesetz). Der Funktionsgraph ist in Abb. 1 gezeichnet.

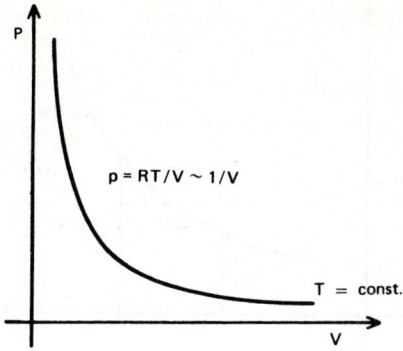

Abb. 1 Funktionsgraph des Boyle-Mariotteschen Gesetzes $p = \dfrac{RT}{V}$ (T = const.)

3. Weitere Grundbegriffe

Man beachte, daß nach unserer Definition Funktionen stets *eindeutige* Zuordnungen zwischen zwei Größen x und y beschreiben. Wir führen nun weitere Grundbegriffe ein.

Monotonie

Eine Funktion $y = f(x)$ heißt *monoton steigend (monoton fallend)*, wenn für irgendzwei x-Werte x_1, x_2 aus dem Definitionsbereich, die der Bedingung $x_2 > x_1$ genügen, stets $f(x_2) > f(x_1)$ ($f(x_2) < f(x_1)$) folgt (vgl. Abb. 2).

Beispiele: a) Das Boyle-Mariottesche Gesetz (Abb. 1) definiert eine *monoton fallende* Funktion $p(V) = \text{const.}/V$.

b) Die kinetische Gastheorie fordert, daß die mittlere kinetische Energie eines Gasmoleküls der absoluten Temperatur T direkt proportional ist: $E_{kin}(T) = (3/2)kT$ ist eine *monoton steigende* Funktion der Temperatur T (k = Boltzmannsche Konstante).

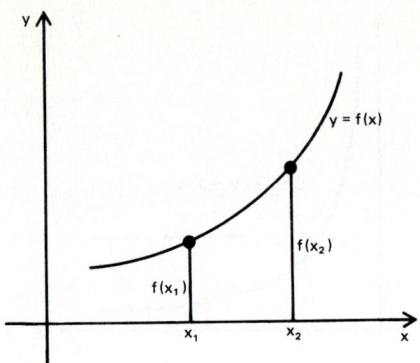

Abb. 2a Monoton steigende Funktion

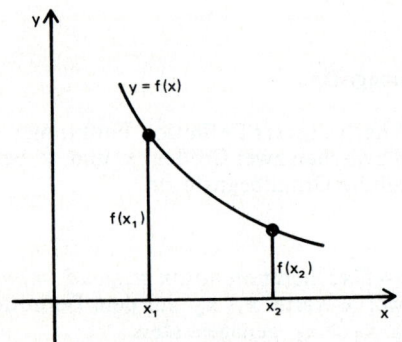

Abb. 2b Monoton fallende Funktion

Symmetrie

Eine Funktion $y = f(x)$ heißt bezüglich der y-Achse *spiegelsymmetrisch* (achsensymmetrisch), wenn für jedes $x \in X$ stets $f(-x) = f(x)$ ist.

Geometrische Interpretation: Jeder Punkt des Funktionsgraphen geht durch Spiegelung an der y-Achse wieder in einen Kurvenpunkt über (vgl. Abb. 3).

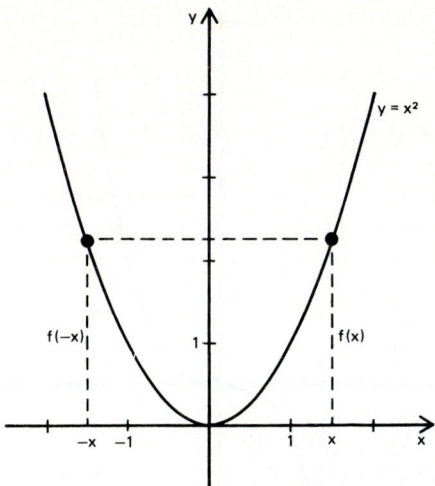

Abb. 3 Normalparabel $y = x^2$ als Beispiel für eine spiegelsymmetrische (gerade) Funktion

Von *Punktsymmetrie* spricht man, wenn jeder Punkt des Funktionsgraphen durch Spiegelung am Koordinatenursprung wieder in einen Kurvenpunkt übergeht (vgl. Abb. 4). Punktsymmetrische Funktionen erfüllen für jedes $x \in X$ die Bedingung $f(-x) = -f(x)$.

Eine *spiegelsymmetrische* Funktion wird auch als *gerade* Funktion, eine *punktsymmetrische* Funktion auch als *ungerade* Funktion bezeichnet. Beispiele sind in den Abb. 3 und 4 dargestellt.

Periodizität

Eine Funktion $y = f(x)$ heißt *periodisch* mit der *Periodendauer* a, falls mit x auch x + a im Definitionsbereich der Funktion liegt und $f(x + a) = f(x)$ ist. Zu den periodischen Funktionen gehören z.B. die vier trigonometrischen Funktionen $y = \sin x$, $y = \cos x$ (jeweils mit der Periode 2π) und $y = \tan x$, $y = \text{ctan } x$ (jeweils mit der Periode π). In Abb. 5 ist der Graph von $y = \sin x$ dargestellt.

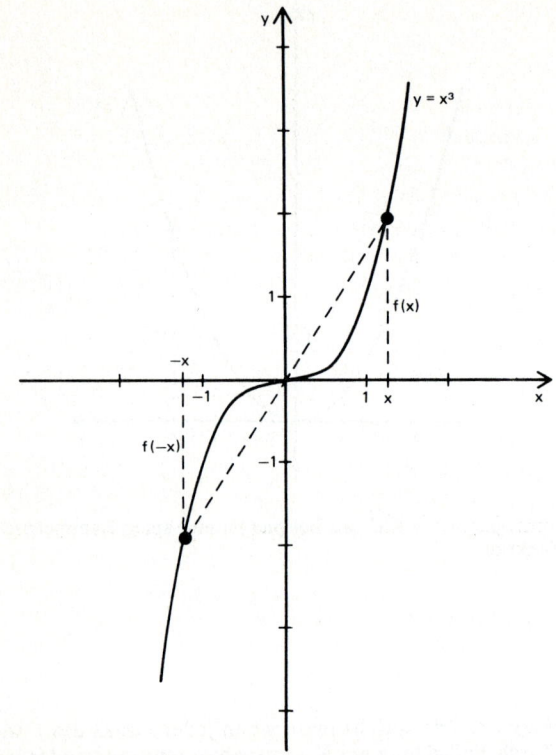

Abb. 4 Kubische Parabel $y = x^3$ als Beispiel für eine punktsymmetrische (ungerade) Funktion

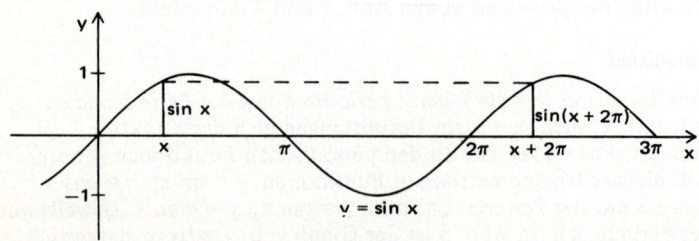

Abb. 5 Sinusfunktion $y = \sin x$ als Beispiel für eine periodische Funktion

Umkehrfunktion (inverse Funktion)

Eine Funktion $y = f(x)$ ordnet jedem Element $x \in X$ genau ein Element $y \in Y$ zu. Gilt auch die Umkehrung, d.h. gehört zu jedem Element $y \in Y$ genau ein Element $x \in X$, so ist die Funktion *umkehrbar eindeutig*. Zu dem Begriff **Umkehrfunktion** gelangt man nun wie folgt:

(1) Man löse die vorgegebene Funktionsgleichung $y = f(x)$ nach der unabhängigen Variablen x auf (diese Auflösung muß *eindeutig* sein!). Die so erhaltene Funktion

$$x = g(y) \tag{3}$$

heißt „*die nach* x *aufgelöste Funktion von* $y = f(x)$".

(2) Durch formales Vertauschen der beiden Variablen in der Gleichung $x = g(y)$ erhält man die *Umkehrfunktion*

$$y = g(x) \tag{4}.$$

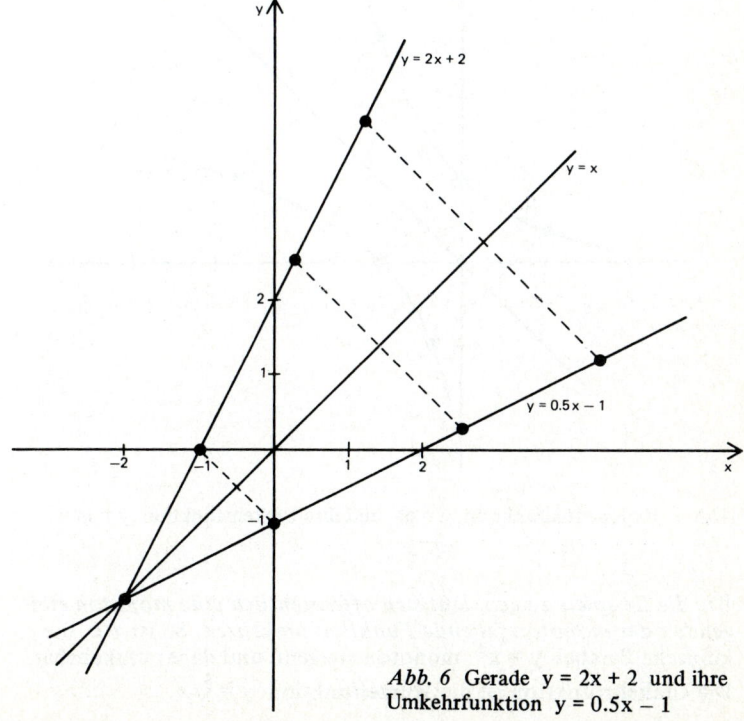

Abb. 6 Gerade $y = 2x + 2$ und ihre Umkehrfunktion $y = 0.5x - 1$

Beispiele: a) $y = 2x + 2$.
Durch Auflösen nach x erhält man $x = g(y) = 0.5y - 1$. Formales Vertauschen der beiden Variablen führt zur Umkehrfunktion $y = 0.5x - 1$ (vgl. Abb. 6).

b) Wir suchen die Umkehrfunktion der Exponentialfunktion $y = e^x$, $-\infty < x < +\infty$ (e = Eulersche Zahl). Durch Auflösen der Funktionsgleichung nach x erhält man $x = \log_e y = \ln y$ ($\ln y$: sog. natürlicher Logarithmus von y). Vertauscht man noch die beiden Variablen miteinander, so erhält man als Umkehrfunktion von $y = e^x$ die Logarithmusfunktion $y = \ln x$, $x > 0$ (vgl. Abb. 7). Beide Funktionen werden in den folgenden Abschnitten B.6. und B.7. noch ausführlich besprochen.

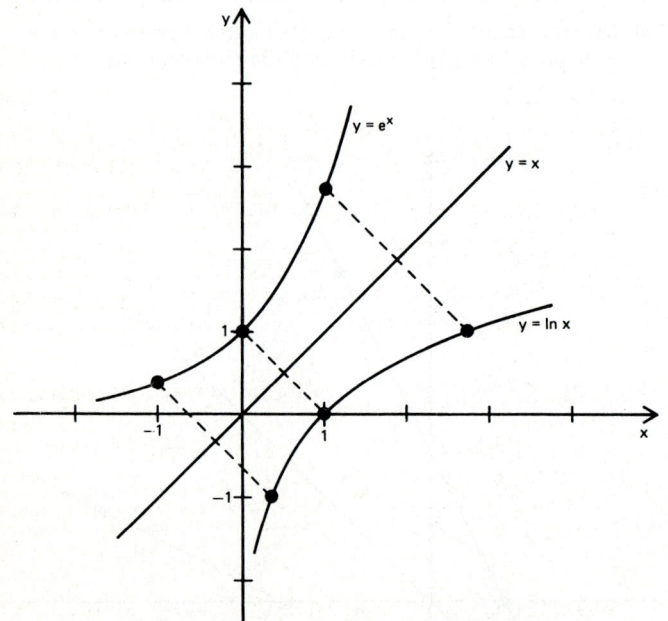

Abb. 7 Exponentialfunktion $y = e^x$ und ihre Umkehrfunktion $y = \ln x$

Wie die Beispiele zeigen, läßt sich offensichtlich eine monoton steigende oder monoton fallende Funktion umkehren. So ist z.B. die kubische Parabel $y = x^3$ monoton steigend und daher umkehrbar. Die Umkehrfunktion ist die Wurzelfunktion $y = \sqrt[3]{x}$.

Besonders einfach läßt sich die Umkehrfunktion auf graphischem Wege finden: Man spiegelt die vorgegebene (umkehrbare!) Funktion y = f(x) Punkt für Punkt an der *Winkelhalbierenden des 1. Quadranten* mit der Funktionsgleichung y = x und erhält durch Verbinden der Bildpunkte den Funktionsgraphen der Umkehrfunktion (vgl. hierzu die Abb. 6 und 7).

B. Die elementaren Funktionen

In diesem Abschnitt werden die *elementaren* Funktionen dargestellt. Man unterscheidet dabei zwischen *algebraischen und transzendenten* Funktionen. *Algebraische* Funktionen erhält man durch Auflösen einer *algebraischen* Gleichung vom Typ

$$f_n(x) y^n + f_{n-1}(x) y^{n-1} + \ldots + f_1(x) y + f_0(x) = 0 \qquad (5)$$

nach der Variablen y. Die in dieser Gleichung auftretenden Koeffizientenfunktionen $f_0(x), f_1(x), \ldots, f_n(x)$ sind Polynome in x (vgl. hierzu Kapitel IV.). Zu den algebraischen Funktionen gehören:

(1) die ganzen rationalen Funktionen oder Polynomfunktionen,
(2) die gebrochen rationalen Funktionen,
(3) die Wurzelfunktionen.

Funktionen, die *nicht* durch Auflösen einer algebraischen Gleichung (5) gewonnen werden können, heißen *transzendente* Funktionen. Zu ihnen zählt man u.a.:

(1) die trigonometrischen Funktionen (auch Winkelfunktionen genannt),
(2) die Arkusfunktionen (auch zyklometrische Funktionen genannt),
(3) die Exponentialfunktionen,
(4) die Logarithmusfunktionen.

1. Die ganzen rationalen Funktionen (Polynomfunktionen)

Die *ganzen rationalen Funktionen oder Polynomfunktionen* sind allgemein in der Form

$$y = f(x) = a_n x^n + a_{n-1} x^{n-1} + \ldots + a_1 x^1 + a_0 \qquad (6)$$

darstellbar ($a_n \neq 0$, n = Polynomgrad, $x \in R$). Ihre allgemeinen Eigenschaften wurden bereits weitgehend in Kapitel IV behandelt, so daß wir uns im folgenden auf einige spezielle, in der Praxis häufig auftretende Polynomfunktionen beschränken wollen.

Zu diesen gehören die *linearen Funktionen* (Polynomfunktionen 1. Grades) vom Typ

$$y = a_1 x + a_0 \quad \text{oder} \quad y = mx + b \tag{7}.$$

Der Funktionsgraph ist eine *Gerade* mit der Steigung m und dem Achsenabschnitt b (vgl. Abb. 8).

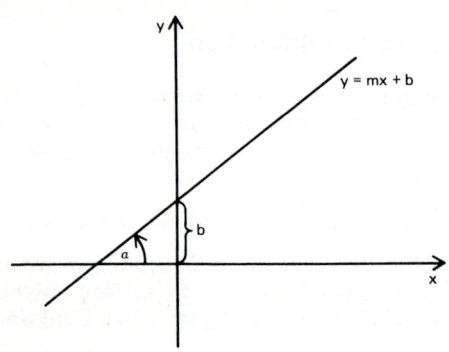

Abb. 8 Zum Begriff *Hauptform* einer Geraden

Zwischen Steigung m und Steigungswinkel α besteht dabei der Zusammenhang

$$m = \tan \alpha \tag{8}.$$

Neben der *Hauptform* $y = mx + b$ sind noch weitere Formen der Geradengleichung bekannt:

Punkt-Steigungs-Form:

Gesucht ist die Gerade durch den Punkt $P_1 = (x_1, y_1)$ mit der Steigung $m = \tan \alpha$ (Abb. 9):

$$\frac{y - y_1}{x - x_1} = m \tag{9}.$$

Zwei-Punkte-Form:

Gegeben sind zwei Punkte auf der Geraden: $P_1 = (x_1, y_1)$ und $P_2 = (x_2, y_2)$ (Abb. 10):

$$\frac{y - y_1}{x - x_1} = \frac{y_2 - y_1}{x_2 - x_1} \tag{10}.$$

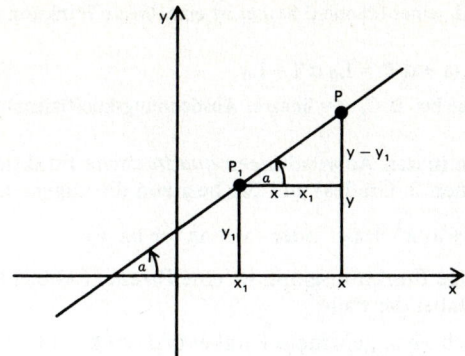

Abb. 9 Zum Begriff *Punkt-Steigungs-Form* einer Geraden

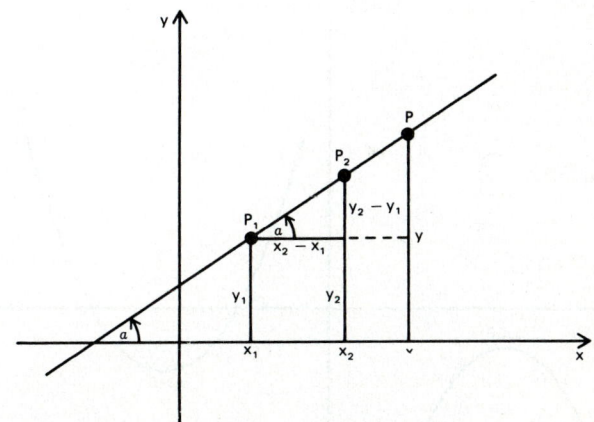

Abb. 10 Zum Begriff *Zwei-Punkte-Form* einer Geraden

Beispiele: a) Wie lautet die Gleichung der Geraden durch $P_1 = (2, 4)$ mit der Steigung $m = -1.5$?
Mit Hilfe der Punkt-Steigungs-Form (9) erhält man

$$\frac{y - 4}{x - 2} = -1.5, \quad y - 4 = -1.5\,(x - 2) \quad \text{und schließlich} \quad y = -1.5x + 7\,.$$

b) Die Länge L eines (dünnen) Stabes ist eine *lineare* Funktion der Temperatur T:

$L = L(T) = L_0 (1 + a\,T) = L_0\, a\, T + L_0$

(L_0 = Stablänge bei $0°\,C$, a = linearer Ausdehnungskoeffizient).

Häufig treten in den Anwendungen *quadratische* Funktionen (Polynomfunktionen 2. Grades) auf. Sie besitzen die allgemeine Form

$$y = a_2 x^2 + a_1 x^1 + a_0 \quad \text{oder} \quad y = ax^2 + bx + c \qquad (11).$$

Der zugehörige Funktionsgraph ist eine *Parabel* (Abb. 11). Man unterscheidet dabei die Fälle

a > 0: nach *oben* geöffnete Parabel (vgl. Abb. 11)

und

a < 0: nach *unten* geöffnete Parabel (vgl. Abb. 11).

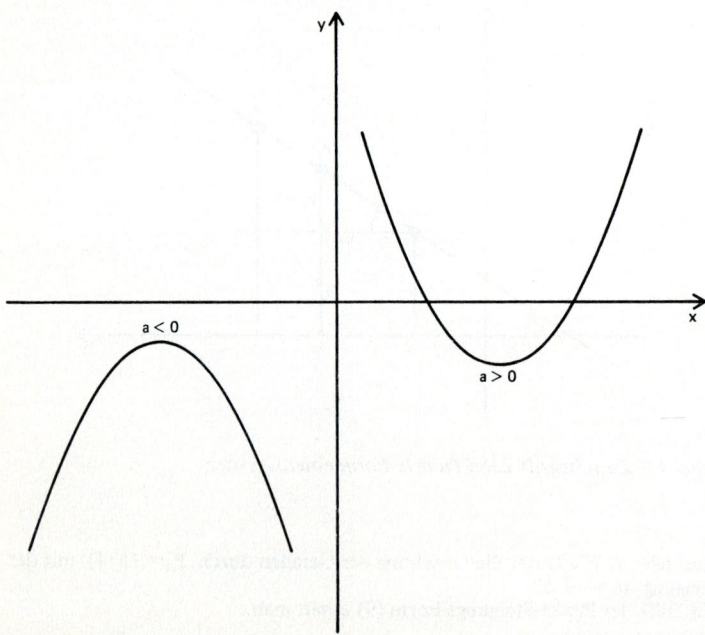

Abb. 11 Nach unten (a < 0) bzw. nach oben (a > 0) geöffnete Parabel

Beispiel: In Abb. 12 ist der Funktionsgraph von
$y = 0.2x^2 + 0.4x - 1.6 = 0.2(x - 2)(x + 4)$ skizziert.

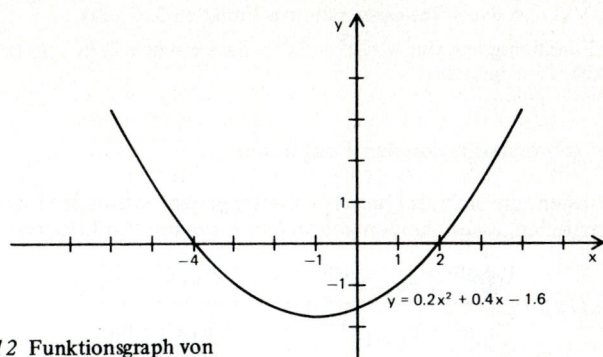

$y = 0.2x^2 + 0.4x - 1.6$

Abb. 12 Funktionsgraph von
$y = 0.2x^2 + 0.4x - 1.6$ (Parabel)

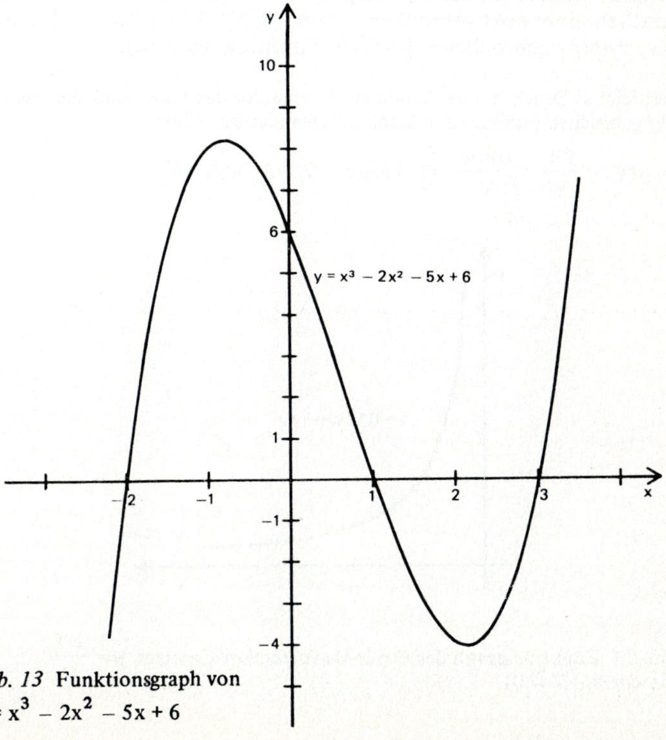

$y = x^3 - 2x^2 - 5x + 6$

Abb. 13 Funktionsgraph von
$y = x^3 - 2x^2 - 5x + 6$

Beispiele für Polynomfunktionen 3. Grades: a) Das Volumen V einer Flüssigkeitsmenge hängt gemäß der Funktion $V = V(T) = V_0 (1 + a T)^3$ von der Temperatur T ab (V_0 = Volumen bei $0°$ C, a = linearer Ausdehnungskoeffizient). $V(T)$ ist dabei eine ganze rationale Funktion 3. Grades.

b) Der Funktionsgraph von $y = x^3 - 2x^2 - 5x + 6 = (x + 2) (x - 1) (x - 3)$ ist in Abb. 13 dargestellt.

2. Die gebrochen rationalen Funktionen

Funktionen, die sich als *Quotient* zweier ganzer rationaler Funktionen darstellen lassen, heißen *gebrochen rationale* Funktionen:

$$y = f(x) = \frac{a_m x^m + a_{m-1} x^{m-1} + \ldots + a_1 x^1 + a_0}{b_n x^n + b_{n-1} x^{n-1} + \ldots + b_1 x^1 + b_0} \tag{12}.$$

Sie sind überall im Intervall $(-\infty, +\infty)$ definiert mit Ausnahme der (reellen) Nullstellen des Nennerpolynoms. Man unterscheidet noch zwischen einer *echt* gebrochen rationalen Funktion $(n > m)$ und einer *unecht* gebrochen rationalen Funktion $(n \leqslant m)$.

Beispiele: a) Druck p und Volumen V eines *idealen* Gases sind über eine *echt* gebrochen rationale Funktion miteinander verknüpft:

$$p = p(V) = \frac{RT}{V} = \frac{const.}{V} \quad (T = const., \ V > 0, \ Abb. 14).$$

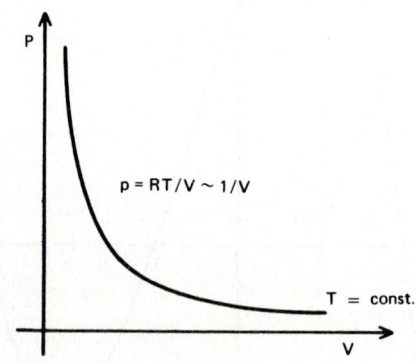

Abb. 14 Funktionsgraph des *Boyle-Mariotteschen* Gesetzes $p = \dfrac{RT}{V}$ (T = const., $V > 0$)

b) Die *unecht* gebrochen rationale Funktion $y = \dfrac{x^2 - x}{x^2 - x - 6}$ besitzt an den Stellen $x_1 = -2$ und $x_2 = 3$ *Definitionslücken (Pole)* und zeigt das in Abb. 15 skizzierte Verhalten:

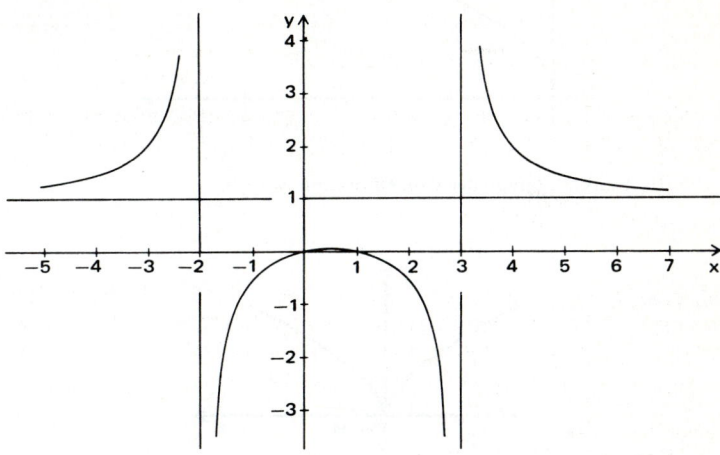

Abb. 15 Funktionsgraph der unecht gebrochen rationalen Funktion
$y = \dfrac{x^2 - x}{x^2 - x - 6}$

3. Wurzelfunktionen

Beim Auflösen algebraischer Gleichungen stößt man häufig auf Funktionen, die *Wurzelausdrücke* enthalten. Als Beispiele seien angeführt:

$y = \sqrt{x}\,, \quad 0 \leqslant x < +\infty$ (Abb. 16)

$y = \sqrt[3]{x^2}\,, \quad -\infty < x < +\infty$ (sog. Neillsche Parabel, Abb. 17)

$y = +\sqrt{16 - x^2}\,, \; -4 \leqslant x \leqslant +4$ (Funktionsgleichung eines Halbkreises mit dem Radius $r = 4$, Abb. 18).

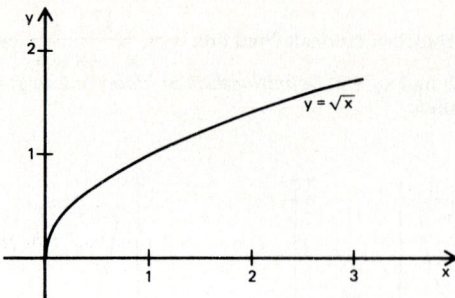

Abb. 16 Funktionsgraph der Wurzelfunktion $y = \sqrt{x}$

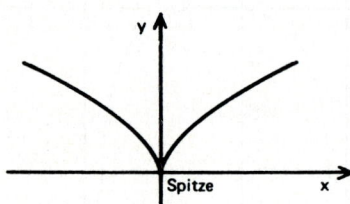

Abb. 17 Neillsche Parabel $y = \sqrt[3]{x^2}$

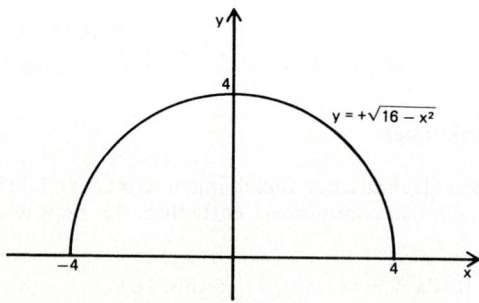

Abb. 18 Halbkreis mit der Funktionsgleichung $y = +\sqrt{16 - x^2}$

Beispiel: Die Schallgeschwindigkeit c in Luft ist temperaturabhängig:
$c = c(T) = c_0 \sqrt{1 + a\,T}$ (c_0 = Schallgeschwindigkeit bei $0°$C, $a = 1/273$).

Wurzelfunktionen treten auch im Zusammenhang mit den Gleichungen der sog. *Kegelschnitte* auf (dazu gehören: Kreis, Ellipse, Hyperbel und Parabel). Wir behandeln an dieser Stelle Kreis und Ellipse.

Kreis $x^2 + y^2 = r^2$ (Abb. 19)   (13).

Durch Auflösen nach y erhält man die beiden Wurzelfunktionen

$$y_{1/2} = \pm \sqrt{r^2 - x^2}, \quad -r \leqslant x \leqslant +r \tag{14}.$$

Sie repräsentieren den oberen bzw. unteren Halbkreis (vgl. Abb. 19).

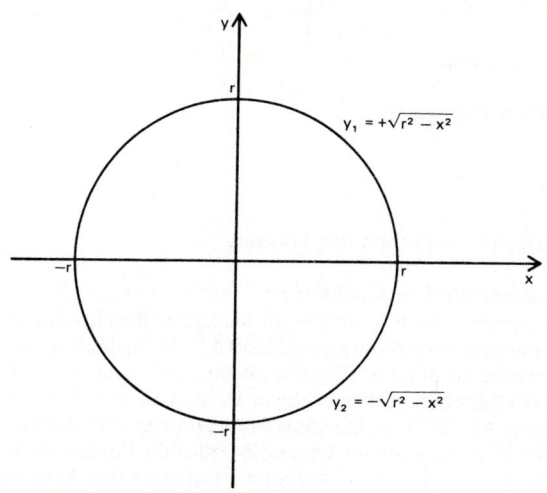

Abb. 19 Kreis mit der Gleichung $x^2 + y^2 = r^2$

Ellipse $\dfrac{x^2}{a^2} + \dfrac{y^2}{b^2} = 1$ (Abb. 20)   (15)

a = Große Halbachse
b = Kleine Halbachse.

Durch Auflösen der Ellipsengleichung (15) nach y erhält man für den oberhalb bzw. unterhalb der x-Achse liegenden Teil der Ellipse folgende Wurzelfunktionen:

$$y_{1/2} = \pm \frac{b}{a} \sqrt{a^2 - x^2}, \quad -a \leqslant x \leqslant +a \tag{16}.$$

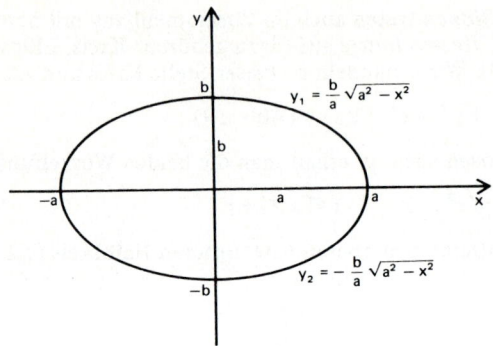

Abb. 20 Ellipse mit der Gleichung $\dfrac{x^2}{a^2} + \dfrac{y^2}{b^2} = 1$

4. Die trigonometrischen Funktionen

Die *trigonometrischen Funktionen* – auch *Winkelfunktionen* genannt – eignen sich in besonderem Maße zur Beschreibung und Darstellung *periodischer* Bewegungsabläufe (z.B. Molekülschwingungen). Sie sind zunächst nur für Winkel zwischen 0° und 90° als gewisse Seitenverhältnisse in rechtwinkligen Dreiecken definiert. Durch Verallgemeinerung für beliebige (positive und negative) Winkel gelangt man schließlich zu den vier trigonometrischen Funktionen $y = \sin x$, $y = \cos x$, $y = \tan x$ und $y = \operatorname{ctan} x$. Dabei ist das Argument x ein Winkel, der im *Gradmaß* oder im *Bogenmaß* gemessen wird. Der Zusammenhang läßt sich anhand des *Einheitskreises* (Kreis mit dem Radius $r = 1$ um den Nullpunkt) leicht erläutern: das Bogenmaß ist die Länge desjenigen Bogens, der dem Winkel a im Einheitskreis gegenüberliegt (vgl. Abb. 21). Dem vollen Kreis entsprechen im Gradmaß 360° und im Bogenmaß die Bogenlänge des Einheitskreises, d.h. 2π. Daher gilt allgemein:

$$\frac{\text{Bogenmaß}}{\text{Gradmaß}} = \frac{2\pi}{360°} = \frac{\pi}{180°} \qquad (17).$$

Mit Hilfe dieser Beziehung läßt sich jeder Winkel aus dem Gradmaß ins Bogenmaß und umgekehrt umrechnen.

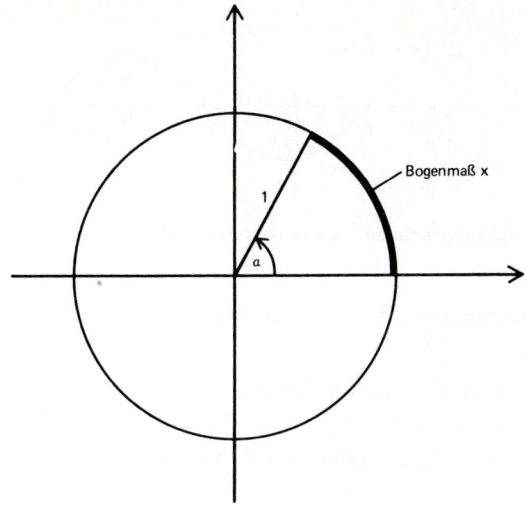

Abb. 21 Zum Begriff Bogenmaß

Wir besprechen nun die Eigenschaften der 4 trigonometrischen Funktionen.

a) Die Sinusfunktion y = sin x (Abb. 22)

Periodendauer: 2π

Definitionsbereich: $-\infty < x < +\infty$

Wertebereich: $-1 \leqslant y \leqslant +1$

Symmetrie: Ungerade Funktion, $\sin(-x) = -\sin x$

Nullstellen: $x_k = k\pi$

Maxima: $x_k = \dfrac{\pi}{2} + k\,2\pi$

Minima: $x_k = \dfrac{3}{2}\pi + k\,2\pi$

$k \in G$

202

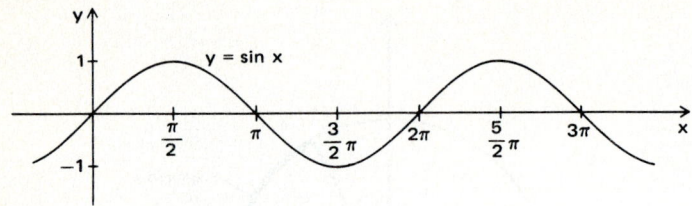

Abb. 22 Funktionsgraph der Sinusfunktion y = sin x

b) Die Kosinusfunktion y = cos x (Abb. 23)

Periodendauer: 2π

Definitionsbereich: $-\infty < x < +\infty$

Wertebereich: $-1 \leqslant y \leqslant +1$

Symmetrie: Gerade Funktion, $\cos(-x) = \cos x$

Nullstellen: $x_k = \dfrac{\pi}{2} + k\pi$

Maxima: $x_k = k\,2\pi$

Minima: $x_k = \pi + k\,2\pi$

$k \in G$

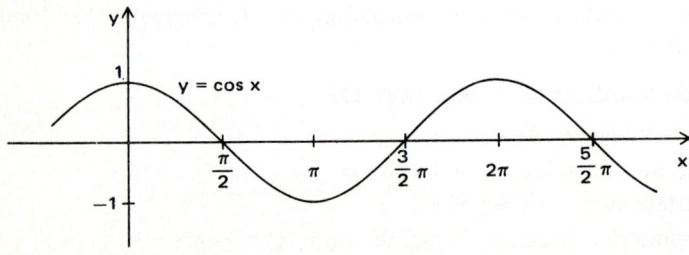

Abb. 23 Funktionsgraph der Kosinusfunktion y = cos x

c) Die Tangensfunktion y = tan x (Abb. 24)

Periodendauer: π

Definitionsbereich: $x_k \neq \dfrac{\pi}{2} + k\pi$, $k \in G$

Wertebereich: $-\infty < y < +\infty$

Symmetrie: Ungerade Funktion, $\tan(-x) = -\tan x$

Nullstellen: $x_k = k\pi$

Pole: $x_k = \dfrac{\pi}{2} + k\pi$ $\Bigg\}$ $k \in G$

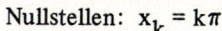

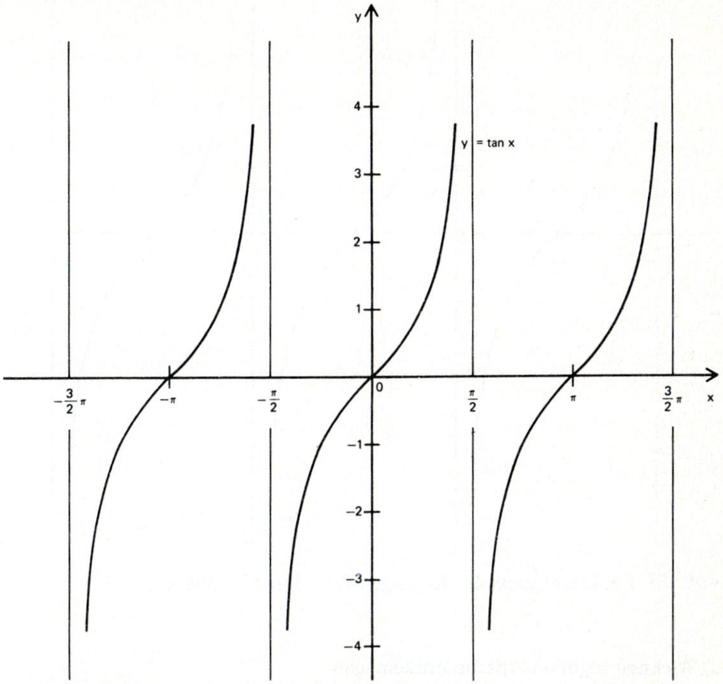

Abb. 24 Funktionsgraph der Tangensfunktion $y = \tan x$

d) Die Kotangensfunktion $y = \operatorname{ctan} x$ (Abb. 25)

Periodendauer: π

Definitionsbereich: $x_k \neq k\pi$, $k \in G$

Wertebereich: $-\infty < y < +\infty$

Symmetrie: Ungerade Funktion, $\operatorname{ctan}(-x) = -\operatorname{ctan} x$

Nullstellen: $x_k = \dfrac{\pi}{2} + k\pi$ $\Bigg\}$ $k \in G$

Pole: $x_k = k\pi$

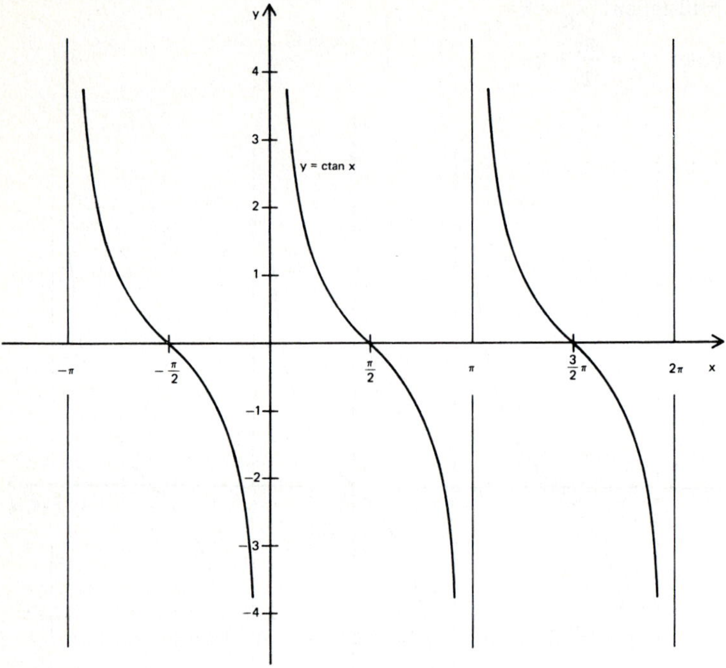

204

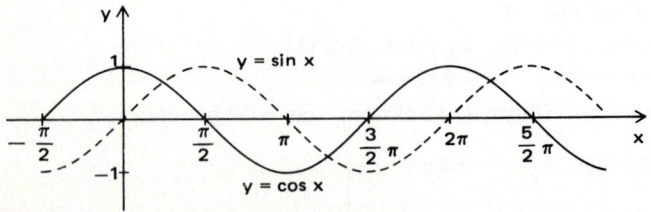

Abb. 25 Funktionsgraph der Kotangensfunktion y = ctan x

e) Wichtige trigonometrische Beziehungen

Die Kosinuskurve kann als eine um $\pi/2$ nach *links* verschobene
Sinuskurve aufgefaßt werden (vgl. Abb. 26). Daher ist

$$\cos x = \sin (x + \pi/2) \tag{18}.$$

Abb. 26

Verschiebt man den Funktionsgraph von $y = \cos x$ um $\pi/2$ nach *rechts*, so erhält man die Sinuskurve (vgl. Abb. 26). Deshalb gilt die Beziehung

$$\sin x = \cos (x - \pi/2) \tag{19}.$$

Für jeden Winkel x ist ferner

$$\sin^2 x + \cos^2 x = 1 \tag{20}$$

(auch *trigonometrischer Pythagoras* genannt).
Aus den Definitionen der Tangens- und Kotangensfunktion ergeben sich folgende Zusammenhänge:

$$\tan x = \frac{\sin x}{\cos x} , \quad \text{ctan } x = \frac{\cos x}{\sin x} = \frac{1}{\tan x} \tag{21}.$$

Beispiel: In der Physikalischen und Theoretischen Chemie spielt der sog. **Harmonische Oszillator** eine gewisse Rolle. Modell steht dabei die harmonische Schwingung eines elastischen Federpendels, bestehend aus einer Feder mit der Federkonstanten k und einer Pendelmasse m (Abb. 27). Die Auslenkung y der Pendelmasse zur Zeit t genügt dabei der Funktion

$$y = A \cos (\omega t) , \quad \omega = \sqrt{k/m} ,$$

wenn zu Beginn $(t = 0)$ gilt: $y(0) = A$, $\dot{y}(0) = 0$ (die Bewegung erfolgt aus der Ruhe heraus, Auslenkung zu Beginn: $y(0) = A$ = Amplitude).

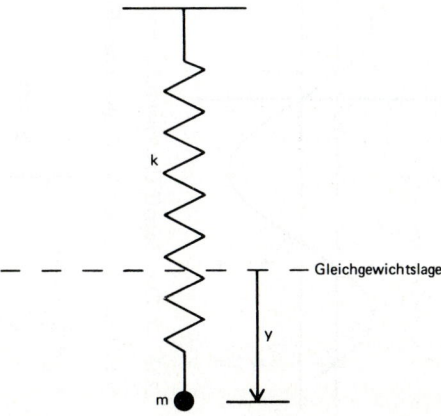

Abb. 27 Federpendel als Modell des harmonischen Oszillators

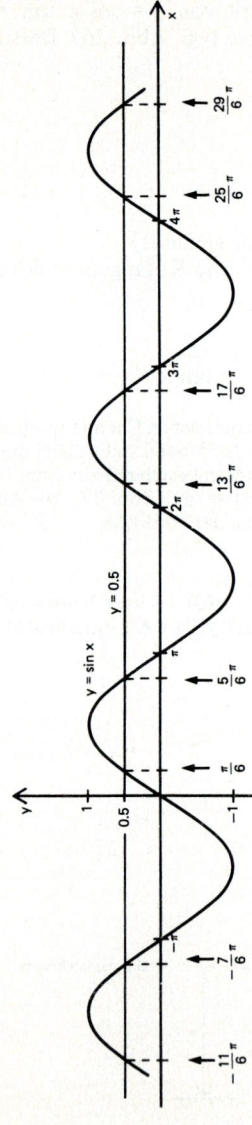

Abb. 28 Zum Begriff *Umkehrfunktion* von $y = \sin x$

Die Gleichung $\sin x = 0.5$ besitzt *unendlich* viele Lösungen (in der Abbildung durch Pfeile gekennzeichnet):

$$x_{1k} = \frac{\pi}{6} + k\, 2\pi$$

$$x_{2k} = \frac{5}{6}\pi + k\, 2\pi \qquad k \in G$$

5. Die Arkusfunktionen

Die trigonometrischen Funktionen sind zunächst, wie das folgende
Beispiel zeigt, *nicht* umkehrbar: die Gleichung sin x = 0.5 zu lösen
bedeutet, *sämtliche* Winkel x anzugeben, für die der Sinus den Wert
0.5 annimmt. Graphisch löst man die gestellte Aufgabe, indem man
die Sinuskurve y = sin x mit der Parallelen y = 0.5 zum Schnitt
bringt. Anhand der Abb. 28 erkennt man, daß die Gleichung
sin x = 0.5 *unendlich viele* Lösungen besitzt:

$$\left. \begin{array}{l} x_{1k} = \dfrac{\pi}{6} + k\, 2\pi \\[2mm] x_{2k} = \dfrac{5}{6}\pi + k\, 2\pi \end{array} \right\} \quad k \in G$$

Die Umkehrung ist nicht eindeutig. Dies hängt offensichtlich damit
zusammen, daß der Funktion y = sin x die Eigenschaft der Monotonie fehlt. Analog liegt der Sachverhalt bei den übrigen trigonometrischen Funktionen. *Beschränkt man sich jedoch auf gewisse Intervalle, in denen die Funktionen monoton steigen oder fallen, so ist
jede der vier Winkelfunktionen umkehrbar.* Die Gleichung sin x = 0.5
besitzt z.B. bei Beschränkung auf das Intervall $-\dfrac{\pi}{2} \leqslant x \leqslant +\dfrac{\pi}{2}$
(hier ist die Sinusfunktion monoton steigend) genau eine Lösung
x = π/6.

a) Die Arkussinusfunktion y = arcsin x (Abb. 29)

Die durch Umkehrung der auf das Intervall $-\dfrac{\pi}{2} \leqslant x \leqslant +\dfrac{\pi}{2}$
beschränkten Sinusfunktion y = sin x entstehende Funktion heißt
Arkussinusfunktion y = arcsin x und besitzt folgende Eigenschaften:

Definitionsbereich: $-1 \leqslant x \leqslant +1$

Wertebereich: $-\dfrac{\pi}{2} \leqslant y \leqslant +\dfrac{\pi}{2}$

Symmetrie: Ungerade Funktion, arcsin (−x) = −arcsin x

Nullstelle: x = 0

Monoton steigend.

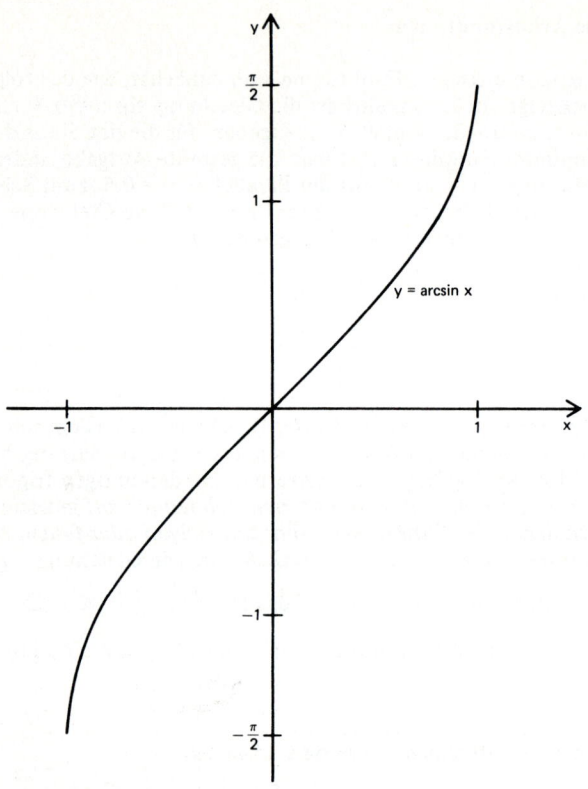

Abb. 29 Funktionsgraph der Arkussinusfunktion y = arcsin x

b) Die Arkuskosinusfunktion y = arccos x (Abb. 30)

Die trigonometrische Funktion $y = \cos x$ ist im Intervall $0 \leqslant x \leqslant \pi$
monoton fallend und damit dort umkehrbar. Die Umkehrfunktion
heißt *Arkuskosinusfunktion* y = arccos x. Die Eigenschaften dieser
Funktion sind:

Definitionsbereich: $-1 \leqslant x \leqslant +1$

Wertebereich: $0 \leqslant y \leqslant \pi$

Nullstelle: $x = 1$

Monoton fallend.

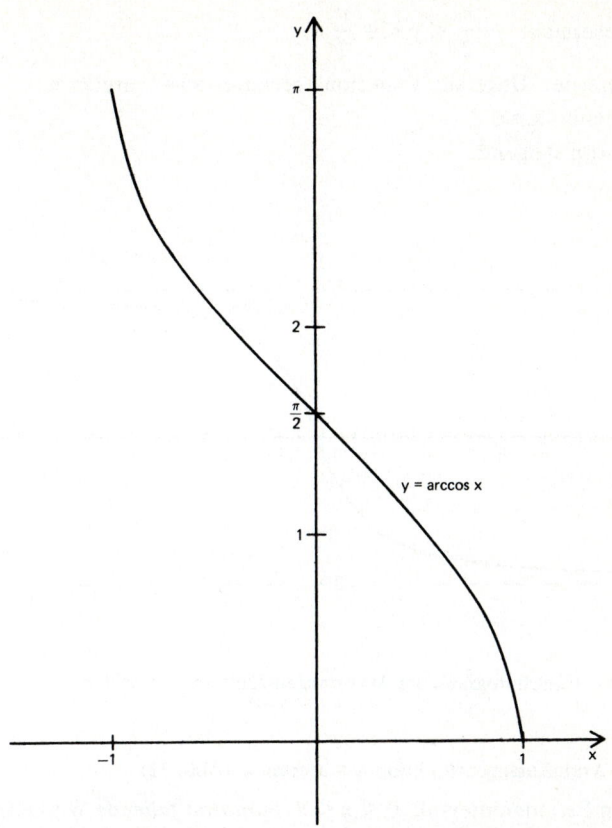

Abb. 30 Funktionsgraph der Arkuskosinusfunktion y = arccos x

c) **Die Arkustangensfunktion y = arctan x (Abb. 31)**

Die Tangensfunktion y = tan x verläuft in ihrem Periodenintervall

$-\dfrac{\pi}{2} < x < +\dfrac{\pi}{2}$ *monoton steigend* und ist daher dort umkehrbar.

Die Umkehrfunktion heißt *Arkustangensfunktion* y = arctan x. Ihre
Eigenschaften sind:

Definitionsbereich: $-\infty < x < +\infty$

Wertebereich: $-\dfrac{\pi}{2} < y < +\dfrac{\pi}{2}$

Symmetrie: Ungerade Funktion, $\arctan(-x) = -\arctan x$

Nullstelle: $x = 0$

Monoton steigend.

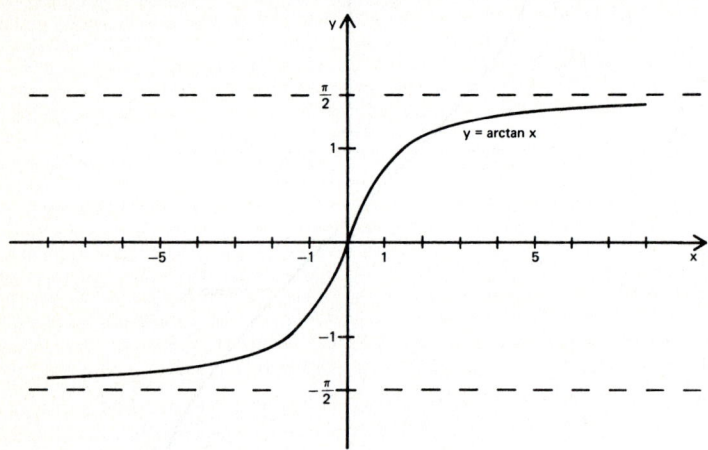

Abb. 31 Funktionsgraph der Arkustangensfunktion $y = \arctan x$

d) Die Arkuskotangensfunktion $y = \operatorname{arcctan} x$ (Abb. 32)

Die im Periodenintervall $0 < x < \pi$ *monoton fallende* Winkelfunktion $y = \operatorname{ctan} x$ ist dort umkehrbar. Ihre Umkehrfunktion ist die *Arkuskotangensfunktion* $y = \operatorname{arcctan} x$ mit den folgenden Eigenschaften:

Definitionsbereich: $-\infty < x < +\infty$

Wertebereich: $0 < y < \pi$

Monoton fallend.

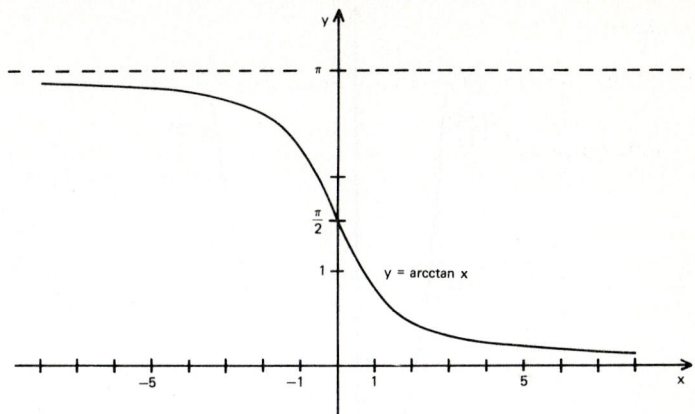

Abb. 32 Funktionsgraph der Arkuskotangensfunktion y = arcctan x

6. Die Exponentialfunktionen

Exponentialfunktionen sind Funktionen, in denen die unabhängige Variable x als *Exponent* in der Potenz a^x der Basiszahl a auftritt:

$$y = a^x, \quad -\infty < x < +\infty \tag{22}.$$

Die Basis a ist dabei der Einschränkung $a > 0$ und $a \neq 1$ unterworfen. Für $a > 1$ erhält man *monoton steigende,* für $a < 1$ *monoton fallende* Funktionen. Die Exponentialfunktionen sind für alle reellen x-Werte definiert, besitzen *keine Nullstellen* (d.h. für jedes $x \in R$ gilt $a^x \neq 0$) und *keine Extremwerte* (eine Folge der Monotonieeigenschaft).

Beispiel: In Abb. 33 sind die Graphen der Exponentialfunktionen $y = 2^x$ (monoton steigend) und $y = (1/3)^x$ (monoton fallend) skizziert.

Von besonderer Bedeutung sind die beiden Exponentialfunktionen

$$y = e^x \quad \text{und} \quad y = \left(\frac{1}{e}\right)^x = e^{-x} \qquad \text{(Abb. 34)} \tag{23}.$$

Dabei ist e die sog. *Eulersche Zahl,* definiert durch den Grenzwert

$$e = \lim_{n \to \infty} \left(1 + \frac{1}{n}\right)^n = 2.71828\ldots \tag{24}.$$

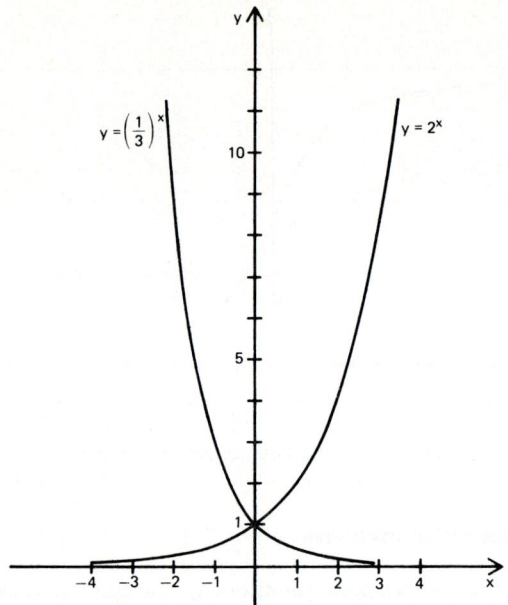

Abb. 33 Funktionsgraphen von $y = 2^x$ und $y = (1/3)^x$

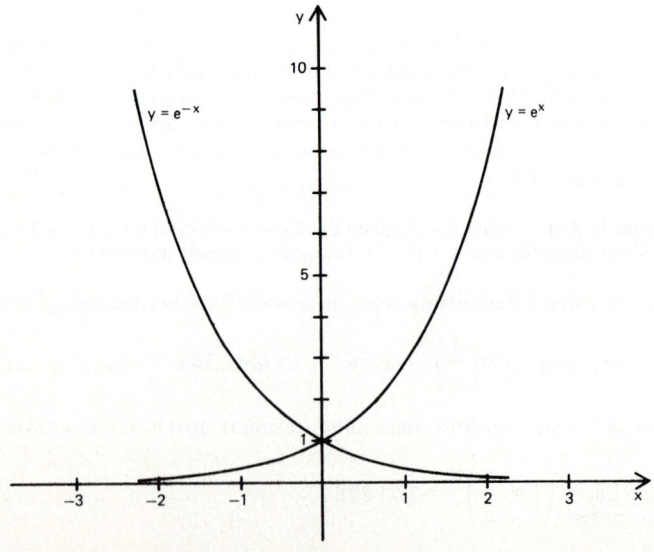

Abb. 34 Funktionsgraphen der Exponentialfunktionen $y = e^x$ und $y = e^{-x}$

In zahlreichen Anwendungen treten Exponentialfunktionen vom etwas allgemeineren Typ

$$y = e^{\lambda x} \qquad (\lambda \neq 0) \tag{25}$$

auf. Für $\lambda > 0$ erhält man eine *monoton steigende,* für $\lambda < 0$ eine *monoton fallende* Funktion. Wir bringen jetzt einige Anwendungsbeispiele, die die Bedeutung der Exponentialfunktionen unterstreichen.

Beispiele: a) Beim (natürlichen) *radioaktiven Zerfall* einer Substanz nimmt die Anzahl $N(t)$ der Atomkerne nach dem Zerfallsgesetz

$$N(t) = N_0 \, e^{-\lambda t}$$

exponentiell mit der Zeit t ab (Abb. 35). Dabei ist N_0 die Anzahl der bei Zerfallsbeginn ($t = 0$) vorhandenen Kerne. Die positive Konstante λ heißt *Zerfallskonstante* und charakterisiert die Geschwindigkeit, mit der der Zerfallsprozeß abläuft.

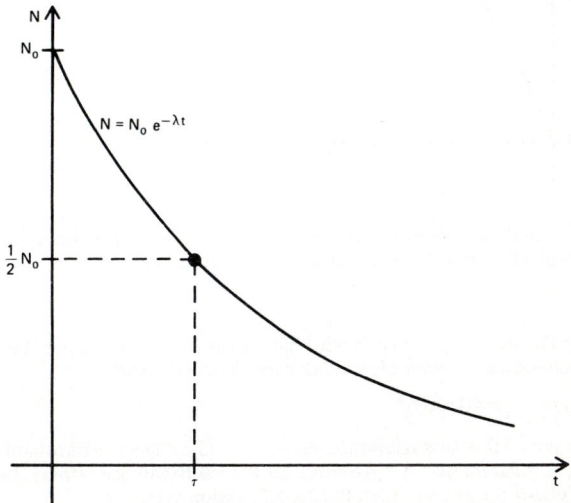

Abb. 35 Zerfallsgesetz für den natürlichen radioaktiven Zerfall einer Substanz

b) Die *Rohrzuckerinversion* liefert ein Beispiel für eine *chemische Reaktion 1. Ordnung.* Zu Beginn ($t = 0$) seien a Rohrzuckermoleküle vorhanden. Die als *Umsatzvariable* bezeichnete Größe $x = x(t)$ gibt an, wieviele Moleküle nach Ablauf der Zeit t durch die Reaktion umgewandelt worden sind. Sie wird bei der Rohrzuckerinversion durch die Funktion

$$x(t) = a(1 - e^{-kt}) \qquad (k > 0)$$

beschrieben (Abb. 36, k = Geschwindigkeitskonstante der Reaktion).

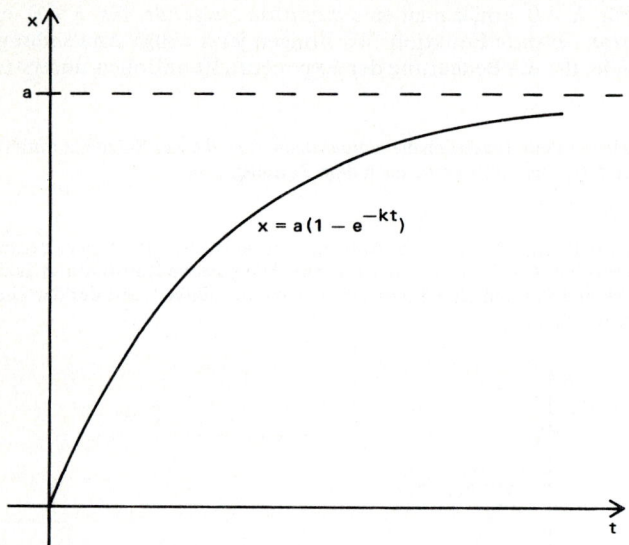

$$x = a(1 - e^{-kt})$$

Abb. 36 Zeitabhängigkeit der Umsatzvariablen x bei der Rohrzuckerinversion (Beispiel für eine chemische Reaktion 1. Ordnung)

c) In der Theoretischen Chemie wird häufig zur Beschreibung der Wechselwirkung in einem *diatomaren* Molekül das sog. *Morse-Potential*

$$V(r) = D \left[1 - e^{-a(r-r_0)} \right]^2$$

herangezogen (D = Dissoziationsenergie, r_0 = Gleichgewichtsabstand im Molekül, a = Parameter, r = Abstand der beiden Bindungspartner). In Abb. 37 ist der Verlauf dieser speziellen Potentialfunktion skizziert.

d) Eine besondere Rolle spielt in vielen Gebieten (z.B. in der Statistik, Fehlerrechnung, Wahrscheinlichkeitsrechnung, in der Theoretischen Chemie bei quantenmechanischen Rechnungen) die als *Gauss-Funktion* bezeichnete Exponentialfunktion

$$y = e^{-ax^2} \qquad (a > 0).$$

Der Funktionsgraph ist in Abb. 38 skizziert.

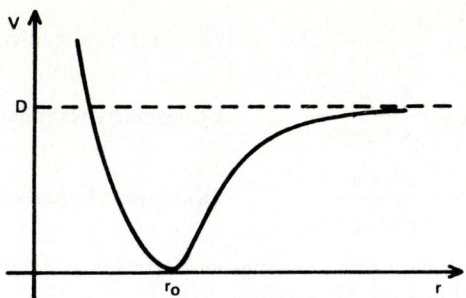

Abb. 37 Morse-Potential in einem diatomaren Molekül

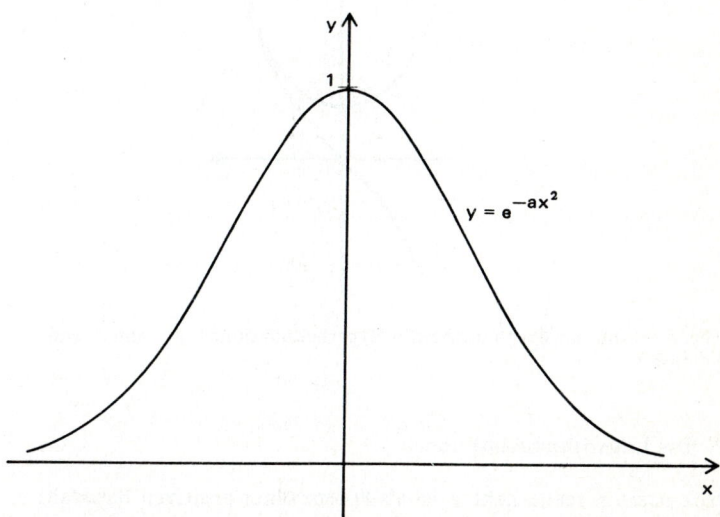

Abb. 38 Funktionsgraph der Gauss-Funktion $y = e^{-ax^2}$ $(a > 0)$, auch Glockenkurve genannt (gezeichnet für $a = 1$)

Aus den beiden Exponentialfunktionen $y = e^x$ und $y = e^{-x}$ bauen sich die unter dem Namen *Hyperbelfunktionen* bekannten Funktionen

$$y = \sinh x = \frac{1}{2} (e^x - e^{-x}) \qquad \text{(Sinus hyperbolicus)}$$

216

$$y = \cosh x = \frac{1}{2}\,(e^x + e^{-x}) \qquad \text{(Kosinus hyperbolicus)}$$

$$y = \tanh x = \frac{e^x - e^{-x}}{e^x + e^{-x}} \qquad \text{(Tangens hyperbolicus)}$$

$$y = \operatorname{ctanh} x = \frac{e^x + e^{-x}}{e^x - e^{-x}} \qquad \text{(Kotangens hyperbolicus)}$$

auf. Der Graph der beiden wichtigsten Vertreter $y = \sinh x$ und $y = \cosh x$ ist in Abb. 39 skizziert.

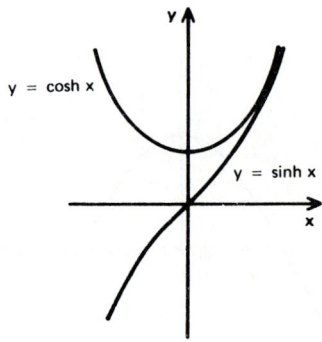

Abb. 39 Funktionsgraph der beiden Hyperbelfunktionen $y = \sinh x$ und $y = \cosh x$

7. Die Logarithmusfunktionen

Jede *positive* reelle Zahl r ist als Potenz einer positiven Basiszahl $a \ne 1$ darstellbar:

$$r = a^x \tag{26}.$$

Der Exponent x in Gleichung (26) wird als *Logarithmus von r zur Basis a* bezeichnet. Die symbolische Schreibweise lautet:

$$r = a^x \longrightarrow x = \log_a r \tag{27}.$$

Logarithmieren und Potenzieren sind demnach *inverse* Rechenoperationen.

Beispiele: a) $\log_4 64 = 3$, da $64 = 4^3$ ist.

b) $\log_{10} 0.01 = -2$, da $0.01 = 10^{-2}$ ist.

Für Logarithmen gelten die folgenden elementaren Rechenregeln:

(1) $\log_a (u \cdot v) = \log_a u + \log_a v$

(2) $\log_a \left(\dfrac{u}{v} \right) = \log_a u - \log_a v$ (28).

(3) $\log_a (u^n) = n \cdot \log_a u$

Zum *dekadischen oder Briggschen Logarithmus* gelangt man, wenn man als Basiszahl a = 10 wählt. Für diesen Logarithmus verwendet man das spezielle Symbol

$\log_{10} r = \lg r$ (29).

Von besonderer Bedeutung in den Anwendungen ist der sog. *natürliche Logarithmus*. Die zugrunde liegende Basiszahl ist die durch Gleichung (24) definierte *Eulersche Zahl* e. Die symbolische Schreibweise für den natürlichen Logarithmus lautet:

$\log_e r = \ln r$ (Logarithmus Naturalis) (30).

Beispiele: a) Wir suchen den Briggschen Logarithmus der Zahl 40:
$\log_{10} 40 = \lg 40 = 1.60205999$, da $40 = 10^{1.60205999}$ ist.

b) Der natürliche Logarithmus von 63 ist $\log_e 63 = \ln 63 = 4.1431347$, da $63 = e^{4.1431347}$ ist.

Wir beschäftigen uns nun mit den *Logarithmusfunktionen*. Die Exponentialfunktionen (im vorangegangenen Abschnitt ausführlich behandelt) vom Typ $y = a^x$ (a > 0, a ≠ 1) sind wegen ihrer Monotonieeigenschaft im Intervall $(-\infty, +\infty)$ *umkehrbar*. Ihre Umkehrfunktionen werden als *Logarithmusfunktionen* bezeichnet und durch das Funktionssymbol

$y = \log_a x$, $0 < x < +\infty$ (31)

gekennzeichnet. Sie besitzen die folgenden Eigenschaften:

Definitionsbereich: $0 < x < +\infty$

Wertebereich: $-\infty < y < +\infty$

Nullstellen: x = 1

Monoton steigend (a > 1) bzw. monoton fallend (a < 1).

Zeichnerisch gewinnt man die zu $y = a^X$ gehörende Logarithmusfunktion $y = \log_a x$ durch Spiegelung der Exponentialfunktion an
der Winkelhalbierenden $y = x$ (vgl. Abb. 40, gezeichnet sind dort
die Funktionen $y = e^X$ und $y = \ln x$).

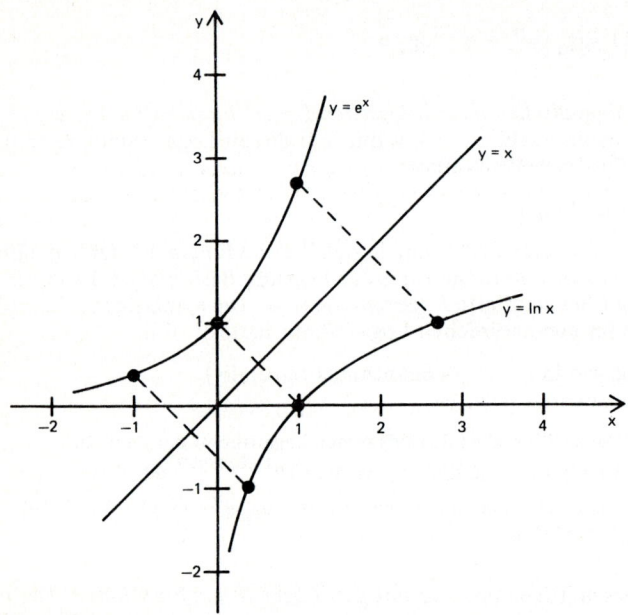

Abb. 40 Funktionsgraphen der Logarithmusfunktion $y = \ln x$ und ihrer
Umkehrfunktion $y = e^X$

Die Umkehrfunktion von $y = e^X$ ist die *natürliche Logarithmusfunktion* $y = \ln x$ (vgl. Abb. 40). Durch Umkehrung von $y = 10^X$ erhält
man die *dekadische Logarithmusfunktion* $y = \lg x$.

Beispiele: a) Die *Halbwertszeit* τ ist derjenige Zeitraum, in dem die *Hälfte*
der radioaktiven Atomkerne auf natürliche Weise zerfallen ist. Die radioaktive
Substanz zerfällt dabei nach dem Gesetz

$N(t) = N_0 \cdot e^{-\lambda t}$ (vgl. hierzu Abb. 35 des vorangegangenen Abschnitts).

Zur Zeit $t = \tau$ gilt demnach: $N(\tau) = \frac{1}{2} N_0$

$N(\tau) = N_0 \, e^{-\lambda \tau} = \frac{1}{2} N_0$, $e^{-\lambda \tau} = \frac{1}{2}$.

Durch Logarithmieren erhält man schließlich:

$$\ln (e^{-\lambda\tau}) = \ln \frac{1}{2} \, , \quad -\lambda\tau = \ln 1 - \ln 2 \, , \quad \tau = \frac{\ln 2}{\lambda} \, .$$

Die Halbwertszeit τ ist demnach der Zerfallskonstanten λ umgekehrt proportional. Für das Radionuklid Ra 226 ist $\lambda = 4.28 \cdot 10^{-4}$ (Jahre)$^{-1}$. Die Halbwertszeit beträgt somit $\tau = 1619.5$ Jahre.

b) Die *barometrische Höhenformel*

$$p(h) = p_0 \cdot e^{-\frac{h}{7991}}$$

beschreibt die Abhängigkeit des Luftdrucks p (in mm Hg-Säule) von der Meereshöhe h (in m), wobei konstante Temperatur der Luftschicht vorausgesetzt wird (p_0 = Luftdruck in Meereshöhe = 760 mm Hg-Säule). In welcher Höhe ist der Luftdruck auf die Hälfte seines Wertes in Meereshöhe gesunken?

Lösung: $p(h) = 380$ mm Hg-Säule

$$380 = 760 \cdot e^{-(h/7991)}, \quad e^{-(h/7991)} = 1/2$$

$$\ln (e^{-(h/7991)}) = \ln (1/2) = \ln 1 - \ln 2 = -\ln 2$$

$$-(h/7991) = -\ln 2, \quad h = 7991 \cdot \ln 2 = 5538.9 \text{ m} \, .$$

C. Der Begriff der Stetigkeit

1. Grenzwert einer reellen Zahlenfolge

Definition: *Eine unendliche Folge reeller Zahlen:* $[a_k] = a_1, a_2, \ldots$ *strebt gegen den Grenzwert* g *(,,konvergiert gegen* g*''), wenn sich zu jeder beliebigen Zahl* $\epsilon > 0$ *stets eine natürliche, im allgemeinen noch von* ϵ *abhängende Zahl* $N(\epsilon)$ *so wählen läßt, daß die Ungleichung*

$$|a_k - g| < \epsilon \tag{32}$$

für alle Glieder der Folge, deren Index $k > N$ *ist, erfüllt wird. Man schreibt dafür symbolisch*

$$\lim_{k \to \infty} a_k = g \tag{33}.$$

Beispiel: Die unendliche Folge $1, 1/2, 1/3, \ldots, 1/n, \ldots$ besitzt den Grenzwert $g = 0$:

$$\lim_{k \to \infty} a_k = \lim_{k \to \infty} \frac{1}{k} = 0.$$

$[1/k]$ bildet eine sog. *Nullfolge*. Wählt man für ein vorgegebenes ϵ die natürliche Zahl $N(\epsilon)$ so, daß $N(\epsilon) > 1/\epsilon$ ist, dann gilt für $k > N(\epsilon)$ die Abschätzung $|a_k| = 1/k < \epsilon$.

2. Grenzwert einer Funktion

Definition: *Eine Funktion* f (x) *besitzt an der Stelle* x = ξ *den Grenzwert* g, *wenn sich zu jeder beliebigen Zahl* $\epsilon > 0$ *stets eine positive Zahl* δ (ε, ξ) *finden läßt, so daß für jedes* x ≠ ξ *aus dem Intervall* $|x - \xi| < \delta$ *die Ungleichung*

$$|f(x) - g| < \epsilon \qquad (34)$$

erfüllt ist. Für diesen Grenzwert schreibt man kurz:

$$\lim_{\substack{x \to \xi \\ (x \neq \xi)}} f(x) = g \qquad (35).$$

Der Fall x = ξ wird dabei ausdrücklich ausgeschlossen, um die Definition auch dann anwenden zu können, wenn f (x) in x = ξ überhaupt nicht definiert ist.

Wir können für die Grenzwertdefinition die folgende anschauliche Deutung geben: alle x-Werte, deren Abstand von der untersuchten Stelle ξ kleiner ist als δ, besitzen die Eigenschaft, daß sich die ihnen zugeordneten Funktionswerte y = f (x) um weniger als ε von dem Grenzwert unterscheiden.

Eine für die Praxis sehr nützliche *äquivalente* Definition erhält man, wenn man x gleich (ξ + ε) setzt, wobei ε eine beliebig kleine, jedoch von Null verschiedene reelle Zahl bedeutet:

$$\lim_{\substack{\epsilon \to 0 \\ (\epsilon \neq 0)}} f(\xi + \epsilon) = g \qquad (36)$$

($[\epsilon]$ ist eine Nullfolge). Diese Gleichung ist gleichbedeutend mit der Forderung, daß *links- und rechtsseitiger Grenzwert* vorhanden und einander gleich sind:

$$\lim_{\epsilon \to 0} f(\xi - \epsilon) = \lim_{\epsilon \to 0} f(\xi + \epsilon) = g \qquad (\epsilon > 0) \qquad (37).$$

Bei der Bildung des Grenzwertes $\lim\limits_{\epsilon \to 0} f(\xi - \epsilon)$ nähern wir uns der Stelle $x = \xi$ von links, bei der Bildung des Grenzwertes $\lim\limits_{\epsilon \to 0} f(\xi + \epsilon)$ dagegen von rechts.

In den Randpunkten des Definitionsintervalles ist nur die Grenzwertbildung aus dem Inneren des Intervalles möglich.

Beispiel: Die *Signumfunktion*

$$y = \text{sgn}(x) = \left\{ \begin{array}{ccc} 1 & & x > 0 \\ 0 & \text{für} & x = 0 \\ -1 & & x < 0 \end{array} \right\}$$

besitzt an der Stelle $x = 0$ überhaupt keinen Grenzwert, da die links- und rechtsseitigen Grenzwerte zwar existieren, jedoch *nicht* übereinstimmen:

linksseitiger Grenzwert: $\lim\limits_{\epsilon \to 0} f(0 - \epsilon) = \lim\limits_{\epsilon \to 0} (-1) = -1 \quad (\epsilon > 0)$;

rechtsseitiger Grenzwert: $\lim\limits_{\epsilon \to 0} f(0 + \epsilon) = \lim\limits_{\epsilon \to 0} (1) = 1 \quad (\epsilon > 0)$.

Der Funktionsgraph der Signumfunktion besitzt an der Stelle $x = 0$ eine *Sprungstelle* (vgl. Abb. 41).

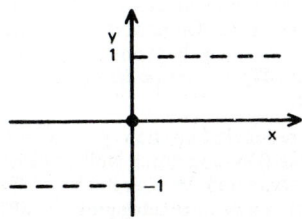

Abb. 41 Funktionsgraph der Signumfunktion

3. Definition der Stetigkeit

Definition: *Eine Funktion $y = f(x)$ heißt an der Stelle $x = \xi$ stetig, wenn es nach Wahl einer beliebigen Zahl $\epsilon > 0$ stets möglich ist, eine Zahl $\delta(\epsilon, \xi) > 0$ so zu bestimmen, daß für alle x aus dem Intervall $|x - \xi| < \delta$ die Ungleichung*

$$|f(x) - f(\xi)| < \epsilon \tag{38}$$

stets erfüllt ist.

Die Stetigkeitsbedingung läßt sich auch wie folgt formulieren:

$$\lim_{x \to \xi} \ f(x) = f(\xi) \tag{39}.$$

Sie stellt folgende drei Forderungen an die Funktion f (x):

(a) Die Funktion f (x) ist an der Stelle x = ξ erklärt;

(b) der Grenzwert der Funktion f (x) an der Stelle x = ξ existiert;

(c) Grenzwert und Funktionswert an der Stelle x = ξ stimmen überein.

Man beachte, daß die Stetigkeit an einer Stelle *voraussetzt,* daß die Funktion dort *definiert* ist, d.h. einen *endlichen* Funktionswert besitzt. Stellen, an denen die Funktion *nicht* definiert ist, werden daher folgerichtig als *Definitionslücken* bezeichnet. An diesen Stellen kann die Funktion daher *nicht stetig* sein. Eine *Unstetigkeitsstelle* liegt dagegen vor, wenn die Funktion an der betreffenden Stelle zwar definiert ist, dort jedoch *keinen* oder aber einen vom Funktionswert *abweichenden* Grenzwert besitzt. Die folgenden Beispiele erläutern diesen Sachverhalt.

Beispiele: a) Die Signumfunktion y = f(x) = sgn (x) ist an der Stelle x = 0 *unstetig.* Zwar besitzt die Funktion an dieser Stelle einen Funktionswert (f(0) = sgn (0) = 0), jedoch *keinen* Grenzwert (links- und rechtsseitiger Grenzwert sind zwar vorhanden, weichen aber voneinander ab, vgl. hierzu das Beispiel auf S. 221 sowie Abb. 41). *Unstetigkeiten* dieser Art werden als *Sprungunstetigkeiten* bezeichnet.

b) Die unecht gebrochen rationale Funktion y = f(x) = 1/(x – 1) besitzt in x = 1 eine *Definitionslücke* (Division durch Null ist nicht erlaubt) und kann daher an dieser Stelle *nicht stetig* sein. In jeder noch so kleinen Umgebung von x = 1 besitzt diese Funktion jedoch beliebig große positive und negative Funktionswerte (vgl. Abb. 42). Eine *Definitionslücke* dieser Art bezeichnet man als *Pol mit Vorzeichenwechsel.*

c) Die gebrochen rationale Funktion y = f(x) = $(x^2 - 1)/(x - 1)$ ist für alle x $\neq$ 1 erklärt. An der Stelle x = 1 besitzt diese Funktion eine *Definitionslücke* (an dieser Stelle erhält man durch formales Einsetzen den *unbestimmten Ausdruck* 0/0). Dagegen ist der Grenzwert an dieser Stelle vorhanden:

$$\lim_{\epsilon \to 0} f(1 \pm \epsilon) = \lim_{\epsilon \to 0} \frac{1 \pm 2\epsilon + \epsilon^2 - 1}{1 \pm \epsilon - 1} = \lim_{\epsilon \to 0} (2 \pm \epsilon) = 2 \ .$$

Die Definitionslücke in x = 1 *kann jedoch durch eine nachträgliche Definition behoben werden (hebbare Singularität).* Dazu setzt man den Funktionswert an der Stelle x = 1 gleich dem Grenzwert: f(1) = 2. Die gebrochen rationale Funktion ist jetzt mit der Geraden y = x + 1 identisch (Abb. 43).

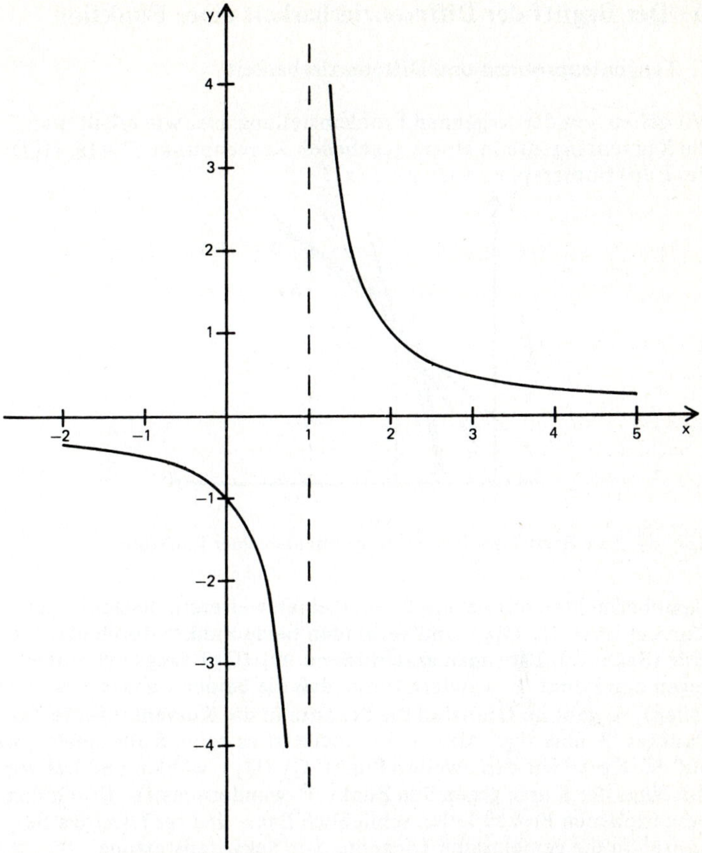

Abb. 42 Zum Begriff der *Polstelle* (gezeichnet ist die Funktion $y = 1/(x - 1)$)

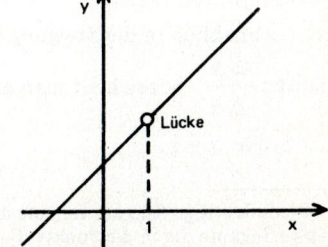

Abb. 43 Der Funktionsgraph von
$$f(x) = \frac{x^2 - 1}{x - 1}$$

D. Der Begriff der Differenzierbarkeit einer Funktion

1. Tangentenproblem und Differenzierbarkeit

Wir gehen von der folgenden Problemstellung aus: wie erhält man die Kurventangente in einem gegebenen Kurvenpunkt $P = (\xi, f(\xi))$ des Funktionsgraphen von $y = f(x)$?

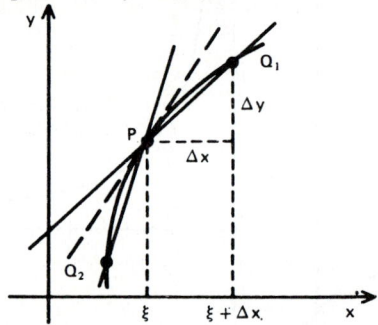

Abb. 44 Zum Begriff des Differentialquotienten einer Funktion

Dazu betrachten wir neben P noch einen weiteren, benachbarten Kurvenpunkt Q_1 (Q_2) und verbinden beide Punkte durch eine Gerade (Sekante). Läßt man anschließend Q_1 (Q_2) längs der Kurve gegen den Punkt P wandern (ohne daß die beiden Punkte zusammenfallen), so geht im Grenzfall die Sekante in die Kurventangente des Punktes P über (vgl. Abb. 44). Dabei darf es keine Rolle spielen, *wo* auf der Kurve wir den zweiten Punkt Q_1 (Q_2) wählen und *wie* wir ihn längs der Kurve gegen den Punkt P wandern lassen. Durch den beschriebenen Prozeß fallen schließlich *links-* und *rechtsseitige* Sekante[1] in die gemeinsame Tangente. Die Sekantensteigung

$$\frac{\Delta y}{\Delta x} = \frac{f(\xi + \Delta x) - f(\xi)}{\Delta x} \tag{40}$$

geht schließlich in die Steigung der Kurventangente über. Den Quotienten $\dfrac{\Delta y}{\Delta x}$ bezeichnet man als *Differenzenquotient* von $f(x)$ an der Stelle $x = \xi$.

---

[1] Die linksseitige Sekante verläuft durch die Punkte Q_2 und P, die rechtsseitige Sekante durch die Punkte Q_1 und P (vgl. Abb. 44).

Wir definieren daher:

Definition: *Eine Funktion* y = f (x) *heißt an der Stelle* x = ξ *differenzierbar, wenn der Grenzwert des Differenzenquotienten (40) für* Δ x → 0 *an dieser Stelle existiert. Man bezeichnet den Grenzwert als 1. Ableitung der Funktion* f (x) *an der Stelle* x = ξ *und schreibt dafür symbolisch:*

$$y' = f'(\xi) = \lim_{\Delta x \to 0} \frac{f(\xi + \Delta x) - f(\xi)}{\Delta x} \tag{41}.$$

Eine Funktion y = f (x) *heißt in ihrem Definitionsbereich differenzierbar, wenn sie an jeder Stelle* x = ξ *ihres Definitionsbereiches differenzierbar ist.*

Differenzierbarkeit einer Funktion f (x) an der Stelle x = ξ bedeutet also, daß man dem Funktionsgraphen in dem betreffenden Kurvenpunkt (ξ, f (ξ)) in *eindeutiger* Weise eine Tangente mit *endlicher* Steigung zuordnen kann.

Ist eine Funktion y = f (x) *überall* in ihrem Definitionsbereich differenzierbar, so ist die erste Ableitung als eine Funktion f' (x) der unabhängigen Variablen x aufzufassen. Sie wird häufig symbolisch in der Form eines *Differentialquotienten* geschrieben:

$$y' = f'(x) = \lim_{\Delta x \to 0} \frac{\Delta y}{\Delta x} = \frac{dy}{dx} \tag{42}.$$

Der Differentialquotient ist also der Grenzwert des Differenzenquotienten.

Beispiele: a) Als einfaches Beispiel untersuchen wir die Steigung der Kurventangente in einem beliebigen Punkt (x, x³) der *kubischen Parabel* y = f (x) = x^3. Per Definition bilden wir den Grenzwert des Differenzenquotienten und erhalten

$$\lim_{\Delta x \to 0} \frac{f(x + \Delta x) - f(x)}{\Delta x} = \lim_{\Delta x \to 0} \frac{(x + \Delta x)^3 - x^3}{\Delta x} =$$

$$= \lim_{\Delta x \to 0} (3x^2 + 3x \Delta x + (\Delta x)^2) = 3x^2.$$

Die Funktion y = f (x) = x^3 ist daher *überall* differenzierbar und besitzt an der Stelle x die Ableitung y' = f' (x) = $3x^2$. So beträgt z. B. die Steigung im Punkte (1, 1) des Funktionsgraphen f' (1) = 3.

b) Ein sehr lehrreiches Beispiel für eine Funktion, die *nicht überall* in ihrem Definitionsbereich differenzierbar ist, liefert die sog. *Neillsche Parabel*

$y = f(x) = x^{2/3} = \sqrt[3]{x^2}$. Im Nullpunkt $(0, 0)$ gilt:

$$\lim_{\Delta x \to 0} \frac{f(0 + \Delta x) - f(0)}{\Delta x} = \lim_{\Delta x \to 0} \frac{(\Delta x)^{2/3}}{\Delta x} = \lim_{\Delta x \to 0} \frac{1}{(\Delta x)^{1/3}} .$$

Der *vordere (rechtsseitige)* Differenzenquotient ($\Delta x > 0$) geht gegen $+\infty$, der *hintere (linksseitige)* Differenzenquotient ($\Delta x < 0$) gegen $-\infty$. Die Neillsche Parabel ist also im Nullpunkt *nicht* differenzierbar, d. h. wir können diesem Kurvenpunkt *keine* Tangente mit *endlicher* Steigung zuordnen. Der Abbildung entnimmt man, daß die Kurve im Nullpunkt eine sog. *Spitze* mit vertikaler Tangente besitzt (vgl. Abb. 45).

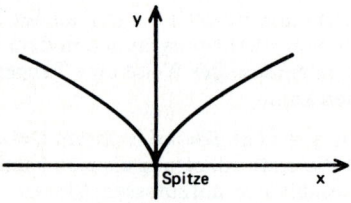

Abb. 45 Funktionsgraph der Neillschen Parabel $f(x) = \sqrt[3]{x^2}$

2. Allgemeine Differentiationsregeln (ohne Kettenregel)

Satz 1: *Der Differentialquotient einer konstanten Funktion ist Null.*

Beweis: Die 1. Ableitung der Funktion $y = f(x) = c = \text{const.}$ berechnet sich zu

$$y' = \lim_{\Delta x \to 0} \frac{f(x + \Delta x) - f(x)}{\Delta x} = \lim_{\Delta x \to 0} \frac{c - c}{\Delta x} = \lim_{\Delta x \to 0} 0 = 0 \tag{43}.$$

Satz 2: *Konstante Faktoren bleiben beim Differentiationsprozeß erhalten.*

Beweis: Aus $y = f(x) = c \cdot g(x)$ folgt (c ist eine Konstante):

$$y' = \lim_{\Delta x \to 0} \frac{c \cdot g(x + \Delta x) - c \cdot g(x)}{\Delta x} =$$

$$= c \cdot \lim_{\Delta x \to 0} \frac{g(x + \Delta x) - g(x)}{\Delta x} = c \cdot g'(x) \qquad (44).$$

Satz 3: *Die Summe zweier Funktionen darf gliedweise differenziert werden: aus* $f(x) = u(x) + v(x)$ *folgt:*

$$f'(x) = [u(x) + v(x)]' = u'(x) + v'(x) \qquad (45).$$

Diese Regel läßt sich für eine Summe von *endlich vielen* Funktionen verallgemeinern.

Beispiel: Die endliche Summe $f(x) = x + x^2 + \ldots + x^n = \displaystyle\sum_{i=1}^{n} x^i$

darf gliedweise differenziert werden:

$$y' = f'(x) = 1 + 2x + 3x^2 + \ldots + nx^{n-1} = \sum_{i=1}^{n} i x^{i-1}.$$

Satz 4: *Ist eine Funktion* $y = f(x)$ *als Produkt zweier Funktionen* $u(x)$ *und* $v(x)$ *darstellbar,* $f(x) = u(x) \cdot v(x)$, *so erhält man die erste Ableitung nach der Produktregel*

$$y' = f'(x) = u'(x) \cdot v(x) + v'(x) \cdot u(x) \qquad (46)$$

(ohne Beweis).

Beispiel: Es sei $y = f(x) = (x^2 - 4)(x^3 - 3x + 1)$. Setzt man $u(x) = x^2 - 4$, $v(x) = x^3 - 3x + 1$, so erhält man mit $u'(x) = 2x$ und $v'(x) = 3x^2 - 3$ schließlich

$$y' = 2x(x^3 - 3x + 1) + (3x^2 - 3)(x^2 - 4) = 5x^4 - 21x^2 + 2x + 12.$$

Satz 5: *Ist eine Funktion* $y = f(x)$ *als Quotient zweier Funktionen* $u(x)$ *und* $v(x)$ *darstellbar,* $f(x) = u(x)/v(x)$, *so erhält man die erste Ableitung nach der Quotientenregel*

$$y' = f'(x) = \frac{u'(x) \cdot v(x) - v'(x) \cdot u(x)}{[v(x)]^2} \qquad (47)$$

(ohne Beweis).

Beispiel: Setzt man in der Funktion $y = f(x) = (x^3 - 2x)/(x^2 + x + 1)$
$u(x) = x^3 - 2x$, $v(x) = x^2 + x + 1$, so ergibt sich für die erste Ableitung der
Funktion $f(x)$:

$$y' = \frac{(3x^2 - 2)(x^2 + x + 1) - (2x + 1)(x^3 - 2x)}{(x^2 + x + 1)^2} = \frac{x^4 + 2x^3 + 5x^2 - 2}{(x^2 + x + 1)^2}$$

In Tabelle I sind die Ableitungen der wichtigsten elementaren Funktionen zusammengestellt worden.

Tabelle I. Erste Ableitung einiger elementarer Funktionen

Funktion $f(x)$		Erste Ableitung $f'(x)$
Potenzfunktion	x^n	$n \cdot x^{n-1}$
Exponentialfunktionen	a^x $(a > 0)$	$(\ln a) \cdot a^x$
	e^x	e^x
Logarithmusfunktionen	$\log_a x$	$1/(x \cdot \ln a)$
	$\ln x$	$1/x$
Trigonometrische Funktionen	$\sin x$	$\cos x$
	$\cos x$	$-\sin x$
	$\tan x$	$1/\cos^2 x$
	$\operatorname{ctan} x$	$-1/\sin^2 x$
Arkusfunktionen	$\arcsin x$	$1/\sqrt{1 - x^2}$
	$\arccos x$	$-1/\sqrt{1 - x^2}$
	$\arctan x$	$1/(1 + x^2)$
	$\operatorname{arcctan} x$	$-1/(1 + x^2)$
Hyperbelfunktionen	$\sinh x$	$\cosh x$
	$\cosh x$	$\sinh x$
	$\tanh x$	$1/\cosh^2 x$
	$\operatorname{ctanh} x$	$-1/\sinh^2 x$

3. Die Kettenregel

Die im vorangegangenen Abschnitt dargestellten Differentiationsregeln versetzen uns in die Lage, die einfachsten (elementaren) Funktionen wie zum Beispiel Polynomfunktionen, $\dot{y} = \sin x$, $y = 3 \cdot e^x$ usw. zu differenzieren. Bei komplizierter gebauten, *zusammengesetzten* oder *ineinander geschachtelten* Funktionen wie z.B.

$y = \sin(2x - 5)$ oder $y = e^{(x^2 - 4x + 7)}$ benötigt man jedoch eine weitere, unter dem Begriff *Kettenregel* bekannte Differentiationsregel. Der Grundgedanke ist dabei der folgende:

Die vorgegebene Funktion $y = f(x)$ wird durch eine *geeignete Substitution* $u = u(x)$ in eine *elementare,* von der neuen Variablen u abhängige Funktion $y = F(u)$ übergeführt. *Elementar bedeutet in diesem Zusammenhang, daß die neue Funktion $y = F(u)$ unter ausschließlicher Verwendung der bisher bekannten Regeln differenzierbar ist.* Wir führen noch folgende Bezeichnungen ein:

$$u = u(x) \quad : \quad \text{Innere Funktion}$$
$$y = F(u) \quad : \quad \text{Äußere Funktion.} \tag{48}$$

Dabei gilt der Zusammenhang

$$y = F(u(x)) = f(x) \tag{49}.$$

Die Kettenregel, die hier ohne Beweis angegeben werden soll, bildet nun die gesuchte Ableitung der vorgegebenen Funktion $y = f(x)$ als Produkt aus den Ableitungen der inneren und äußeren Funktion:

$$y' = \frac{dy}{dx} = \frac{dy}{du} \cdot \frac{du}{dx} \tag{50}.$$

Darin bedeuten:

$\dfrac{dy}{du}$: Äußere Ableitung (Ableitung der äußeren Funktion $y = F(u)$)

$\dfrac{du}{dx}$: Innere Ableitung (Ableitung der inneren Funktion $u = u(x)$).

Beispiele: a) $y = \sin(2x - 5)$
Substitution: $u = 2x - 5$
Äußere Funktion: $y = F(u) = \sin u$
Innere Funktion: $u = u(x) = 2x - 5$
Äußere Ableitung: $\dfrac{dy}{du} = \cos u = \cos(2x - 5)$

Innere Ableitung: $\dfrac{du}{dx} = 2$

$y' = \dfrac{dy}{dx} = \dfrac{dy}{du} \cdot \dfrac{du}{dx} = \cos(2x - 5) \cdot 2 = 2 \cdot \cos(2x - 5).$

b) $y = e^{(x^2 - 4x + 7)}$

Substitution: $u = x^2 - 4x + 7$

$y = F(u) = e^u \qquad \dfrac{dy}{du} = e^u = e^{(x^2 - 4x + 7)}$

$u = u(x) = x^2 - 4x + 7 \qquad \dfrac{du}{dx} = 2x - 4$

$y' = \dfrac{dy}{dx} = \dfrac{dy}{du} \cdot \dfrac{du}{dx} = (2x - 4) \cdot e^{(x^2 - 4x + 7)}$

c) $y = \sin^5 x = (\sin x)^5$

Substitution: $u = \sin x$

$y = F(u) = u^5 \qquad \dfrac{dy}{du} = 5u^4 = 5(\sin x)^4 = 5 \cdot \sin^4 x$

$u = u(x) = \sin x \qquad \dfrac{du}{dx} = \cos x$

$y' = \dfrac{dy}{dx} = \dfrac{dy}{du} \cdot \dfrac{du}{dx} = 5 \cdot \sin^4 x \cdot \cos x .$

d) $y = \sqrt{x^3 - 5x + 1} = (x^3 - 5x + 1)^{1/2}$

Substitution: $u = x^3 - 5x + 1$

$y = F(u) = u^{1/2} \qquad \dfrac{dy}{du} = \dfrac{1}{2} u^{-1/2} = \dfrac{1}{2}(x^3 - 5x + 1)^{-1/2}$

$u = u(x) = x^3 - 5x + 1 \qquad \dfrac{du}{dx} = 3x^2 - 5$

$y' = \dfrac{dy}{dx} = \dfrac{dy}{du} \cdot \dfrac{du}{dx} = \dfrac{1}{2}(x^3 - 5x + 1)^{-1/2}(3x^2 - 5) = \dfrac{3x^2 - 5}{2\sqrt{x^3 - 5x + 1}}$

4. Differentiale und Ableitungen höherer Ordnung

$y' = f'(x)$ gibt die Steigung der Tangente an den Funktionsgraphen von $y = f(x)$ im Kurvenpunkt $(x, f(x))$ an. Ändert sich nun die Größe x um Δx, so ändert sich die abhängige Größe y um $\Delta y =$

f (x + Δ x) − f (x), wobei der Punkt mit den Koordinaten (x + Δ x, y + Δ y) ebenfalls auf der Kurve liegt. Die entsprechende Änderung des Ordinatenwertes auf der Kurventangente beträgt jedoch dy = f' (x) · dx (dx = Δ x). Der Punkt (x + dx, f(x) + f' (x) · dx) ist ein Punkt der *Kurventangente*, i. a. jedoch *kein* Punkt der Kurve selbst (vgl. Abb. 46).

Die Größen Δ x, Δ y heißen *Differenzen,* die Größen dx, dy *Differentiale.* Ist die Änderung Δ x = dx der Größe x sehr klein, so darf man in guter Näherung die Differenz Δ y durch das entsprechende Differential dy = f' (x) · dx ersetzen. Je kleiner Δ x = dx ist, umso besser ist i.a. die Näherung. Anwendung findet diese Näherung z.B. bei der Linearisierung einer Funktion sowie der Fortpflanzung von Meßfehlern (vgl. hierzu Kapitel X.A.4.).

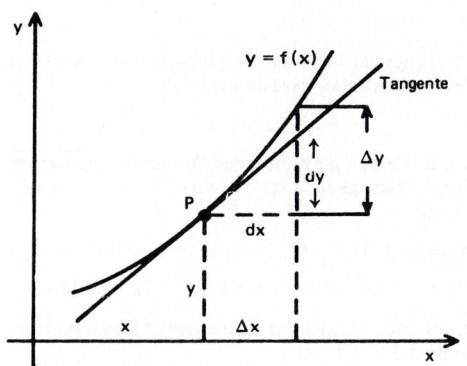

Abb. 46 Zum Begriff des Differentials einer Funktion

Die erste Ableitung y' = f' (x) einer Funktion y = f (x) ist selbst wieder eine Funktion der unabhängigen Variablen x. Analog kann man durch wiederholtes Differenzieren aus der Ausgangsfunktion f (x) *Ableitungen höherer Ordnung* bilden, die der Reihe nach mit

$$y' = f' (x), \quad y'' = f'' (x), \quad \dots, \quad y^{(n)} = f^{(n)} (x), \quad \dots \quad (51)$$

bezeichnet werden ($y^{(n)}$ ist die n-te Ableitung oder Ableitung n-ter Ordnung der Funktion f (x)). Üblich ist auch die Schreibweise in Form höherer Differentialquotienten:

$$\frac{dy}{dx}, \quad \frac{d^2 y}{dx^2}, \quad \dots, \quad \frac{d^n y}{dx^n}, \quad \dots \quad (52).$$

Beispiele: a) In der Reaktionskinetik wird der zeitliche Ablauf von chemischen Reaktionen näher untersucht. Wir betrachten eine einfache Reaktion vom Typ $A \rightarrow B$. Die Konzentration der beiden Stoffe zur Zeit t bezeichnen wir mit $c_A(t)$ bzw. mit $c_B(t)$. Dann repräsentiert der Differentialquotient $c_A'(t)$ die *Abnahme* der Konzentration des Stoffes A, während $c_B'(t)$ die *Zunahme* der Konzentration des Stoffes B, immer bezogen auf die Zeiteinheit, bedeutet. Die beiden Differentialquotienten können daher als ein geeignetes Maß für die Geschwindigkeit, mit der die Reaktion $A \rightarrow B$ abläuft, angesehen werden. Folgerichtig bezeichnet man daher die beiden Funktionen $-c_A'(t)$ bzw. $c_B'(t)$ als *Reaktionsgeschwindigkeit* der Stoffumwandlung $A \rightarrow B$.

b) $s = s(t)$ sei das Weg-Zeit-Gesetz eines Massenpunktes, der sich nach den Gesetzen der klassischen Mechanik bewege. Geschwindigkeit v und Beschleunigung a ergeben sich durch ein- bzw. zweimaliges Differenzieren der Funktion $s = s(t)$ nach der unabhängigen Variablen t (Zeit):

$$v = v(t) = s'(t), \quad a = a(t) = s''(t).$$

Gemäß der Bewegungsgleichung der Newtonschen Mechanik erhält man für die auf den Massenpunkt einwirkende Kraft F:

$$F = m a = m s''(t) \qquad (m = \text{Masse}).$$

So erhält man z. B. für den harmonischen Oszillator (elastisches Federpendel) aus der Weg-Zeit-Abhängigkeit $s(t) = A \sin \omega t$ (A = Schwingungsamplitude; ω = Kreisfrequenz):

$$v(t) = \omega A \cos \omega t, \quad a(t) = -\omega^2 A \sin \omega t = -\omega^2 s(t),$$

$$F(t) = m s''(t) = -m \omega^2 s(t) = -k \cdot s(t) \qquad (k = m \omega^2).$$

Die Rückstellkraft einer elastischen Feder genügt also dem Hookeschen Gesetz $(F = -\text{const.} \cdot s = -k \cdot s)$.

5. Mittelwertsatz der Differentialrechnung

Satz: $f(x)$ *sei eine im abgeschlossenen Intervall* $< a, b >$ *stetige und im Inneren des Intervalles überall differenzierbare Funktion. Dann gibt es mindestens eine im Inneren des Intervalles gelegene Stelle* $x = \xi$ *mit der folgenden Eigenschaft:*

$$f'(\xi) = \frac{f(b) - f(a)}{b - a} \tag{53}$$

(Mittelwertsatz der Differentialrechnung).

Geometrisch läßt sich der Mittelwertsatz wie folgt interpretieren: es gibt mindestens einen Punkt mit den Koordinaten $(\xi, f(\xi))$ $(a < \xi < b)$, dessen Tangente *parallel* zur Sekante durch die beiden

Randpunkte (a, f (a)), (b, f (b)) verläuft (vgl. Abb. 47). Sind insbesondere die beiden Randpunkte Nullstellen der Funktion f (x), so gibt es zwischen ihnen wenigstens einen Kurvenpunkt mit *waagerechter* Tangente (sog. *Rollescher Satz*). In diesem Punkte besitzt f (x) ein relatives Maximum oder ein relatives Minimum (s. hierzu Kapitel VII.G.). Wir fassen diese Aussage in einem Satz zusammen.

Satz: *Zwischen zwei Nullstellen einer differenzierbaren Funktion liegt mindestens ein relativer Extremwert (relatives Minimum oder relatives Maximum).*

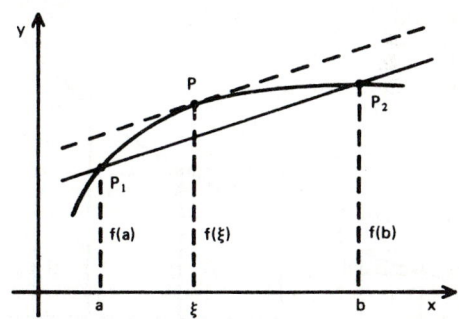

Abb. 47 Zur geometrischen Deutung des Mittelwertsatzes der Differentialrechnung

Voraussetzung für die Gültigkeit des Mittelwertsatzes ist die Differenzierbarkeit der Funktion f (x) im Intervallinneren. Ist diese nicht gewährleistet, so trifft der Satz i. a. nicht zu, wie das folgende Beispiel zeigt.

Beispiel: Wegen der Achsensymmetrie des Funktionsgraphen der Neillschen Parabel $y = x^{2/3}$ ist die Steigung der Sekante durch die beiden *symmetrisch* gelegenen Kurvenpunkte $(-a, f(-a))$, $(a, f(a))$ gleich Null. Trotzdem gibt es *keine* im Inneren des Intervalles $< -a, a >$ gelegene Stelle mit waagerechter Tangente. Der Grund liegt darin, daß die Neillsche Parabel im Nullpunkt *nicht* differenzierbar ist (vgl. hierzu Abb. 45).

E. Die Integration von Funktionen

1. Das bestimmte Integral als Flächeninhalt

Die Aufgabe, den Flächeninhalt zwischen einer Kurve $y = f (x)$ (d. h. zwischen dem Funktionsgraphen von f (x)), der x-Achse und den beiden Parallelen $x = a$ und $x = b$ zu bestimmen, führt zum Begriff des *bestimmten Integrals*. Von der Funktion $y = f(x)$ wollen wir neben der Stetigkeit voraussetzen, daß sie im abgeschlossenen Intervall $< a, b >$ nicht negativ ist und monoton wächst. Der Flächeninhalt kann dann durch eine Summe von Rechtecksflächen approximiert werden. Zu diesem Zwecke unterteilen wir das Intervall $< a, b >$ durch $(n + 1)$ Teilpunkte $x_0 = a$, $x_1, x_2, \ldots, x_{n-1}, x_n = b$ in genau n Teilintervalle der Länge $\Delta x_i = x_i - x_{i-1}$ und errichten über ihnen wie folgt Rechtecke (vgl. Abb. 48):

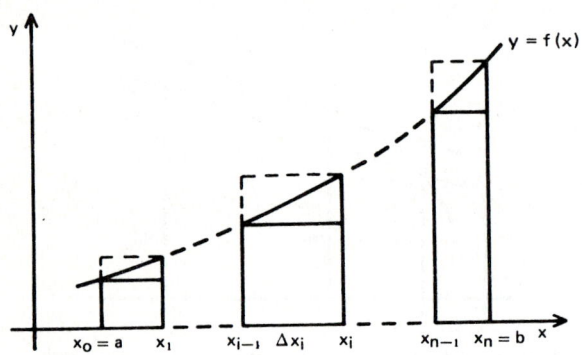

Abb. 48 Zum Begriff des bestimmten Integrals

Wählt man als zweite Rechtecksseite jeweils den Funktionswert im *linken* Teilpunkt, so besitzt das i-te Rechteck den Flächeninhalt

$$F_i = (x_i - x_{i-1}) \, f(x_{i-1}) = \Delta x_i \, f(x_{i-1}) \qquad (54).$$

Der tatsächliche Flächeninhalt F ist dann gewiß nicht kleiner als die als *Untersumme* U_n bezeichnete Summe dieser Rechtecksflächen:

$$U_n = \sum_{i=1}^{n} F_i = \sum_{i=1}^{n} \Delta x_i \, f(x_{i-1}) \leqslant F \qquad (55).$$

Wählt man jedoch als zweite Rechtecksseite den Funktionswert im *rechten* Eckpunkt des Teilintervalles, so besitzt das i-te Rechteck den Flächeninhalt

$$\overline{F_i} = (x_i - x_{i-1}) \, f(x_i) = \Delta x_i \, f(x_i) \qquad (56)$$

und die gesuchte Fläche ist gewiß nicht größer als die sog. *Obersumme*

$$O_n = \sum_{i=1}^{n} \overline{F_i} = \sum_{i=1}^{n} \Delta x_i \ f(x_i) \geqslant F \qquad (57).$$

Der Flächeninhalt F liegt somit zwischen Untersumme U_n und Obersumme O_n:

$$U_n \leqslant F \leqslant O_n \qquad (58).$$

Verfeinert man die Unterteilung durch Hinzunahme weiterer Teil-punkte, so werden sich die Untersummen nicht verkleinern, die Ober-summen nicht vergrößern:

$$U_p \geqslant U_n, \qquad O_p \leqslant O_n \qquad (p \geqslant n) \qquad (59).$$

Mit zunehmender Verfeinerung der Unterteilung ($n \to \infty$), wobei *zugleich die Länge des längsten* Teilintervalles gegen Null geht, nähern sich Untersumme und Obersumme immer mehr und streben schließ-lich gegen einen gemeinsamen Grenzwert, der den Flächeninhalt zwischen der Kurve $y = f(x)$, der x-Achse und den beiden Parallelen $x = a$ und $x = b$ darstellt:

$$\lim_{n \to \infty} U_n = \lim_{n \to \infty} O_n = F \qquad (60).$$

Diesen Grenzwert bezeichnet man als das *bestimmte Integral* der stetigen Funktion $f(x)$ zwischen den Grenzen $x = a$ und $x = b$ und schreibt dafür symbolisch:

$$\int_a^b f(x) \ dx \qquad (61).$$

Das Integrationszeichen $\int$ ist als Hinweis auf eine (unendliche) Summe über differentielle Rechtecksflächen vom Inhalt $f(x) \ dx$ zu verstehen. a und b sind die *untere* bzw. *obere Integrations-grenze*, $f(x)$ heißt *Integrand*.

Der Wert des bestimmten Integrals ist *unabhängig* von der vorgenom-menen Intervallunterteilung und der Art der anschließenden Ver-feinerung.

Beispiel: Als Beispiel behandeln wir die Berechnung des Flächeninhaltes zwi-schen der Normalparabel $y = f(x) = x^2$, der x-Achse und den beiden Parallelen $x = 0$ und $x = a$. Die Intervallunterteilung wird zweckmäßigerweise *äquidistant* vorgenommen (Unterteilung in Teilintervalle gleicher Länge). Je-des Teilintervall besitzt dann die Länge $\Delta x = a/n$. Die $(n + 1)$ Teilpunkte sind dann der Reihe nach:

$x_0 = 0$, $x_1 = (a/n)$, $x_2 = 2 (a/n)$, . . ., $x_n = n (a/n) = a$,

d. h. $x_i = i (a/n)$ $(i = 0, 1, . . ., n)$.

Für die Untersumme erhält man unter Berücksichtigung der Formel

$$\sum_{i=1}^{n} i^2 = \frac{n (n + 1) (2n + 1)}{6} :$$

$$U_n = \sum_{i=1}^{n} (x_i - x_{i-1}) f (x_{i-1}) = \sum_{i=1}^{n} (a/n) f ((i-1) (a/n)) =$$

$$= \frac{a^3}{n^3} \sum_{i=1}^{n} (i-1)^2 = \frac{a^3}{n^3} \frac{(n-1) n (2n-1)}{6} = \frac{a^3}{3} (1 - 1/n) (1 - 1/(2n)).$$

Analog verfährt man bei der Obersumme:

$$O_n = \sum_{i=1}^{n} (x_i - x_{i-1}) f (x_i) = \sum_{i=1}^{n} (a/n) f (i (a/n)) = \frac{a^3}{n^3} \sum_{i=1}^{n} i^2 =$$

$$= \frac{a^3}{n^3} \frac{n (n + 1) (2n + 1)}{6} = \frac{a^3}{3} (1 + 1/n) (1 + 1/(2n)).$$

Verfeinert man nun die Intervallunterteilung beliebig $(n \to \infty)$, so strebt zugleich die Länge aller Teilintervalle gegen Null und Untersumme und Obersumme besitzen den gemeinsamen Grenzwert

$$\int_0^a x^2 \, dx = \frac{a^3}{3} .$$

2. Analytische Definition des bestimmten Integrals

Der Begriff des bestimmten Integrals läßt sich unabhängig von der geometrischen Anschauung rein analytisch definieren. Man wähle dazu eine beliebige Unterteilung des abgeschlossenen Intervalles $< a, b >$ durch Einführung von $(n + 1)$ Teilpunkten $x_0 = a$, x_1, . . ., $x_n = b$. ξ_i sei ein beliebiger Punkt aus dem i-ten Teilintervall der Länge $\Delta x_i = x_i - x_{i-1}$. Mit diesen Größen bilde man die sog. *Zwischensumme*

$$Z_n = \sum_{i=1}^{n} f (\xi_i) \Delta x_i$$ (62).

Es läßt sich nun der folgende Satz beweisen.

Satz: *Ist* f (x) *eine im abgeschlossenen Intervall* $<$ a, b $>$ *stetige Funktion, so strebt die obige Zwischensumme (Gleichung* (62)*) einem Grenzwert zu, wenn man die Anzahl der Teilpunkte über alle Grenzen wachsen und dabei zugleich die Länge des längsten Teilintervalles gegen Null streben läßt. Dieser Grenzwert wird als das bestimm-*

te Integral $\int_{a}^{b}$ f (x) dx *der Funktion* f (x) *zwischen den Grenzen*

a *und* b *bezeichnet und ist insbesondere unabhängig von der Wahl sowohl der Teilpunkte* x_i *als auch der Zwischenpunkte* ξ_i.

3. Das unbestimmte Integral (Flächenfunktion)

Der Wert des bestimmten Integrals einer stetigen Funktion f (x) hängt von der Wahl der beiden Integrationsgrenzen a und b ab. Läßt man etwa die untere Grenze a fest, die obere Grenze b dagegen variabel (b = x), so ist der Wert des bestimmten Integrals eine Funktion I (x) der oberen (variablen) Grenze x:

$$I (x) = \int_{a}^{x} f (u) \, du \qquad (63)$$

(die Bezeichnung der Integrationsvariablen hat keinen Einfluß auf den Integralwert). I (x) heißt ein *unbestimmtes Integral* der Funktion f (x). Wählt man statt der unteren Grenze a eine andere untere Grenze a*, so erhalten wir das unbestimmte Integral

$$I^* (x) = \int_{a^*}^{x} f (u) \, du \qquad (64).$$

Beide Funktionen, I (x) und I* (x), unterscheiden sich offenbar nur durch das bestimmte Integral

$$I (x) - I^* (x) = \int_{a}^{a^*} f (u) \, du \qquad (65),$$

d. h. durch eine *additive Konstante*. Es ist daher

$$I (x) = I^* (x) + \text{const.} \qquad (66).$$

Satz: *Die verschiedenen unbestimmten Integrale ein und derselben Funktion* f (x) *unterscheiden sich lediglich durch eine additive Konstante.*

Wir formulieren nun einen äußerst wichtigen Satz, der unter der Bezeichnung *Fundamentalsatz der Differential- und Integralrechnung* in der mathematischen Literatur bekannt ist:

Satz: *Das unbestimmte Integral*

$$I(x) = \int_a^x f(u)\, du \tag{67}$$

einer stetigen Funktion f (x) *ist differenzierbar und es gilt der Zusammenhang*

$$I'(x) = f(x) \tag{68}$$

(Fundamentalsatz der Differential- und Integralrechnung).

Beweis: Wir legen der Beweisführung eine *geometrische* Deutung des unbestimmten Integrals

$$I(x) = \int_a^x f(u)\, du = \int_a^x f(x)\, dx \tag{69}$$

zugrunde: I(x) fassen wir als *Flächeninhalt* zwischen dem Funktionsgraph von y = f(x) und der x-Achse im Intervall $<a, x>$ auf (Abb. 49). Man bezeichnet daher das unbestimmte Integral I(x) in diesem Zusammenhang auch als *Flächenfunktion.*

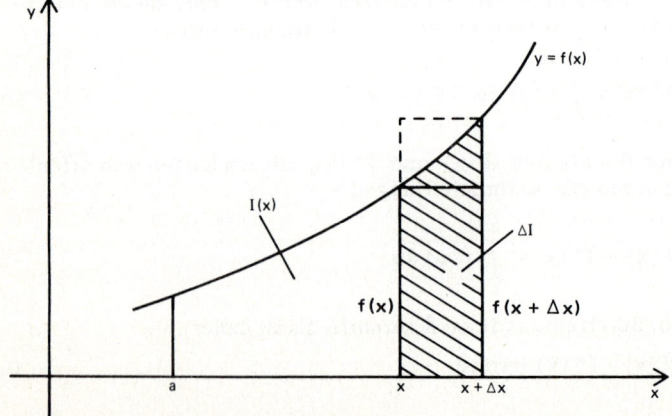

Abb. 49 Deutung des unbestimmten Integrals I(x) als Flächenfunktion

Wird nun die obere Grenze x um Δx vergrößert, so wächst der Flächeninhalt um

$$\Delta I = I(x + \Delta x) - I(x) \tag{70}.$$

In Abb. 49 ist dieser Flächenzuwachs *schraffiert* dargestellt. Aus der Abbildung erkennt man ferner, daß die Fläche des schraffierten Streifens zwischen den Flächeninhalten der beiden skizzierten Rechtecke liegt. Das kleinere Rechteck besitzt dabei den Flächeninhalt $f(x)\Delta x$, das größere Rechteck den Flächeninhalt $f(x + \Delta x)\Delta x$. Daher gilt

$$f(x)\Delta x \leqslant \Delta I \leqslant f(x + \Delta x)\Delta x \tag{71}$$

und nach Division durch Δx

$$f(x) \leqslant \frac{\Delta I}{\Delta x} \leqslant f(x + \Delta x) \tag{72}.$$

Diese Beziehung bleibt auch beim Grenzübergang $\Delta x \to 0$ bestehen:

$$\lim_{\Delta x \to 0} f(x) \leqslant \lim_{\Delta x \to 0} \frac{\Delta I}{\Delta x} \leqslant \lim_{\Delta x \to 0} f(x + \Delta x) \tag{73}.$$

Die beiden äußeren Grenzwerte führen wegen der Stetigkeit der Funktion $y = f(x)$ jeweils zur Funktion $f(x)$; der eingeschlossene Grenzwert ist per Definition nichts anderes als die 1. Ableitung $I'(x)$ der Flächenfunktion (des unbestimmten Integrals) $I(x)$. Daher folgt aus Gleichung (73)

$$f(x) \leqslant I'(x) \leqslant f(x) \tag{74}$$

und hieraus unmittelbar die Behauptung

$$I'(x) = f(x) \tag{75}.$$

Der großen Bedeutung wegen fassen wir die Ergebnisse dieses Abschnitts noch einmal zusammen:

Satz: *(1) Zu jeder stetigen Funktion* $f(x)$ *lassen sich unendlich viele unbestimmte Integrale angeben, die sich nur durch eine additive Konstante voneinander unterscheiden. Die Menge aller unbestimmten Integrale ist daher in der Form*

$$I(x) = I_1(x) + C \tag{76}$$

darstellbar, wobei $I_1(x)$ *ein beliebiges unbestimmtes Integral zu* $f(x)$ *und* C *eine beliebige reelle Konstante bedeutet. Diese Menge (einparametrige Funktionenschar) kennzeichnet man durch Weglassen der Integrationsgrenzen durch das Symbol* $\int f(x)\, dx$.

(2) Die 1. Ableitung eines jeden unbestimmten Integrals führt zur Integrandfunktion f(x) *zurück:*

$$I(x) = \int f(x)\,dx \rightarrow I'(x) = f(x) \tag{77}.$$

Beispiele: a) Wir suchen *sämtliche* unbestimmten Integrale $I(x)$ zu $f(x) = \cos x$. Da die Kosinusfunktion die 1. Ableitung der Sinusfunktion ist, gilt

$$I(x) = \int \cos x\,dx = \sin x + C \qquad (I'(x) = \cos x)\,.$$

b) Die unbestimmten Integrale zu $f(x) = 3x^2 + 2x + 5$ sind in der Form

$$I(x) = \int (3x^2 + 2x + 5)\,dx = x^3 + x^2 + 5x + C$$

darstellbar, da $I'(x) = 3x^2 + 2x + 5 = f(x)$ ist.

4. Stammfunktionen. Grundintegrale

Definition: *Eine Funktion* F(x) *heißt eine Stammfunktion zu einer gegebenen Funktion* f(x), *wenn*

$$F'(x) = f(x) \tag{78}$$

ist.

Im Fundamentalsatz der Differential- und Integralrechnung haben wir gezeigt, daß das unbestimmte Integral einer stetigen Funktion $f(x)$ genau die in der obigen Definition geforderte Eigenschaft besitzt. Daher können wir folgende Feststellung treffen:

Satz: *Jedes unbestimmte Integral* I(x) *einer stetigen Funktion* f(x) *ist eine Stammfunktion zu* f(x).

Weitere Eigenschaften der Stammfunktionen sind in dem folgenden Satz zusammengefaßt:

Satz: *Zwei Stammfunktionen* $F_1(x)$ *und* $F_2(x)$ *zu* f(x) *unterscheiden sich durch eine additive Konstante:*

$$F_1(x) - F_2(x) = \text{const.} \tag{79}.$$

Umgekehrt erhält man aus einer beliebigen Stammfunktion $F_1(x)$ *zu* f(x) *alle übrigen Stammfunktionen* F(x) *durch Addition einer beliebigen Konstanten zu* $F_1(x)$:

$$F(x) = F_1(x) + \text{const.} \tag{80}.$$

Beweis: Sind $F_1(x)$ und $F_2(x)$ Stammfunktionen zu $f(x)$, so gilt für die Funktion $G(x) = F_1(x) - F_2(x)$:

$$G'(x) = F_1'(x) - F_2'(x) = f(x) - f(x) = 0 \qquad (81).$$

Nach dem Mittelwertsatz der Differentialrechnung gilt dann

$$G(x+h) - G(x) = h \cdot G'(\xi) = 0 \qquad (x < \xi < x+h) \qquad (82),$$

da $G'(x)$ identisch verschwindet. Folglich ist für beliebiges h $G(x) = G(x+h)$, d. h. $G(x) = F_1(x) - F_2(x) = $ const. . Damit ist der erste Teil des Satzes bewiesen.

Teil 2 des Satzes beweist man wie folgt: $F_1(x)$ sei eine Stammfunktion zu $f(x)$, c eine beliebige Konstante. Dann ist die erste Ableitung der Funktion $F(x) = F_1(x) + c$ gleich

$$F'(x) = F_1'(x) = f(x) \qquad (83).$$

Aus $F'(x) = f(x)$ aber folgt, daß auch $F(x)$ eine Stammfunktion zu $f(x)$ ist.

Aus den Eigenschaften der Stammfunktionen und der unbestimmten Integrale folgt unmittelbar folgende wichtige Aussage:

Satz: *Ist $F_1(x)$ irgendeine Stammfunktion zu $f(x)$, so läßt sich jedes unbestimmte Integral $I(x)$ zu $f(x)$ in der Form*

$$I(x) = \int f(x)\, dx = F_1(x) + C \qquad (84)$$

darstellen, und umgekehrt ist jede Stammfunktion $F(x)$ zu $f(x)$ in der Form

$$F(x) = I_1(x) + C \qquad (85)$$

darstellbar, wobei $I_1(x)$ irgendein unbestimmtes Integral zu $f(x)$ ist.

Im folgenden soll daher kein Unterschied mehr gemacht werden zwischen den Begriffen ,,unbestimmtes Integral'' und ,,Stammfunktion''. Die beiden Begriffe lassen sich miteinander identifizieren.

Beispiel: $F_1(x) = x^2 + x$ ist sicher eine Stammfunktion zu $f(x) = 2x + 1$, da $F_1'(x) = f(x) = 2x + 1$ ist. Die unbestimmten Integrale zu $f(x) = 2x + 1$ sind daher in der folgenden Form darstellbar:

$$I(x) = \int (2x+1)\, dx = F_1(x) + C = x^2 + x + C$$

(C = beliebige reelle Konstante).

Ein wichtiger Zusammenhang zwischen der Differential- und der Integralrechnung läßt sich aus dem Fundamentalsatz herleiten. Wegen $I'(x) = f(x)$ gilt die Beziehung

$$I(x) = \int f(x)\, dx = \int I'(x)\, dx \qquad (86).$$

Sie läßt folgende Interpretation zu: *die Aufgabe der Integralrechnung besteht darin, zu einer vorgegebenen ersten Ableitungsfunktion* $I'(x)$ *die ursprünglichen Funktionen* $I(x)$ *(Stammfunktionen) aufzusuchen. In diesem Sinne ist der Integrationsprozeß die Umkehrung des Differentiationsprozesses.*

In der nun folgenden Tabelle II werden die Stammfunktionen (unbestimmten Integrale) der wichtigsten elementaren Funktionen aufgeführt (sog. Grundintegrale).

Tabelle II. Stammfunktionen zu einigen elementaren Funktionen (Grundintegrale)

Funktion $f(x)$		Stammfunktionen* $F(x)$
Potenzfunktionen	$x^n \; (n \neq -1)$	$x^{n+1}/(n+1)$
	$1/x$	$\ln |x|$
Exponential-funktionen	$a^x \; (a > 0)$	$a^x/\ln a$
	e^x	e^x
Logarithmusfunktion	$\ln x$	$x \cdot \ln x - x$
Trigonometrische Funktionen	$\sin x$	$-\cos x$
	$\cos x$	$\sin x$
	$\tan x$	$-\ln |\cos x|$
	$\text{ctan} \, x$	$\ln |\sin x|$
Arkusfunktionen	$\arcsin x$	$x \cdot \arcsin x + \sqrt{1 - x^2}$
	$\arccos x$	$x \cdot \arccos x - \sqrt{1 - x^2}$
	$\arctan x$	$x \cdot \arctan x - \dfrac{1}{2} \ln (1 + x^2)$
	$\text{arcctan} \, x$	$x \cdot \text{arcctan} \, x + \dfrac{1}{2} \ln (1 + x^2)$
Hyperbelfunktionen	$\sinh x$	$\cosh x$
	$\cosh x$	$\sinh x$
	$\tanh x$	$\ln |\cosh x|$
	$\text{ctanh} \, x$	$\ln |\sinh x|$

* Die additive Konstante C ist weggelassen worden.

5. Berechnung bestimmter Integrale unter Verwendung von Stammfunktionen

Zur Berechnung des bestimmten Integrals $\int\limits_{a}^{b} f(x)\,dx$ benötigt man *irgendeine* Stammfunktion $F(x)$ des Integranden $f(x)$. Läßt man zunächst die obere Grenze variabel $(b = x)$, so gilt nach den Ergebnissen des vorangegangenen Abschnitts

$$I(x) = \int\limits_{a}^{x} f(x)\,dx = F(x) + C \qquad (87).$$

Für $x = a$ erhält man aus (87) eine Bestimmungsgleichung für die Konstante C:

$$I(a) = \int\limits_{a}^{a} f(x)\,dx = F(a) + C = 0 \qquad (88)$$

$$\rightarrow C = -F(a) \qquad (89).$$

Somit ist

$$I(x) = \int\limits_{a}^{x} f(x)\,dx = F(x) - F(a) \qquad (90).$$

Für $x = b$ ergibt sich der Wert des gesuchten bestimmten Integrals zu

$$\int\limits_{a}^{b} f(x)\,dx = F(b) - F(a) \qquad (91).$$

Aus dieser Gleichung folgern wir: *der Wert eines bestimmten Integrals wird berechnet, indem man mit irgendeiner Stammfunktion F(x) des Integranden* $f(x)$ *die Differenz* $F(b) - F(a)$ *bildet.* Folgende verkürzte Schreibweise ist üblich:

$$\int\limits_{a}^{b} f(x)\,dx = \left[F(x) \right]_{a}^{b} = F(b) - F(a) \qquad (F'(x) = f(x)) \qquad (92).$$

Dabei ist die in der Klammer stehende Funktion *irgendeine* Stammfunktion $F(x)$ des Integranden $f(x)$.

Beispiele: a) $\int\limits_{0}^{\pi} \sin x \, dx = \left[-\cos x \right]_{0}^{\pi} = -\cos \pi + \cos 0 = 2$

b) $\int\limits_{-1}^{2} (x^2 - 4x) \, dx = \left[\frac{1}{3} x^3 - 2x^2 \right]_{-1}^{2} = \left(\frac{8}{3} - 8 \right) - \left(-\frac{1}{3} - 2 \right) = -3.$

6. Allgemeine Integrationsregeln

Im folgenden werden die wichtigsten Integrationsregeln mitgeteilt, die sich unmittelbar aus der Definition des bestimmten Integrals ergeben.

Satz 1: *Die Bezeichnung der Integrationsvariablen ist ohne Bedeutung:*

$$\int\limits_{a}^{b} f(x) \, dx = \int\limits_{a}^{b} f(u) \, du \qquad (93).$$

Satz 2: *Für jede beliebige Zahl* c *aus dem Intervall* $<$ a, b $>$ *gilt:*

$$\int\limits_{a}^{b} f(x) \, dx = \int\limits_{a}^{c} f(x) \, dx + \int\limits_{c}^{b} f(x) \, dx \qquad (94).$$

Satz 3: *Vertauschen der beiden Integrationsgrenzen führt zum Vorzeichenwechsel des Integrals:*

$$\int\limits_{b}^{a} f(x) \, dx = - \int\limits_{a}^{b} f(x) \, dx \qquad (95).$$

Aus Gleichung (95) folgt sofort für b = a:

$$\int\limits_{a}^{a} f(x) \, dx = 0 \qquad (96).$$

Satz 4: *Konstante Faktoren dürfen beim Integrationsprozeß vor das Integralzeichen gezogen werden:*

$$\int\limits_{a}^{b} c \cdot f(x) \, dx = c \cdot \int\limits_{a}^{b} f(x) \, dx \qquad (97).$$

Satz 5: *Die Summe zweier Funktionen darf gliedweise integriert werden:*

$$\int_a^b [f(x) + g(x)]\, dx = \int_a^b f(x)\, dx + \int_a^b g(x)\, dx \tag{98}.$$

Diese Regel läßt sich für eine *endliche* Summe von Funktionen verallgemeinern.

7. Integration durch Substitution

Häufig treten in den Anwendungen (bestimmte oder unbestimmte) Integrale auf, die durch eine *Variablensubstitution* in einfacher gebaute und in vielen Fällen sogar in *Grundintegrale* (vgl. Tabelle II in Abschnitt 4) überführt werden können. Aus der Vielzahl an möglichen Substitutionen greifen wir zwei Beispiele heraus, um diese wichtige Rechenmethode der Integralrechnung näher zu erläutern.

Beispiele: a) Das unbestimmte Integral $\int e^{5x-3}\, dx$ gehört *nicht* zu den in Abschnitt 4 behandelten Grundintegralen, läßt sich jedoch durch die (lineare) Substitution $u = 5x - 3$ in ein solches überführen. Dabei darf nicht vergessen werden, daß auch das „alte" Differential dx durch die neue Variable u und deren Differential du ausgedrückt werden muß. *Dies geschieht stets durch Differentiation der Substitutionsgleichung:*

$$u = 5x - 3\,, \quad \frac{du}{dx} = 5\,, \quad dx = \frac{du}{5}\,.$$

Die Substitution des vorgegebenen Integrals wird nun mit Hilfe der beiden Gleichungen

$$u = 5x - 3\,, \quad dx = \frac{du}{5}$$

durchgeführt. Man erhält das folgende Grundintegral:

$$\int e^{5x-3}\, dx = \int e^u\, \frac{du}{5} = \frac{1}{5} \int e^u\, du = \frac{1}{5}\, e^u + C\,.$$

Nach Rücksubstitution ergibt sich:

$$\int e^{5x-3}\, dx = \frac{1}{5}\, e^u + C = \frac{1}{5}\, e^{5x-3} + C\,.$$

b) $\int \sin x \cdot \cos x \, dx = ?$

Substitution: $u = \sin x$, $\dfrac{du}{dx} = \cos x$, $dx = \dfrac{du}{\cos x}$

$$\int \sin x \cdot \cos x \, dx = \int u \cos x \, \frac{du}{\cos x} = \int u \, du = \frac{1}{2} u^2 + C.$$

Nach Rücksubstitution erhält man:

$$\int \sin x \cdot \cos x \, dx = \frac{1}{2} u^2 + C = \frac{1}{2} \sin^2 x + C.$$

In der folgenden Tabelle III sind einige häufig auftretende Integraltypen aufgelistet und die jeweilige Substitution, die zu einem Grundintegral führt, angegeben.

Tabelle III. Einige Integralsubstitutionen

Integraltyp	Substitution	Beispiele
$\int f(ax + b) \, dx$	$u = ax + b$	a) $\int (4x - 15)^5 \, dx$, $u = 4x - 15$
		b) $\int \sqrt{2 - 5x} \, dx$, $u = 2 - 5x$
$\int \dfrac{f'(x)}{f(x)} \, dx$	$u = f(x)$	a) $\int \dfrac{2x - 3}{x^2 - 3x + 1} \, dx$, $u = x^2 - 3x + 1$
		b) $\int \dfrac{1}{x \cdot \ln x} \, dx$, $u = \ln x$
$\int f(x) \cdot f'(x) \, dx$	$u = f(x)$	a) $\int \dfrac{\ln x}{x} \, dx$, $u = \ln x$
		b) $\int \dfrac{\arcsin x}{\sqrt{1 - x^2}} \, dx$, $u = \arcsin x$

8. Partielle Integration (Produktintegration)

Die unter der Bezeichnung *Partielle Integration oder Produktintegration* bekannte Integrationstechnik ist eine unmittelbare Folge der Produktregel der Differentialrechnung:

$$(u(x) \cdot v(x))' = u'(x) \cdot v(x) + v'(x) \cdot u(x) \tag{99}$$

Durch Umstellen der Summanden erhält man

$$u(x) \cdot v'(x) = (u(x) \cdot v(x))' - u'(x) \cdot v(x) \qquad (100).$$

Integration dieser Gleichung führt zu

$$\int u(x) \cdot v'(x)\,dx = \int (u(x) \cdot v(x))'\,dx - \int u'(x) \cdot v(x)\,dx \qquad (101).$$

Dabei ist

$$\int (u(x) \cdot v(x))'\,dx = u(x) \cdot v(x) \qquad (102),$$

da die unbestimmte Integration die Differentiation gerade rückgängig macht. Unter Berücksichtigung von (102) geht Gleichung (101) in die als *Formel der partiellen Integration* bezeichnete Beziehung

$$\int u(x) \cdot v'(x)\,dx = u(x) \cdot v(x) - \int u'(x) \cdot v(x)\,dx \qquad (103)$$

über.

Die durch die Beziehung (103) zum Ausdruck gebrachte Integrationstechnik ermöglicht in vielen Fällen die Bestimmung der Stammfunktionen zu einer gegebenen (stetigen) Funktion $f(x)$, wenn die folgenden drei Voraussetzungen erfüllt sind:

(1) $f(x)$ ist als Produkt zweier Funktionen $u(x)$ und $v'(x)$ darstellbar: $f(x) = u(x) \cdot v'(x)$;

(2) von der Faktorfunktion $v'(x)$ ist eine Stammfunktion (ein unbestimmtes Integral) bekannt;

(3) das auf der rechten Seite der Integrationsformel (103) stehende unbestimmte Integral ist wesentlich einfacher gebaut als das ursprünglich vorgegebene Integral auf der linken Seite.

Von entscheidender Bedeutung für eine erfolgreiche Anwendung der Integrationstechnik „Partielle Integration" ist die „richtige" Zerlegung des Integranden $f(x)$ in die Faktorfunktionen $u(x)$ und $v'(x)$.

Beispiele: a) Der Integrand des unbestimmten Integrals $\int x \cdot \ln x\,dx$ wird wie folgt zerlegt:

$u = \ln x, \quad v' = x.$

Begründung: Zu $v' = x$ kann sofort eine Stammfunktion angegeben werden:

$v = \dfrac{1}{2}x^2$. Daher gilt weiter

$$u' = \dfrac{1}{x}, \quad v = \dfrac{1}{2}x^2.$$

Einsetzen in die Formel der partiellen Integration (103) führt zu

$$\int x \cdot \ln x \, dx = (\ln x) \cdot \frac{1}{2} x^2 - \int \frac{1}{x} \cdot \frac{1}{2} x^2 \, dx = \frac{1}{2} x^2 \ln x - \frac{1}{2} \int x \, dx =$$

$$= \frac{1}{2} x^2 \ln x - \frac{1}{4} x^2 + C .$$

b) Zum Abschluß behandeln wir das unbestimmte Integral $\int x^2 e^x \, dx$, das durch 2-malige (hintereinander ausgeführte) partielle Integration lösbar ist. Zunächst nehmen wir folgende Zerlegung vor:

$$u = x^2, \quad v' = e^x.$$

Dann gilt weiter

$$u' = 2x, \quad v = e^x.$$

Anwendung der Integrationsformel (103) liefert

$$x^2 e^x \, dx = x^2 e^x - \quad 2x e^x \, dx = x^2 e^x - 2 \cdot \quad x e^x \, dx.$$

Das auf der rechten Seite stehende Integral ist vom *gleichen Typ* wie das Ausgangsintegral, jedoch einfacher gebaut. Es läßt sich durch ,,Partielle Integration" folgendermaßen lösen:

$$u = x, \quad v' = e^x \longrightarrow u' = 1, \quad v = e^x.$$

Die Integrationsformel (103) führt dann zu

$$\int x e^x \, dx = x e^x - \int 1 \cdot e^x \, dx = x e^x - \int e^x \, dx = x e^x - e^x + C_1 .$$

Für das Ausgangsintegral erhält man damit

$$\int x^2 e^x \, dx = x^2 e^x - 2 \int x e^x \, dx = x^2 e^x - 2(x e^x - e^x + C_1) =$$

$$= x^2 e^x - 2x e^x + 2e^x - 2C_1 = (x^2 - 2x + 2) e^x + C$$

$$(C = -2C_1).$$

9. Integration gebrochen rationaler Funktionen

a) Partialbruchzerlegung

Eine gebrochen rationale Funktion $R(x)$ vom Typ

$$R(x) = \frac{f(x)}{g(x)} = \frac{a_0 + a_1 x^1 + a_2 x^2 + \ldots + a_m x^m}{b_0 + b_1 x^1 + b_2 x^2 + \ldots + b_n x^n} \qquad (104)$$

läßt sich, falls sie *unecht* gebrochen ist, stets wie folgt zerlegen:

Satz: *Jede unecht gebrochen rationale Funktion läßt sich in eindeutiger Weise in eine Summe aus einer ganzen rationalen Funktion (Polynom) und einer echt gebrochen rationalen Funktion zerlegen.*

Es genügt daher, für die weitere Betrachtung $R(x)$ als eine echt gebrochen rationale Funktion anzusehen. Nach dem Fundamentalsatz der klassischen Algebra besitzt nun eine ganze rationale Funktion vom Grade n genau n Wurzeln (einschließlich der mehrfachen Wurzeln). Sind die Koeffizienten des Polynoms (wie hier stets vorausgesetzt) *reell*, so treten zwei Typen von Wurzeln auf:

(a) *reelle Wurzeln* ξ_i mit einer Vielfachheit l_i ;

(b) *konjugiert komplexe Wurzeln* mit einer Vielfachheit r_i .

Das Nennerpolynom $g(x)$ der echt gebrochen rationalen Funktion (104) läßt sich dann wie folgt zerlegen:

$$g(x) = b_0 + b_1 x^1 + \ldots + b_n x^n = b_n (x - \xi_1)^{l_1} \cdot (x - \xi_2)^{l_2} \ldots$$

$$\ldots (x - \xi_k)^{l_k} (x^2 + 2c_1 x + d_1)^{r_1} \cdot (x^2 + 2c_2 x + d_2)^{r_2} \ldots$$

$$\ldots (x^2 + 2c_p x + d_p)^{r_p} \tag{105}$$

mit $l_1 + l_2 + \ldots + l_k + 2(r_1 + r_2 + \ldots + r_p) = n$.

Dabei sind die konjugiert komplexen Wurzeln bereits zu quadratischen Ausdrücken vom Typ $(x^2 + 2cx + d)$ zusammengefaßt worden.

Zwecks Durchführung der Integration gebrochen rationaler Funktionen zerlegen wir $R(x)$ in sog. *Partialbrüche*. Es gilt der Satz:

Satz: *Jede echt gebrochen rationale Funktion* $R(x) = f(x)/g(x)$ *läßt sich als Summe von endlich vielen Partialbrüchen vom Typ*

$$\frac{A_1}{x - \xi} + \frac{A_2}{(x - \xi)^2} + \ldots + \frac{A_l}{(x - \xi)^l} = \sum_{i=1}^{l} \frac{A_i}{(x - \xi)^i} \tag{106}$$

und vom Typ

$$\frac{B_1 x + C_1}{(x^2 + 2cx + d)} + \frac{B_2 x + C_2}{(x^2 + 2cx + d)^2} + \ldots + \frac{B_r x + C_r}{(x^2 + 2cx + d)^r} =$$

$$\sum_{i=1}^{r} \frac{B_i x + C_i}{(x^2 + 2cx + d)^i} \tag{107}$$

darstellen. Dabei gibt jede reelle Wurzel ξ *der Vielfachheit* l *des Nennerpolynoms* $g(x)$ *zu einem Partialbruch vom Typ* (106) *und jede paarweise auftretende komplexe Wurzel der Vielfachheit* r *zu einem Partialbruch vom Typ* (107) *Anlaß* (A_i, B_i, C_i *sind gewisse Konstanten; die konjugiert komplexen Wurzeln des Nennerpolynoms* $g(x)$ *sind zu dem quadratischen Ausdruck* $x^2 + 2cx + d$ *zusammengefaßt worden).*

Es ist zweckmäßig, bei der Partialbruchzerlegung einer echt gebrochen rationalen Funktion $R(x) = f(x)/g(x)$ wie folgt vorzugehen: zunächst bestimmt man die Wurzeln des Nennerpolynoms $g(x)$ und deren Vielfachheiten. Zu jeder reellen Wurzel der Vielfachheit 1 gehört ein Partialbruch vom Typ (106), zu jeder komplexen Wurzel und ihrer zugehörigen konjugiert komplexen Wurzel der Vielfachheit r ein Partialbruch vom Typ (107). Durch Summation über sämtliche Partialbrüche beider Typen erhält man die Partialbruchzerlegung von $R(x)$. Die Koeffizienten A_i, B_i, C_i bestimmt man zweckmäßigerweise nach der Methode des Koeffizientenvergleiches (vgl. hierzu die folgenden Beispiele).

Beispiele: a) Das Nennerpolynom der *echt* gebrochen rationalen Funktion

$$R(x) = \frac{7x + 5}{x^3 - 3x + 2}$$ besitzt folgende Nullstellen: $x_1 = 1$ (zweifach),

$x_2 = -2$ (einfach). Die zugehörigen Partialbrüche lauten:

$$\frac{A_1}{x - 1} + \frac{A_2}{(x - 1)^2} \quad \text{und} \quad \frac{A_3}{x + 2}$$

Die Konstanten A_1, A_2, A_3 bestimmt man aus der Gleichung

$$\frac{7x + 5}{x^3 - 3x + 2} = \frac{A_1}{x - 1} + \frac{A_2}{(x - 1)^2} + \frac{A_3}{x + 2}$$

durch Koeffizientenvergleich nach „Gleichnamigmachen" aller Brüche:

$$7x + 5 = A_1(x - 1)(x + 2) + A_2(x + 2) + A_3(x - 1)^2.$$

Daraus erhält man das folgende lineare Gleichungssystem:

$$
\begin{aligned}
A_1 \quad\quad\;\; + A_3 &= 0 \\
A_1 + A_2 - 2A_3 &= 7 \\
-2A_1 + 2A_2 + A_3 &= 5\,.
\end{aligned}
$$

Die Lösung lautet: $A_1 = 1$, $A_2 = 4$, $A_3 = -1$. Die gesuchte Partialbruchzerlegung hat damit die Darstellung

$$R(x) = \frac{7x + 5}{x^3 - 3x + 2} = \frac{1}{x - 1} + \frac{4}{(x - 1)^2} - \frac{1}{x + 2}\,.$$

b) Das Nennerpolynom der *echt* gebrochen rationalen Funktion

$$R(x) = \frac{2x^2 - 3x - 1}{x^3 - 5x^2 + 11x - 15} \qquad \text{besitzt drei } \textit{einfache} \text{ Wurzeln:}$$

$x_1 = 3$, $x_2 = 1 + 2i$, $x_3 = 1 - 2i$. Die zugehörigen Partialbrüche lauten:

$$\frac{A_1}{x - 3} \quad \text{und} \quad \frac{B_1 x + C_1}{(x - (1 + 2i))(x - (1 - 2i))} = \frac{B_1 x + C_1}{x^2 - 2x + 5} .$$

Koeffizientenvergleich führt zu dem linearen Gleichungssystem

$$A_1 + B_1 \qquad\quad = 2$$
$$-2A_1 - 3B_1 + C_1 = -3$$
$$5A_1 \qquad\quad - 3C_1 = -1$$

mit der Lösung $A_1 = 1$, $B_1 = 1$, $C_1 = 2$. Die gesuchte Partialbruchzerlegung lautet damit

$$R(x) = \frac{2x^2 - 3x - 1}{x^3 - 5x^2 + 11x - 15} = \frac{1}{x - 3} + \frac{x + 2}{x^2 - 2x + 5} .$$

b) Durchführung der Integration

Die Integration echt gebrochen rationaler Funktionen läßt sich damit auf die Integration folgender Funktionstypen zurückführen:

$$\frac{A}{x - \xi} , \quad \frac{A}{(x - \xi)^n} \qquad (n \geqslant 2) \tag{108},$$

$$\frac{Bx + C}{(x^2 + px + q)^n} \qquad (n \geqslant 1) \tag{109}.$$

Die Integration der beiden Brüche (108) führt zu:

$$\int \frac{A \, dx}{x - \xi} = A \cdot \ln |x - \xi| \tag{110},$$

$$\int \frac{A \, dx}{(x - \xi)^n} = \frac{A}{1 - n} (x - \xi)^{1 - n} \qquad (n \geqslant 2) \tag{111}.$$

Um die Integration der im Zusammenhang mit den komplexen Wurzeln auftretenden Partialbrüche vom Typ (109) durchführen zu können, führt man die Substitution $u = x + p/2$ durch. Es ist dann

$$\int \frac{Bx + C}{(x^2 + px + q)^n} \, dx = \int \frac{Bu + C'}{(u^2 + k^2)^n} \, du \qquad (112)$$

mit $C' = (2C - Bp)/2$ und $k^2 = q - (p/2)^2 > 0$.

Das Integral (112) spalten wir in zwei Teilintegrale auf:

$$\int \frac{Bu + C'}{(u^2 + k^2)^n} \, du = \int \frac{Bu}{(u^2 + k^2)^n} \, du + \int \frac{C'}{(u^2 + k^2)^n} \, du = I_1 + I_2 \qquad (113).$$

Das erste Integral I_1 berechnet sich für $n = 1$ zu

$$\int \frac{Bu}{u^2 + k^2} \, du = \frac{B}{2} \ln (u^2 + k^2) \qquad (114).$$

Für $n \geq 2$ erhält man über die Substitution $z = u^2 + k^2$

$$\int \frac{Bu}{(u^2 + k^2)^n} \, du = -\frac{B}{2} \cdot \frac{1}{(n - 1)(u^2 + k^2)^{n-1}} \qquad (115).$$

Das zweite Integral I_2 ergibt für $n = 1$:

$$\int \frac{C'}{u^2 + k^2} \, du = \frac{C'}{k} \cdot \arctan \frac{u}{k} \qquad (116).$$

Für $n \geq 2$ läßt sich das Integral I_2 *rekursiv* berechnen:

$$\int \frac{C'}{(u^2 + k^2)^n} \, du = \frac{C'u}{2(n - 1)k^2(u^2 + k^2)^{n-1}} +$$

$$+ \frac{(2n - 3)C'}{2(n - 1)k^2} \cdot \int \frac{1}{(u^2 + k^2)^{n-1}} \, du \qquad (117).$$

Beispiel: Die Partialbruchzerlegung der Funktion

$$R(x) = \frac{7x + 5}{x^3 - 3x + 2} \qquad \text{lautet (s. Beispiel S. 250):}$$

$$R(x) = \frac{7x + 5}{x^3 - 3x + 2} = \frac{1}{x - 1} + \frac{4}{(x - 1)^2} - \frac{1}{x + 2} \; .$$

Die Integration liefert:

$$\int R(x)\,dx = \int \frac{7x + 5}{x^3 - 3x + 2}\,dx = \int \frac{dx}{x - 1} + 4 \int \frac{dx}{(x - 1)^2} - \int \frac{dx}{x + 2} =$$

$$\ln|x - 1| - \frac{4}{x - 1} - \ln|x + 2| + C \; .$$

10. Uneigentliche Integrale

Das bestimmte Integral $\int\limits_a^b f(x)\,dx$ einer Funktion $f(x)$ wurde durch

den Grenzwert von (62) definiert, dessen Existenz gesichert ist, wenn die beiden folgenden Voraussetzungen erfüllt sind:

(a) die Integrationsgrenzen a und b sind *endlich;*

(b) $f(x)$ ist im abgeschlossenen Intervall $< a, b >$ *stetig.*

Damit stellt sich sofort die Frage, ob man den Integralbegriff erweitern kann, falls eine dieser Voraussetzungen nicht mehr zutrifft und in welcher Weise dies dann zu geschehen hat.

In der Physikalischen und insbesondere in der Theoretischen Chemie treten häufig Integrale mit *unendlichen Integrationsgrenzen* auf wie z.B.

$$I_n = \int\limits_0^\infty x^n\, e^{-cx^2}\,dx \qquad (c > 0; \; n \in N_0) \qquad (118).$$

Integrale dieser Art werden als *uneigentliche Integrale (1. Art)* bezeichnet. Sie lassen sich stets auf den Integraltyp

$$\int\limits_{0}^{\infty} f(x)\, dx \quad \text{oder} \quad \int\limits_{-\infty}^{0} f(x)\, dx \tag{119}$$

zurückführen. Ihre Werte werden dabei durch die folgenden Grenzwerte, sofern diese überhaupt vorhanden sind, definiert:

$$\int\limits_{0}^{\infty} f(x)\, dx = \lim_{a \to \infty} \int\limits_{0}^{a} f(x)\, dx \tag{120},$$

$$\int\limits_{-\infty}^{0} f(x)\, dx = \lim_{a \to \infty} \int\limits_{-a}^{0} f(x)\, dx \tag{121}.$$

Die Berechnung dieser Integrale erfolgt in zwei Schritten. Zunächst integriert man von $x = 0$ bis hin zu $x = a$ bzw. von $x = -a$ bis hin zu $x = 0$. Der Wert dieser bestimmten Integrale hängt noch vom Parameter a ab. Anschließend vollzieht man den Grenzübergang $a \to \infty$. Ist der Grenzwert vorhanden, so heißt das uneigentliche Integral *konvergent,* und der Integralwert ist definitionsgemäß durch den Grenzwert gegeben. Ist jedoch der Grenzwert *nicht* vorhanden, so spricht man von einem *divergenten* uneigentlichen Integral. In diesem Falle existiert kein Integralwert.

Beispiele: a) $\displaystyle\int\limits_{0}^{\infty} x\, e^{-0.5x^2}\, dx = ?$

Zunächst löst man das zugehörige unbestimmte Integral $\int x\, e^{-0.5x^2}\, dx$ durch die Substitution $u = -0.5x^2$:

$$u = -0.5x^2,\ \frac{du}{dx} = -x,\ dx = -\frac{du}{x}$$

$$\int x\, e^{-0.5x^2}\, dx = -\int e^{u}\, du = -e^{u} + C = -e^{-0.5x^2} + C\,.$$

Im 1. Schritt integrieren wir nun von $x = 0$ bis hin zu $x = a$:

$$\int\limits_{0}^{a} x\, e^{-0.5x^2}\, dx = \left[-e^{-0.5x^2} \right]_{0}^{a} = -e^{-0.5a^2} + 1 = 1 - e^{-0.5a^2}\,.$$

Jetzt wird der Grenzübergang $a \to \infty$ vollzogen (2. Schritt):

$$\int_0^\infty x\, e^{-0.5x^2}\, dx = \lim_{a \to \infty} \int_0^a x\, e^{-0.5x^2}\, dx = \lim_{a \to \infty} [1 - e^{-0.5a^2}] = 1.$$

Das uneigentliche Integral ist daher *konvergent* und besitzt den Wert 1.

b) Das uneigentliche Integral $\int_0^\infty e^x\, dx$ ist *divergent:*

$$\int_0^\infty e^x\, dx = \lim_{a \to \infty} \int_0^a e^x\, dx = \lim_{a \to \infty} \left[e^x \right]_0^a = \lim_{a \to \infty} (e^a - 1) = \infty.$$

11. Flächenberechnung

Das bestimmte Integral $\int_a^b f(x)\, dx$ repräsentiert dann und nur dann den Flächeninhalt zwischen dem Funktionsgraphen von $f(x)$, der x-Achse und den beiden Parallelen $x = a$ und $x = b$, wenn die stetige Funktion $f(x)$ im ganzen Intervall $< a, b >$ nicht negativ ist. Verläuft jedoch der Funktionsgraph unterhalb der x-Achse ($f(x) \leqslant 0$ in $< a, b >$), so ist der Integralwert negativ und der Flächeninhalt ist gleich dem Betrag des Integrals. Ändert die Funktion $f(x)$ im Intervall $< a, b >$ ein- oder mehrmals ihr Vorzeichen, so erhält man positive und negative Beiträge zum Gesamtwert des Integrals, je nachdem, ob der Funktionsgraph gerade oberhalb oder unterhalb der x-Achse verläuft (vgl. Abb. 50).

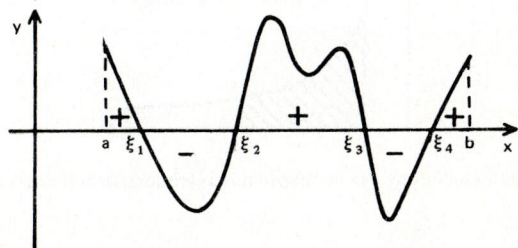

Abb. 50 Zur Flächenberechnung

256

Von der Funktion $f(x)$ benötigen wir daher als weitere Information die Kenntnis von der Anzahl und der Lage ihrer Nullstellen im Integrationsintervall $<a, b>$. Sind $\xi_1, \xi_2, \ldots, \xi_n$ die nach steigender Größe geordneten Nullstellen der Funktion im Intervall $<a, b>$, so erhält man den Flächeninhalt durch Summation über die *Beträge* der folgenden $(n + 1)$ Teilintegrale:

$$\int_a^{\xi_1} f(x)\,dx\,,\ \int_{\xi_1}^{\xi_2} f(x)\,dx\,,\ \ldots,\ \int_{\xi_n}^b f(x)\,dx \qquad (122).$$

Beispiele: a) Dehnt sich ein ideales Gas vom Anfangsvolumen V_1 auf das Endvolumen V_2 aus, so ist die *isotherme* Ausdehnungsarbeit durch den Wert des bestimmten Integrals $\displaystyle\int_{V_1}^{V_2} p(V)\,dV$ gegeben. Der Integralwert läßt sich geometrisch als Flächeninhalt zwischen der Isotherme $p = (RT)/V$, der V-Achse und den beiden Parallelen $V = V_1$ und $V = V_2$ interpretieren (vgl. Abb. 51). Die isotherme Ausdehnungsarbeit berechnet sich zu

$$\int_{V_1}^{V_2} p(V)\,dV = \int_{V_1}^{V_2} \frac{RT}{V}\,dV = RT \ln \frac{V_2}{V_1} \qquad (V_2 > V_1 > 0).$$

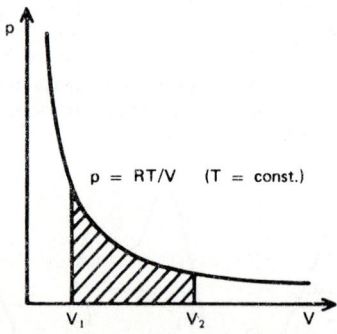

$p = RT/V \quad (T = \text{const.})$

Abb. 51 Zur Berechnung der isothermen Ausdehnungsarbeit eines idealen Gases

b) Um den Flächeninhalt zwischen der Kurve $y = x^2 - 2x - 3$, der x-Achse und den beiden Parallelen $x = -2$ und $x = 4$ zu bestimmen, müssen wir zunächst prüfen, ob im Intervall $<-2, 4>$ Nullstellen der Funktion $f(x)$ liegen. Aus der Forderung $f(x) = x^2 - 2x - 3 = 0$ ergeben sich zwei im Integrationsintervall liegende Nullstellen: $\xi_1 = -1$ und $\xi_2 = 3$ (Abb. 52).

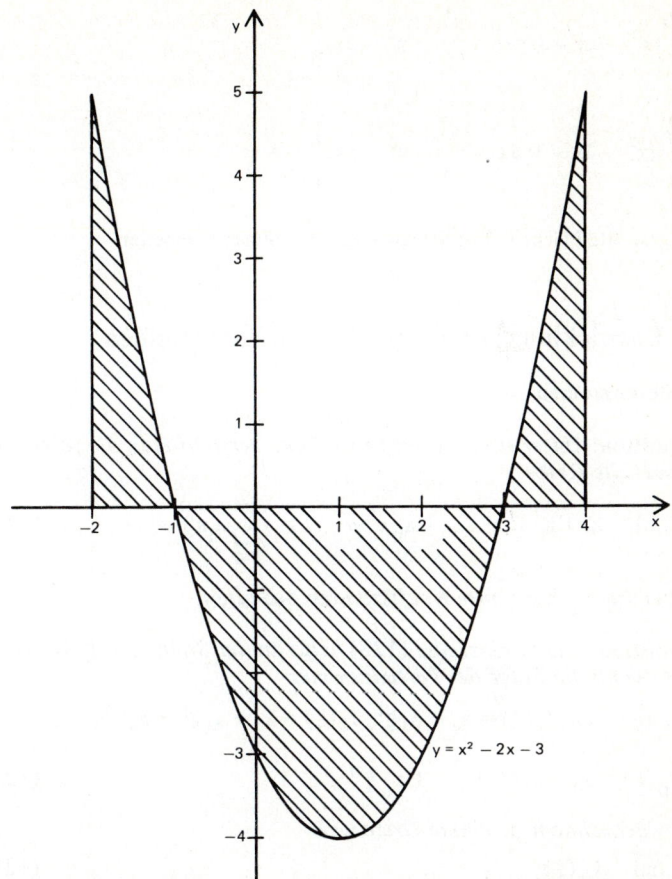

Abb. 52 Zur Berechnung des Flächeninhalts zwischen der Parabel
$y = x^2 - 2x - 3$ und der x-Achse im Intervall $-2 \leqslant x \leqslant 4$

Mit der Stammfunktion $F(x) = \dfrac{x^3}{3} - x^2 - 3x$ werden die Teilintegrale wie
folgt berechnet:

$$\int_{-2}^{-1} (x^2 - 2x - 3)\, dx = \left(\frac{x^3}{3} - x^2 - 3x\right)\Bigg|_{-2}^{-1} = \frac{7}{3} \quad ,$$

$$\int\limits_{-1}^{3} (x^2 - 2x - 3)\,dx = (\frac{x^3}{3} - x^2 - 3x)\Big|_{-1}^{3} = -\frac{32}{3} \quad,$$

$$\int\limits_{3}^{4} (x^2 - 2x - 3)\,dx = (\frac{x^3}{3} - x^2 - 3x)\Big|_{3}^{4} = \frac{7}{3} \quad.$$

Der gesuchte Flächeninhalt beträgt somit $\frac{46}{3}$ Flächeneinheiten.

F. Entwicklung von Funktionen in Potenzreihen

1. Potenzreihen

Definition: *Unter einer Potenzreihe* $f(x)$ *versteht man die folgende unendliche Reihe:*

$$f(x) = a_0 + a_1 x^1 + \ldots + a_n x^n + \ldots = \sum_{i=0}^{\infty} a_i x^i \qquad (123),$$

wobei die a_i *konstante Koeffizienten bedeuten.*

Definition: *Die Potenzreihe* (123) *heißt an der Stelle* $x = \xi$ *konvergent, wenn die Folge der Partialsummen*

$$f_0(\xi) = a_0, f_1(\xi) = a_0 + a_1 \xi^1, f_2(\xi) = a_0 + a_1 \xi^1 + a_2 \xi^2, \ldots,$$

$$f_n(\xi) = a_0 + a_1 \xi^1 + \ldots + a_n \xi^n, \ldots \qquad (124)$$

mit wachsendem n *einem Grenzwert*

$$\lim_{n \to \infty} f_n(\xi) \qquad (125)$$

zustrebt. Andernfalls heißt die Potenzreihe (123) an der Stelle $x = \xi$ *divergent.*

Es gibt Potenzreihen, die mit Ausnahme von $x = 0$ für *keinen* Wert von x konvergieren, und solche, die für *jeden* Wert von x konvergieren. Wir führen nun einige wichtige Eigenschaften von Potenzreihen an.

Satz: *Konvergiert eine Potenzreihe für* $x = \xi$ ($\neq 0$), *so konvergiert sie auch für jedes* x *mit* $|x| < |\xi|$.

Divergiert dagegen eine Potenzreihe für $x = \eta \neq 0$, *so divergiert sie auch für jedes* x *mit* $|x| > |\eta|$.

Satz: *Eine nicht für alle* x *und auch nicht bloß für* $x = 0$ *konvergierende Potenzreihe besitzt einen endlichen Konvergenzradius, d. h. es existiert eine reelle Zahl* $\rho > 0$ *mit der Eigenschaft, daß die Potenzreihe für alle* x *innerhalb des Konvergenzkreises, d. h. für* $|x| < \rho$ *konvergiert, für alle* x *außerhalb des Konvergenzkreises, d. h. für* $|x| > \rho$ *dagegen divergiert.*

Man beachte, daß dieser Satz *nichts* über das Konvergenzverhalten der Potenzreihe in den beiden Randpunkten $|x| = \rho$ aussagt. Es gibt Potenzreihen, die in beiden Randpunkten konvergieren oder divergieren, und es gibt solche, die in einem der beiden Randpunkte konvergieren, im anderen Randpunkt dagegen divergieren.

Das Konvergenzverhalten der Potenzreihe in den beiden Randpunkten muß daher stets gesondert untersucht werden.

Konvergiert eine Potenzreihe nur für $x = 0$, so setzt man definitionsgemäß $\rho = 0$. Konvergiert sie dagegen für *jedes* x, so setzt man $\rho = \infty$. Den Konvergenzradius ρ einer Potenzreihe (123) bestimmt man folgendermaßen.

Satz: *Der Konvergenzradius einer Potenzreihe (123) ist durch den Grenzwert*

$$\rho = \lim_{n \to \infty} \frac{1}{\sqrt[n]{|a_n|}} \quad oder \quad \rho = \lim_{n \to \infty} \left| \frac{a_n}{a_{n+1}} \right| \tag{126}$$

gegeben.

Beispiele: a) Die *geometrische Reihe* $f(x) = 1 + x + x^2 + \ldots + x^n + \ldots$ besitzt den Konvergenzradius $\rho = 1$, da alle Koeffizienten $a_i = 1$ sind.
Sie *divergiert* jedoch in *beiden* Randpunkten. Für $x = 1$ nämlich erhält man die divergente Reihe $1 + 1 + 1 + \ldots + 1 + \ldots$, deren Wert über alle Grenzen wächst. Für $x = -1$ erhält man die folgende *alternierende Reihe:*
$1 - 1 + 1 - 1 + \ldots \pm 1 \mp \ldots$. Nach *Leibniz* ist für die Konvergenz der alternierenden Reihe $a_1 - a_2 + a_3 - \ldots \pm a_n \mp \ldots$, in der alle a_i positive
Zahlen bedeuten, *hinreichend,* daß die Bedingungen $\lim_{n \to \infty} a_n = 0$ *und*
$a_1 > a_2 > a_3 > \ldots > a_n > \ldots$ zugleich erfüllt sind. Das *Leibnizsche Konvergenzkriterium* ist demnach für unsere Reihe *nicht* erfüllt. Die Reihe
$1 - 1 + 1 - 1 + - \ldots$ *divergiert* also.

b) Die Potenzreihe

$$f(x) = 1 + \frac{x}{1!} + \frac{x^2}{2!} + \frac{x^3}{3!} + \ldots + \frac{x^n}{n!} + \ldots = \sum_{i=0}^{\infty} \frac{x^i}{i!}$$

konvergiert für *alle* (reellen) Werte von x. Nach (126) ist nämlich

$$\rho = \lim_{n \to \infty} \left| \frac{a_n}{a_{n+1}} \right| = \lim_{n \to \infty} \frac{(n+1)!}{n!} = \lim_{n \to \infty} (n+1) = \infty.$$

Wir führen weitere bedeutende Eigenschaften von Potenzreihen an.

Satz: *(a) Potenzreihen dürfen innerhalb ihres Konvergenzkreises gliedweise differenziert werden:*

$$\frac{d}{dx} \left(\sum_{n=0}^{\infty} a_n x^n \right) = \sum_{n=0}^{\infty} \left(\frac{d}{dx} a_n x^n \right) = \sum_{n=1}^{\infty} n \cdot a_n x^{n-1} \tag{127};$$

(b) Potenzreihen dürfen gliedweise integriert werden, falls das Integrationsintervall $< a, b >$ ganz im Inneren des Konvergenzkreises liegt:

$$\int_a^b \left(\sum_{n=0}^{\infty} a_n x^n \right) dx = \sum_{n=0}^{\infty} \int_a^b a_n x^n \, dx \tag{128}.$$

Durch den Prozeß der gliedweisen Differentiation entsteht eine neue Potenzreihe, die wiederum gliedweise differenziert werden darf. Daher gilt der folgende Satz:

Satz: *Eine Potenzreihe ist innerhalb ihres Konvergenzkreises beliebig oft differenzierbar. Die Differentiation darf dabei gliedweise vorgenommen werden. Alle so entstandenen Potenzreihen besitzen denselben Konvergenzradius wie die ursprüngliche Potenzreihe.*

Beispiel: Die Potenzreihe

$$f(x) = x - \frac{x^3}{3!} + \frac{x^5}{5!} - + \ldots = \sum_{n=0}^{\infty} (-1)^n \frac{x^{2n+1}}{(2n+1)!}$$

stellt die sog. Taylor-Entwicklung der Sinusfunktion dar (vgl. hierzu den folgenden Abschnitt). Ihr Konvergenzradius beträgt $\rho = \infty$. Daher darf sie überall auf der reellen Achse gliedweise differenziert und integriert werden. Gliedweise Differentiation ergibt:

$$\frac{d}{dx}\left(x - \frac{x^3}{3!} + \frac{x^5}{5!} - + \ldots\right) = 1 - \frac{x^2}{2!} + \frac{x^4}{4!} - + \ldots = \sum_{n=0}^{\infty} (-1)^n \cdot \frac{x^{2n}}{(2n)!}.$$

Die entstandene Potenzreihe repräsentiert die Reihenentwicklung der Kosinusfunktion, die ebenfalls für *jeden* Wert von x konvergiert. Dieses Ergebnis war zu erwarten, da bekanntlich

$$\frac{d}{dx} \sin x = \cos x$$

ist. Durch gliedweises Integrieren der Reihenentwicklung von sin x erhält man die Potenzreihe

$$\int f(x)\,dx = \int \left(x - \frac{x^3}{3!} + \frac{x^5}{5!} - + \ldots\right) dx = \frac{x^2}{2!} - \frac{x^4}{4!} + \frac{x^6}{6!} - + \ldots + \text{const.} =$$

$$= -\sum_{n=1}^{\infty} (-1)^n \cdot \frac{x^{2n}}{(2n)!} + \text{const.} \ .$$

Da sich nach dem Fundamentalsatz der Differential- und Integralrechnung die Stammfunktionen zu f(x) nur durch eine additive Konstante unterscheiden, ist auch die Funktion

$$-1 + \frac{x^2}{2!} - \frac{x^4}{4!} + - \ldots = -\sum_{n=0}^{\infty} (-1)^n \cdot \frac{x^{2n}}{(2n)!} \ ,$$

nämlich die Funktion $-\cos x$, eine Stammfunktion zu sin x. Das entspricht der Tatsache, daß

$$\int \sin x\,dx = -\cos x + \text{const.}$$

ist.

2. Taylor-Entwicklung von Funktionen

Unter welchen Voraussetzungen ist es nun möglich, eine gegebene Funktion f(x) möglichst genau durch eine ganze rationale Funktion vom Grade n zu approximieren bzw. sie in eine unendliche Potenzreihe zu entwickeln? Den ersten Teil unserer Aufgabe lösen wir mit dem folgenden Satz.

Satz: f(x) *sei eine in einer gewissen Umgebung der Stelle* x = 0
(n + 1)*-mal stetig differenzierbare Funktion. Dann läßt sich* f(x)
in dieser Umgebung nach Taylor wie folgt darstellen:

$$f(x) = f(0) + \frac{x}{1!} f'(0) + \frac{x^2}{2!} f''(0) + \ldots + \frac{x^n}{n!} f^{(n)}(0) + R_n(x)$$

$$(129),$$

wobei

$$R_n(x) = \frac{x^{n+1}}{(n+1)!} f^{(n+1)}(\vartheta x) \qquad (0 < \vartheta < 1) \qquad (130)$$

oder

$$R_n(x) = \frac{x^{n+1}}{n!} (1 - \vartheta)^n f^{(n+1)}(\vartheta x) \qquad (0 < \vartheta < 1) \qquad (131)$$

ist (Taylorsche Formel).

Unter den Voraussetzungen des Satzes ist es also möglich, die Funktion f(x) durch das Polynom

$$f_n(x) = f(0) + \frac{x}{1!} f'(0) + \frac{x^2}{2!} f''(0) + \ldots + \frac{x^n}{n!} f^{(n)}(0) \quad (132)$$

vom Grade n zu approximieren. $f_n(x)$ heißt daher auch *Näherungspolynom* n-*ten Grades* von f(x). Die Koeffizienten dieses Polynoms sind *eindeutig* durch den Funktionswert sowie durch die Werte der ersten n Ableitungen von f(x) an der Stelle x = 0 bestimmt.

Die Funktion $R_n(x)$ heißt *Restglied.* Gleichung (130) definiert das *Restglied nach Lagrange,* Gleichung (131) das *Restglied nach Cauchy.* Daneben existiert noch eine Integraldarstellung aes Restgliedes, die nach *Euler* benannt ist:

$$R_n(x) = \frac{1}{n!} \cdot \int_0^x (x - u)^n f^{(n+1)}(u) \, du \qquad (133).$$

Wir wollen nun den Taylorschen Satz beweisen.

Beweis: Die im abgeschlossenen Intervall < 0, x > (oder < x, 0 >) stetige und differenzierbare Hilfsfunktion

$$F(u) = f(x) - f(u) - \frac{x - u}{1!} f'(u) - \ldots - \frac{(x - u)^n}{n!} f^{(n)}(u)$$

$$- \left[f(x) - f(0) - \frac{x}{1!} f'(0) - \ldots - \frac{x^n}{n!} f^{(n)}(0) \right] \cdot \left[\frac{x-u}{x} \right]^k$$

$$(134)$$

(x ist als Parameter anzusehen, u ist die Funktionsvariable; k kann den Wert 1 oder (n + 1) annehmen) besitzt an den Randstellen des Intervalles Nullstellen: F (0) = F (x) = 0. Sie erfüllt damit die Voraussetzungen des Mittelwertsatzes der Differentialrechnung in der Rolle'schen Formulierung. Es gibt daher eine im Intervallinneren gelegene Stelle u = ϑ x (0 < ϑ < 1), an der die erste Ableitung der Funktion F (u) verschwindet.

Setzt man in F'(ϑx) = 0 noch k = n + 1, so erhält man die Taylorsche Formel (129) mit dem Lagrangeschen Restglied (130). Für k = 1 erhält man die Taylorsche Formel (129) mit dem Restglied nach Cauchy (131).

Das Restglied in der Taylorschen Formel läßt sich leider nicht allgemein abschätzen. Die Güte der Näherung muß daher von Fall zu Fall gesondert geprüft werden.

Aus den Darstellungen des Restgliedes $R_n(x)$ in der Taylorschen Formel (129) folgt sofort: $R_n(0) = 0$. Die Funktion f(x) und ihr Näherungspolynom $f_n(x)$ stimmen daher an der Stelle x = 0 in ihren Funktionswerten sowie den Werten ihrer ersten n Ableitungen überein. Dieser Sachverhalt läßt eine geometrische Interpretation zu: für n = 1 z.B. besitzen die Funktionsgraphen von f(x) und dem Näherungspolynom im Berührpunkt (0, f(0)) eine *gemeinsame Tangente*. Für n = 2 stimmen sie an dieser Stelle auch noch in ihrer *Kurvenkrümmung* überein.

Unter bestimmten Voraussetzungen, die wir in dem nun folgenden Satz aufzählen, läßt sich die Funktion f(x) in eine *unendliche* Potenzreihe entwickeln.

Satz: *Eine Funktion* f(x) *besitze die beiden folgenden Eigenschaften:*

(a) f(x) *sei in einer gewissen Umgebung von* x = 0 *beliebig oft differenzierbar;*

(b) das Restglied $R_n(x)$ *in der Taylorschen Formel* (129) *verschwinde für* n → ∞ : $\lim_{n \to \infty} R_n(x) = 0.$

Dann läßt sich die Funktion f(x) *in der Umgebung der Stelle* x = 0 *in eine unendliche Potenzreihe der Form*

$$f(x) = f(0) + \frac{x}{1!} f'(0) + \ldots + \frac{x^n}{n!} f^{(n)}(0) + \ldots = \sum_{i=0}^{\infty} \frac{x^i}{i!} f^{(i)}(0)$$

(135)

entwickeln (Taylorsche Reihe von $f(x)$ *).*

Beispiele: a) Es soll die Reihenentwicklung für die Exponentialfunktion angegeben werden (Entwicklungszentrum ist die Stelle $x = 0$). Da

$$\frac{d^n}{dx^n} (e^x) = e^x$$

ist, gilt: $f(0) = f'(0) = f''(0) = \ldots = f^{(n)}(0) = 1$.

Einsetzen in (129) liefert die Taylor-Formel der Exponentialfunktion:

$$e^x = 1 + \frac{x}{1!} + \frac{x^2}{2!} + \ldots + \frac{x^n}{n!} + R_n(x) \, .$$

Das Restglied nach Lagrange schätzen wir wie folgt ab: zu einem fest vorgegebenen x läßt sich stets eine natürliche Zahl m so angeben, daß die Ungleichung $m > 2 \, |x|$ erfüllt ist. Dann gilt aber für alle natürlichen Zahlen $n > m$:

$$\frac{|x|}{n} < \frac{1}{2} \quad \text{und daher nach (130) für das Restglied } R_n(x):$$

$$|R_n(x)| = \left| \frac{x^{n+1}}{(n+1)!} e^{\vartheta x} \right| \leqslant \frac{|x^{n+1}|}{(n+1)!} e^{|x|} = \frac{|x^m|}{m!} \cdot \frac{|x|}{(m+1)} \cdot$$

$$\ldots \cdot \frac{|x|}{(n+1)} e^{|x|} \leqslant \frac{|x^m|}{m!} \cdot \frac{e^{|x|}}{2^{n-m+1}} =$$

$$= 2^{m-1} \cdot \frac{|x^m|}{m!} \cdot e^{|x|} \cdot \frac{1}{2^n} \, .$$

Für $n \to \infty$ konvergiert daher $|R_n(x)|$ gegen Null. Die Reihe konvergiert daher für *alle* Werte von x und stellt die Funktion e^x dar:

$$e^x = 1 + x + \frac{x^2}{2!} + \ldots + \frac{x^n}{n!} + \ldots = \sum_{n=0}^{\infty} \frac{x^n}{n!} \quad .$$

b) Die Taylorentwicklung einer Funktion f (x) kann zur Berechnung der Funktionswerte von f (x) herangezogen werden. Will man z. B. den Funktionswert der Exponentialfunktion $f(x) = e^x$ an der Stelle x berechnen, so greift man auf die im vorangegangenen Beispiel behandelte Taylorentwicklung zurück. Die Näherung ist umso besser, je mehr Glieder in der Entwicklung berücksichtigt werden. Die folgende Tabelle enthält die angenäherten Funktionswerte der Exponentialfunktion e^x für x = 0.1, 0.5, 0.8 für verschiedene Näherungen.

Näherung	x = 0.1	x = 0.5	x = 0.8
0	1	1	1
1	1.1000	1.5000	1.8000
2	1.1050	1.6250	2.1200
3	1.1052	1.6458	2.2053
.	.	.	.
.	.	.	.
exakt	1.1052	1.6487	2.2255

Je weniger sich die untersuchte Stelle x vom Entwicklungszentrum x = 0 unterscheidet, umso weniger Glieder müssen in der Taylor-Reihe berücksichtigt werden. Für x = 0.1 liefert bereits die 1. Näherung einen guten Wert, für x = 0.8 dagegen müssen mindestens die ersten vier Glieder der Reihenentwicklung zur Berechnung des Funktionswertes an dieser Stelle herangezogen werden.

c) Ersetzt man das Argument x in der Taylor-Entwicklung von e^x *formal* durch $i\varphi$, so erhält man:

$$e^{i\varphi} = 1 + i\varphi + \frac{(i\varphi)^2}{2!} + \frac{(i\varphi)^3}{3!} + \frac{(i\varphi)^4}{4!} + \frac{(i\varphi)^5}{5!} + \ldots =$$

$$= \left[1 - \frac{\varphi^2}{2!} + \frac{\varphi^4}{4!} - + \ldots \right] + i \left[\varphi - \frac{\varphi^3}{3!} + \frac{\varphi^5}{5!} - + \ldots \right].$$

Der Ausdruck in der ersten Klammer repräsentiert die Taylor-Entwicklung von $\cos \varphi$, der zweite Klammerausdruck die Taylor-Entwicklung von $\sin \varphi$. Daher gilt:

$$e^{i\varphi} = \cos \varphi + i \sin \varphi$$

(sog. *Eulersche Formel*).

266

Taylor-Formel (129) und Taylor-Entwicklung (135) einer Funktion f(x) wurden für das Entwicklungszentrum x = 0 angegeben. Ebenso kann man die Funktion f(x) auch um die Stelle $x = \xi \neq 0$ entwickeln, falls die genannten Voraussetzungen in einer gewissen Umgebung dieser Stelle zutreffen. Die Taylorsche Reihe der Funktion f(x) lautet dann:

$$f(\xi + h) = f(\xi) + \frac{h}{1!} f'(\xi) + \ldots + \frac{h^n}{n!} f^{(n)}(\xi) + \ldots \qquad (136).$$

Für das Restglied $R_n(h)$ der Taylor-Formel erhält man:

$$R_n(h) = \frac{h^{n+1}}{(n+1)!} f^{(n+1)}(\xi + \vartheta h) \quad (0 < \vartheta < 1) \quad (\textit{Lagrange})$$
$$(137),$$

$$R_n(h) = \frac{h^{n+1}}{n!} (1 - \vartheta)^n f^{(n+1)}(\xi + \vartheta h) \quad (0 < \vartheta < 1) \quad (\textit{Cauchy})$$
$$(138).$$

Beispiel: Das Wechselwirkungspotential diatomarer Moleküle wird häufig in guter Näherung durch das sog. *Morse-Potential*

$$V(r) = D \cdot \left[1 - e^{-a(r - r_0)} \right]^2$$

beschrieben (D = Dissoziationsenergie, r_0 = Gleichgewichtsabstand der beiden Bindungspartner, a = Parameter) (vgl. Abb. 53).

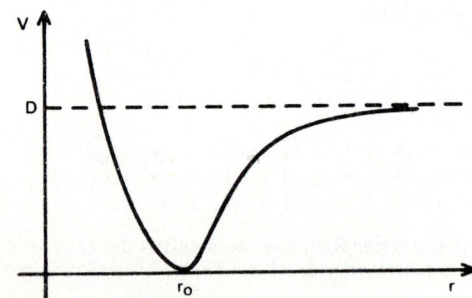

Abb. 53 Funktionsgraph des Morse-Potentials

Entwickelt man die Potentialfunktion nach Taylor um die Gleichgewichtslage $r = r_0$, so beginnt die Entwicklung mit den Gliedern

$$V(r) = a^2 D \left[(r - r_0)^2 - a(r - r_0)^3 + \frac{7}{12} a^2(r - r_0)^4 - \dots \right] .$$

3. Anwendungen

a) Integration mittels Potenzreihenentwicklung des Integranden

In den Anwendungen können Integrale auftreten, die mit den herkömmlichen Integrationstechniken wie z.B. Substitution oder Partielle Integration *nicht* gelöst werden können. Zu ihnen gehört u.a. das sog. *Gauss'sche Fehlerintegral*

$$F(x) = \int\limits_0^x e^{-t^2} \, dt \tag{139},$$

das in Wahrscheinlichkeitsrechnung und Statistik eine bedeutende Rolle spielt.

In vielen Fällen gelingt nun eine Integration dadurch, daß man zunächst die Integrandfunktion in eine Taylorsche Reihe entwickelt und anschließend gliedweise integriert. Wir werden das Verfahren am Beispiel des Fehlerintegrals (139) näher erläutern.

Beispiel: Ausgangspunkt ist die Taylorsche Reihe der Exponentialfunktion $f(z) = e^z$ (s. Beispiel a) auf S. 264):

$$e^z = 1 + \frac{z}{1!} + \frac{z^2}{2!} + \frac{z^3}{3!} + \dots + \frac{z^n}{n!} + \dots$$

Durch die formale Substitution $z = -t^2$ gewinnt man hieraus die Taylorsche Reihe des Integranden $f(t) = e^{-t^2}$:

$$e^{-t^2} = 1 - \frac{t^2}{1!} + \frac{t^4}{2!} - \frac{t^6}{3!} + \dots + (-1)^n \frac{t^{2n}}{n!} + \dots$$

Damit läßt sich das Gauss'sche Fehlerintegral auch wie folgt darstellen:

$$F(x) = \int\limits_0^x e^{-t^2} \, dt = \int\limits_0^x \left(1 - \frac{t^2}{1!} + \frac{t^4}{2!} - \frac{t^6}{3!} + - \dots \right) dt =$$

$$= \left[t - \frac{t^3}{3 \cdot 1!} + \frac{t^5}{5 \cdot 2!} - \frac{t^7}{7 \cdot 3!} + \dots + (-1)^n \frac{t^{2n+1}}{(2n+1)n!} + \dots \right]_0^x =$$

$$= x - \frac{x^3}{3 \cdot 1!} + \frac{x^5}{5 \cdot 2!} - \frac{x^7}{7 \cdot 3!} + \dots + (-1)^n \frac{x^{2n+1}}{(2n+1)n!} + \dots$$

Für $x = 1$ erhält man z.B.:

$$F(1) = \int_0^1 e^{-t^2}\, dt = 1 - \frac{1}{3 \cdot 1!} + \frac{1}{5 \cdot 2!} - \frac{1}{7 \cdot 3!} + \frac{1}{9 \cdot 4!} - \frac{1}{11 \cdot 5!} + - \cdots$$

Bricht man die unendliche Reihe nach dem 1., 2., ..., 6. Glied ab, so erhält man dieser Reihenfolge folgende Näherungswerte:

1 ; 0.6667 ; 0.7667 ; 0.7429 ; 0.7475 ; 0.7467.

b) Grenzwertberechnung nach Bernouilli-L'Hospital

Bei der Berechnung von Grenzwerten können formale Ausdrücke auftreten, die in ihrem Wert *unbestimmt* sind (sog. *unbestimmte Ausdrücke*). Dazu gehören z.B.

$$\frac{0}{0} \; ; \; \frac{\infty}{\infty} \; ; \; 0 \cdot \infty \; ; \; \infty - \infty \; ; \; 0^0 \tag{140}.$$

Für Ausdrücke vom Typ $0/0$ bzw. ∞/∞ (und nur für diese) darf man folgende, von *Bernouilli und L'Hospital* stammende Regel anwenden:

Satz (Regel von Bernouilli-L'Hospital): Führt der Grenzwert

$$\lim_{x \to x_0} \frac{u(x)}{v(x)} \text{ zu dem unbestimmten Ausdruck } 0/0 \text{ oder } \infty/\infty,$$

so ist

$$\lim_{x \to x_0} \frac{u(x)}{v(x)} = \lim_{x \to x_0} \frac{u'(x)}{v'(x)} \tag{141}.$$

Beweis: Den Beweis der Regel für den unbestimmten Ausdruck $0/0$ wollen wir nur andeuten. Die Funktionen $u(x)$ und $v(x)$ werden um die Stelle $x = x_0$ nach Taylor entwickelt, wobei zu beachten ist, daß $u(x_0) = v(x_0) = 0$ ist. Dividiert man dann gliedweise Zähler und Nenner durch $(x - x_0)$, so erhält man

$$\frac{u(x)}{v(x)} = \frac{u'(x_0) + \dfrac{u''(x_0)}{2!}\,(x - x_0) + \ldots}{v'(x_0) + \dfrac{v''(x_0)}{2!}\,(x - x_0) + \ldots} \tag{142}.$$

Beim Grenzübergang $x \to x_0$ strebt die rechte Seite gegen $u'(x_0)/v'(x_0)$. Wegen der Stetigkeit der beiden Ableitungen ist

$$\lim_{x \to x_0} \frac{u(x)}{v(x)} = \frac{u'(x_0)}{v'(x_0)} = \lim_{x \to x_0} \frac{u'(x)}{v'(x)} \qquad (143).$$

Hinweis: *Unbestimmte Ausdrücke, die nicht unter den Typ* 0/0 *bzw.* ∞/∞ *fallen, können durch elementare Umformungen auf eine dieser beiden Formen gebracht werden.*

Beispiele: a) $\displaystyle\lim_{x \to 0} \frac{e^x - 1}{x} \to \frac{0}{0}$

$$\lim_{x \to 0} \frac{e^x - 1}{x} = \lim_{x \to 0} \frac{(e^x - 1)'}{(x)'} = \lim_{x \to 0} \frac{e^x}{1} = \frac{1}{1} = 1 .$$

b) $\displaystyle\lim_{x \to \infty} \frac{\ln x}{e^x} \to \frac{\infty}{\infty}$

$$\lim_{x \to \infty} \frac{\ln x}{e^x} = \lim_{x \to \infty} \frac{(\ln x)'}{(e^x)'} = \lim_{x \to \infty} \frac{1/x}{e^x} = \frac{0}{\infty} = 0 .$$

G. Charakteristische Kurvenpunkte

Um sich einen möglichst umfassenden Überblick über den Verlauf des Graphen einer Funktion $f(x)$ zu verschaffen, ist die Kenntnis der Anzahl und der Lage bestimmter *charakteristischer* Kurvenpunkte (Nullstellen, relative Maxima und Minima, Wendepunkte) unerläßlich.

Definition: *Eine Funktion* $f(x)$ *besitzt an der Stelle* $x = \xi$ *eine Nullstelle, wenn* $f(\xi) = 0$ *ist (Schnittpunkt des Funktionsgraphen mit der* x-*Achse).*

Definition: *Eine Funktion* $f(x)$ *besitzt an der Stelle* $x = \xi$ *ein relatives Maximum, wenn in einer gewissen Umgebung dieser Stelle, d.h. für ein genügend kleines* $h \neq 0$

$$f(\xi) > f(\xi + h) \qquad (144)$$

ist. Gilt dagegen für genügend kleines $h \neq 0$

$$f(\xi) < f(\xi + h) \qquad (145),$$

so besitzt die Funktion in $x = \xi$ *ein relatives Minimum.*

270

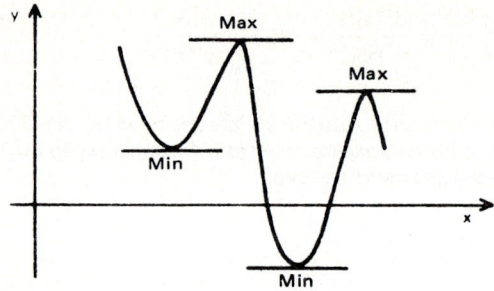

Abb. 54 Zum Begriff des relativen Maximums (Minimums) einer Funktion

Die relativen Maxima und Minima einer Funktion f(x) faßt man unter dem Sammelbegriff *Extremwerte* der Funktion f(x) zusammen. Der geometrischen Anschauung entnimmt man sofort, daß in den Extremwerten *differenzierbarer* Funktionen f(x) *waagerechte* Kurventangenten vorliegen (vgl. Abb. 54):

$$f'(\xi) = 0 \qquad\qquad (146).$$

So ist z. B. in einem relativen Maximum die Steigung der linksseitigen Sekante nie negativ, die Steigung der rechtsseitigen Sekante dagegen niemals positiv. Beim Grenzübergang h → 0 fallen schließlich beide Sekanten in die gemeinsame Kurventangente, deren Steigung daher zugleich weder negativ noch positiv sein kann. Als Steigungswert der Kurventangente bleibt daher nur der Wert Null, d. h. die Tangente verläuft parallel zur x-Achse.

Bedingung (146) ist zwar *notwendig*, jedoch *keinesfalls hinreichend* für die Existenz eines Extremwertes, wie das nun folgende Beispiel zeigen wird.

Beispiel: Der Funktionsgraph der kubischen Parabel f(x) = x³ besitzt im Nullpunkt zwar eine waagerechte Tangente (f'(0) = 0), jedoch finden wir in *jeder* noch so kleinen Umgebung von x = 0 sowohl Stellen, in denen f(x) > 0 ist als auch solche Stellen, in denen f(x) < 0 ist. f(x) kann daher in x = 0 keinen relativen Extremwert besitzen (vgl. Abb. 4 auf S. 188).

Wir beweisen nun das folgende *hinreichende Kriterium* für die Existenz eines relativen Extremums.

Satz: f(x) *sei eine in einer gewissen Umgebung der Stelle* x = ξ k-*mal stetig differenzierbare Funktion mit folgenden Eigenschaften:*

(a) die ersten (n −1) *Ableitungen der Funktion an der Stelle* x = ξ *mögen verschwinden:* $f'(\xi) = \ldots = f^{(n-1)}(\xi) = 0;$

(b) die n-*te Ableitung an der Stelle* x = ξ *sei von Null verschieden:*
$$f^{(n)}(\xi) \neq 0 \qquad (2 \leqslant n \leqslant k).$$

Ist dann die Ordnung n *geradzahlig, so besitzt* f(x) *an der Stelle* x = ξ *einen relativen Extremwert, und zwar ein relatives Maximum, falls* $f^{(n)}(\xi) < 0$ *ist, ein relatives Minimum, falls* $f^{(n)}(\xi) > 0$ *ist. Für ungeradzahliges* n *dagegen liegt an der Stelle* x = ξ *mit Gewißheit kein relatives Extremum vor.*

Beweis: Man entwickelt die Funktion f(x) um die Stelle x = ξ nach Taylor bis zur (n − 1)-ten Potenz, was nach den Voraussetzungen des Satzes möglich ist, und erhält:

$$f(\xi + h) = f(\xi) + h\,f'(\xi) + \frac{h^2}{2!}\,f''(\xi) + \ldots + \frac{h^{n-1}}{(n-1)!}\,f^{(n-1)}(\xi)$$

$$+ \frac{h^n}{n!}\,f^{(n)}(\xi + \vartheta h) \qquad (0 < \vartheta < 1). \tag{147}$$

Nach Voraussetzung verschwinden die ersten (n − 1) Ableitungen an der Stelle x = ξ. Die Entwicklung (147) reduziert sich daher auf

$$f(\xi + h) - f(\xi) = \frac{h^n}{n!}\,f^{(n)}(\xi + \vartheta h) \qquad (0 < \vartheta < 1) \tag{148}.$$

Wegen der Stetigkeit von $f^{(n)}(x)$ läßt sich ein $\epsilon > 0$ so wählen, daß die Funktion $f^{(n)}(x)$ in der ε-Umgebung der Stelle x = ξ ihr Vorzeichen nicht ändert. Also ist $f^{(n)}(\xi + \vartheta h)$ für $|h| < \epsilon$ entweder positiv oder negativ. Definitionsgemäß besitzt f(x) an der Stelle ξ ein relatives Maximum, falls die Differenz f(ξ + h) − f(ξ) für alle h mit $|h| < \epsilon$ negativ ausfällt. Dies jedoch trifft nur dann zu, wenn n geradzahlig ist (dann ist nämlich $(+h)^n = (-h)^n$) *und zugleich* $f^{(n)}(\xi) < 0$ ist. Ist dagegen n gerade *und zugleich* $f^{(n)}(\xi) > 0$, so besitzt die Funktion f(x) an der Stelle x = ξ ein relatives Minimum. Für ungeradzahliges n dagegen ändert der Term auf der rechten Seite von Gleichung (148) sein Vorzeichen, wenn wir h durch −h ersetzen. Daher liegt für ungeradzahliges n mit Sicherheit *kein* Extremwert vor.

Beispiele: a) Die kubische Parabel $f(x) = x^3$ besitzt im Nullpunkt trotz $f'(0) = 0$ *keinen* relativen Extremwert, da aus $f'(x) = 3x^2$, $f''(x) = 6x$, $f'''(x) = 6$ folgt: $f'(0) = f''(0) = 0$, $f'''(0) \neq 0$. Die dritte Ableitung ist die

Ableitung *niedrigster* Ordnung, die *nicht* an der Stelle x = 0 verschwindet. Sie ist von *ungeradzahliger* Ordnung (vgl. Abb. 4 auf S. 188).

b) Dagegen besitzt die Funktion $f(x) = x^4$ im Nullpunkt ein relatives Minimum, da an dieser Stelle die ersten drei Ableitungen verschwinden, die vierte Ableitung dort aber einen von Null verschiedenen Wert annimmt.

c) Das Morse-Potential

$$V(r) = D \left[1 - e^{-a(r - r_0)} \right]^2$$

besitzt an der Stelle $r = r_0$ ein relatives Minimum. Aus den Ableitungen

$$V'(r) = 2aD \left[e^{-a(r - r_0)} - e^{-2a(r - r_0)} \right]$$

$$V''(r) = 2a^2 D \left[2e^{-2a(r - r_0)} - e^{-a(r - r_0)} \right]$$

folgt sofort: $V'(r_0) = 0$ und $V''(r_0) = 2a^2 D > 0$. Daraus ergibt sich die Behauptung. $V(r)$ besitzt an der Stelle r_0 sogar ein *absolutes Minimum* (vgl. Abb. 53 auf S. 266).

Definition: *Kurvenpunkte, in denen sich der Drehsinn der Kurventangente ändert, heißen Wendepunkte.*

Im Wendepunkt ändert sich die Kurvenkrümmung (der Wert der zweiten Ableitung an einer Stelle x ist ein Maß für die Kurvenkrümmung an dieser Stelle). Wir führen ohne Beweis das folgende hinreichende Kriterium für die Existenz eines Wendepunktes an.

Satz: *Die in einer gewissen Umgebung der Stelle* $x = \xi$ *p-mal stetig differenzierbare Funktion* $f(x)$ *besitzt in* $x = \xi$ *dann und nur dann einen Wendepunkt, wenn die folgenden Eigenschaften zutreffen:*

(a) $f^{(k)}(\xi) = 0$ *für* $k = 2, 3, \ldots, n - 1$;

(b) $f^{(n)}(\xi) \neq 0$;

(c) n *ist ungeradzahlig, d. h. die erste an der Stelle* $x = \xi$ *nichtverschwindende Ableitung ist von ungeradzahliger Ordnung* $(3 \leqslant n \leqslant p)$.

Beispiele: a) Die kubische Parabel besitzt im Nullpunkt einen Wendepunkt, da $f'(0) = f''(0) = 0$, aber $f'''(0) = 6 \neq 0$ ist (vgl. Abb. 4 auf S. 188).

b) Der Zustand eines *realen Gases* wird häufig in recht guter Näherung durch die *van der Waalssche Zustandsgleichung*

$$(p + \frac{a}{V^2})(V - b) = RT \qquad \text{(für 1 Mol)}$$

beschrieben, wobei gasförmiger und flüssiger Zustand in gleicher Weise mitumfaßt werden (der Term $\dfrac{a}{V^2}$ beschreibt die Wechselwirkung zwischen den Gas-

molekülen und wird daher als *Binnendruck* bezeichnet; der Korrekturterm b berücksichtigt das *Eigenvolumen* der Gasmoleküle; vgl. Abb. 55).

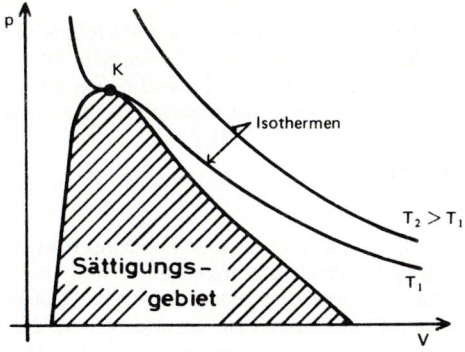

Abb. 55 Isothermen eines van der Waalsschen Gases

Im sog. *kritischen Punkt* K besitzt die van der Waalssche Isotherme einen *Sattelpunkt*, d. h. einen Wendepunkt mit waagerechter Kurventangente. Aus den drei Gleichungen

$$p = \frac{RT}{V - b} - \frac{a}{V^2} \ , \quad \frac{dp}{dV} = - \frac{RT}{(V - b)^2} + \frac{2a}{V^3} = 0,$$

$$\frac{d^2 p}{dV^2} = \frac{2RT}{(V - b)^3} - \frac{6a}{V^4} = 0$$

bestimmt man die *kritischen* Daten: $p_k = \dfrac{a}{27b^2} \ , \quad V_k = 3b, \quad T_k = \dfrac{8a}{27Rb} \ .$

VIII. Funktionen mehrerer Veränderlicher

A. Der Funktionsbegriff

1. Definition einer Funktion von zwei und mehreren Veränderlichen

Definition: *Unter einer Funktion von zwei Variablen versteht man eine Vorschrift, die jedem geordneten Zahlenpaar* (x, y), *bestehend aus je einem Element* x *der Menge* X *und einem Element* y *der Menge* Y, *in eindeutiger Weise ein Element* u *der Menge* U *zuordnet.*

Symbolisch schreibt man dafür:

$$u = f(x, y) \tag{1}$$

(„u ist eine Funktion von x und y"). Die Funktion $u = f(x, y)$ kann als Abbildung der Produktmenge $X \circ Y$ *auf* die Menge U aufgefaßt werden. Im folgenden lassen wir für die Mengen X, Y und U nur *reelle* Zahlenmengen zu. x und y sind die beiden *unabhängigen Variablen,* u ist die *abhängige Variable.* Die Produktmenge $X \circ Y$ heißt der *Definitionsbereich,* die Menge U der *Wertebereich* der Funktion. Entsprechend definiert man eine Funktion von n Variablen.

Definition: *Eine Funktion* $y = f(x_1, x_2, \ldots, x_n)$ *von* n *unabhängigen Variablen* $x_1, x_2, \ldots, x_n$ *ordnet jedem geordneten n-Tupel* $(x_1, x_2, \ldots, x_n)$ *reeller Zahlen eine (reelle) Zahl* y *als Element zu.*

Es handelt sich also um eine Abbildung der Produktmenge $X_1 \circ X_2 \circ \ldots \circ X_n$ *auf* die Menge Y. Die Menge $X_1 \circ X_2 \circ \ldots \circ X_n$ heißt der *Definitionsbereich,* die Menge Y der *Wertebereich* der Funktion.

Wir werden uns im weiteren Verlauf fast ausschließlich auf Funktionen zweier unabhängiger Variabler beschränken.

Beispiel: Löst man die *van der Waalssche Zustandsgleichung*

$$\left(p + \frac{a}{v^2}\right)(V - b) = RT \qquad \text{(für 1 Mol)}$$

nach p auf, so erhält man den Druck p als Funktion der beiden Zustandsvariablen T und V:

$$p = p(T, V) = \frac{RT}{V - b} - \frac{a}{v^2} \ .$$

T und V sind die unabhängigen Variablen, p ist die abhängige Variable.

Der Definitionsbereich einer Funktion $u = f(x, y)$ kann als Punkt-menge im kartesischen R^2 angesehen werden. Wird dabei der Be-reich von einer einzigen (geschlossenen) Randkurve begrenzt, so heißt er *einfach-zusammenhängend* (vgl. Abb. 1, 2). Wird er dagegen von mehreren (in sich geschlossenen) Kurven umrandet, dann liegt ein *mehrfach-zusammenhängender* Bereich vor (vgl. Abb. 3; hier ist ein zweifach-zusammenhängender Bereich skizziert). Zählt man die Randpunkte mit zum Bereich, so ist dieser *abgeschlossen*. Andern-falls heißt der Bereich *offen*.

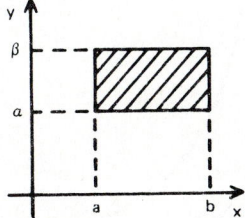

Abb. 1 Einfach-zusammenhängender rechteckiger Bereich

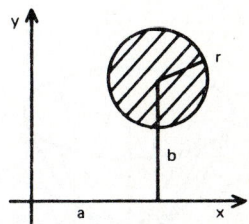

Abb. 2 Einfach-zusammenhängender kreisförmiger Bereich

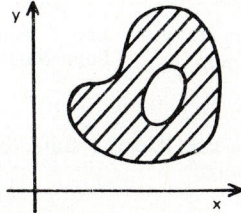

Abb. 3 Zweifach-zusammenhängender Bereich

2. Darstellung einer Funktion

Die wichtigste Darstellungsform einer Funktion von zwei Variablen ist die *analytische Darstellung*. Abhängige und unabhängige Variable sind durch eine Gleichung miteinander verknüpft. Die Darstellung kann *explizit* in der Form $u = f(x, y)$ oder *implizit* in der Form $F(x, y, u) = 0$ erfolgen.

Von großer Bedeutung ist auch die *graphische Darstellung* von Funktionen. Hierbei faßt man das Zahlentripel $(x, y, u = f(x, y))$ als einen Punkt im 3-dimensionalen Euklidischen Raum R^3 auf. Die Gesamtheit der Punkte bildet eine über dem Definitionsbereich liegende Fläche.

Beispiele: a) Die Gleichung $u = f(x, y) = x^2 + y^2$ definiert eine in der ganzen x, y-Ebene erklärte Funktion der beiden unabhängigen Variablen x und y. Stellt man diese Funktion im Euklidischen R^3 graphisch dar, so erhält man ein *Rotationsparaboloid* (vgl. Abb. 4).

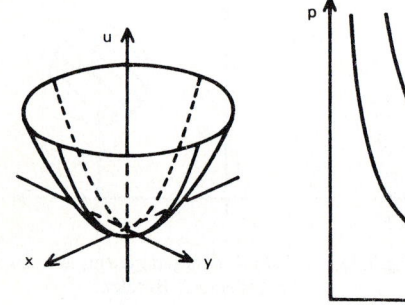

Abb. 4 Funktionsgraph von $f(x, y) = x^2 + y^2$ (Rotationsparaboloid)

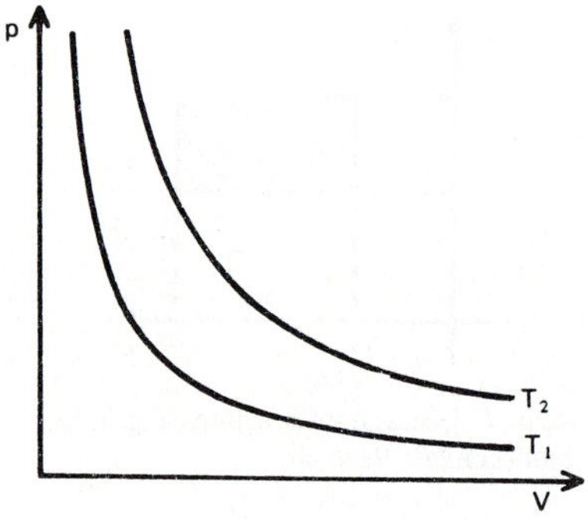

Abb. 5 Netztafeldiagramm des Boyle-Mariotteschen Gesetzes

b) Die Gleichung einer Kugel vom Radius r lautet (der Kugelmittelpunkt liegt dabei im Koordinatenursprung):

$$x^2 + y^2 + u^2 = r^2.$$

Durch Auflösen nach der Variablen u erhält man die beiden Funktionen

$$u_1 = +\sqrt{r^2 - x^2 - y^2} \quad \text{und} \quad u_2 = -\sqrt{r^2 - x^2 - y^2}.$$

Sie repräsentieren die Oberfläche der oberen bzw. unteren Halbkugel.

Häufig stellt man Funktionen auch durch sog. *Netztafeln* **dar. Die Funktion** $u = f(x, y)$ **wird dabei durch eine** *ebene Kurvenschar* repräsentiert, indem man z. B. die unabhängige Variable y als eine Art *Parameter* auffaßt und die Kurven $u = f(x, y_0)$ mit *festem* y_0 zeichnet. Für jeden Wert des Parameters y_0 erhält man eine Kurve.

Beispiel: Der Druck eines Gases ist eine Funktion der beiden Zustandsvariablen T und V: p = p (T, V). Will man im Experiment den funktionalen Zusammenhang dieser drei Größen ermitteln, so wird man z. B. bei *konstanter Temperatur* T = T_0 den Druck als Funktion des Volumens messen. Man erhält so für *jede* Temperatur einen bestimmten funktionalen Zusammenhang zwischen Druck und Volumen. Im Netztafeldiagramm erhält man so für jede bei konstanter Temperatur aufgenommene Meßreihe eine bestimmte Kurve. Das Netztafeldiagramm für das *van der Waalssche Gas* entnimmt man der Abb. 55 aus Kapitel VII. Für das ideale Gas *(Boyle-Mariottesches Gesetz)* erhält man eine Schar rechtwinkliger Hyperbeln, die der Funktionsgleichung

$$p(V, T = const.) = \frac{RT}{V}$$

genügen (Abb. 5).

B. Der Begriff der Stetigkeit

1. Grenzwert einer Funktion

Definition: *Eine Funktion* f (x, y) *besitzt an der Stelle* (ξ, η) *den Grenzwert* g, *wenn zu jedem* $\epsilon > 0$ *eine Zahl* $\delta (\epsilon, \xi, \eta) > 0$ *existiert mit der Eigenschaft, daß für alle Punkte* (x, y) *aus dem Kreisring* $0 < (x - \xi)^2 + (y - \eta)^2 < \delta^2$ *die Ungleichung*

$$|f(x, y) - g| < \epsilon \tag{2}$$

erfüllt ist[1].

Für diesen Grenzwert schreibt man symbolisch:

$$\lim_{(x, y) \to (\xi, \eta)} f(x, y) = g \tag{2a}.$$

In vielen Fällen ist es zweckmäßiger, auf die folgende *äquivalente* Definition zurückzugreifen.

Definition: *Wenn für jede beliebige, gegen* (ξ, η) *strebende Punktfolge* $(x_1, y_1), (x_2, y_2), \ldots, (x_n, y_n), \ldots$ *gilt:*

$$\lim_{(x_n, y_n) \to (\xi, \eta)} f(x_n, y_n) = g \tag{2b},$$

---

[1] Der Fall (x, y) = (ξ, η) wird dabei ausgeschlossen, damit die Definition auch dann anwendbar ist, wenn f (x, y) an der Stelle (ξ, η) überhaupt nicht definiert ist.

so heißt g *der Grenzwert der Funktion* f(x, y) *an der Stelle* (ξ, η).

Dabei bedeutet die symbolische Schreibweise $(x_n, y_n) \to (\xi, \eta)$, daß der Abstand $d = \sqrt{(x_n - \xi)^2 + (y_n - \eta)^2}$ der beiden Punkte (x_n, y_n) und (ξ, η) mit wachsendem n gegen Null strebt.

Beispiel: Die Funktion

$$f(x, y) = \frac{xy}{x^2 + y^2}$$ besitzt im Nullpunkt $(x, y) = (0, 0)$ *keinen* Grenzwert.

Zum Beweis betrachte man die folgenden, gegen den Punkt $(0, 0)$ konvergierenden Punktfolgen (vgl. Abb. 6):

(a) *Punktfolge* $(\epsilon, 0) : (\epsilon > 0;$ längs der positiven x-Achse)

$$\lim_{(\epsilon, 0) \to (0, 0)} f(\epsilon, 0) = \lim_{\epsilon \to 0} \frac{\epsilon \cdot 0}{\epsilon^2 + 0} = \lim_{\epsilon \to 0} 0 = 0;$$

(b) *Punktfolge* $(0, \epsilon) : (\epsilon > 0;$ längs der positiven y-Achse)

$$\lim_{(0, \epsilon) \to (0, 0)} f(0, \epsilon) = \lim_{\epsilon \to 0} \frac{0 \cdot \epsilon}{0 + \epsilon^2} = \lim_{\epsilon \to 0} 0 = 0;$$

(c) *Punktfolge* $(\epsilon, \epsilon) : (\epsilon > 0;$ längs der Geraden y = x mit x > 0)

$$\lim_{(\epsilon, \epsilon) \to (0, 0)} f(\epsilon, \epsilon) = \lim_{\epsilon \to 0} \frac{\epsilon^2}{\epsilon^2 + \epsilon^2} = \lim_{\epsilon \to 0} \frac{1}{2} = \frac{1}{2}.$$

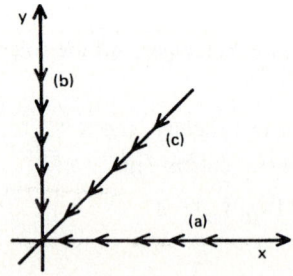

Abb. 6 Zum Begriff des Grenzwertes einer Funktion von zwei Variablen

Der Grenzwert hängt offensichtlich vom eingeschlagenen Weg ab. Die Funktion f(x, y) besitzt daher im Nullpunkt im Sinne unserer Definition überhaupt keinen Grenzwert.

2. Definition der Stetigkeit

Definition: *Eine Funktion* f (x, y) *heißt an der Stelle* (ξ, η) *ihres Definitionsbereiches stetig, wenn es möglich ist, zu jeder beliebigen Zahl* $\epsilon > 0$ *stets eine positive Zahl* $\delta (\epsilon, \xi, \eta)$ *so zu bestimmen, daß für alle Punkte* (x, y) *aus dem Kreis* $(x - \xi)^2 + (y - \eta)^2 < \delta^2$ *die Ungleichung*

$$| f (x, y) - f (\xi, \eta) | < \epsilon \tag{3}$$

besteht.

Die Stetigkeitsbedingung läßt sich auch durch die Gleichung

$$\lim_{(x, y) \to (\xi, \eta)} f (x, y) = f (\xi, \eta) \tag{3a}$$

ausdrücken. Sie enthält demnach die folgenden drei Forderungen:

(a) die Funktion f (x, y) ist an der Stelle (ξ, η) definiert;

(b) der Grenzwert der Funktion f (x, y) an der Stelle (ξ, η) existiert;

(c) Grenzwert und Funktionswert an der Stelle (ξ, η) stimmen überein.

Definition: *Eine Funktion* f (x, y) *heißt stetig im Bereich* G, *wenn sie an jeder Stelle* (x, y) *aus* G *stetig ist.*

Definition: *Eine Funktion* f (x, y) *heißt gleichmäßig stetig im Bereich* G, *wenn die in der Stetigkeitsdefinition geforderte positive Zahl* δ *nur von* ϵ, *nicht aber von der Stelle* (ξ, η) *abhängt:* $\delta = \delta (\epsilon)$.

Beispiele: a) Jede ganze rationale Funktion in den beiden Variablen x und y ist in der gesamten x, y-Ebene stetig; ebenso jede gebrochen rationale Funktion, mit Ausnahme derjenigen Stellen, an denen das Nennerpolynom verschwindet. So ist z. B. die gebrochen rationale Funktion

$$f (x, y) = \frac{1}{y - x} \quad nicht \ stetig \ \text{in allen Punkten der Geraden } y = x$$

(sog. *Unendlichkeitslinie*).

b) Die Funktion

$$f (x, y) = \left\{ \begin{array}{ll} \dfrac{xy}{x^2 + y^2} & (x, y) \neq (0, 0) \\ & \text{für} \\ 0 & (x, y) = (0, 0) \end{array} \right\}$$

ist im Nullpunkt $(x, y) = (0, 0)$ zwar erklärt: $f(0, 0) = 0$, jedoch unstetig, da der Grenzwert an dieser Stelle nicht existiert, wie in dem Beispiel des vorangegangenen Abschnittes B.1. gezeigt worden ist.

C. Der Begriff der Differenzierbarkeit

1. Partielle Ableitungen 1. Ordnung und ihre geometrische Deutung

Die Funktion $u = f(x, y)$ wird im Euklidischen R^3 durch eine Fläche dargestellt. Läßt man die Variable y konstant, d. h. setzt man $y = \eta = $ const., so definiert die Gleichung $u = f(x, \eta)$ eine auf der Fläche $u = f(x, y)$ verlaufende (räumliche) Kurve $u = \varphi(x)$. Sie ergibt sich als Schnittlinie zwischen der Fläche $u = f(x, y)$ und der zur x, u-Ebene parallel verlaufenden Ebene $y = \eta$. Den Grenzwert

$$f_x(\xi, \eta) = \lim_{\Delta x \to 0} \frac{f(\xi + \Delta x, \eta) - f(\xi, \eta)}{\Delta x} \tag{4}$$

bezeichnet man, falls er existiert, als *partielle Ableitung 1. Ordnung der Funktion* $u = f(x, y)$ *nach der Variablen* x *an der Stelle* (ξ, η). Geometrisch gedeutet, bedeutet $f_x(\xi, \eta)$ die Steigung der Tangente an die Flächenkurve $u = f(x, \eta) = \varphi(x)$ im Raumpunkt P mit den Koordinaten $(\xi, \eta, f(\xi, \eta))$ (vgl. Abb. 7).

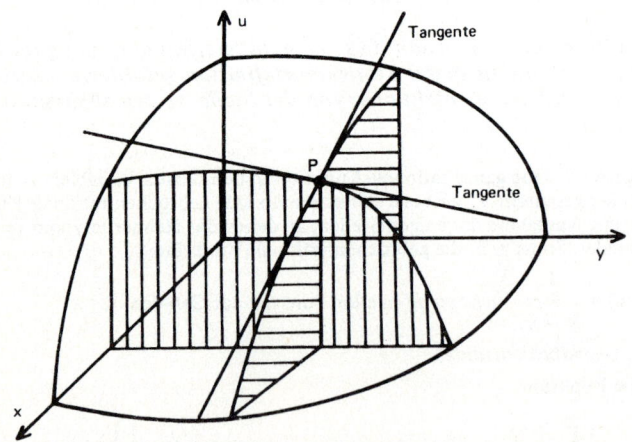

Abb. 7 Zum Begriff der Differenzierbarkeit einer Funktion von zwei Variablen

Analog definiert man die *partielle Ableitung 1. Ordnung der Funktion*
u = f(x, y) *nach der Variablen* y *an der Stelle* (ξ, η) durch den
Grenzwert

$$f_y(\xi, \eta) = \lim_{\Delta y \to 0} \frac{f(\xi, \eta + \Delta y) - f(\xi, \eta)}{\Delta y} \qquad (5).$$

$f_y(\xi, \eta)$ gibt die Steigung der Tangente an die Flächenkurve u =
f(ξ, y) im Raumpunkte $(\xi, \eta, f(\xi, \eta))$ an (vgl. Abb. 7). Die partiellen Ableitungen 1. Ordnung $f_x(\xi, \eta)$, $f_y(\xi, \eta)$ einer Funktion
u = f(x, y) geben also den Anstieg der Fläche u = f(x, y) an der
Stelle (ξ, η) in Richtung x- bzw. y-Achse an.

Üblich sind auch die folgenden Symbole für partielle Ableitungen
1. Ordnung:

$$f_x = \frac{\partial f}{\partial x}, \quad f_y = \frac{\partial f}{\partial y} \qquad (6).$$

Sie werden als *partielle Differentialquotienten 1. Ordnung* bezeichnet.

Für eine Funktion $f(x_1, x_2, \ldots, x_n)$ von n unabhängigen Variablen
$x_1, x_2, \ldots, x_n$ kann man entsprechend n verschiedene partielle Ableitungen 1. Ordnung bilden:

$$f_{x_1} = \frac{\partial f}{\partial x_1}, \quad f_{x_2} = \frac{\partial f}{\partial x_2}, \ldots, \quad f_{x_n} = \frac{\partial f}{\partial x_n} \qquad (6a).$$

Bei der Bildung der partiellen Ableitungen 1. Ordnung werden bis
auf eine Variable alle übrigen Variablen als Parameter behandelt.
*Die partielle Differentiation läßt sich daher nach denselben Gesetz-
mäßigkeiten durchführen wie die gewöhnliche Differentiation von
Funktionen einer Variablen.*

Beispiele: a) Differenziert man die Zustandsfunktion $p = p(T, V) = \dfrac{RT}{V}$

eines idealen Gases partiell nach T bzw. V, so erhält man:

$$\frac{\partial p}{\partial T} = \frac{R}{V}, \quad \frac{\partial p}{\partial V} = -\frac{RT}{V^2}.$$

Der erste Differentialquotient besagt, daß sich bei *isochor* vorgenommener
Zustandsänderung (V = const.) Druck und Temperatur im gleichen Verhältnis ändern (p $\sim$ T). Der zweite Differentialquotient sagt etwas darüber aus,
wie sich bei einer *isothermen* Zustandsänderung eines idealen Gases der Druck
p mit dem Volumen V ändert.

b) Gesucht sind die partiellen Ableitungen 1. Ordnung der gebrochen rationalen Funktion $u = f(x, y) = \dfrac{x^2 + 2y}{x - y^2}$:

$$f_x = \frac{2x(x - y^2) - 1(x^2 + 2y)}{(x - y^2)^2} = \frac{x^2 - 2xy^2 - 2y}{(x - y^2)^2}$$

$$f_y = \frac{2(x - y^2) - (-2y)(x^2 + 2y)}{(x - y^2)^2} = \frac{2x^2y + 2x + 2y^2}{(x - y^2)^2}.$$

c) Das elastische Federpendel kann als Modell eines linearen harmonischen Oszillators betrachtet werden. Die potentielle Energie (Potential) eines solchen Oszillators ist eine quadratische Funktion der Ortskoordinate x : $V(x) = \dfrac{1}{2} kx^2$ (k = Kraftkonstante der Feder). Das Gesamtpotential eines *gekoppelten* Systems zweier linearer harmonischer Oszillatoren ist dann

$$V(x_1, x_2) = \frac{1}{2} k_1 x_1^2 + \frac{1}{2} k_2 x_2^2 + \frac{1}{2} k_{12}(x_1 - x_2)^2$$

(x_i ist die Koordinate, k_i die Kraftkonstante des i-ten Oszillators (i = 1, 2); k_{12} ist die Kraftkonstante der Kopplungsfeder).

Die auf den i-ten Oszillator einwirkende Kraft F_i ist dann durch die mit dem Faktor (−1) versehene partielle Ableitung 1. Ordnung der Potentialfunktion nach der i-ten Koordinate x_i gegeben:

$$F_1 = -\frac{\partial V}{\partial x_1} = -k_1 x_1 - k_{12}(x_1 - x_2), \quad F_2 = -\frac{\partial V}{\partial x_2} = -k_2 x_2 - k_{12}(x_2 - x_1).$$

2. Partielle Ableitungen höherer Ordnung

Von einer Funktion $u = f(x, y)$ lassen sich auch *partielle Ableitungen höherer Ordnung* bilden. Z. B. sind folgende *partielle Ableitungen 2. Ordnung* möglich:

$$f_{xx} = \frac{\partial}{\partial x}\left(\frac{\partial f}{\partial x}\right) = \frac{\partial^2 f}{\partial x^2} \quad , \quad f_{yy} = \frac{\partial}{\partial y}\left(\frac{\partial f}{\partial y}\right) = \frac{\partial^2 f}{\partial y^2} \quad ,$$

$$f_{xy} = \frac{\partial}{\partial y}\left(\frac{\partial f}{\partial x}\right) = \frac{\partial^2 f}{\partial x\,\partial y} \quad , \quad f_{yx} = \frac{\partial}{\partial x}\left(\frac{\partial f}{\partial y}\right) = \frac{\partial^2 f}{\partial y\,\partial x} \quad (7).$$

So bedeutet z. B. das Symbol f_{xy}, daß die Funktion $f(x, y)$ zunächst nach der Variablen x und anschließend nach der Variablen y partiell differenziert worden ist. f_{xy} ist also die partielle Ableitung der Funktion f_x nach der Variablen y. Entsprechend bildet man partielle Ableitungen höherer Ordnung. So ist f_{xyy} eine partielle Ableitung 3. Ordnung, die man aus der Ausgangsfunktion $f(x, y)$ dadurch gewinnt, daß man diese zunächst partiell nach x und anschließend zweimal partiell nach y differenziert. Partielle Ableitungen höherer Ordnung ($n \geqslant 2$) heißen *reine Ableitungen*, wenn sie aus der Funktion $f(x, y)$ durch mehrmaliges Differenzieren nach ein und derselben Variablen hervorgehen. Alle übrigen partiellen Ableitungen werden als *gemischte* Ableitungen bezeichnet.

Zu beachten ist in diesem Zusammenhang, daß i. a. bei gemischten partiellen Ableitungen die Reihenfolge, in der die Differentiationen vorgenommen werden, von Bedeutung ist. So ist i. a. $f_{xy} \neq f_{yx}$, $f_{xyx} \neq f_{xxy}$ usw.. Grundsätzlich ist zunächst die partielle Differentiation bezüglich derjenigen Variablen auszuführen, die am weitesten *links* steht.

Ohne Beweis führen wir an dieser Stelle einen Satz an, der unter gewissen Voraussetzungen die Vertauschbarkeit in der Differentiationsreihenfolge zuläßt (*Satz von Schwarz*).

Satz: *Sind die partiellen Ableitungen* n-*ter Ordnung einer Funktion* $f(x, y)$ *stetig in einem Bereich* G, *so ist die Reihenfolge der Differentiationen vertauschbar (Satz von Schwarz).*

Beispiele: a) Für $n = 2$ ist unter den Voraussetzungen des Schwarzschen Satzes $f_{xy} = f_{yx}$.

b) Die Funktion $f(x, y) = x^2 + y^2$ besitzt folgende partielle Ableitungen 1. und 2. Ordnung: $f_x = 2x$, $f_y = 2y$, $f_{xx} = 2$, $f_{yy} = 2$, $f_{xy} = 0$, $f_{yx} = 0$. Die Bedingungen des Schwarzschen Satzes sind erfüllt, da f_{xy} und f_{yx} stetige Funktionen sind. Es ist, wie verlangt, $f_{xy} = f_{yx}$.

c) Im Bereich $T \geqslant 0$, $V > 0$ sind die beiden gemischten partiellen Ableitungen 2. Ordnung der Zustandsfunktion $p(T, V) = \dfrac{RT}{V}$ eines idealen Gases stetig und damit gleich:

$$\frac{\partial p}{\partial T} = \frac{R}{V} \, , \quad \frac{\partial p}{\partial V} = -\frac{RT}{V^2} \, , \quad \frac{\partial^2 p}{\partial T \, \partial V} = \frac{\partial^2 p}{\partial V \, \partial T} = -\frac{R}{V^2} \, .$$

3. Differenzierbarkeit und ihre geometrische Deutung

Definition: *Eine im Bereich* G *erklärte Funktion* u = f (x, y) *heißt an der Stelle* (ξ, η) *differenzierbar, wenn sie sich in der Umgebung dieser Stelle durch die lineare Funktion*

$$f(\xi + h, \eta + k) = f(\xi, \eta) + h \cdot f_x(\xi, \eta) + k \cdot f_y(\xi, \eta)$$
$$+ h \cdot \epsilon_1(h, k) + k \cdot \epsilon_2(h, k) \tag{8}$$

darstellen läßt. Dabei streben die Funktionen $\epsilon_1(h, k)$ *und* $\epsilon_2(h, k)$ *zugleich mit* $(h, k) \rightarrow (0, 0)$ *selbst gegen Null:*

$$\lim_{(h, k) \rightarrow (0, 0)} \epsilon_1(h, k) = \lim_{(h, k) \rightarrow (0, 0)} \epsilon_2(h, k) = 0 \tag{9}.$$

Woran erkennt man, *ob* eine gegebene Funktion u = f (x, y) an der Stelle (ξ, η) differenzierbar ist oder nicht? Ein Kriterium liefert der folgende Satz, der hier ohne Beweis angeführt wird.

Satz: *Besitzt eine Funktion* u = f (x, y) *an der Stelle* (ξ, η) *stetige partielle Ableitungen 1. Ordnung, so ist* f (x, y) *an dieser Stelle differenzierbar.*

Beispiel: Die Funktion u = f (x, y) = $x^2 e^{xy}$ besitzt stetige partielle Ableitungen 1. Ordnung: $f_x = x (xy + 2) e^{xy}$, $f_y = x^3 e^{xy}$, und ist damit *überall* in der x, y-Ebene differenzierbar.

Die Differenzierbarkeit einer Funktion u = f (x,y) an der Stelle (ξ, η) hängt eng zusammen mit dem Problem, ob *alle Tangenten,* die im Raumpunkt $(\xi, \eta, f(\xi, \eta))$ die Fläche u = f (x, y) tangieren, in einer *gemeinsamen Ebene* liegen oder nicht. Ist eine solche Ebene vorhanden, so bezeichnet man sie als die *Tangentialebene* der Fläche u = f (x, y) im Punkte $(\xi, \eta, f(\xi, \eta))$. Es läßt sich nun zeigen, daß eine solche Tangentialebene dann und nur dann existiert, wenn die Funktion f (x, y) an der Stelle (ξ, η) differenzierbar ist. *Die Existenz einer Tangentialebene ist also der geometrische Ausdruck für die Differenzierbarkeit einer Funktion* u = f (x, y) *an der Stelle* (ξ, η) *und umgekehrt.* Demnach besitzt die Fläche u = f (x, y) im Punkte $(\xi, \eta, f(\xi, \eta))$ gewiß eine Tangentialebene, wenn f_x und f_y in (ξ, η) *stetig* sind. Ist dagegen die Funktion f (x, y) an der Stelle (ξ, η) *nicht* differenzierbar, so besitzt die zugeordnete Fläche im Punkte $(\xi, \eta, f(\xi, \eta))$ *keine* Tangentialebene.

4. Das totale Differential einer Funktion

$u = f(x, y)$ sei eine an der Stelle (x, y) differenzierbare Funktion. Dann besitzt die zugeordnete Fläche im Raumpunkt $(x, y, f(x, y))$ eine Tangentialebene. Ändern wir nun x um dx, y um dy, so ändert sich der Funktionswert um $\Delta u = f(x + dx, y + dy) - f(x, y)$. Der Punkt mit den Koordinaten $(x + dx, y + dy, u + \Delta u)$ liegt daher ebenfalls auf der Fläche. Δu ist demnach der *Zuwachs auf der Fläche,* wenn sich die beiden unabhängigen Variablen x und y um dx bzw. dy ändern. Den entsprechenden *Zuwachs auf der Tangentialebene* bezeichnen wir mit du. Da die Tangentialebene in der x-Richtung den Anstieg f_x, in der y-Richtung den Anstieg f_y besitzt, setzt sich der Zuwachs du *additiv* aus den Änderungen in den beiden Richtungen zusammen:

$$du = f_x dx + f_y dy = \frac{\partial f}{\partial x} dx + \frac{\partial f}{\partial y} dy \qquad (10).$$

Der Punkt $(x + dx, y + dy, u + du)$ ist daher ein zu (x, y, u) benachbarter Punkt auf der *Tangentialebene* der Fläche. Er liegt dagegen i. a. *nicht* auf der Fläche selbst.

Definition: *Unter dem vollständigen oder totalen Differential einer Funktion* $u = f(x, y)$ *von zwei unabhängigen Variablen* x *und* y *versteht man den linearen Differentialausdruck*

$$du = f_x dx + f_y dy \qquad (11).$$

Man beachte, daß das totale Differential nur für *differenzierbare* Funktionen definiert ist. Es gibt den Zuwachs auf der Tangentialebene an, wenn sich x um dx, y um dy ändert.

Der Begriff des totalen Differentials läßt sich auch für Funktionen von n unabhängigen Variablen definieren.

Definition: *Unter dem vollständigen oder totalen Differential einer Funktion* $u = f(x_1, x_2, \ldots, x_n)$ *von* n *unabhängigen Variablen* $x_1, x_2, \ldots, x_n$ *versteht man den linearen Differentialausdruck*

$$du = f_{x_1} dx_1 + f_{x_2} dx_2 + \ldots + f_{x_n} dx_n \qquad (12).$$

Beispiele: a) Die Entropiefunktion $S = S(T, V)$ von 1 Mol eines idealen Gases lautet: $S(T, V) = C_v \ln T + R \ln V + S_0$ (C_v = Molwärme bei konstantem Volumen, R = allg. Gaskonstante, S_0 = Konstante).

Das totale Differential der Entropiefunktion ist somit

$$dS = \frac{C_v}{T} \, dT + \frac{R}{V} \, dV.$$

b) Sind die Änderungen dx und dy nur geringfügig, so kann der Zuwachs Δu der Funktion $u = f(x, y)$ auf der Fläche näherungsweise dem Zuwachs du auf der Tangentialebene gleichgesetzt werden: $\Delta u \approx du$. Von dieser Näherung macht man z. B. bei der *Fehlerrechnung* von Meßgrößen Gebrauch. Ändern sich z. B. Volumen V und Temperatur T eines idealen Gases nur um kleine Werte, so dürfen wir die Änderung Δp des Druckes in guter Näherung gleich dem totalen Differential der Zustandsfunktion $p(T, V) = \frac{RT}{V}$ setzen. Es gilt daher:

$$\Delta p \approx dp = \frac{\partial p}{\partial T} \, dT + \frac{\partial p}{\partial V} \, dV = \frac{R}{V} \, dT - \frac{RT}{V^2} \, dV.$$

Dabei sind dT und dV die (kleinen) Änderungen der Temperatur bzw. des Volumens. Faßt man dT und dV als *absolute Meßfehler* der Größen T bzw. V auf, so ist der *maximale* absolute Fehler von p dem Betrage nach gleich

$$|\Delta p|_{max} = \left| \frac{R}{V} \, dT \right| + \left| \frac{RT}{V^2} \, dV \right|.$$

Aus systematischen Gründen kommen wir auf dieses sog. *Fehlerfortpflanzungsgesetz* an anderer Stelle ausführlich zurück (vgl. hierzu Kapitel X.A.4.).

c) Die Schwingungsenergie E eines *harmonischen Oszillators* setzt sich aus potentieller und kinetischer Energie zusammen:

$$E(x, v) = \frac{1}{2} \, kx^2 + \frac{1}{2} \, mv^2$$

(k = Federkonstante, m = Masse, x = Auslenkung des Oszillators, v = Geschwindigkeit des Oszillators). Das totale Differential

$$dE = \frac{\partial E}{\partial x} \, dx + \frac{\partial E}{\partial v} \, dv = kx \, dx + mv \, dv$$

läßt sich wie folgt interpretieren: Ändert der Oszillator seine Ortskoordinate (Auslenkung) x um dx und seine Geschwindigkeit v um dv, so ist die damit verbundene Änderung der Schwingungsenergie *näherungsweise* durch das totale Differential dE gegeben. Bei einer *ungedämpften* Schwingung ist diese Änderung gleich Null (dE = 0): der Oszillator schwingt mit *konstanter* Energie.

D. Integration von Funktionen mehrerer Veränderlicher

1. Mehrfache Integrale

Ausgangspunkt unserer Betrachtung ist eine in dem rechteckigen Bereich

$$x_1 \leqslant x \leqslant x_2, \quad y_1 \leqslant y \leqslant y_2 \tag{13}$$

stetige Funktion $f(x, y)$. Hält man die unabhängige Variable x zunächst *fest* (x wird als eine Art *Parameter* betrachtet), so ist das Integral

$$\int_{y_1}^{y_2} f(x, y)\, dy \tag{14}$$

wegen der vorausgesetzten Stetigkeit von $f(x, y)$ vorhanden. Das Ergebnis dieser Integration bezüglich y ist eine noch vom Parameter x abhängige Funktion

$$F(x) = \int_{y_1}^{y_2} f(x, y)\, dy \tag{15}.$$

Diese Funktion ist in x stetig und daher ebenfalls integrierbar:

$$\int_{x_1}^{x_2} F(x)\, dx = \int_{x_1}^{x_2} \int_{y_1}^{y_2} f(x, y)\, dy\, dx \tag{16}.$$

Integrale von diesem Typ werden in der mathematischen Literatur als *Doppelintegrale oder zweifache Integrale* bezeichnet. *Man beachte dabei, daß die beiden Integrationsschritte in der Reihenfolge der Differentiale (von links nach rechts) durchzuführen sind: Zunächst wird bezüglich der Variablen y, dann erst bezüglich der Variablen x integriert.* Dies bringt man auch durch die folgende Schreibweise zum Ausdruck:

$$\int_{x_1}^{x_2} \int_{y_1}^{y_2} f(x, y)\, dy\, dx = \int_{x_1}^{x_2} dx \int_{y_1}^{y_2} f(x, y)\, dy \tag{17}.$$

Integriert man in der *umgekehrten* Reihenfolge, so erhält man das Doppelintegral

$$\int\limits_{y_1}^{y_2} \int\limits_{x_1}^{x_2} f(x, y)\, dx\, dy = \int\limits_{y_1}^{y_2} dy \int\limits_{x_1}^{x_2} f(x, y)\, dx \tag{18},$$

das den *gleichen* Wert besitzt wie das Doppelintegral (17). Wir fassen diese wichtige Eigenschaft in einem Satz zusammen:

Satz: $f(x, y)$ *sei eine im Rechtecksbereich* $x_1 \leqslant x \leqslant x_2$, $y_1 \leqslant y \leqslant y_2$ *stetige Funktion. Dann ist der Wert des Doppelintegrals (17, 18) unabhängig von der Reihenfolge, in der die beiden Integrationen ausgeführt werden:*

$$\int\limits_{x_1}^{x_2} dx \int\limits_{y_1}^{y_2} f(x, y)\, dy = \int\limits_{y_1}^{y_2} dy \int\limits_{x_1}^{x_2} f(x, y)\, dx \tag{19}.$$

Beispiel: $\displaystyle\int\limits_0^1 \int\limits_0^2 x^2 y\, dy\, dx = \int\limits_0^1 dx \int\limits_0^2 x^2 y\, dy$

Wir führen zunächst die *innere Integration* bezüglich der Variablen y durch:

$$\int\limits_0^2 x^2 y\, dy = x^2 \int\limits_0^2 y\, dy = x^2 \left[\frac{1}{2} y^2\right]_0^2 = 2x^2 \,.$$

Die *äußere Integration* nach x führt schließlich zu

$$\int\limits_0^1 2x^2\, dx = \left[\frac{2}{3} x^3\right]_0^1 = \frac{2}{3} \,.$$

Daher ist

$$\int\limits_0^1 \int\limits_0^2 x^2 y\, dy\, dx = \frac{2}{3} \,.$$

Integration in umgekehrter Reihenfolge führt nach dem voranstehenden Satz zum selben Ergebnis.

Die in den meisten Anwendungsbeispielen auftretenden Doppelintegrale besitzen jedoch bezüglich der inneren Integration *keine* konstanten Grenzen. Wir müssen daher dem Begriff „Doppelintegral" eine etwas allgemeinere Definition zugrunde legen:

Definition: *Durch die Funktionsgraphen von* $y = \varphi_1(x)$ *und*
$y = \varphi_2(x)$ *werde in der* x, y-*Ebene ein Gebiet* G *berandet (Abb. 8).*
$u = f(x, y)$ *sei eine in* G *definierte und stetige Funktion. Dann wird der Ausdruck*

$$\int\limits_{x_1}^{x_2} \int\limits_{\varphi_1(x)}^{\varphi_2(x)} f(x, y)\, dy\, dx = \int\limits_{x_1}^{x_2} dx \int\limits_{\varphi_1(x)}^{\varphi_2(x)} f(x, y)\, dy \qquad (20)$$

als Doppelintegral der Funktion $u = f(x, y)$ *über dem Gebiet* G *bezeichnet.*

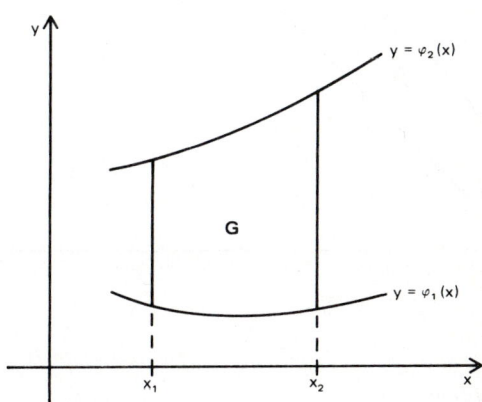

Abb. 8 Zum Begriff des Doppelintegrals

Man beachte, daß im Doppelintegral (20) die Integrationsgrenzen bezüglich der Variablen y keine Zahlen, sondern *Funktionen* der Variablen x sind, die dabei folgende Bedeutung besitzen:

$\varphi_1(x)$: Funktionsgleichung der *unteren* Berandung
$\varphi_2(x)$: Funktionsgleichung der *oberen* Berandung.

Zunächst wird also in y-Richtung zwischen der unteren und der oberen Berandung integriert, anschließend in der x-Richtung von x_1 bis x_2.

Beispiel: G sei das in der Abb. 9 skizzierte Gebiet, das von den Graphen der Funktionen $y = x$ und $y = \sqrt{x}$ berandet wird. Man berechne das über diesem Gebiet errichtete Doppelintegral der Funktion $u = f(x, y) = xy$:

$$\int\limits_0^1 \int\limits_x^{\sqrt{x}} xy\, dy\, dx = ?$$

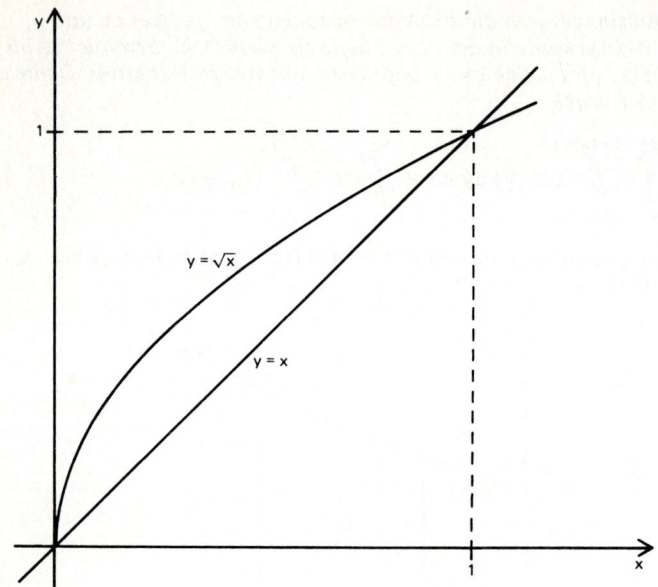

Abb. 9

Innere Integration:

$$\int_x^{\sqrt{x}} xy\ dy = x \int_x^{\sqrt{x}} y\ dy = x \left[\frac{1}{2} y^2 \right]_x^{\sqrt{x}} = x \left(\frac{1}{2} x - \frac{1}{2} x^2 \right) =$$

$$= \frac{1}{2} x^2 - \frac{1}{2} x^3$$

Äußere Integration:

$$\int_0^1 \left(\frac{1}{2} x^2 - \frac{1}{2} x^3 \right) dx = \left[\frac{1}{6} x^3 - \frac{1}{8} x^4 \right]_0^1 = \frac{1}{24}$$

Daher ist

$$\int_0^1 \int_x^{\sqrt{x}} xy\ dy\ dx = \frac{1}{24}$$

Bisher haben wir uns ausschließlich mit Doppelintegralen beschäftigt. *Alle getroffenen Definitionen und Eigenschaften lassen sich auch sinngemäß auf Funktionen von mehr als zwei unabhängigen Variablen übertragen.* So definiert

$$\int\limits_{x_1}^{x_2} \int\limits_{y_1}^{y_2} \int\limits_{z_1}^{z_2} f(x, y, z) \, dz \, dy \, dx \tag{21}$$

ein *dreifaches Integral* der Funktion $u = f(x, y, z)$ über dem 3-dimensionalen Rechtecksbereich $x_1 \leqslant x \leqslant x_2$, $y_1 \leqslant y \leqslant y_2$, $z_1 \leqslant z \leqslant z_2$, wobei zunächst nach z, dann nach y und schließlich nach x integriert wird. Da jedoch sämtliche Integrationsgrenzen konstant sind, spielt die Reihenfolge, in der die Integrationen durchgeführt werden, keine Rolle: der Integralwert ist davon unabhängig.

Beispiel: $\int\limits_{1}^{3} \int\limits_{0}^{2} \int\limits_{0}^{\pi} xe^y \sin z \, dz \, dy \, dx = ?$

z-Integration:

$$\int\limits_{0}^{\pi} xe^y \sin z \, dz = xe^y \int\limits_{0}^{\pi} \sin z \, dz = xe^y \left[-\cos z \right]_{0}^{\pi} = 2xe^y$$

y-Integration:

$$\int\limits_{0}^{2} 2xe^y \, dy = 2x \int\limits_{0}^{2} e^y \, dy = 2x \left[e^y \right]_{0}^{2} = 2x(e^2 - 1) = 2(e^2 - 1)x$$

x-Integration:

$$\int\limits_{1}^{3} 2(e^2 - 1)x \, dx = 2(e^2 - 1) \int\limits_{1}^{3} x \, dx = 2(e^2 - 1) \left[\frac{1}{2}x^2 \right]_{1}^{3} =$$

$$= 8(e^2 - 1) = 51.11$$

Im allgemeinsten Fall sind die Integrationsgrenzen der *inneren* Integrale *Funktionen von* x *und* y *bzw. Funktionen von* x. So repräsentiert

$$\int\limits_{x_1}^{x_2} \int\limits_{\varphi_1(x)}^{\varphi_2(x)} \int\limits_{\psi_1(x,y)}^{\psi_2(x,y)} f(x, y, z)\, dz\, dy\, dx \qquad (22)$$

ein *Dreifachintegral in allgemeinster Schreibweise.*

Für Funktionen von mehr als drei unabhängigen Variablen gelten analoge Definitionen und Eigenschaften.

2. Bereichsintegrale

a) Das Bereichsintegral als Volumen

$u = f(x, y)$ sei eine nicht-negative *stetige* Funktion der beiden Variablen x und y im abgeschlossenen Bereich G, der von Kurvenstücken mit stetiger Tangente begrenzt werde (sog. *glatte* Kurvenbögen). Im Euklidischen R^3 wird diese Funktion durch ein über dem Bereich G der x, y-Ebene liegendes Flächenstück repräsentiert. Wir stellen uns nun die Aufgabe, den Rauminhalt des senkrechten Zylinders, der vom Bereich G, den in den Randpunkten von G errichteten (und zur u-Achse parallelen) Mantellinien und dem über G liegenden Flächenstück F begrenzt wird, zu berechnen (vgl. Abb. 10).

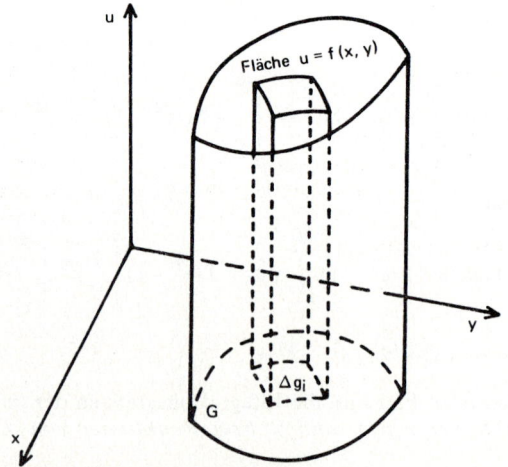

Abb. 10 Zum Begriff des Bereichsintegrals

Zu diesem Zwecke unterteilen wir den Bereich G durch Ziehen von glatten Kurvenbögen in n Teilbereiche $G_1, G_2, \ldots, G_n$. Der Flächeninhalt Δg von G ist dann gleich der Summe der Flächeninhalte Δg_i aller Teilbereiche G_i. Errichten wir in den Randpunkten der Teilbereiche senkrechte Mantellinien, so wird das gesuchte Volumen in n röhrenförmige Teile zerschnitten. Das Volumen der i-ten Röhre approximieren wir wie folgt: die Funktion $f(x, y)$ besitzt im abgeschlossenen Bereich G_i ein absolutes Minimum m_i und ein absolutes Maximum M_i. Dann ist das Volumen V_i der i-ten Röhre gewiß nicht kleiner als $\underline{V_i} = m_i \Delta g_i$ und gewiß auch nicht größer als $\overline{V_i} = M_i \Delta g_i$:

$$\underline{V_i} \leqslant V_i \leqslant \overline{V_i} \tag{23}.$$

Daher liegt das gesuchte Volumen V zwischen *Untersumme* U_n und *Obersumme* O_n:

$$U_n \leqslant V \leqslant O_n$$

mit

$$U_n = \sum_{i=1}^{n} \underline{V_i} = \sum_{i=1}^{n} m_i \Delta g_i \quad \text{und} \quad O_n = \sum_{i=1}^{n} \overline{V_i} = \sum_{i=1}^{n} M_i \Delta g_i \tag{24}.$$

Verfeinert man die Unterteilung des Bereiches G in Teilbereiche G_i dadurch, daß man die Anzahl der Teilbereiche über alle Grenzen wachsen läßt $(n \to \infty)$, wobei zugleich der *größte* unter den Durchmessern aller Teilbereiche gegen Null strebt, so nähern sich Untersumme und Obersumme einander beliebig. Das gesuchte Volumen V ergibt sich daher als Grenzwert sowohl der Untersumme U_n als auch der Obersumme O_n:

$$V = \lim_{n \to \infty} U_n = \lim_{n \to \infty} O_n \tag{25}.$$

Diesen Grenzwert bezeichnet man als (bestimmtes) *Bereichsintegral der Funktion* $f(x, y)$ *über dem Bereich* G und schreibt dafür symbolisch:

$$\iint_G f(x, y) \, dg \tag{26}.$$

b) Analytische Definition des Bereichsintegrals

Der Begriff des Bereichsintegrals wird im folgenden unabhängig von der geometrischen Anschauung *rein analytisch* gefaßt. Dazu betrachten wir eine über dem abgeschlossenen Bereich G vom Flächeninhalt Δg definierte und dort *stetige* Funktion u = f (x, y). Man wähle nun eine beliebige Unterteilung des Bereiches G in n Teilbereiche G_i vom Flächeninhalt Δg_i (alle vorkommenden Kurvenbögen sollen glatt sein). (ξ_i, η_i) sei ein *beliebiger* Punkt im i-ten Teilbereich. Mit diesen Größen bilde man die sog. *Zwischensumme*

$$Z_n = \sum_{i=1}^{n} f(\xi_i, \eta_i) \Delta g_i \qquad (27).$$

Es läßt sich nun die Gültigkeit des folgendes Satzes zeigen.

Satz: *Ist* f (x, y) *eine im abgeschlossenen Bereich* G *stetige Funktion, so strebt die Zwischensumme (27) einem Grenzwert zu, wenn man die Anzahl* n *der Teilbereiche über alle Grenzen wachsen* (n → ∞) *und zugleich den größten aller Durchmesser unter den Teilbereichen* G_i *gegen Null gehen läßt. Diesen Grenzwert bezeichnet man als das Bereichsintegral der Funktion* f (x, y) *über dem Bereich* G *und schreibt dafür symbolisch*

$$\lim_{n \to \infty} \sum_{i=1}^{n} f(\xi_i, \eta_i) \Delta g_i = \iint\limits_{G} f(x, y) \, dg \qquad (28).$$

Der Wert dieses Integrals ist insbesondere unabhängig von der Wahl der Teilbereiche sowie von der Auswahl der Zwischenpunkte (ξ_i, η_i) *in* G_i.

Das Integral (28) wird häufig auch als *zweidimensionales Bereichsintegral* bezeichnet, da die Integration über einen zweidimensionalen Bereich G erfolgt. Ganz analog läßt sich für eine Funktion von n unabhängigen Variablen ein Bereichsintegral über einem n-dimensionalen Bereich definieren.

c) Integrationsregeln

Die folgenden Integrationsregeln gelten sowohl für 2- als auch für mehrdimensionale Bereichsintegrale. Sie ergeben sich unmittelbar aus der Definition des Bereichsintegrals.

Satz: *(a) Zerlegt man den Integrationsbereich* G *in zwei Teilbereiche* G_1 *und* G_2, *so gilt:*

$$\iint_G f(x, y)\, dg = \iint_{G_1} f(x, y)\, dg + \iint_{G_2} f(x, y)\, dg \qquad (29a);$$

(b) sind $f(x, y)$ *und* $g(x, y)$ *zwei über demselben Bereich* G *definierte und dort stetige Funktionen, so ist*

$$\iint_G [f(x, y) + g(x, y)]\, dg = \iint_G f(x, y)\, dg + \iint_G g(x, y)\, dg \qquad (29b);$$

(c) für eine beliebige Konstante c *gilt:*

$$\iint_G c \cdot f(x, y)\, dg = c \cdot \iint_G f(x, y)\, dg \qquad (29c).$$

d) Darstellung des Bereichsintegrals durch ein mehrfaches Integral

Von außerordentlicher Bedeutung ist die Tatsache, daß sich Bereichsintegrale durch mehrfache gewöhnliche Integrale darstellen lassen. Für *Rechtecksbereiche* gilt der folgende Satz.

Satz: *Das Bereichsintegral einer im abgeschlossenen Rechtecksbereich* $x_1 \leqslant x \leqslant x_2$, $y_1 \leqslant y \leqslant y_2$ *stetigen Funktion* $f(x, y)$ *läßt sich auch als Doppelintegral darstellen, wobei die Integrationsreihenfolge vertauschbar ist:*

$$\iint_G f(x, y)\, dg = \int_{x_1}^{x_2} dx \int_{y_1}^{y_2} f(x, y)\, dy = \int_{y_1}^{y_2} dy \int_{x_1}^{x_2} f(x, y)\, dx \qquad (30).$$

Der Satz läßt sich auch ohne Schwierigkeiten auf Bereichsintegrale von Funktionen von n Variablen, die in n-dimensionalen rechteckigen Bereichen stetig sind, übertragen.

Im allgemeinen wird der Integrationsbereich G jedoch *nicht* rechteckig, sondern *krummlinig* begrenzt sein. Wir wollen im folgenden nur sog. *konvexe* Bereiche betrachten, d.h. Bereiche, deren Rand von einer beliebigen Geraden in *höchstens* zwei Punkten geschnitten wird. Die Abszissenwerte der Randpunkte mögen sich zwischen a und b, die Ordinatenwerte zwischen α und β bewegen (vgl. Abb. 11). Der Bereich G werde unten und oben durch die im Intervall $< a, b >$

stetigen Kurven y = φ_1 (x) bzw. y = φ_2 (x) berandet. Links und rechts werde G von den im Intervall $<a, \beta>$ *stetigen* Funktionen x = ψ_1 (y) bzw. x = ψ_2 (y) begrenzt. Für Bereiche dieser Art gilt nun der folgende Satz.

Satz: f (x, y) *sei eine im abgeschlossenen konvexen Bereich G stetige Funktion. Dabei werde der Bereich G in der y-Richtung durch die beiden in $<a, b>$ stetigen Kurven y = φ_1 (x) und y = φ_2 (x), in der x-Richtung durch die beiden in $<a, \beta>$ stetigen Kurven x = ψ_1 (y) und x = ψ_2 (y) begrenzt. Dann läßt sich das Bereichsintegral der Funktion f (x, y) über dem konvexen Bereich G wie folgt durch ein Doppelintegral darstellen:*

$$\iint_G f(x, y)\, dg = \int_a^b dx \int_{\varphi_1(x)}^{\varphi_2(x)} f(x, y)\, dy = \int_a^\beta dy \int_{\psi_1(y)}^{\psi_2(y)} f(x, y)\, dx \qquad (31).$$

Man beachte, daß die Grenzen der inneren Integration in den beiden Doppelintegralen der Gleichung (31) keine Konstanten, sondern *Funktionen* sind.

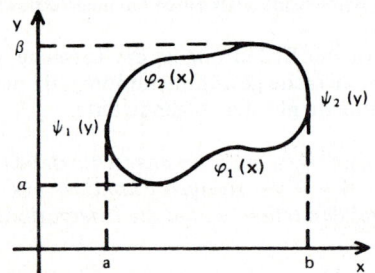

Abb. 11 Konvexer Bereich

Beispiel: Wir berechnen das Volumen einer Halbkugel vom Radius R mit Hilfe eines 2-dimensionalen Bereichsintegrals. Die auf der Kugeloberfläche liegenden Punkte genügen der Gleichung $x^2 + y^2 + u^2 = R^2$. Hieraus erhält man für die oberhalb der x, y-Ebene liegende Halbkugel die Funktionsgleichung

$u = +\sqrt{R^2 - x^2 - y^2}$. Das Volumen der Halbkugel ist dann durch das folgende Bereichsintegral bzw. Doppelintegral gegeben:

$$V = \iint_G \sqrt{R^2 - x^2 - y^2}\, dg = 2 \int_{-R}^R dx \int_0^{\sqrt{R^2 - x^2}} \sqrt{R^2 - x^2 - y^2}\, dy$$

Dabei ist die Integration über den Kreis $x^2 + y^2 \leq R^2$ zu erstrecken. Aus Symmetriegründen beschränken wir uns bei der Integration auf den *oberhalb* der x-Achse liegenden Halbkreis (dies bedingt den Faktor 2). Die innere Integration (y-Integration) läuft dann von $\varphi_1(x) = 0$ (x-Achse) bis hin zu

$\varphi_2(x) = +\sqrt{R^2 - x^2}$ (oberer Halbkreis, vgl. Abb. 12). Anschließend wird bezüglich der Variablen x von $-R$ bis hin zu $+R$ integriert.

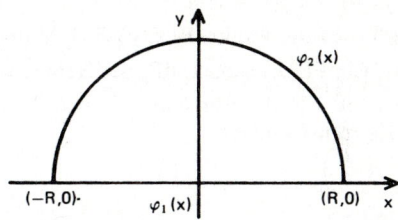

Abb. 12 Halbkreisförmiger Integrationsbereich

Aus gängigen Formelsammlungen[1] erhält man für das innere Integral:

$$\int\limits_{0}^{\sqrt{R^2-x^2}} \sqrt{R^2 - x^2 - y^2}\ dy = \frac{1}{2}\left[y\sqrt{R^2 - x^2 - y^2} + \right.$$

$$\left. + (R^2 - x^2)\arcsin\frac{y}{\sqrt{R^2 - x^2}} \right]_{y=0}^{y=\sqrt{R^2-x^2}} = \frac{\pi}{4}(R^2 - x^2)$$

Das Volumen der Halbkugel beträgt somit

$$V = 2\int\limits_{-R}^{R} \frac{\pi}{4}(R^2 - x^2)\ dx = \frac{\pi}{2}\int\limits_{-R}^{R}(R^2 - x^2)\ dx = \pi\int\limits_{0}^{R}(R^2 - x^2)\ dx =$$

$$= \pi\left[R^2 x - \frac{1}{3}x^3 \right]_{0}^{R} = \frac{2}{3}\pi R^3$$

---

[1] Besonders zu empfehlen ist das im Verlag Harri Deutsch, Frankfurt a.M., erschienene *Taschenbuch der Mathematik* von Bronstein-Semendjajew.

e) Transformation der Bereichsintegrale

Die *umkehrbar eindeutige* Abbildung eines Bereiches G der x, y-Ebene auf einen Bereich $\overline{G}$ der u, v-Ebene wird durch die Abbildungsgleichungen

$$u = u(x, y)$$
$$v = v(x, y) \tag{32}$$

vermittelt. Dabei wird der Punkt $P(x, y) \in G$ in den Punkt $\overline{P}(u, v) \in \overline{G}$ abgebildet. Ein Flächenstück dF des Bereiches G wird dabei auf ein Flächenstück $\overline{dF}$ des Bereiches $\overline{G}$ wie folgt in umkehrbar eindeutiger Weise transformiert:

$$\overline{dF} = \left| \frac{\partial(u, v)}{\partial(x, y)} \right| dF \tag{33}.$$

$\dfrac{\partial(u, v)}{\partial(x, y)}$ ist die folgendermaßen definierte *Funktionaldeterminante*

oder *Jacobische Determinante* der Abbildung (32):

$$\frac{\partial(u, v)}{\partial(x, y)} = \begin{vmatrix} \dfrac{\partial u}{\partial x} & \dfrac{\partial u}{\partial y} \\[2ex] \dfrac{\partial v}{\partial x} & \dfrac{\partial v}{\partial y} \end{vmatrix} = \begin{vmatrix} u_x & u_y \\[1ex] v_x & v_y \end{vmatrix} = u_x\, v_y - u_y\, v_x \tag{34}.$$

Für die zu (32) *inverse* Abbildung

$$x = x(u, v)$$
$$y = y(u, v) \tag{35}$$

gilt:

$$dF = \left| \frac{\partial(x, y)}{\partial(u, v)} \right| \overline{dF} \tag{36},$$

wobei

$$\frac{\partial(x, y)}{\partial(u, v)} = \begin{vmatrix} x_u & x_v \\[1ex] y_u & y_v \end{vmatrix} = x_u\, y_v - x_v\, y_u \tag{37}$$

die *Funktionaldeterminante* der *inversen* Abbildung bedeutet. Die beiden Funktionaldeterminanten (34) und (37) stehen zueinander in der folgenden Relation:

$$\frac{\partial(u, v)}{\partial(x, y)} = \frac{1}{\dfrac{\partial(x, y)}{\partial(u, v)}} \tag{38}.$$

Damit die Abbildung (32) *umkehrbar eindeutig* ist, müssen die Abbildungsfunktionen $u(x, y)$ und $v(x, y)$ die in dem folgenden Satz geforderten Eigenschaften besitzen:

Satz: *Die Abbildung (32) ist dann und nur dann umkehrbar eindeutig, wenn die beiden Abbildungsfunktionen $u(x, y)$ und $v(x, y)$ überall in* G *die folgenden Eigenschaften besitzen:*

(a) die partiellen Ableitungen u_x, u_y, v_x, v_y *sind stetige Funktionen;*

(b) die Funktionaldeterminante (34) ist von Null verschieden.

Die Abbildungsgleichungen (32) können auch aufgefaßt werden als Gleichungen, die die kartesischen Koordinaten x, y eines Punktes P überführen in *allgemeinere* (sog. *krummlinige*) Koordinaten u, v *desselben* Punktes. Die Gleichungen (32) definieren dann eine *Koordinatentransformation* x, y → u, v. Durch eine solche Transformation der kartesischen Koordinaten in allgemeinere Koordinaten kann nun in vielen Fällen eine wesentlich einfachere Berechnung der Bereichsintegrale erreicht werden. Diese transformieren sich dabei wie folgt:

$$\iint\limits_{G} f(x, y)\,dx\,dy = \iint\limits_{G} f(x(u, v), y(u, v)) \left| \frac{\partial(x, y)}{\partial(u, v)} \right| du\,dv \tag{39}.$$

Analog verfährt man bei der Transformation von mehrdimensionalen Bereichen bzw. Bereichsintegralen. Wir werden nun die wichtigsten Transformationen besprechen.

Ebene Polarkoordinaten

Die kartesischen Koordinaten x, y eines Punktes P der Ebene sollen auf ebene Polarkoordinaten r, φ transformiert werden. r ist dabei der Abstand des Punktes P vom Koordinatenursprung, φ der Winkel zwischen der positiven Richtung der x-Achse und dem Radiusvektor (vgl. Abb. 13).

Die Transformationsgleichungen lauten:

$$x = r \cos \varphi \qquad\qquad r = \sqrt{x^2 + y^2}$$
$$\qquad\qquad\text{bzw.} \qquad\qquad\qquad\qquad\qquad (40).$$
$$y = r \sin \varphi \qquad\qquad \varphi = \arctan(y/x)$$

Die Funktionaldeterminante der Transformation berechnet sich zu

$$\frac{\partial(x, y)}{\partial(r, \varphi)} = \begin{vmatrix} x_r & x_\varphi \\ y_r & y_\varphi \end{vmatrix} = \begin{vmatrix} \cos \varphi & -r \sin \varphi \\ \sin \varphi & r \cos \varphi \end{vmatrix} = r \qquad (41).$$

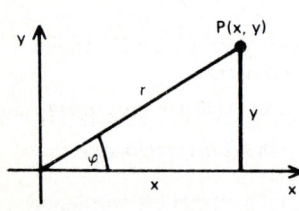

Abb. 13 Ebene Polarkoordinaten   *Abb. 14* Räumliche Polarkoordinaten
(Kugelkoordinaten)

Damit transformiert sich das Bereichsintegral beim Übergang von den kartesischen Koordinaten zu den Polarkoordinaten r, φ folgendermaßen:

$$\iint\limits_G f(x, y)dx \, dy = \iint\limits_G f(x(r, \varphi), y(r, \varphi)) \, r \, dr \, d\varphi \qquad (42).$$

Räumliche Polarkoordinaten (Kugelkoordinaten)

Die Lage eines Punktes P im R^3 kann anstatt durch drei kartesische Koordinaten x, y, z auch durch eine Längenkoordinate (r) und zwei Winkelkoordinaten (ϑ, φ) eindeutig festgelegt werden (vgl. Abb. 14). Dabei ist r der Abstand des Punktes P vom Koordinatenursprung, φ der Winkel zwischen der positiven x-Achse und der Projektion des Radiusvektors auf die x, y-Ebene, ϑ der Winkel zwischen der positiven Richtung der z-Achse und dem Radiusvektor. Die Transformationsgleichungen lauten dann:

$$x = r \sin \vartheta \cos \varphi \qquad\qquad r = \sqrt{x^2 + y^2 + z^2}$$
$$y = r \sin \vartheta \sin \varphi \qquad \text{bzw.} \qquad \varphi = \arctan (y/x) \qquad\qquad (43).$$
$$z = r \cos \vartheta \qquad\qquad \vartheta = \arctan (\sqrt{x^2 + y^2}\,/z)$$

Daraus berechnet sich die Funktionaldeterminante wie folgt:

$$\frac{\partial (x, y, z)}{\partial (r, \vartheta, \varphi)} = \begin{vmatrix} x_r & x_\vartheta & x_\varphi \\ y_r & y_\vartheta & y_\varphi \\ z_r & z_\vartheta & z_\varphi \end{vmatrix} =$$

$$= \begin{vmatrix} \sin \vartheta \cos \varphi & r \cos \vartheta \cos \varphi & -r \sin \vartheta \sin \varphi \\ \sin \vartheta \sin \varphi & r \cos \vartheta \sin \varphi & r \sin \vartheta \cos \varphi \\ \cos \vartheta & -r \sin \vartheta & 0 \end{vmatrix} = r^2 \sin \vartheta \qquad (44).$$

Das Bereichsintegral über einem dreidimensionalen Bereich transformiert sich dann gemäß

$$\iiint\limits_{G} f(x, y, z)\, dx\, dy\, dz =$$

$$(45).$$

$$= \iiint\limits_{G} f(x(r, \vartheta, \varphi),\ y(r, \vartheta, \varphi),\ z(r, \vartheta, \varphi)) \cdot r^2 \sin \vartheta\, dr\, d\vartheta\, d\varphi$$

f) Anwendungsbeispiele

Flächenberechnung

Der Flächeninhalt F eines ebenen Bereiches G ist zahlenmäßig gleich dem Volumen eines senkrechten, über dem Bereich G errichteten Zylinders der Höhe 1:

$$F = \iint\limits_{G} 1 \cdot dg = \iint\limits_{G} dx\, dy = \iint\limits_{G} r\, dr\, d\varphi \qquad (46).$$

Beispiele: a) Wir suchen den Flächeninhalt eines Kreises K vom Radius R (Koordinatenursprung = Kreismittelpunkt). Bei Verwendung von ebenen Polarkoordinaten erhält man:

$$F = \iint\limits_K 1 \cdot dg = \int\limits_0^{2\pi} \int\limits_0^R r \, dr \, d\varphi = \int\limits_0^{2\pi} d\varphi \int\limits_0^R r \, dr = 2\pi \int\limits_0^R r \, dr =$$

$$= 2\pi \left[\frac{1}{2} r^2 \right]_0^R = \pi R^2 .$$

b) Wie groß ist der Flächeninhalt, den die Funktionsgraphen von $y = \dfrac{1}{4} x^2$ und $y = 2\sqrt{x}$ miteinander einschließen (Abb. 15)?

Die Fläche berechnen wir mit Hilfe eines Bereichs- bzw. Doppelintegrals in kartesischen Koordinaten. Die Kurven schneiden sich in $x_1 = 0$ und $x_2 = 4$. Das Flächenstück wird in diesem Intervall *unten* von der Parabel $y = \varphi_1(x) = \dfrac{1}{4} x^2$ und *oben* von der Wurzelfunktion $y = \varphi_2(x) = 2\sqrt{x}$ berandet. Daher ist

$$F = \iint\limits_G 1 \cdot dg = \int\limits_{x_1}^{x_2} \int\limits_{\varphi_1(x)}^{\varphi_2(x)} dy \, dx = \int\limits_0^4 \int\limits_{\frac{1}{4}x^2}^{2\sqrt{x}} dy \, dx$$

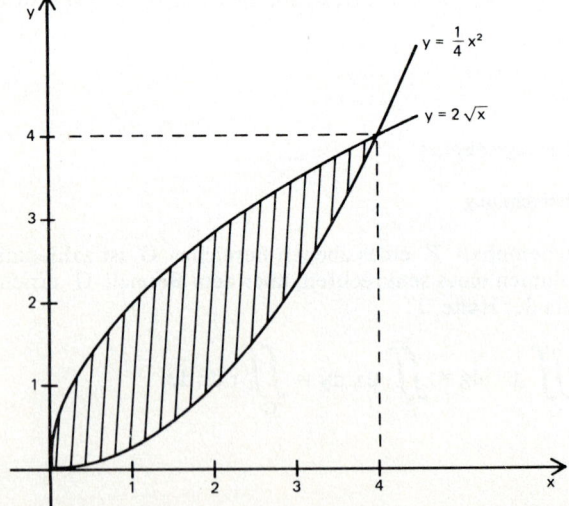

Abb. 15 Zur Berechnung des Flächeninhalts zwischen den Funktionsgraphen von $y = \dfrac{1}{4} x^2$ und $y = 2\sqrt{x}$

Die innere Integration führt zu

$$\int\limits_{\frac{1}{4}x^2}^{2\sqrt{x}} dy = \left[y \right]_{\frac{1}{4}x^2}^{2\sqrt{x}} = 2\sqrt{x} - \frac{1}{4}x^2$$

Jetzt wird die äußere Integration durchgeführt. Sie liefert

$$F = \int\limits_0^4 \left(2\sqrt{x} - \frac{1}{4}x^2 \right) dx = \left[\frac{4}{3}\sqrt{x^3} - \frac{1}{12}x^3 \right]_0^4 = \frac{16}{3}$$

Volumenberechnung

Das Volumen eines senkrechten Zylinders, der vom Bereich G in der x, y-Ebene sowie der über diesem Bereich liegenden Fläche u = f(x, y) begrenzt wird, erhält man entweder durch das zweidimensionale Bereichsintegral

$$V = \iint\limits_G f(x, y)\, dg = \iint\limits_G f(x, y)\, dx\, dy \qquad \cdot (47)$$

oder durch Integration über den dreidimensionalen Zylinderbereich Z:

$$V = \iiint\limits_Z dg = \iiint\limits_Z dx\, dy\, dz \qquad (48).$$

Beispiel: Das Volumen einer Kugel vom Radius R kann wie folgt über ein zweidimensionales Bereichsintegral berechnet werden: u = f(x, y) =

$+\sqrt{R^2 - x^2 - y^2}$ definiert die Oberfläche der über dem Kreisbereich $x^2 + y^2 \leqslant R^2$ der x, y-Ebene liegenden Halbkugel. Das Volumen der Vollkugel ist dann

$$V = 2 \cdot \iint \sqrt{R^2 - x^2 - y^2}\, dx\, dy \,.$$

Geht man zu ebenen Polarkoordinaten über, so erhält man:

$$V = 2 \cdot \int\limits_0^{2\pi} d\varphi \int\limits_0^R \sqrt{R^2 - r^2}\, r\, dr = 4\pi \int\limits_0^R \sqrt{R^2 - r^2}\, r\, dr = \frac{4}{3}\pi R^3 \,.$$

304

Andererseits ist das Volumen der Vollkugel auch durch das dreidimensionale Bereichsintegral (48) gegeben, wobei der Integrationsbereich dem Bereich einer Vollkugel entspricht: K: $[(x, y, z) \,|\, x^2 + y^2 + z^2 \leqslant R^2]$. Geht man zu räumlichen Polarkoordinaten über, so transformiert sich das Bereichsintegral wie folgt:

$$V = \iiint_K dx\,dy\,dz = \int_0^{2\pi} d\varphi \int_0^{\pi} \sin\vartheta\,d\vartheta \int_0^R r^2\,dr = 2\pi \int_0^{\pi} \sin\vartheta\,d\vartheta \int_0^R r^2\,dr =$$

$$= 2\pi\,(-\cos\vartheta) \Big|_0^{\pi} \cdot \int_0^R r^2\,dr = 4\pi \int_0^R r^2\,dr = \frac{4}{3}\,\pi R^3.$$

3. Kurvenintegrale

a) Definition des Kurvenintegrals in der Ebene

Wir betrachten eine im zweidimensionalen Bereich G der x, y-Ebene *stetige* Funktion $u = f(x, y)$. C: $y = \varphi(x)$, $a \leqslant x \leqslant b$, sei eine ganz in diesem Bereich gelegene, stückweise glatte Kurve mit bestimmtem Richtungssinn (dieser wird in Abb. 16 durch die Pfeilrichtung angedeutet). Man unterteilt die Kurve durch $(n + 1)$ Teilpunkte P_0, P_1, $P_2, \ldots, P_n$ in n Teilstücke, wobei die Punkte so angeordnet werden, daß sie mit wachsendem Index in positiver Kurvenrichtung durchlaufen werden. Damit zerfällt das x-Intervall $< a, b >$ in n Teilin-

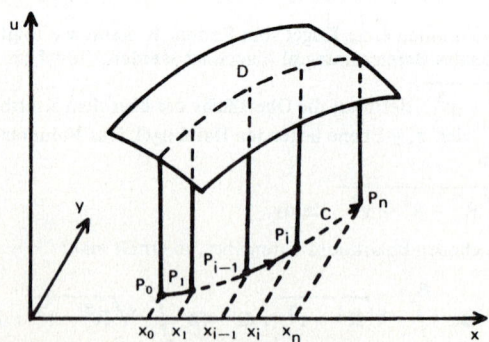

Abb. 16 Zum Begriff des Kurvenintegrals in der Ebene

tervalle der Länge $\Delta x_i = x_i - x_{i-1}$ (i = 1, 2, ..., n). (ξ_i, η_i) seien die Koordinaten irgendeines beliebigen, im i-ten Teilstück der Kurve gelegenen Kurvenpunktes. Dann strebt die Summe

$$\sum_{i=1}^{n} f(\xi_i, \eta_i)\, \Delta x_i \tag{49}$$

für $n \to \infty$ unter den Voraussetzungen des folgenden Satzes einem Grenzwert zu.

Satz: *Ist* $f(x, y)$ *eine im Bereich* G *stetige Funktion und* C : y = $\varphi(x)$ *eine vollständig in* G *eingebettete Kurve, so strebt die Summe (49) einem Grenzwert zu, wenn die Anzahl* n *der Teilpunkte über alle Grenzen wächst und zugleich die Länge des größten unter den Teilintervallen* Δx_i *gegen Null geht. Diesen Grenzwert bezeichnet man als das Kurvenintegral der Funktion* $f(x, y)$ *über der Kurve* C *und kennzeichnet ihn durch das Symbol*

$$\int\limits^{C} f(x, y)\, dx = \lim_{n \to \infty}\ \sum_{i=1}^{n} f(\xi_i, \eta_i)\, \Delta x_i \tag{50}.$$

Das Kurvenintegral (50) läßt folgende geometrische Interpretation zu: projiziert man das zwischen der Kurve C : y = $\varphi(x)$ und der auf der Fläche u = f(x,y) gelegenen Kurve D : u = f(x, $\varphi(x)$) liegende Flächenstück auf die x, u-Ebene, so ist der Flächeninhalt dieser Projektion durch das Kurvenintegral (50) gegeben.

Kurvenintegral (50) wird berechnet, indem man in $f(x, y)$ für y die Kurvengleichung $\varphi(x)$ einsetzt und anschließend über die Variable x integriert.

In vielen Fällen ist es zweckmäßiger, die Kurve C in Parameterform darzustellen: x = x(t), y = y(t), $t_0 \leqslant t \leqslant t_1$. Das Kurvenintegral (50) läßt sich dann wie folgt schreiben:

$$\int\limits^{C} f(x, y)\, dx = \int\limits_{t_0}^{t_1} f(x(t), y(t)) \cdot x'(t)\, dt \tag{51}.$$

Beispiel: Wir wollen das Kurvenintegral der Funktion u = f(x, y) = $x^2 + y^2$ längs des Halbkreises von (r, 0) nach (−r, 0) berechnen (vgl. Abb. 17).

Die Gleichung des Halbkreises lautet: $\varphi(x) = + \sqrt{r^2 - x^2}$, wobei x alle Werte von +r bis −r durchläuft. Damit berechnet sich das Kurvenintegral zu:

$$\int\limits_{}^{C} (x^2 + y^2)\, dx = \int\limits_{r}^{-r} r^2\, dx = r^2 \cdot \int\limits_{r}^{-r} dx = -2r^3.$$

Zum selben Ergebnis gelangt man, wenn man den Halbkreis in der Parameterform $x = r \cos t$, $y = r \sin t$ darstellt. Die Integrationsgrenzen liegen zwischen $t = 0$ und $t = \pi$. Die Rechnung ergibt:

$$\int\limits_{t_0}^{t_1} [(x\,(t)^2 + y\,(t)^2] \cdot x'\,(t)\, dt = - \int\limits_{0}^{\pi} r^2 r \sin t\, dt = r^3\,(\cos t)\,\Big|_0^{\pi} = -2r^3.$$

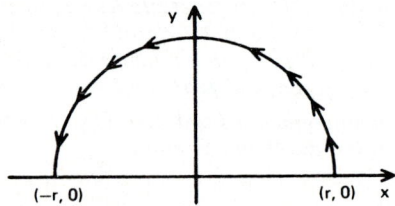

Abb. 17 Integration längs eines Halbkreises

Analog definiert man das Kurvenintegral $\int\limits_{}^{C} f\,(x, y)\, dy$ durch den Grenzwert

$$\int\limits_{}^{C} f\,(x, y)\, dy = \lim_{n \to \infty} \sum_{i=1}^{n} f\,(\xi_i, \eta_i)\, \Delta y_i \qquad (52).$$

Das *allgemeine Kurvenintegral in der Ebene* besitzt damit die Form

$$\int\limits_{}^{C} [f\,(x, y)\, dx + g\,(x, y)\, dy] \qquad (53),$$

wobei $f\,(x, y)$ und $g\,(x, y)$ zwei in dem Bereich G *stetige* Funktionen sind und C eine ganz in diesem Bereich verlaufende Kurve ist. Faßt man die beiden Funktionen $f\,(x, y)$ und $g\,(x, y)$ zu einem Vektor $\vec{A} = (f\,(x, y), g\,(x, y))$, die beiden Differentiale dx und dy zu einem Vektor $\vec{dr} = (dx, dy)$ zusammen, so läßt sich das allgemeine Kurvenintegral (53) auch in der Form $\int\limits_{}^{C} (\vec{A}, \vec{dr})$ darstellen, wobei $(\vec{A}, \vec{dr})$ das skalare Produkt der Vektoren $\vec{A}, \vec{dr}$ bedeutet.

In Parameterdarstellung lautet das Kurvenintegral (53):

$$\int_{t_0}^{t_1} [f(x(t), y(t)) \cdot x'(t) + g(x(t), y(t)) \cdot y'(t)] \, dt \qquad (54).$$

b) Definition des Kurvenintegrals im Raum

Ganz analog wie bei der Definition des Kurvenintegrals in der Ebene verfährt man bei der Definition des Kurvenintegrals im dreidimensionalen Raum. Ist $u = f(x, y, z)$ eine im Bereich G *stetige* Funktion der drei unabhängigen Variablen x, y, z und C eine in diesem Bereich vollständig enthaltene (stückweise glatte) räumliche Kurve, so ist das *Kurvenintegral der Funktion* $u = f(x, y, z)$ *über der Kurve* C gegeben durch den Grenzwert

$$\int^C f(x, y, z) \, dx = \lim_{n \to \infty} \sum_{i=1}^{n} f(\xi_i, \eta_i, \zeta_i) \, \Delta x_i \qquad (55).$$

In Gleichung (55) bedeutet das Zahlentripel (ξ_i, η_i, ζ_i) einen beliebigen Punkt des i-ten Teilstückes der Kurve C und Δx_i die Länge des entsprechenden x-Intervalles. Der Grenzwert (55) existiert, wenn die Funktion $u = f(x, y, z)$ *stetig* ist und wenn mit zunehmender Verfeinerung der Unterteilung ($n \to \infty$) zugleich auch die Länge des *größten* Teilintervalles gegen Null geht.

Liegt die Kurve C in der Parameterdarstellung $x = x(t)$, $y = y(t)$, $z = z(t)$, $t_0 \leqslant t \leqslant t_1$ vor, so hat das Kurvenintegral (55) die Form

$$\int_{t_0}^{t_1} f(x(t), y(t), z(t)) \cdot x'(t) \, dt \qquad (56).$$

Das allgemeine Kurvenintegral im R^3 wird durch

$$\int^C [f(x, y, z) \, dx + g(x, y, z) \, dy + h(x, y, z) \, dz] = \int^C (\vec{A}, \vec{dr}) \qquad (57)$$

definiert. Dabei bedeutet $(\vec{A}, \vec{dr})$ das Skalarprodukt der beiden Vektoren $\vec{A} = (f(x, y, z), \ g(x, y, z), \ h(x, y, z))$ und $\vec{dr} = (dx, dy, dz)$. Entsprechend erhält man bei Parameterdarstellung der Kurve:

$$\int_{t_0}^{t_1} [f(x(t), y(t), z(t)) \cdot x'(t) + g(x(t), y(t), z(t)) \cdot y'(t)$$

$$+ h(x(t), y(t), z(t)) \cdot z'(t)] dt . \tag{58}$$

Beispiel: Bewegt sich ein Massenpunkt unter dem Einfluß einer Kraft $\vec{F} = (F_1, F_2, F_3)$ längs der Kurve C, so ist die an ihm verrichtete Arbeit durch das Kurvenintegral

$$W = \int_{}^{C} (\vec{F}, \vec{dr}) = \int_{}^{C} (F_1 \, dx + F_2 \, dy + F_3 \, dz)$$

gegeben.

c) Integrationsregeln

Die im folgenden Satz zusammengefaßten Integrationsregeln ergeben sich unmittelbar aus der Definition des Kurvenintegrals.

Satz: *(a) Der Wert eines Kurvenintegrals hängt vom Durchlaufsinn der Kurve C ab. Kehrt man diesen um, so multipliziert sich der Integralwert mit* -1:

$$\int_{}^{-C} (\vec{A}, \vec{dr}) = - \int_{}^{C} (\vec{A}, \vec{dr}) \tag{59}$$

($-C$ bedeutet: die Kurve C wird im umgekehrten Sinn durchlaufen).
(b) Zerlegt man die Kurve C in n Teilstücke $C_1, C_2, \ldots, C_n$, so gilt:

$$\int_{}^{C} (\vec{A}, \vec{dr}) = \sum_{i=1}^{n} \int_{}^{C_i} (\vec{A}, \vec{dr}) \tag{60}.$$

d) Kurvenintegrale für Gradientenfelder

Wir definieren zunächst einige Grundbegriffe aus dem Gebiet der Vektoranalysis.

Definition: *Unter dem Gradienten* grad V *einer skalaren, ortsabhängigen Funktion* $V(x, y, z)$ *versteht man einen Vektor, dessen Komponenten mit den drei partiellen Ableitungen 1. Ordnung der Funktion* $V(x, y, z)$ *übereinstimmen:*

$$\text{grad } V = \left(\frac{\partial V}{\partial x}, \frac{\partial V}{\partial y}, \frac{\partial V}{\partial z} \right) \qquad (61).$$

Definition: *Ein Vektorfeld $\vec{A} = (a(x, y, z), b(x, y, z), c(x, y, z))$ ordnet jedem Raumpunkt einen bestimmten Vektor zu.*

Definition: *Unter der Rotation* rot $\vec{A}$ *eines Vektorfeldes* $\vec{A} = (a(x, y, z), b(x, y, z), c(x, y, z))$ *versteht man das folgende Vektorfeld:*

$$\text{rot } \vec{A} = \left(\frac{\partial c}{\partial y} - \frac{\partial b}{\partial z}, \frac{\partial a}{\partial z} - \frac{\partial c}{\partial x}, \frac{\partial b}{\partial x} - \frac{\partial a}{\partial y} \right) \qquad (62).$$

Durch Gleichung (62) wird jedem Punkt des Vektorfeldes $\vec{A}$ ein neuer Vektor rot $\vec{A}$ zugeordnet. Daher spricht man auch häufig von der Rotation eines Vektors.

Wir wollen im folgenden annehmen, daß sich das im *einfach-zusammenhängenden* Bereich G definierte Vektorfeld $\vec{A} = (f(x, y, z), g(x, y, z), h(x, y, z))$ als Gradient einer skalaren, ortsabhängigen Funktion $V(x, y, z)$ darstellen läßt (die Funktion $V(x, y, z)$ wird allgemein als *Potentialfunktion* bezeichnet):

$$\vec{A} = \text{grad } V = \left(\frac{\partial V}{\partial x}, \frac{\partial V}{\partial y}, \frac{\partial V}{\partial z} \right) \qquad (63).$$

In diesem Fall ist das Kurvenintegral $\int\limits^{C} (\vec{A}, \vec{dr})$ *unabhängig* vom eingeschlagenen Weg zwischen Anfangspunkt P_1 und Endpunkt P_2, so lange dieser nur ganz im Bereich G verläuft (vgl. Abb. 18). Denn

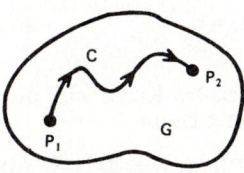

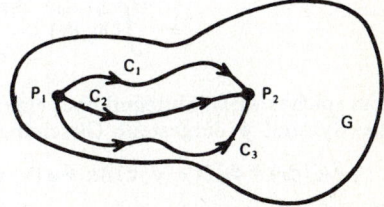

Abb. 18 Integration längs eines in einem einfach-zusammenhängenden Bereich liegenden Weges

Abb. 19 Zum Begriff der Wegunabhängigkeit eines Kurvenintegrals

unter Berücksichtigung von (63) gilt dann:

$$\int\limits^C (\vec{A}, \vec{dr}) = \int\limits^C (\text{grad } V, \vec{dr}) = \int\limits^C (\frac{\partial V}{\partial x} dx + \frac{\partial V}{\partial y} dy + \frac{\partial V}{\partial z} dz)$$

$$(64).$$

Der Ausdruck unter dem Integralzeichen von (64) stellt aber genau das *vollständige* oder *totale Differential* dV der Potentialfunktion $V(x, y, z)$ dar. Daher ist

$$\int\limits^C (\vec{A}, \vec{dr}) = \int\limits^C dV = \int\limits_{P_1}^{P_2} dV = V(P_2) - V(P_1) \qquad (65).$$

Das Kurvenintegral hängt also nur von den Werten der Potentialfunktion im Anfangs- und im Endpunkt, *nicht* aber vom Verbindungsweg ab. Sind daher C_1, C_2, C_3 drei beliebige, ganz in G verlaufende Kurven, die jeweils die beiden Punkte P_1 und P_2 im *gleichen* Richtungssinn miteinander verbinden, so gilt (vgl. Abb. 19):

$$\int\limits^{C_1} (\vec{A}, \vec{dr}) = \int\limits^{C_2} (\vec{A}, \vec{dr}) = \int\limits^{C_3} (\vec{A}, \vec{dr}) \qquad (66).$$

Dieser Sachverhalt läßt sich noch etwas anders formulieren. Dreht man den Richtungssinn z. B. der Kurve C_2 um, so ergänzt die Kurve $-C_2$ die Kurve C_1 zu einer in sich geschlossenen Kurve, und es verschwindet das Kurvenintegral längs dieser geschlossenen Kurve $(C_1 - C_2)$:

$$\int\limits^{C_1-C_2} (\vec{A}, \vec{dr}) = \int\limits^{C_1} (\vec{A}, \vec{dr}) + \int\limits^{-C_2} (\vec{A}, \vec{dr}) =$$

$$= \int\limits^{C_1} (\vec{A}, \vec{dr}) - \int\limits^{C_2} (\vec{A}, \vec{dr}) = 0 \qquad (67).$$

Ein solches Kurvenintegral über einer *geschlossenen* Kurve wird durch das Symbol $\oint$ dargestellt. Gleichung (67) lautet dann:

$$\oint (\vec{A}, \vec{dr}) = \oint [f(x, y, z) dx + g(x, y, z) dy + h(x, y, z) dz] = 0 \quad (68).$$

Wir können daher den folgenden Satz aussprechen.

Satz: *Die beiden folgenden Aussagen* (a) *und* (b) *sind einander äquivalent:*

*(a) das Kurvenintegral ist in einem einfach-zusammenhängenden
Bereich wegunabhängig;*

*(b) das Kurvenintegral längs einer geschlossenen, in einem einfach-
zusammenhängenden Bereich liegenden Kurve verschwindet.*

Aus Aussage (a) folgt Aussage (b) und umgekehrt.

e) Hauptsatz über Kurvenintegrale

Wir haben im vorherigen Abschnitt gezeigt, daß die Gradientendar-
stellung eines Vektorfeldes $\vec{A}$ in einem *einfach-zusammenhängenden* Bereich G eine *hinreichende* Bedingung für die Wegunabhängig-
keit des Kurvenintegrals $\int\limits^{C} (\vec{A}, \vec{dr})$ darstellt. Ebenso läßt sich die

Notwendigkeit dieser Bedingung zeigen. Damit können wir den folgenden Satz formulieren.

Satz: *Über dem einfach-zusammenhängenden Bereich G sei ein
Vektorfeld $\vec{A} = (f(x, y, z), g(x, y, z), h(x, y, z))$ definiert. Ist
C eine beliebige in G gelegene Kurve, so ist das Kurvenintegral*
$\int\limits^{C} (\vec{A}, \vec{dr})$ *dann und nur dann von der speziellen Wahl des Weges* C

*unabhängig, wenn das Skalarprodukt $(\vec{A}, \vec{dr})$ das totale Differential
einer (skalaren) Ortsfunktion V(x, y, z) ist, d. h. wenn sich das
Vektorfeld $\vec{A}$ überall in G als Gradient dieser Ortsfunktion darstellen läßt:*

$$\vec{A} = \text{grad } V \qquad\qquad (69).$$

Folgerung: Läßt man den Anfangspunkt P_1 fest, so stellt das Kurvenintegral (65) eine eindeutige Funktion V(x, y, z) der Koordinaten des Endpunktes $P_2(x, y, z)$ dar und das Vektorfeld $\vec{A}$ ist das
Gradientenfeld dieser Funktion.

Damit stellt sich aber sofort die für die praktische Berechnung von
Kurvenintegralen bedeutende Frage, *wie* man einem Vektorfeld $\vec{A}$
ansieht, *ob* es als Gradient einer skalaren Ortsfunktion V(x, y, z)
darstellbar ist oder nicht. Antwort auf diese Frage gibt der folgende
Hauptsatz über Kurvenintegrale.

Satz: *Über einem einfach-zusammenhängenden Bereich* G *sei ein stetiges Vektorfeld* $\vec{A} = (f(x, y, z),\ g(x, y, z),\ h(x, y, z))$ *mit stetigen partiellen Ableitungen* f_y, f_z, g_x, g_z, h_x, h_y *gegeben. Notwendig und hinreichend für die Wegunabhängigkeit des Kurvenintegrals* $\int\limits^{C}(\vec{A}, \vec{dr})$ *ist das Bestehen der Vektorgleichung*

$$\text{rot } \vec{A} = \vec{0} \qquad (70)$$

überall in G.

Bedingung (70) läßt sich komponentenweise wie folgt schreiben:

$$\frac{\partial h}{\partial y} - \frac{\partial g}{\partial z} = 0, \quad \frac{\partial f}{\partial z} - \frac{\partial h}{\partial x} = 0, \quad \frac{\partial g}{\partial x} - \frac{\partial f}{\partial y} = 0 \qquad (71).$$

Ein Vektorfeld $\vec{A}$ läßt sich demnach genau dann als Gradient einer skalaren Ortsfunktion $V(x, y, z)$ darstellen, wenn rot $\vec{A}$ verschwindet. Wegen $\vec{A} = \text{grad } V$ folgt aus (70, 71):

$$V_{zy} = V_{yz}, \quad V_{xz} = V_{zx}, \quad V_{yx} = V_{xy} \qquad (72).$$

D. h. bei der Bildung der partiellen Ableitungen 2. Ordnung der Potentialfunktion $V(x, y, z)$ spielt die Reihenfolge, in der die Differentiationen ausgeführt werden, *keine* Rolle (Schwarzscher Satz).

Wir sind nun in der Lage, ein Kriterium für die Vollständigkeit einer Differentialform anzugeben.

Satz: *Die lineare Differentialform (Pfaffsche Differentialform)*

$$(\vec{A}, \vec{dr}) = f(x, y, z)\, dx + g(x, y, z)\, dy + h(x, y, z)\, dz \qquad (73)$$

stellt dann und nur dann das vollständige Differential dV *einer Funktion* $V(x, y, z)$ *dar, wenn die Funktionen* $f(x, y, z)$, $g(x, y, z)$, $h(x, y, z)$ *die Gleichungen (70, 71) erfüllen.*

Sind $\vec{A}$ und $\vec{dr}$ Vektoren des 2-dimensionalen Raumes, etwa $\vec{A} = (f(x, y),\ g(x, y))$ und $\vec{dr} = (dx, dy)$, so ist die lineare Differentialform

$$(\vec{A}, \vec{dr}) = f(x, y)\, dx + g(x, y)\, dy \qquad (74)$$

nur dann das vollständige Differential dV einer Potentialfunktion V(x, y), wenn die Komponenten f(x, y) und g(x, y) die Beziehung

$$\frac{\partial f}{\partial y} = \frac{\partial g}{\partial x} \tag{75}$$

erfüllen (Schwarzscher Satz).

Beispiele: a) Die Differentialform (x dx + y dy) ist *vollständig, da* $\frac{\partial}{\partial y}$ (x) = $\frac{\partial}{\partial x}$ (y) = 0 ist. Daher existiert eine *eindeutige* Ortsfunktion V (x, y) mit $V_x = x$ und $V_y = y$. Für V (x, y) erhält man:

$$V(x, y) = \int V_x \, dx + C(y) = \int x \, dx + C(y) = \frac{1}{2} x^2 + C(y).$$

C (y) bedeutet dabei eine zunächst noch unbestimmte Funktion der Variablen y. Diese bestimmt man aus der Eigenschaft $V_y = y$ wie folgt:

$$V_y = C'(y) = y \;\Rightarrow\; C(y) = \frac{1}{2} y^2 + \text{const.} .$$

Die gesuchte Ortsfunktion lautet damit:

$$V(x, y) = \frac{1}{2} x^2 + \frac{1}{2} y^2 + \text{const.} .$$

Das Kurvenintegral $\int\limits^{C} (x \, dx + y \, dy)$ ist *wegunabhängig* und es gilt:

$$\int\limits^{C} (x \, dx + y \, dy) = \int\limits_{P_1}^{P_2} dV = V(P_2) - V(P_1) = \frac{1}{2} (x_2^2 + y_2^2 - x_1^2 - y_1^2).$$

b) Das Kurvenintegral $\int\limits^{C} (x \, e^y \, dx + y \, e^x \, dy)$ hängt dagegen vom eingeschlagenen Weg ab, da

$$\frac{\partial}{\partial y} (x e^y) = x e^y \neq \frac{\partial}{\partial x} (y e^x) = y e^x$$

ist. So erhält man z. B. für die in Abb. 20 skizzierten Wege C_1 und C_2, die beide im Punkte (0, 0) beginnen und in (1, 1) enden, verschiedene Werte:

Weg C_1: $\displaystyle\int\limits^{C_1} (xe^y\,dx + ye^x\,dy) = \int\limits_0^1 xe^0\,dx + \int\limits_0^1 ye^1\,dy = \frac{1}{2}\,(1+e)\ ;$

Weg C_2: $\displaystyle\int\limits^{C_2} (xe^y\,dx + ye^x\,dy) = \int\limits_0^1 (xe^x\,dx + xe^x\,dx) = 2\int\limits_0^1 xe^x\,dx = 2.$

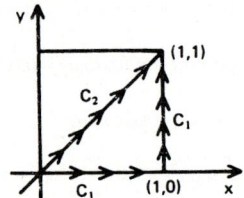

Abb. 20 Berechnung eines Kurvenintegrals längs verschiedener Wege

f) Anwendungsbeispiele aus der Thermodynamik

In der Thermodynamik werden die Eigenschaften makroskopischer Systeme mit Hilfe von Zustandsfunktionen beschrieben. Diese Funktionen hängen in *eindeutiger* Weise vom jeweiligen Zustand des Systems ab; sie sind jedoch unabhängig davon, auf welchem Wege dieser Zustand erreicht wurde. Zur Festlegung des Zustandes eines Systems bedient man sich z.B. der beiden *Zustandsvariablen* Temperatur T und Volumen V. Die Zustandsfunktionen der Thermodynamik sind damit eindeutige Funktionen der beiden Zustandsvariablen T und V. Ihre Differentiale sind daher stets vollständig. Ob nun eine gegebene Funktion $u = f(T, V)$ eine Zustandsfunktion im thermodynamischen Sinne darstellt oder nicht, läßt sich einzig und alleine über den Schwarzschen Satz entscheiden. Wir bringen nun einige Beispiele für thermodynamische Zustandsfunktionen.

Eine Zustandsfunktion der Thermodynamik ist die sog. *thermische Zustandsfunktion* $p = p(T, V)$. Für ein *ideales* Gas z.B. erhält man das bekannte *Boyle-Mariottesche* Gesetz $p = (RT)/V$.

Die *innere Energie* $U(T, V)$ eines Systems repräsentiert die Gesamtenergie des Systems. Für ein *ideales* Gas hängt U *nur* von der Temperatur T, *nicht* aber vom Volumen V ab. In diesem Falle gilt: $dU = C_v\,dT$. Für die Änderung der *inneren Energie* erhält man bei einem *idealen Gas* (C_v ist temperaturunabhängig):

$$\Delta U = U - U_1 = \int\limits_{T_1}^{T} dU = \int\limits_{T_1}^{T} C_V \, dT = C_V (T - T_1).$$

Dagegen ist die *Wärmemenge* Q *keine* thermodynamische Zustandsfunktion, da ihr Differential δQ [2] *nicht* vollständig ist. So folgt z.B. aus dem ersten Hauptsatz der Thermodynamik ($dU = \delta Q + dA$; δQ = Wärmemenge; dA = zugeführte Arbeit) für ein *ideales* Gas, das sich bei konstantem Druck um das Volumen dV ausdehnt und dem die Wärmemenge δQ zugeführt wird:

$$\delta Q = dU - dA = C_V \, dT + p \, dV = C_V \, dT + \frac{RT}{V} \, dV.$$

Die Unvollständigkeit dieses Differentialausdruckes ergibt sich unmittelbar aus

$$\frac{\partial}{\partial V} (C_V) = 0 \neq \frac{\partial}{\partial T} \left(\frac{RT}{V} \right) = \frac{R}{V}.$$

Die zugeführte Wärmemenge Q hängt also davon ab, über welche Zwischenzustände man zum Endzustand gelangt.

Die *Entropiefunktion* S(T, V) wird durch das *vollständige* Differential

$$dS = \frac{\delta Q}{T}$$ definiert. So erhält man etwa für ein *ideales* Gas:

$$dS = \frac{C_V}{T} \, dT + \frac{R}{V} \, dV.$$

Aus $\dfrac{\partial}{\partial V} \left(\dfrac{C_V}{T} \right) = \dfrac{\partial}{\partial T} \left(\dfrac{R}{V} \right) = 0$ folgt, daß S(T, V) eine thermodynamische Zustandsfunktion ist. Die Entropieänderung zwischen zwei Zuständen (T_1, V_1) und (T, V) ist daher *unabhängig* vom eingeschlagenen Weg und hängt nur vom Anfangs- und Endzustand ab:

$$\Delta S = S - S_1 = \int\limits_{(T_1, V_1)}^{(T, V)} dS = C_V \ln T + R \ln V - C_V \ln T_1 - R \ln V_1 =$$

$$= C_V \ln \frac{T}{T_1} + R \ln \frac{V}{V_1}.$$

---

[2] Das Variationssymbol δ gibt differentielle Änderungen von Funktionen an, die vom Wege abhängen.

Die *freie Energie* $F(T, V)$ wird durch das *vollständige* Differential $dF = dU - d(TS)$ definiert. Die Vollständigkeit dieses Differential-ausdruckes zeigt man wie folgt: das Differential

$$dF = dU - d(TS) = dU - T\,dS - S\,dT =$$

$$= \frac{\partial U}{\partial T}\,dT + \frac{\partial U}{\partial V}\,dV - T\,\frac{\partial S}{\partial T}\,dT - T\,\frac{\partial S}{\partial V}\,dV - S\,dT =$$

$$= \left(\frac{\partial U}{\partial T} - T\,\frac{\partial S}{\partial T} - S \right) dT + \left(\frac{\partial U}{\partial V} - T\,\frac{\partial S}{\partial V} \right) dV =$$

$$= \frac{\partial F}{\partial T}\,dT + \frac{\partial F}{\partial V}\,dV$$

ist dann und nur dann vollständig, wenn $\dfrac{\partial^2 F}{\partial T \partial V} = \dfrac{\partial^2 F}{\partial V \partial T}$ ist:

$$\frac{\partial^2 F}{\partial T \partial V} = \frac{\partial}{\partial V}\left(\frac{\partial U}{\partial T} - T\,\frac{\partial S}{\partial T} - S \right) = \frac{\partial^2 U}{\partial T \partial V} - T\,\frac{\partial^2 S}{\partial T \partial V} - \frac{\partial S}{\partial V}\;;$$

$$\frac{\partial^2 F}{\partial V \partial T} = \frac{\partial}{\partial T}\left(\frac{\partial U}{\partial V} - T\,\frac{\partial S}{\partial V} \right) = \frac{\partial^2 U}{\partial V \partial T} - \frac{\partial S}{\partial V} - T\,\frac{\partial^2 S}{\partial V \partial T}\;.$$

Da $U(T, V)$ und $S(T, V)$ thermodynamische Zustandsfunktionen sind, gilt aber

$$\frac{\partial^2 U}{\partial V \partial T} = \frac{\partial^2 U}{\partial T \partial V} \quad \text{und} \quad \frac{\partial^2 S}{\partial V \partial T} = \frac{\partial^2 S}{\partial T \partial V}\;.$$

Dann stimmen aber die beiden gemischten partiellen Ableitungen 2. Ordnung von $F(T, V)$ überein. $F(T, V)$ ist daher ebenfalls eine Zustandsfunktion, die sich in der Form $F(T, V) = U(T, V) - T \cdot S(T, V) + \text{const.}$ darstellen läßt.

Die differentielle Änderung der *freien Energie* ist

$$dF = dU - d(TS) = dU - T\,dS - S\,dT.$$

Für ein *ideales Gas* gilt unter der Voraussetzung *konstanter* Temperatur $(dT = 0)$:

$$dU = 0, \quad dS = \frac{R}{V}\,dV$$

und damit

$$dF = -T\,dS = -\frac{RT}{V}\,dV\;.$$

Die Änderung der freien Energie (bei konstanter Temperatur) ist dann

$$\Delta F = F - F_1 = \int_{V_1}^{V} dF = - RT \int_{V_1}^{V} \frac{dV}{V} = - RT \ln \frac{V}{V_1} = RT \ln \frac{V_1}{V} .$$

Durch die vollständige Differentialform

$$dH = dU + d(pV)$$

wird die sog. *Enthalpiefunktion* $H(T, V)$ definiert. Für ein *ideales Gas* ist $dU = C_V dT$ und $pV = RT$. Das Differential dH nimmt damit die folgende Gestalt an:

$$dH = dU + d(pV) = C_V dT + d(RT) = C_V dT + R dT = (C_V + R) dT.$$

Berücksichtigt man ferner die Beziehung $C_p - C_V = R$ ($C_p =$ Molwärme bei konstantem Druck), so erhält man schließlich

$$dH = C_p dT .$$

Die Änderung der Enthalpie ist damit durch den Ausdruck

$$\Delta H = H - H_1 = \int_{T_1}^{T} dH = \int_{T_1}^{T} C_p dT = C_p(T - T_1)$$

gegeben.

Eine weitere wichtige Zustandsfunktion der Thermodynamik ist die *freie Enthalpie* $G(T, V)$, die durch das vollständige Differential

$$dG = dH - d(TS) = dH - S dT - T dS$$

definiert ist. Für ein *ideales Gas* läßt sich dieser Ausdruck in die Form

$$dG = V dp - S dT$$

bringen. Bleibt ferner die Temperatur *konstant* ($dT = 0$), so ist

$$dG = V dp = \frac{RT}{p} dp .$$

Die Änderung der freien Enthalpie ist dann

$$\Delta G = G - G_1 = \int_{p_1}^{p} dG = \int_{p_1}^{p} \frac{RT}{p} dp = RT \int_{p_1}^{p} \frac{dp}{p} = RT \ln \frac{p}{p_1} .$$

E. Taylor-Entwicklung

Die Aufgabe, die Änderung des Funktionswertes einer Funktion
$u = f(x, y)$ zweier Variabler zu berechnen, wenn sich x um h,
y um k ändert, führt zur Taylor-Formel bzw. zur Taylor-Reihe der
Funktion $f(x, y)$.

Satz: *Besitzt eine Funktion $f(x, y)$ in einer gewissen Umgebung der
Stelle (ξ, η) stetige partielle Ableitungen bis zur $(n + 1)$-ten Ordnung,
so läßt sich $f(x, y)$ an der Stelle (ξ, η) wie folgt nach Taylor entwickeln:*

$$f(\xi + h, \eta + k) = f(\xi, \eta) + h f_x(\xi, \eta) + k f_y(\xi, \eta) + \frac{1}{2!}[h^2 f_{xx}(\xi, \eta)$$

$$+ 2hk f_{xy}(\xi, \eta) + k^2 f_{yy}(\xi, \eta)] + \dots \tag{76}$$

$$\dots + \frac{1}{n!} \sum_{i=0}^{n} \binom{n}{i} h^{n-i} k^i f_{x^{n-i} y^i}(\xi, \eta) + R_n(h, k).$$

Dabei ist das Restglied $R_n(h, k)$ durch den Ausdruck

$$R_n(h, k) =$$

$$\frac{1}{(n+1)!} \sum_{i=0}^{n} \binom{n+1}{i} h^{n+1-i} k^i f_{x^{n+1-i} y^i}(\xi + \vartheta h, \eta + \vartheta k) \tag{77}$$

mit $0 < \vartheta < 1$ gegeben. $f_{x^k y^p}$ bedeutet dabei die gemischte partielle Ableitung $(k + p)$-ter Ordnung, die man aus $f(x, y)$ durch k-
maliges Differenzieren nach der Variablen x und p-maliges Differenzieren nach der Variablen y erhält.

Unter den Voraussetzungen des folgenden Satzes ist die Funktion
$f(x, y)$ um die Stelle (ξ, η) sogar in eine *unendliche* Potenzreihe
entwickelbar.

Satz: *Besitzt eine Funktion $f(x, y)$ in der Umgebung der Stelle
(ξ, η) stetige partielle Ableitungen beliebiger Ordnung und verschwindet dort das Restglied (77) für $n \to \infty$, so läßt sich die Funktion
$f(x, y)$ in die unendliche Potenzreihe*

$$f(\xi + h, \eta + k) = \sum_{n=0}^{\infty} \frac{1}{n!} \sum_{i=0}^{n} \binom{n}{i} h^{n-i} k^i f_{x^{n-i} y^i}(\xi, \eta)$$

entwickeln (Taylor-Entwicklung von $f(x, y)$).

Beispiel: Wir wollen die Funktion $f(x, y) = (1 + xy)^{-1}$ um den Nullpunkt $(x, y) = (0, 0)$ in eine Taylorreihe entwickeln (bis zur Ordnung 2):

$$f(x, y) = (1 + xy)^{-1}; \quad f_x(x, y) = -y(1 + xy)^{-2}; \quad f_y(x, y) = -x(1 + xy)^{-2};$$

$$f_{xx}(x, y) = 2y^2(1 + xy)^{-3}; \quad f_{yy}(x, y) = 2x^2(1 + xy)^{-3};$$

$$f_{xy}(x, y) = -(1 - xy)(1 + xy)^{-3}.$$

Daher ist: $f(0, 0) = 1$; $f_x(0, 0) = f_y(0, 0) = 0$; $f_{xx}(0, 0) = f_{yy}(0, 0) = 0$; $f_{xy}(0, 0) = -1$, und die gesuchte Entwicklung beginnt wie folgt: $f(h, k) = 1 - hk + \ldots$.

F. Extremwerte (relative Maxima und Minima)

1. Definition der Extremwerte

Definition: *Eine Funktion* $u = f(x, y)$ *besitzt an der Stelle* (ξ, η) *ein relatives Maximum, wenn in einer gewissen Umgebung dieser Stelle, d. h. für genügend kleine* h, k, *die folgende Ungleichung erfüllt ist:*

$$f(\xi + h, \eta + k) - f(\xi, \eta) < 0 \tag{79};$$

gilt dagegen für genügend kleine h, k *die Ungleichung*

$$f(\xi + h, \eta + k) - f(\xi, \eta) > 0 \tag{80},$$

so besitzt die Funktion an der Stelle (ξ, η) *ein relatives Minimum (vgl. Abb. 21).*

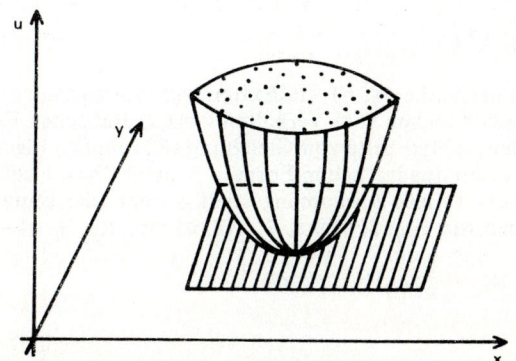

Abb. 21 Zum Begriff des relativen Extremwertes

2. Extremwerte ohne Nebenbedingungen

Aus Abb. 21 entnimmt man sofort, daß eine *differenzierbare* Funktion u = f(x, y) in den relativen Maxima und Minima Tangentialebenen besitzt, die *parallel* zur x, y-Ebene verlaufen. Daher ist das Verschwinden der partiellen Ableitungen 1. Ordnung eine *notwendige* Bedingung für die Existenz eines Extremwertes an der Stelle (ξ, η): $f_x(\xi, \eta) = f_y(\xi, \eta) = 0$. Diese Bedingung ist jedoch *keineswegs* hinreichend, wie das folgende Beispiel zeigen wird.

Beispiel: Die Funktion $u = f(x, y) = x^5$ (y ist beliebig) definiert im Euklidischen R^3 eine Fläche, deren zugleich auf der y-Achse gelegene Punkte P(0, y, 0) die x, y-Ebene als *gemeinsame* Tangentialebene besitzen, ohne daß jedoch in diesen Punkten ein Extremwert vorliegt.

Um ein *hinreichendes Kriterium* für die Existenz eines Extremwertes zu erhalten, entwickeln wir die Funktion u = f(x, y) nach Taylor um die Stelle (ξ, η) und brechen die Entwicklung nach dem 3. Gliede (Ordnung 2) ab (für genügend kleine h, k ist dies erlaubt):

$$f(\xi + h, \eta + k) \approx f(\xi, \eta) + h f_x(\xi, \eta) + k f_y(\xi, \eta) + \frac{1}{2!} [h^2 f_{xx}(\xi, \eta) +$$

$$2hk f_{xy}(\xi, \eta) + k^2 f_{yy}(\xi, \eta)] . \tag{81}$$

Da die partiellen Ableitungen f_x und f_y in einem Extremwert verschwinden, erhält man schließlich aus (81) für den Zuwachs der Funktion die folgende *quadratische* Form in h, k:

$$f(\xi + h, \eta + k) - f(\xi, \eta) = \frac{1}{2!} [f_{xx}(\xi, \eta) h^2 + 2 f_{xy}(\xi, \eta) hk +$$

$$f_{yy}(\xi, \eta) k^2] \tag{82}.$$

Ob nun an der Stelle (ξ, η) ein Extremwert vorliegt oder nicht, hängt im wesentlichen vom Verhalten der quadratischen Form in h, k auf der rechten Seite von Gleichung (82) ab. Die Eigenschaften der allgemeinen quadratischen Form $u = ah^2 + 2bhk + ck^2$ sind in der folgenden Tabelle zusammengestellt worden (der Einfachheit halber haben wir $f_{xx}(\xi, \eta) = a$, $f_{xy}(\xi, \eta) = b$, $f_{yy}(\xi, \eta) = c$ gesetzt).

$ac - b^2$	a	Eigenschaften der quadratischen Form $u = ah^2 + 2bhk + ck^2$
>0	>0	*positiv definit*, d. h. $u>0$ mit Ausnahme von $(h, k) = (0, 0)$;
	<0	*negativ definit*, d. h. $u<0$ mit Ausnahme von $(h, k) = (0, 0)$;
$=0$	>0	*positiv semidefinit*, d. h. es gibt außer $(h, k) = (0, 0)$ noch weitere Wertepaare, für die u verschwindet. Für alle übrigen Wertepaare ist $u>0$;
	<0	*negativ semidefinit*, d. h. es gibt außer $(h, k) = (0, 0)$ noch weitere Wertepaare, für die u verschwindet. Für alle weiteren Wertepaare ist $u<0$;
<0		*indefinit*, d. h. u nimmt sowohl positive als auch negative Werte an.

Aus den in der Tabelle aufgeführten Eigenschaften der quadratischen Form ergibt sich sofort das folgende *hinreichende Kriterium* für die Existenz von Extremwerten.

Satz: *Eine Funktion* $f(x, y)$ *besitzt an der Stelle* (ξ, η) *einen Extremwert, wenn die beiden folgenden Bedingungen erfüllt sind:*

(a) die partiellen Ableitungen 1. Ordnung an der Stelle (ξ, η) *verschwinden:*

$$f_x(\xi, \eta) = f_y(\xi, \eta) = 0 \tag{83};$$

(b) die partiellen Ableitungen 2. Ordnung genügen der Ungleichung

$$f_{xx}(\xi, \eta) \cdot f_{yy}(\xi, \eta) - f_{xy}(\xi, \eta)^2 > 0 \tag{84}.$$

Ist darüber hinaus $f_{xx}(\xi, \eta) < 0$, *so besitzt* $f(x, y)$ *an der Stelle* (ξ, η) *ein relatives Maximum. Für* $f_{xx}(\xi, \eta) > 0$ *liegt an der Stelle* (ξ, η) *ein relatives Minimum vor.*

Beispiel: a) Gesucht sind die relativen Extrema der Funktion $u = f(x, y) = x^2 + y^2$ (Rotationsparaboloid). Dazu bilden wir die partiellen Ableitungen bis zur zweiten Ordnung: $f_x = 2x$, $f_y = 2y$, $f_{xx} = f_{yy} = 2$, $f_{xy} = 0$. Aus der notwendigen Bedingung $f_x = f_y = 0$ folgt: $x = y = 0$. Im Nullpunkt $(x, y) = (0, 0)$ besitzt die Funktion ein relatives und zugleich absolutes Minimum, da $f_{xx}(0, 0) \cdot f_{yy}(0, 0) - f_{xy}(0, 0)^2 = 4 > 0$ *und* $f_{xx}(0, 0) = 2 > 0$ ist.

b) Zwecks Berechnung der Extremwerte der Funktion $u = f(x, y) = x^2 - 6x + xy - 3y + y^2$ bilden wir zunächst die partiellen Ableitungen bis zur Ordnung 2:

$$f_x = 2x - 6 + y, \quad f_y = x - 3 + 2y, \quad f_{xx} = 2, \quad f_{yy} = 2, \quad f_{xy} = 1.$$

Aus den *notwendigen* Bedingungen $f_x = 0$ und $f_y = 0$ erhält man das lineare Gleichungssystem

$$2x - 6 + y = 0$$
$$x - 3 + 2y = 0,$$

das durch $x = 3$, $y = 0$ gelöst wird. Wegen $f_{xx}(3, 0) = 2$, $f_{yy}(3, 0) = 2$, $f_{xy}(3, 0) = 1$ und

$$f_{xx}(3, 0) \cdot f_{yy}(3, 0) - f_{xy}(3, 0)^2 = 2 \cdot 2 - 1^2 = 3 > 0$$

ist auch das *hinreichende* Kriterium (84) erfüllt. Da ferner $f_{xx}(3, 0) = 2 > 0$ ist, besitzt die Funktion an der Stelle $(x, y) = (3, 0)$ ein *relatives Minimum* $(f(3, 0) = -9)$.

3. Extremwerte mit Nebenbedingungen

Bisher waren die gesuchten Extremwerte einer differenzierbaren Funktion keinerlei Einschränkung unterworfen *(Extremwerte ohne Nebenbedingung)*. In vielen Anwendungsbeispielen jedoch tritt das Problem auf, die Extremwerte einer Funktion $u = f(x, y)$ zu bestimmen, deren Variable x und y nicht unabhängig voneinander sind, sondern noch gleichzeitig einer Nebenbedingung unterworfen sind *(Extrema mit Nebenbedingungen)*. Diese wird meist in Form einer impliziten Gleichung $\varphi(x, y) = 0$ angegeben.

Wir wollen zwei Verfahren zur Lösung solcher Probleme besprechen.

(a) Die Funktion $u = f(x, y)$ unterliege der Nebenbedingung $\varphi(x, y) = 0$. Ist diese Gleichung eindeutig nach y auflösbar[3], $y = \psi(x)$, so erhält man durch Einsetzen von $y = \psi(x)$ in die Ausgangsfunktion $u = f(x, y)$ eine neue Funktion $u = f(x, \psi(x)) = F(x)$, die nur noch von der einen Variablen x abhängt. Damit ist das Problem auf die Bestimmung der Extremwerte einer Funktion einer Variablen zurückgeführt worden.

Beispiel: Welches Rechteck von fest vorgegebenem Umfang ($= 4a$) besitzt den größten Flächeninhalt?

Es ist also das Maximum der Flächeninhaltsfunktion $u = f(x, y) = xy$ unter Berücksichtigung der Nebenbedingung

$$2x + 2y = 4a \quad \text{oder} \quad \varphi(x, y) = x + y - 2a = 0$$

zu bestimmen ($x > 0$ und $y > 0$ sind die beiden Seiten des Rechtecks).

---

[3] Ebenso verfährt man, wenn $\varphi(x, y) = 0$ eindeutig nach x auflösbar ist.

Man löst diese Gleichung nach y auf: y = 2a − x, und erhält durch Einsetzen in die Ausgangsfunktion schließlich: u = x(2a − x) = 2ax − x^2. Mit u$'$ = 2a − 2x, u$''$ = −2 folgt aus u$'$ = 0: x = a und damit auch y = a. Da u$''$(a) = −2 < 0 ist, liegt für x = y = a ein Maximum vor. Unter allen Rechtecken von vorgegebenem Umfang besitzt demnach das Quadrat den größten Flächeninhalt.

(b) Das zweite Verfahren zur Bestimmung der Extremwerte einer Funktion, deren Variable einer Nebenbedingung unterworfen sind, stammt von *Lagrange* und ist in der Literatur unter der Bezeichnung *„Methode der Lagrangeschen Multiplikatoren"* bekannt. Man bildet die totalen Differentiale der Funktionen u = f(x, y) und φ(x, y) = 0 und erhält

$$du = f_x \, dx + f_y \, dy,$$
$$d\varphi = \varphi_x \, dx + \varphi_y \, dy = 0. \tag{85}$$

Am Ort des Extremums ist die Änderung du Null, wobei jedoch die Differentiale dx und dy nicht mehr voneinander unabhängig, sondern über die zweite der Gleichungen (85) miteinander gekoppelt sind. Um das Gleichungssystem

$$f_x \, dx + f_y \, dy = 0,$$
$$\varphi_x \, dx + \varphi_y \, dy = 0 \tag{86}$$

zu lösen, multipliziert man die zweite der Gleichungen (86) mit einem sog. *Lagrangeschen Multiplikator* λ und addiert die neu gewonnene Gleichung zur ersten der Gleichungen (86):

$$(f_x + \lambda \varphi_x) \, dx + (f_y + \lambda \varphi_y) \, dy = 0 \tag{87}.$$

Der Parameter λ wird nun so bestimmt, daß der Koeffizient von dy in Gleichung (87) identisch verschwindet. Dann muß bei Vorliegen eines Extremums auch der Koeffizient von dx verschwinden (da ja dx beliebig variiert werden kann). Dies führt zu

$$f_x + \lambda \varphi_x = 0,$$
$$f_y + \lambda \varphi_y = 0. \tag{88}$$

Aus den Bedingungsgleichungen (88) können zusammen mit der Nebenbedingung φ(x, y) = 0 die drei Unbekannten λ, x, y berechnet werden.

Rein formal gelangt man zum selben Ergebnis, wenn man aus den beiden Funktionen u = f(x, y) und φ(x, y) = 0 die Hilfsfunktion

$$F(x, y, \lambda) = f(x, y) + \lambda \cdot \varphi(x, y) \tag{89}$$

bildet und deren partielle Ableitungen 1. Ordnung gleich Null setzt:

$$F_x = f_x + \lambda \varphi_x = 0,$$

$$F_y = f_y + \lambda \varphi_y = 0, \tag{90}$$

$$F_\lambda = \varphi = 0.$$

Das Lagrangesche Multiplikatorverfahren läßt sich ohne Schwierig-keiten auch auf Funktionen von n Variablen $x_1, x_2, \ldots, x_n$ übertragen, deren Extremwerte insgesamt k Nebenbedingungen un-terworfen sind $(1 \leqslant k \leqslant n - 1)$:

$$u = f(x_1, x_2, \ldots, x_n),$$

$$\varphi_1(x_1, x_2, \ldots, x_n) = 0, \ldots, \varphi_k(x_1, x_2, \ldots, x_n) = 0. \tag{91}$$

Man bildet mit der Hilfsfunktion

$$F(x_1, x_2, \ldots, x_n; \lambda_1, \lambda_2, \ldots, \lambda_k) = f + \sum_{i=1}^{k} \lambda_i \varphi_i \tag{92}$$

die insgesamt $(n + k)$ partiellen Ableitungen 1. Ordnung und setzt diese gleich Null:

$$F_{x_1} = 0, F_{x_2} = 0, \ldots, F_{x_n} = 0; F_{\lambda_1} = 0, F_{\lambda_2} = 0, \ldots,$$

$$F_{\lambda_k} = 0 \tag{93}.$$

Die insgesamt $(n + k)$ Unbekannten $x_1, x_2, \ldots, x_n; \lambda_1, \lambda_2, \ldots, \lambda_k$ bestimmt man aus dem Gleichungssystem (93).

Beispiel: Wir behandeln das Beispiel aus (a) nach der Lagrangeschen Methode. Aus der Funktion $f(x, y) = xy$ und der Nebenbedingung $\varphi(x, y) = x + y - 2a = 0$ konstruieren wir die Hilfsfunktion $F(x, y, \lambda) = f(x, y) + \lambda\varphi(x, y) = xy + \lambda(x + y - 2a)$. Gleichungssystem (93) lautet dann:

$$F_x = y + \lambda = 0,$$

$$F_y = x + \lambda = 0,$$

$$F_\lambda = x + y - 2a = 0.$$

Aus den beiden ersten Gleichungen erhält man $x = y = -\lambda$ und durch Ein-setzen in die dritte Gleichung schließlich $-2\lambda - 2a = 0$, d. h. $\lambda = -a$. Damit folgt aus den beiden ersten Gleichungen unmittelbar $x = y = a$.

IX. Gewöhnliche Differentialgleichungen

A. Definition einer gewöhnlichen Differentialgleichung. Grundbegriffe

Definition: *Unter einer gewöhnlichen Differentialgleichung[1] n-ter Ordnung versteht man eine Bestimmungsgleichung für eine unbekannte Funktion* $y = \varphi(x)$ *einer unabhängigen Variablen* x, *die Ableitungen dieser Funktion bis zur n-ten Ordnung enthält. Ferner können in der Gleichung die unbekannte Funktion* $\varphi(x)$ *sowie die unabhängige Variable* x *auftreten. Allgemein läßt sich eine gewöhnliche Differentialgleichung n-ter Ordnung in der impliziten Form*

$$F(x; y; y', y'', \ldots, y^{(n)}) = 0 \tag{1}$$

darstellen.

Die Ordnung einer gewöhnlichen Dgl wird also durch die Ordnung der *höchsten* in ihr enthaltenen Ableitung bestimmt.

Beispiel: $y' - 5x = 0$ ist eine Dgl 1. Ordnung, $xy'' + 2y' + y^2 - 2x = 0$ eine Dgl 2. Ordnung.

Definition: *Eine gewöhnliche Dgl n-ter Ordnung heißt linear, wenn*

(a) die unbekannte Funktion $\varphi(x)$ *und alle ihre Ableitungen höchstens in 1. Potenz vorkommen, und*

(b) keine Produkte dieser Größen auftreten.

Sie hat daher die allgemeine Form

$$a_n(x) \cdot y^{(n)} + a_{n-1}(x) \cdot y^{(n-1)} + \ldots + a_0(x) \cdot y = b(x) \tag{2},$$

wobei $a_n(x) \neq 0$ *ist. Ist* $b(x) = 0$, *so heißt die lineare Dgl homogen, andernfalls inhomogen.*

Beispiele: a) $y' - 5x = 0$ und $y^{(k)} = e^x$ sind lineare Dgln 1. bzw. k-ter Ordnung.

b) $y'' + ay' + by = f(x)$ ist eine lineare Dgl 2. Ordnung mit konstanten Koeffizienten (sog. *Schwingungsgleichung).* Dgln von diesem Typ spielen in Physik und Chemie eine bedeutende Rolle (harmonischer Oszillator; ungedämpfte und gedämpfte mechanische und elektromagnetische Schwingungen; erzwungene Schwingungen; Molekülschwingungen).

---

[1] Wir verwenden als Abkürzung Dgl (Mehrzahl: Dgln). Die Bezeichnung „gewöhnliche Dgl" wird im Gegensatz zu der Bezeichnung „partielle Dgl" gebraucht. Partielle Dgln sind dabei solche Gleichungen, in denen eine (unbekannte) Funktion von mehreren Variablen, partielle Ableitungen dieser Funktion nach den unabhängigen Variablen und gewisse unabhängige Variablen auftreten.

Definition: *Eine Funktion* $y = \varphi(x)$, *deren Funktionswert und deren Ableitungswerte eine Dgl vom Typ (1) identisch erfüllen, heißt eine Lösung oder ein Integral der Dgl. Die Gesamtheit aller Lösungen bildet die Lösungsmenge der Dgl.*

Unsere Aufgabe besteht nun darin, *alle* Lösungen einer Dgl (1) aufzusuchen. Man spricht in diesem Zusammenhang auch häufig von der *Integration* einer Dgl.

Die *allgemeine* Lösung (*allgemeines* Integral) einer gewöhnlichen Dgl n-ter Ordnung enthält noch *willkürliche* Konstanten, die man als *Parameter* oder *Integrationskonstanten* der Dgl bezeichnet. Die Anzahl der Parameter regelt der folgende Satz.

Satz: *Das allgemeine Integral einer gewöhnlichen Dgl n-ter Ordnung enthält genau n willkürliche und unabhängige Integrationskonstanten.*

Weist man diesen n Integrationskonstanten im allgemeinen Integral einer Dgl einen festen Zahlenwert zu, so erhält man eine *spezielle* Lösung oder ein sog. *partikuläres* Integral.

Beispiele: a) Wir betrachten als erstes Beispiel den radioaktiven Zerfall einer Substanz. $n(t)$ sei die Anzahl der zur Zeit t vorhandenen (noch nicht zerfallenen) Atome. In dem Zeitintervall dt mögen dn Atome radioaktiv zerfallen. Dann wird dn sowohl der Anzahl $n(t)$ als auch dem Zeitintervall dt proportional sein: $dn \sim n(t) \cdot dt$. Führt man die als *Zerfallskonstante* bezeichnete Proportionalitätskonstante λ ein, so genügt $n(t)$ der folgenden linearen Dgl 1. Ordnung:

$$dn = -\lambda n(t) \cdot dt \qquad \text{oder} \qquad \frac{dn}{dt} = -\lambda n(t)$$

(das Minuszeichen kennzeichnet die *Abnahme* der Anzahl radioaktiv zerfallender Atome). Den Differentialquotienten $\dfrac{dn}{dt}$ bezeichnet man als *Zerfallsgeschwindigkeit*. Durch direkte Integration beider Seiten der umgeformten Dgl

$$\frac{dn}{n} = -\lambda \, dt$$

findet man als Lösungsmenge die Funktionenschar $\ln n(t) = -\lambda t + c$. Setzt man die Integrationskonstante c in der Form $c = \ln C$ an und geht von der Logarithmusfunktion zur inversen Exponentialfunktion über, so erhält man schließlich das *allgemeine* Integral

$$n(t) = C \cdot e^{-\lambda t}$$

Die Anzahl der noch nicht radioaktiv zerfallenen Atome nimmt demnach exponentiell ab. Ist z. B. n_0 die Anzahl der zur Zeit $t = 0$ vorhandenen (noch nicht zerfallenen) Atome, so erhält die Integrationskonstante C die folgende Bedeutung: $n(0) = C \cdot e^0 = C = n_0$, d. h. C bedeutet die ursprünglich vorhandene Anzahl an noch nicht zerfallenen Atomen.

Die Lösung $n(t) = n_0 \cdot e^{-\lambda t}$ enthält keinen Parameter mehr und stellt damit ein *partikuläres* Integral der Dgl dar.

b) Als weiteres Beispiel betrachten wir den linearen harmonischen Oszillator, den man sich durch ein elastisches Federpendel physikalisch realisiert denken kann (vgl. Abb. 1).

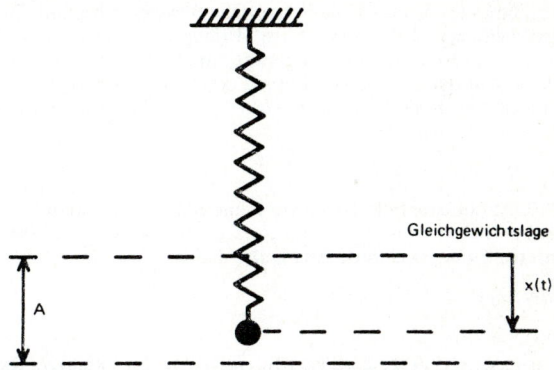

Abb. 1 Harmonische Schwingung eines Federpendels (Modell eines harmonischen Oszillators)

Hier gilt, wenn F die Rückstellkraft der Feder, k die Richtkraft der Feder und $x(t)$ die Auslenkung der schwingenden Masse zur Zeit t bedeuten, folgender Zusammenhang: $F = -k \cdot x$ (Hookesches Gesetz). Nach der Newtonschen Mechanik ist $F = m\ddot{x}$ [2]. Damit erhält man als Dgl des linearen harmonischen Oszillators die bekannte Schwingungsgleichung

$$m \cdot \ddot{x} = -k \cdot x \qquad \text{oder} \qquad \ddot{x} + \omega_0^2 x = 0 \qquad (\omega_0^2 = k/m).$$

Das allgemeine Integral dieser linearen Dgl 2. Ordnung besitzt nach obigem Satz genau *zwei* Integrationskonstanten. *Partikuläre* Lösungen dieser Dgl sind z. B., wie man durch Einsetzen leicht verifizieren kann, die beiden *linear unabhängigen* Funktionen $x_1(t) = \sin \omega_0 t$ und $x_2(t) = \cos \omega_0 t$ [3]. Sie bilden

---

[2] In der Physik werden die *totalen* Ableitungen einer Größe (Funktion) nach der Zeit häufig durch Punkte über der entsprechenden Größe gekennzeichnet.

[3] n im Intervall $< a, b >$ definierte Funktionen $x_1(t), x_2(t), \ldots, x_n(t)$ heißen *linear unabhängig*, wenn für *jedes* t aus $< a, b >$ die Gleichung $c_1 x_1(t) + c_2 x_2(t) + \ldots + c_n x_n(t) = 0$ nur durch identisches Verschwinden der Koeffizienten c_i erfüllt werden kann.

eine sog. *Fundamentalbasis* für die Lösungsmenge der Dgl, d. h. das allgemeine Integral läßt sich in Form einer Linearkombination vom Typ

$$x(t) = C_1 \cdot \sin \omega_0 t + C_2 \cdot \cos \omega_0 t$$

mit willkürlichen Parametern C_1 und C_2 darstellen.

Um eine *spezielle* Lösung (d. h. ein *partikuläres* Integral) für den Bewegungsablauf eines harmonischen Oszillators zu erhalten, benötigt man noch weitere Informationen über die gesuchte Lösung. So kann man etwa vorschreiben, daß der Oszillator zur Zeit $t = 0$ den Bedingungen $x(0) = A$, $\dot{x}(0) = 0$ Genüge leistet. Physikalisch interpretiert besagen diese Bedingungen, daß sich der Oszillator zur Zeit $t = 0$ am Ort $x = A$ ($A = Amplitude$) in Ruhe befindet und aus dieser Anfangslage heraus seine periodische Bewegung beginnt. Die beiden Bedingungsgleichungen definieren die sog. *Anfangswerte*. Diese zusätzliche Information über den Bewegungsablauf genügt, um die Lösung $x(t)$ *eindeutig* zu bestimmen. Aus der allgemeinen Lösung $x(t) = C_1 \cdot \sin \omega_0 t + C_2 \cdot \cos \omega_0 t$ erhält man: $\dot{x}(t) = \omega_0 C_1 \cdot \cos \omega_0 t - \omega_0 C_2 \cdot \sin \omega_0 t$ und nach Einsetzen der Anfangswerte schließlich:

$$x(0) = C_2 = A, \quad \dot{x}(0) = \omega_0 C_1 = 0.$$

Da $\omega_0 \neq 0$ ist (anderenfalls hätten wir keine echte Schwingung), bestimmen sich die beiden Integrationskonstanten zu $C_1 = 0$ und $C_2 = A$. Die spezielle Lösung unseres *Anfangswertproblems* lautet damit:

$$x(t) = A \cos \omega_0 t \, .$$

B. Gewöhnliche Differentialgleichungen 1. Ordnung

Wir wollen im folgenden nur solche gewöhnlichen Differentialgleichungen 1. Ordnung betrachten, die sich in *eindeutiger* Weise nach y' auflösen lassen:

$$y' = f(x, y) \tag{3}.$$

1. Geometrische Deutung

Die Dgl $y' = f(x, y)$ ordnet jedem Punkt (ξ, η) des Definitionsbereiches G der Funktion $f(x, y)$ in *eindeutiger* Weise einen Steigungswert $y' = f(\xi, \eta)$ zu. Das Wertetripel $(\xi, \eta, f(\xi, \eta))$ definiert ein sog. *Linienelement*, das man graphisch durch eine kurze durch den Punkt (ξ, η) verlaufende Strecke der Steigung $f(\xi, \eta)$ darstellt. Die Gesamtheit aller Linienelemente ergibt das *Richtungsfeld* der Dgl. Lösungskurven der Dgl (3) sind alle diejenigen Kurven, deren Tangentenrichtung in *jedem* Punkt mit der Richtung des dortigen Linienelementes übereinstimmt.

Man wähle nun einen beliebigen Anfangspunkt P_0 (x_0, y_0) aus dem Definitionsbereich G von $f(x, y)$. Von P_0 aus gelangt man längs des Linienelementes dieses Punktes zu einem benachbarten Punkt P_1. Von P_1 aus bewegt man sich längs des entsprechenden Linienelementes nach P_2 usw. (vgl. Abb. 2). Der auf diese Art und Weise konstruierte Polygonzug $P_0 P_1 P_2$ . . . wird in vielen Fällen eine recht gute Näherung für den Verlauf einer Integralkurve durch den Anfangspunkt P_0 darstellen. Aus dem Richtungsfeld einer Dgl vom Typ (3) kann man sich also einen ersten, *qualitativen* Überblick über die Art der Lösungskurven verschaffen.

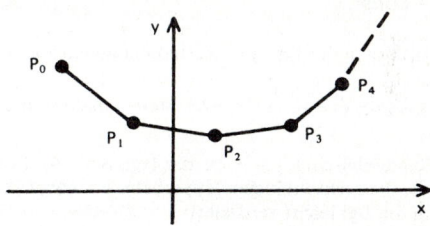

Abb. 2 Konstruktion einer Näherungslösung durch einen Polygonzug

Beispiel: Die Dgl $y' = f(x, y) = x$ definiert ein Richtungsfeld mit folgender Eigenschaft: allen Punkten auf der Parallelen $x = x_0$ zur y-Achse wird derselbe Steigungswert $y' = x_0$ zugeordnet (vgl. Abb. 3).

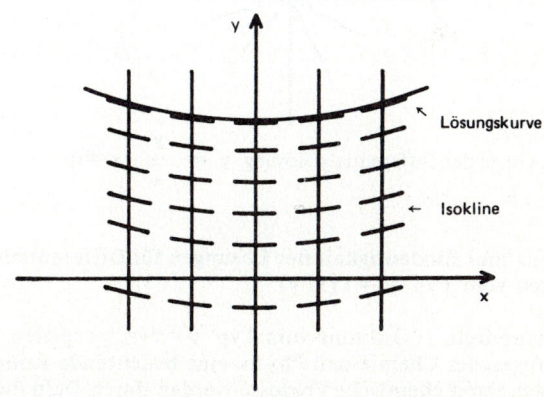

Abb. 3 Isoklinen und Lösungskurven der Differentialgleichung $y' = x$

Die auf dieses Richtungsfeld „passenden" Kurven sind quadratische Parabeln vom Typ $y = x^2/2 + c$. c ist dabei eine willkürliche Integrationskonstante. Durch jeden Punkt der x, y-Ebene geht dabei *genau* eine Integralkurve.

Eine weitere Möglichkeit, sich einen ersten Überblick über die Lösungsmenge einer Dgl $y' = f(x, y)$ zu verschaffen, liefert das sog. *Isoklinenverfahren*. Dabei versteht man unter einer *Isokline* eine Kurve, in deren sämtlichen Punkten die Linienelemente der gegebenen Dgl dieselbe Richtung besitzen. Isoklinen sind also Kurven vom Typ

$$y' = f(x, y) = const.\qquad(4).$$

Beispiele: a) Die Isoklinen der Dgl $y' = x$ sind Parallelen zur y-Achse (vgl. Abb. 3).

b) Die Isoklinen der Dgl $y' = -\dfrac{y}{x}$ $(x \neq 0)$ stellen das durch den Ursprung

$(0, 0)$ gehende Geradenbüschel $y = -cx$ dar (vgl. Abb. 4). Lösungskurven dieser Dgl sind z. B. die rechtwinkligen Hyperbeln $y = const./x$, wie man durch Einsetzen in die Dgl leicht verifiziert.

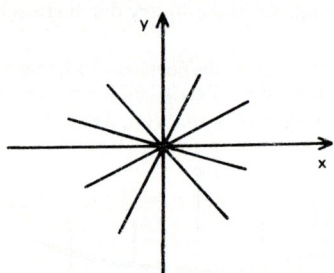

Abb. 4 Isoklinen der Differentialgleichung $y' = -\dfrac{y}{x}$ $(x \neq 0)$

2. Existenz und Eindeutigkeit der Lösungen für Differentialgleichungen vom Typ $y' = f(x, y)$

Gewöhnliche Dgln 1. Ordnung vom Typ $y' = f(x, y)$ spielen in den Anwendungen der Chemie und Physik eine bedeutende Rolle. Viele physikalische und chemische Prozesse werden durch Dgln dieses Typs beschrieben, wobei die Lösungen zusammen mit gewissen *Anfangs- oder Randbedingungen* zu einer völlig *eindeutigen* Beschreibung des Sachverhaltes führen müssen. Daher ist die Beantwortung der beiden folgenden Fragestellungen von großer Bedeutung:

(a) Unter welchen Voraussetzungen *existieren* überhaupt Lösungen?

(b) Wann geht durch jeden Punkt des Richtungsfeldes *genau eine* Integralkurve?

Punkt (a) berührt daher die *Existenz* von Lösungen, Punkt (b) dagegen die *Eindeutigkeit* der Lösungen einer Dgl vom Typ $y' = f(x, y)$.

Der Beweis des Existenz- und Eindeutigkeitssatzes von *Picard-Lindelöf* für Dgln 1. Ordnung vom Typ (3), den wir etwas später formulieren werden, beruht auf einem *Iterationsverfahren.* Wir stellen uns nun die Aufgabe, eine durch den Punkt (ξ, η) des Definitionsbereiches G einer stetigen Funktion $f(x, y)$ verlaufende Lösung der Dgl $y' = f(x, y)$ zu konstruieren. Dazu gehen wir von einer *beliebigen stetigen* Funktion $\varphi_0(x)$ mit $\varphi_0(\xi) = \eta$ aus. Mit dieser 0-ten Näherung geht man in die Dgl (3) ein und erhält durch Integration die neue Funktion

$$\varphi_1(x) = \eta + \int_{\xi}^{x} f(x, \varphi_0(x))\,dx \tag{5}.$$

$\varphi_1(x)$ stellt die durch den Punkt (ξ, η) gehende Lösungskurve in 1. Näherung dar. Durch Einsetzen von (5) in Dgl (3) und anschliessende Integration erhält man in 2. Näherung schließlich die Funktion

$$\varphi_2(x) = \eta + \int_{\xi}^{x} f(x, \varphi_1(x))\,dx \tag{6}.$$

Durch sukzessives Vorgehen in der angegebenen Weise erhält man als n-te Näherungsfunktion

$$\varphi_n(x) = \eta + \int_{\xi}^{x} f(x, \varphi_{n-1}(x))\,dx \tag{7}.$$

Man kann nun zeigen, daß unter gewissen Voraussetzungen die so konstruierte Folge von Funktionen

$$\varphi_0(x), \quad \varphi_1(x), \quad \varphi_2(x), \ldots, \varphi_n(x), \ldots \tag{8}$$

für $n \to \infty$ tatsächlich gegen die *exakte* Lösung $\varphi(x)$ konvergiert. So muß z. B. außer der Stetigkeit von der Funktion $f(x, y)$ gefordert werden, daß sie einer sog. *Lipschitz-Bedingung* genügt.

Definition: *Eine Funktion* $f(x, y)$ *erfüllt im Punkte* (ξ, η) *eine Lipschitz-Bedingung, wenn für die ganz im Definitionsbereich* G *von* $f(x, y)$ *liegende Umgebung*

$$|x - \xi| < a, \quad |y - \eta| < b \tag{9}$$

eine Konstante M *existiert, so daß*

$$|f(x, y_2) - f(x, y_1)| < M |y_2 - y_1| \tag{10}$$

ist für zwei beliebige Punkte (x, y_1) *und* (x, y_2) *aus der Umgebung (9).*

Ungleichung (10) besagt, daß die Funktion $f(x, y)$ auf jeder Ordinate (d. h. für $x = $ const.) einen *beschränkten* partiellen Differenzenquotienten bezüglich der Variablen y besitzt.

So genügt $f(x, y)$ im Punkte (ξ, η) sicher dann einer Lipschitz-Bedingung, wenn $f(x, y)$ in einer gewissen Umgebung von (ξ, η) *partiell* nach y differenzierbar ist und wenn diese Ableitung dort *beschränkt* ist.

Wir erklären nun, was wir unter einer *einheitlichen* Lipschitz-Konstanten verstehen wollen.

Definition: *Eine Funktion* $f(x, y)$ *erfüllt im Bereich* G *eine Lipschitz-Bedingung mit einer einheitlichen Lipschitz-Konstanten* M, *wenn es für den ganzen Bereich* G *eine Konstante* M *gibt, so daß die Ungleichung*

$$|f(x, y_2) - f(x, y_1)| < M |y_2 - y_1| \tag{11}$$

für alle Punktepaare (x, y_1) *und* (x, y_2) *aus* G *zutrifft.*

Relation (11) bedeutet, daß $f(x, y)$ in G einen *beschränkten* partiellen Differenzenquotienten bezüglich der Variablen y besitzt. Dies ist sicher dann der Fall, wenn f_y überall in G existiert und dort *beschränkt* ist.

Wir sind nun in der Lage, den *Existenz- und Eindeutigkeitssatz von Picard-Lindelöf* zu formulieren[4].

Satz: $f(x, y)$ *sei eine im Rechtecksbereich*

$$G: \quad |x - \xi| < a, \quad |y - \eta| < b \tag{12}$$

stetige und dort beschränkte Funktion:

$$|f(x, y)| < A \tag{13},$$

und erfülle darüber hinaus in G *eine Lipschitz-Bedingung mit einer einheitlichen Lipschitz-Konstanten* M:

$$|f(x, y_2) - f(x, y_1)| < M |y_2 - y_1| \tag{14}.$$

---

[4] Den Beweis findet man z. B. in: Kamke, E.: Dgln reeller Funktionen.

Dann besitzt die Dgl $y' = f(x, y)$ *genau eine durch den Punkt* (ξ, η) *des Bereiches* G *gehende Integralkurve* $\varphi(x)$, *die im Intervall*

$$|x - \xi| < a, \quad a = \text{Min } (a, b/A)^{\,5} \tag{15}$$

stetig und differenzierbar ist.

Die Lösungskurve $\varphi(x)$ *erhält man, indem man von irgendeiner stetigen durch den Punkt* (ξ, η) *verlaufenden Funktion* $\varphi_0(x)$ *ausgeht und sukzessive durch*

$$\varphi_k(x) = \eta + \int_{\xi}^{x} f(x, \varphi_{k-1}(x))\,dx \tag{16}$$

eine Funktionenfolge $\varphi_0(x)$, $\varphi_1(x)$, ..., $\varphi_n(x)$, ... *aufbaut, die für* $n \to \infty$ *gegen die exakte Lösungsfunktion* $\varphi(x)$ *konvergiert:*

$$\varphi(x) = \lim_{n \to \infty} \varphi_n(x) \tag{17}.$$

Man beachte, daß die durch den beschriebenen Iterationsprozeß erzeugte Integralkurve (17) *unabhängig* von der Wahl der Startfunktion $\varphi_0(x)$ ist.

Beispiel: Wir wollen die durch den Punkt $(0, 1)$ verlaufende Integralkurve der Dgl $y' = f(x, y) = y$ bestimmen. Zunächst ist zu prüfen, ob die Funktion $f(x, y) = y$ die Voraussetzungen des *Picard-Lindelöfschen* Satzes erfüllt. Der Definitionsbereich der Funktion erstreckt sich über die gesamte x, y-Ebene. $f(x, y) = y$ ist dort überall *stetig* und in jedem Streifenbereich: x beliebig, $|y - 1| < b$ *beschränkt* und genügt dort einer Lipschitz-Bedingung mit einer *einheitlichen* Lipschitz-Konstanten:

$$|f(x, y_2) - f(x, y_1)| = |y_2 - y_1| < 2 \cdot |y_2 - y_1|.$$

Damit ist nach Picard-Lindelöf gewährleistet, daß durch den Punkt $(0, 1)$ *genau eine* Integralkurve der Dgl $y' = y$ geht, die man *iterativ* wie folgt bestimmt. Von der Startfunktion $\varphi_0(x) = 1$ ausgehend, baut man sukzessive die folgenden Funktionen auf:

$$\varphi_1(x) = 1 + \int_0^x f(x, \varphi_0(x))\,dx = 1 + \int_0^x f(x, 1)\,dx = 1 + \int_0^x dx = 1 + x;$$

$$\varphi_2(x) = 1 + \int_0^x f(x, \varphi_1(x))\,dx = 1 + \int_0^x (1 + x)\,dx = 1 + x + \frac{x^2}{2!};$$

---

[5] Min (a, b/A) bedeutet die *kleinere* der beiden Zahlen a und b/A.

.
.
.

$$\varphi_n(x) = 1 + \int\limits_0^x f(x, \varphi_{n-1}(x))\,dx = 1 + \int\limits_0^x (1 + x + \frac{x^2}{2!} + \ldots + \frac{x^{n-1}}{(n-1)!})\,dx =$$

$$= 1 + x + \frac{x^2}{2!} + \frac{x^3}{3!} + \ldots + \frac{x^n}{n!} = \sum_{i=0}^{n} \frac{x^i}{i!} \quad .$$

Die Lösungsfunktion durch $(0, 1)$ ist die *Grenzfunktion* der Funktionenfolge $\varphi_0(x)$, $\varphi_1(x)$, ..., $\varphi_n(x)$, ... für $n \to \infty$:

$$\varphi(x) = \lim_{n \to \infty} \varphi_n(x) = \lim_{n \to \infty} \sum_{i=0}^{n} \frac{x^i}{i!} = \sum_{i=0}^{\infty} \frac{x^i}{i!} \quad .$$

Sie definiert die Exponentialfunktion e^x, die ja bekanntlich die Eigenschaft $y' = y$ besitzt (die Grenzfunktion $\lim\limits_{n \to \infty} \varphi_n(x)$ ist die *Taylor-Entwicklung* von e^x um die Stelle $x = 0$, die für alle reellen Werte von x konvergiert; vgl. hierzu Kapitel VII.E.2.).

Das Picard-Lindelöfsche Verfahren ermöglicht in vielen Fällen ein relativ einfaches und rasches Berechnen der Potenzreihenentwicklung einer gegebenen Funktion (Taylor-Entwicklung).

3. Differentialgleichungen mit trennbaren Variablen

Wir betrachten Dgln 1. Ordnung vom Typ

$$\frac{dy}{dx} = y' = f(x, y) = g(x) \cdot h(y) \tag{18},$$

deren rechte Seite darstellbar ist als *Produkt* zweier Funktionen $g(x)$ und $h(y)$, die jeweils nur *eine* der beiden Variablen enthalten. In Dgl (18) lassen sich die beiden Variablen x und y wie folgt trennen:

$$\frac{dy}{h(y)} = g(x)\,dx \qquad (h(y) \neq 0) \tag{18a}.$$

Die linke Seite der Dgl (18a) enthält nur die Variable y und deren Differential dy, die rechte Seite dagegen nur die Variable x und deren Differential dx. Die allgemeine Lösung der Dgl (18) gewinnt man durch Integration beider Seiten von (18a):

$$\int \frac{dy}{h(y)} = \int g(x)\, dx + \text{const.} \tag{19}.$$

Die hier angewandte Integrationsmethode heißt daher *„Integration durch Trennung der Variablen"*.

Beispiele: a) Die Dgl des *freien Falls* unter Berücksichtigung des Luftwiderstandes lautet:

$$m \frac{dv}{dt} + \rho v^2 = mg.$$

Der Term ρv^2 beschreibt dabei den Einfluß des Luftwiderstandes. Wir suchen diejenige Partikularlösung $v(t)$ der Dgl, die der Anfangsbedingung $v(0) = 0$ entspricht. Dazu trennen wir die beiden Variablen v und t und erhalten:

$$\frac{dv}{g - \dfrac{\rho}{m} v^2} = dt.$$

Integration beider Seiten führt zu

$$\sqrt{\frac{m}{\rho g}} \cdot \text{Artanh} \sqrt{\frac{\rho}{mg}} \cdot v = t.$$

Übergang zur inversen Funktion ergibt

$$v = \sqrt{\frac{mg}{\rho}} \cdot \tanh \sqrt{\frac{\rho g}{m}} \cdot t.$$

Mit $\sqrt{\dfrac{\rho g}{m}} = a$ und unter Berücksichtigung der *Eulerschen Formel* erhält man schließlich für die Fallgeschwindigkeit den Ausdruck

$$v(t) = \sqrt{\frac{mg}{\rho}} \cdot \frac{e^{at} - e^{-at}}{e^{at} + e^{-at}}.$$

Für $t \to \infty$ strebt die Fallgeschwindigkeit gegen den *konstanten* Wert

$$v_\infty = \lim_{t \to \infty} v(t) = \sqrt{\frac{mg}{\rho}}.$$

b) Differentialgleichungen 1. Ordnung spielen in der Reaktionskinetik eine
große Rolle. Wir behandeln an dieser Stelle die bimolekulare Reaktion
$A + B \rightarrow AB$: ein Molekül vom Typ A vereinigt sich mit einem Molekül vom
Typ B zu einem Molekül vom Typ AB. Aus der folgenden Tabelle entnimmt
man die noch vorhandenen Moleküle vom Typ A bzw. Typ B zu den Zeiten
$t = 0$ und t.

Zeit	Anzahl der noch vorhandenen Moleküle vom Typ	
	A	B
$t = 0$	a	b
t	$a - x$	$b - x$

x ist dabei die Anzahl der nach Ablauf der Zeit t „verbrauchten" Moleküle.
Die Reaktion wird dann durch die Dgl

$$\frac{dx}{dt} = k \cdot (a - x)(b - x) \qquad (a \neq b)$$

beschrieben. k ist eine Konstante, $\dfrac{dx}{dt}$ die sog. *Reaktionsgeschwindigkeit.*

Man trennt in der Dgl die Variablen x und t und integriert beide Seiten.
Dies führt unter Berücksichtigung der Anfangsbedingung zu

$$kt = \frac{1}{a - b} \cdot \ln \frac{b(a - x)}{a(b - x)} \ .$$

Geht man zur Umkehrfunktion über und löst diese nach x auf, so erhält man
schließlich

$$x(t) = ab \, \frac{e^{(a - b)kt} - 1}{a \cdot e^{(a - b)kt} - b} \ .$$

Für $t \rightarrow \infty$ erhält man die Gesamtzahl der „verbrauchten" Moleküle vom Typ
A bzw. Typ B. Für $a > b$ ergibt sich:

$$\lim_{t \rightarrow \infty} x(t) = b.$$

Dies entspricht der Tatsache, daß die Reaktion beendet ist, wenn *sämtliche*
Moleküle vom Typ B verbraucht worden sind. Für $a < b$ erhält man:

$$\lim_{t \rightarrow \infty} x(t) = a,$$

d. h. die Reaktion kommt zum Stillstand, wenn *sämtliche* Moleküle vom Typ
A verbraucht worden sind.

4. Lineare Differentialgleichungen

Eine *lineare* Dgl 1. Ordnung besitzt die Form

$$a_1(x) \cdot y' + a_0(x) \cdot y = b(x) \qquad (a_1(x) \neq 0) \qquad (20a)$$

bzw.

$$y' = g(x) \cdot y + h(x) \quad \text{mit} \quad g(x) = -\frac{a_0(x)}{a_1(x)} \, , \quad h(x) = \frac{b(x)}{a_1(x)}$$

$$(20b).$$

Ist $h(x) = 0$, so heißt die Dgl (20b) *homogen;* andernfalls heißt sie *inhomogen.* Über lineare Dgln 1. Ordnung wollen wir nun den folgenden Satz beweisen.

Satz: *Durch jeden Punkt* (ξ, η) *des Definitionsbereiches* G *der Funktion* $f(x, y) = g(x) \cdot y + h(x)$ *geht genau eine Lösung der linearen Dgl 1. Ordnung vom Typ* $y' = g(x) \cdot y + h(x)$, *falls die Funktionen* $g(x)$ *und* $h(x)$ *überall in* G *stetig und beschränkt sind.*

Beweis: $f(x, y)$ ist unter den Voraussetzungen des Satzes ebenfalls in G stetig und beschränkt und genügt dort sogar einer Lipschitz-Bedingung mit einer einheitlichen Lipschitz-Konstanten:

$$|f(x, y_2) - f(x, y_1)| = |g(x) y_2 + h(x) - g(x) y_1 - h(x)| =$$

$$|g(x)| \cdot |y_2 - y_1| < M \cdot |y_2 - y_1| \, , \qquad (21),$$

da die Funktion $g(x)$ nach Voraussetzung in G *beschränkt* ist. Damit sind aber für die Dgl (20b) die Voraussetzungen des Picard-Lindelöfschen Satzes erfüllt. Durch jeden Punkt des Bereiches G geht genau eine Kurve.

Im folgenden werden Lösungsmethoden für die homogene und die inhomogene lineare Dgl 1. Ordnung behandelt.

a) Lösung der homogenen Gleichung $y' = g(x) \cdot y$

Diese Dgl löst man nach der Methode „*Trennung der Variablen*":

$$\frac{dy}{dx} = g(x) \cdot y \quad \Rightarrow \quad \frac{dy}{y} = g(x)\,dx \qquad (22).$$

Beiderseitige Integration führt zu

$$\ln y = \int g(x)\,dx + \widetilde{C} = \int g(x)\,dx + \ln C \qquad (23).$$

Geht man zur inversen Funktion über, so erhält man schließlich

$$y = C \cdot e^{\int g(x)\,dx}$$ (24).

b) **Lösung der inhomogenen Gleichung** $y' = g(x) \cdot y + h(x)$

1. Methode: Man löst die zugehörige homogene Gleichung

$$y' = g(x)\,y \;\Rightarrow\; y = C \cdot e^{\int g(x)\,dx}$$ (25),

und betrachtet die Integrationskonstante C als eine *Funktion* von x: $C = C(x)$. Geht man mit dem Ansatz

$$y = C(x) \cdot e^{\int g(x)\,dx}$$ (26)

in die inhomogene Dgl ein, so erhält man eine Dgl 1. Ordnung für die unbekannte Funktion $C(x)$, die man nach der Methode ,,*Trennung der Variablen*'' lösen kann. Allgemein wird daher diese Lösungsmethode in der Literatur als ,,*Variation der Konstanten*'' bezeichnet.

Beispiel: Es ist das *allgemeine* Integral der inhomogenen linearen Dgl $y' = y + x$ zu lösen. Wir lösen zunächst die *homogene* Dgl $y' = y$, die das *allgemeine* Integral $y = C \cdot e^x$ besitzt. Mit dem Ansatz $y = C(x) \cdot e^x$ gehen wir dann in die *inhomogene* Dgl ein und erhalten

$$C'(x) \cdot e^x + C(x) \cdot e^x = C(x) \cdot e^x + x, \quad \text{d. h.} \quad C'(x) = x \cdot e^{-x}.$$

Das allgemeine Integral dieser Dgl lautet

$$C(x) = (-x - 1) \cdot e^{-x} + K,$$

wobei K eine *beliebige* Integrationskonstante bedeutet. Die inhomogene Dgl $y' = y + x$ wird daher durch das allgemeine Integral

$$y = C(x) \cdot e^x = \left[(-x - 1) \cdot e^{-x} + K\right] \cdot e^x = K \cdot e^x - x - 1$$

gelöst.

2. Methode: Die allgemeine Lösung der inhomogenen Dgl läßt sich aus der allgemeinen Lösung der homogenen Dgl und einem Partikularintegral der inhomogenen Dgl aufbauen.

Satz: *Das allgemeine Integral einer inhomogenen linearen Dgl 1. Ordnung vom Typ* $y' = g(x) \cdot y + h(x)$ *ist gleich der Summe aus dem*

allgemeinen Integral der zugehörigen homogenen Dgl $y' = g(x) \cdot y$
und einem beliebigen partikulären Integral der inhomogenen Dgl.

Beweis: Ist $\varphi_0(x)$ die allgemeine Lösung der homogenen Dgl und $y_1(x)$ ein beliebiges partikuläres Integral der inhomogenen Dgl:

$$\varphi_0'(x) = g(x) \cdot \varphi_0(x) \quad \text{und} \quad y_1'(x) = g(x) \cdot y_1(x) + h(x) \quad (27),$$

so ist die Summe $y(x) = \varphi_0(x) + y_1(x)$ ebenfalls ein Integral der inhomogenen Dgl:

$$y'(x) = \varphi_0'(x) + y_1'(x) = g(x)\varphi_0(x) + g(x) \cdot y_1(x) + h(x) =$$
$$\tag{28}$$
$$g(x)[\varphi_0(x) + y_1(x)] + h(x) = g(x) \cdot y(x) + h(x).$$

Da die allgemeine Lösung $\varphi_0(x)$ der homogenen Dgl 1. Ordnung *genau eine* Integrationskonstante enthält, trifft dies auch zu auf die Funktion $y(x) = \varphi_0(x) + y_1(x)$, die damit wegen der Eindeutigkeit der Lösung das *allgemeine* Integral der *inhomogenen* Dgl repräsentiert.

Beispiel: Wir behandeln nochmals die Dgl $y' = y + x$. Das *allgemeine* Integral der homogenen Dgl $y' = y$ lautet: $\varphi_0(x) = C \cdot e^x$. Durch Probieren findet man für die inhomogene Dgl das *partikuläre* Integral $y_1(x) = -x - 1$. Das allgemeine Integral der inhomogenen Dgl nimmt daher die Gestalt

$$y(x) = \varphi_0(x) + y_1(x) = C \cdot e^x - x - 1$$

an.

5. Exakte Differentialgleichungen

Definition: *Die Dgl 1. Ordnung vom Typ*

$$g(x, y)\,dx + h(x, y)\,dy = 0 \tag{29}$$

heißt exakt, wenn die lineare Differentialform 1. Grades (Pfaffsche Differentialform) $g(x, y)\,dx + h(x, y)\,dy$ *das totale oder vollständige Differential* du *einer Funktion* $u(x, y)$ *der beiden unabhängigen Variablen* x *und* y *ist.*

Ist die Dgl (29) exakt, dann gilt:

$$g(x, y) = \frac{\partial u}{\partial x} \quad \text{und} \quad h(x, y) = \frac{\partial u}{\partial y} \tag{30}.$$

Dgl (29) läßt sich dann in der Form

$$du = \frac{\partial u}{\partial x}\,dx + \frac{\partial u}{\partial y}\,dy = g(x, y)\,dx + h(x, y)\,dy = 0 \tag{31}$$

darstellen und besitzt die in der *impliziten* Form vorliegenden Lösungen

$$u(x, y) = \int du = \int g(x, y)\, dx + \int h(x, y)\, dy = \text{const.} \tag{32}.$$

Zweckmäßigerweise verfährt man beim Aufsuchen des allgemeinen Integrals einer exakten Dgl wie folgt. Aus $\dfrac{\partial u}{\partial x} = g(x, y)$ erhält man durch Integration bezüglich der Variablen x die Funktion

$$u(x, y) = \int g(x, y)\, dx + C(y) \tag{33},$$

wobei jedoch die Integrationskonstante C im allgemeinen noch eine Funktion der Variablen y sein wird, da die partielle Ableitung von $C(y)$ nach der Variablen x identisch verschwindet. Die unbekannte Funktion $C(y)$ bestimmt man aus der Forderung $\dfrac{\partial u}{\partial y} = h(x, y)$. Unter Berücksichtigung von (33) erhält man dann:

$$\frac{\partial u}{\partial y} = \frac{\partial}{\partial y} \int g(x, y)\, dx + C'(y) = \int \frac{\partial g(x,y)}{\partial y}\, dx + C'(y) = h(x, y) \tag{34}.$$

$C(y)$ genügt also der Dgl

$$C'(y) = h(x, y) - \int \frac{\partial g(x, y)}{\partial y}\, dx \tag{35},$$

wobei der Ausdruck auf der rechten Seite von (35) eine reine Funktion der Variablen y ist, da unter Berücksichtigung der Gleichung (30) gilt:

$$\frac{\partial}{\partial x} \left[h(x, y) - \int \frac{\partial g(x, y)}{\partial y}\, dx \right] = \frac{\partial h(x, y)}{\partial x} - \frac{\partial g(x, y)}{\partial y} =$$

$$\frac{\partial^2 u}{\partial y\, \partial x} - \frac{\partial^2 u}{\partial x\, \partial y} = 0 \tag{36}$$

(Satz von Schwarz).

Wie kann man nun feststellen, *ob* eine gegebene Dgl 1. Ordnung exakt ist oder nicht? Die Ergebnisse aus Kapitel VIII.D.3.e) liefern unmittelbar das folgende Kriterium für die Exaktheit einer Dgl 1. Ordnung.

Satz: *Die Dgl 1. Ordnung vom Typ (29) ist dann und nur dann eine exakte Dgl, wenn die folgende Integrabilitätsbedingung erfüllt ist:*

$$\frac{\partial g(x, y)}{\partial y} = \frac{\partial h(x, y)}{\partial x} \tag{37}.$$

Beispiel: Wir betrachten eine *adiabatische* Zustandsänderung eines *idealen* Gases ($\delta Q = 0$). Unter Berücksichtigung des *Boyle-Mariotteschen* Gesetzes erhält man für die Änderung der inneren Energie aus dem 1. Hauptsatz der Thermodynamik die Beziehung

$$dU = C_v\, dT = dA = - p dV = - \frac{RT}{V}\, dV \quad \text{oder} \quad \frac{C_v}{T}\, dT + \frac{R}{V}\, dV = 0\,.$$

Dies ist eine Dgl 1. Ordnung in den beiden Zustandsvariablen T und V, die sogar *exakt* ist:

$$\frac{\partial}{\partial V}\left(\frac{C_v}{T}\right) = \frac{\partial}{\partial T}\left(\frac{R}{V}\right) = 0\,.$$

Es gibt daher eine Funktion $f(T, V) = $ const. mit den Eigenschaften

$$\frac{\partial f}{\partial T} = \frac{C_v}{T} \quad \text{und} \quad \frac{\partial f}{\partial V} = \frac{R}{V}\,.$$

Für $f(T, V)$ gilt dann:

$$f(T, V) = \int \frac{C_v}{T}\, dT + K(V) = C_v \ln T + K(V) = \text{const.}.$$

Die unbekannte Funktion $K(V)$ bestimmt sich aus der Gleichung

$$\frac{\partial f}{\partial V} = K'(V) = \frac{R}{V} \quad \Rightarrow \quad K(V) = R \ln V + \widetilde{K}\,.$$

Damit erhält man schließlich

$$f(T, V) = C_v \ln T + R \ln V + \widetilde{K} = \text{const.}$$

oder

$$C_v \ln T + R \ln V = \text{const.} - \widetilde{K} = \ln \overline{K}\,.$$

Diese Gleichung können wir unter Verwendung der Logarithmengesetze wie folgt umschreiben:

$$\ln T^{C_v} + \ln V^{R} = \ln (T^{C_v} \cdot V^{R}) = \ln \overline{K}\,.$$

Geht man zur inversen Funktion über, so erhält man

$$T^{C_v} \cdot V^R = \text{const.} \quad \text{oder} \quad T \cdot V^{\frac{R}{C_v}} = \text{const.} \, .$$

Berücksichtigt man noch die Beziehung $R = C_p - C_v$, so erhält man schließlich die *Poissonsche Gleichung* für ein ideales Gas bei *adiabatischer* Zustandsänderung in der Form

$$T \cdot V^{\chi - 1} = \text{const.} \quad (\chi = \frac{C_p}{C_v}) \, .$$

Bei Verwendung der allgemeinen Zustandsgleichung eines idealen Gases ($pV = RT$) kann T eliminiert werden und man erhält

$$pV^{\chi} = \text{const.} \, .$$

Diese für adiabatische Prozesse gültige Beziehung tritt an die Stelle des isothermen Boyle-Mariotteschen Gesetzes $pV = \text{const.} \, .$

In vielen Fällen kann man aus einer nicht-exakten Dgl 1. Ordnung durch Multiplikation mit einer geeigneten Funktion $\lambda(x, y)$ eine exakte Dgl 1. Ordnung erzeugen. Die Funktion $\lambda(x, y)$ heißt dann „*integrierender Faktor*":

$$\lambda(x, y) \cdot g(x, y)\,dx + \lambda(x, y) \cdot h(x, y)\,dy = 0 \qquad (38),$$

wobei die Funktion $\lambda(x, y)$ die folgende „*Integrabilitätsbedingung*" erfüllen muß:

$$\frac{\partial}{\partial y}[\lambda(x, y) \cdot g(x, y)] = \frac{\partial}{\partial x}[\lambda(x, y) \cdot h(x, y)] \qquad (39).$$

Beispiel: Die nicht-exakte Dgl

$$(1 - xy)\,dx + (xy - x^2)\,dy = 0$$

kann durch Multiplikation mit dem integrierenden Faktor $\lambda(x, y) = 1/x$ zu einer exakten Dgl ergänzt werden:

$$(\frac{1}{x} - y)\,dx + (y - x)\,dy = 0, \quad \frac{\partial}{\partial y}(\frac{1}{x} - y) = \frac{\partial}{\partial x}(y - x) = -1.$$

Die Lösungen bestimmen sich wie folgt:

$$u(x, y) = \int \frac{\partial u}{\partial x}\,dx + C(y) = \int (\frac{1}{x} - y)\,dx + C(y) = \ln|x| - xy + C(y) \, .$$

Die unbekannte Funktion $C(y)$ erhält man durch Integration der Dgl

$$\frac{\partial u}{\partial y} = -x + C'(y) = y - x, \quad \text{d. h.} \quad C'(y) = y$$

zu:

$$C(y) = \frac{1}{2} y^2 + \widetilde{C}$$

Die *allgemeine* Lösung nimmt damit die implizite Form

$$\ln |x| - xy + \frac{1}{2} y^2 + \text{const.} = 0$$

an. Man überzeugt sich leicht, daß diese Funktionenschar das allgemeine Integral unserer Ausgangsdifferentialgleichung darstellt.

C. Gewöhnliche lineare Differentialgleichungen höherer Ordnung

1. Eigenschaften einer linearen Differentialgleichung n-ter Ordnung

Eine lineare Dgl n-ter Ordnung besitzt die allgemeine Form

$$a_n(x) \cdot y^{(n)} + a_{n-1}(x) \cdot y^{(n-1)} + \ldots + a_0(x) \cdot y = b(x)$$
$$(a_n(x) \neq 0) \tag{40}.$$

Dividiert man Dgl (40) durch $a_n(x)$, so erhält man die lineare Dgl n-ter Ordnung in der Gestalt

$$y^{(n)} + g_{n-1}(x) y^{(n-1)} + \ldots + g_0(x) y = h(x) \tag{41}$$

mit

$$g_i(x) = \frac{a_i(x)}{a_n(x)} \quad (i = 0, 1, \ldots, n-1) \quad \text{und} \quad h(x) = \frac{b(x)}{a_n(x)} \tag{42}.$$

Dgl (41) läßt sich *symbolisch* auch in der Form

$$\widehat{L}_n(y) = h(x) \tag{41a}$$

darstellen, wenn man unter $\widehat{L}_n$ den folgenden *Differentialoperator* versteht:

$$\widehat{L}_n = \frac{d^n}{dx^n} + g_{n-1}(x) \frac{d^{n-1}}{dx^{n-1}} + \ldots + g_0(x) \tag{43}.$$

Operator $\hat{L}_n$ erzeugt also beim Einwirken auf eine Funktion $y(x)$ genau den auf der linken Seite von Gleichung (41) stehenden Ausdruck. Der Differentialoperator $\hat{L}_n$ ist ein *linearer* Operator, d. h. $\hat{L}_n$ besitzt die beiden folgenden Eigenschaften:

(a) sind $y_1(x)$ und $y_2(x)$ *irgendzwei* n-mal *stetig differenzierbare* Funktionen, so gilt:

$$\hat{L}_n(y_1 + y_2) = \hat{L}_n(y_1) + \hat{L}_n(y_2) \tag{44a},$$

da bei endlichen Summen von Funktionen gliedweise differenziert werden darf;

(b) für eine *beliebige* n-mal *stetig differenzierbare* Funktion $y(x)$ und eine *beliebige* Konstante C gilt:

$$\hat{L}_n(C \cdot y) = C \cdot \hat{L}_n(y) \tag{44b},$$

da konstante Faktoren beim Differenzieren vor den Differentialoperator gezogen werden dürfen.

Die Existenz und Eindeutigkeit von Lösungen für eine lineare Dgl n-ter Ordnung regelt der folgende Satz.

Satz: *Eine lineare Dgl n-ter Ordnung vom Typ (41) besitze die Eigenschaft, daß die Koeffizientenfunktionen $g_i(x)$ $(i = 0, 1, \ldots, n-1)$ und die Störfunktion $h(x)$ sämtlich im abgeschlossenen Intervall $< a, b >$ stetig sind. Dann existiert für die Dgl (41) genau eine stetige Lösung $y(x)$ mit der Eigenschaft, daß $y(x)$ und die stetigen ersten $(n-1)$ Ableitungen $y', y'', \ldots, y^{(n-1)}$ an einer vorgegebenen Stelle x_0 aus dem Intervall (a, b) die vorgegebenen Werte $y_0, y_0',$ $y_0'', \ldots, y_0^{(n-1)}$ annehmen.*

Wir beweisen im folgenden eine Reihe von bedeutenden Eigenschaften der *homogenen* linearen Dgl n-ter Ordnung vom Typ

$$\hat{L}_n(y) = 0 \tag{45}.$$

Satz 1: *Mit $y_1(x)$ und $y_2(x)$ ist auch die Summe $y(x) =$ $y_1(x) + y_2(x)$ eine Lösung der homogenen linearen Dgl (45).*

Beweis: Nach Voraussetzung ist $\hat{L}_n(y_1) = \hat{L}_n(y_2) = 0$. Daher gilt wegen der Linearität des Operators $\hat{L}_n$:

$$\hat{L}_n(y) = \hat{L}_n(y_1 + y_2) = \hat{L}_n(y_1) + \hat{L}_n(y_2) = 0 + 0 = 0 \qquad (46),$$

d. h. auch $y(x) = y_1(x) + y_2(x)$ ist eine Lösung der homogenen Dgl (45).

Satz 2: *Ist* $y(x)$ *eine Lösung der homogenen linearen Dgl (45), so ist auch die Funktion* $C \cdot y(x)$ *ein Integral dieser Dgl, wobei* C *eine beliebige Konstante bedeutet.*

Beweis: Wegen der Linearität des Operators $\hat{L}_n$ ist

$$\hat{L}_n(C \cdot y) = C \cdot \hat{L}_n(y) = C \cdot 0 = 0 \qquad (47).$$

Ohne Beweis führen wir den folgenden wichtigen Satz an.

Satz 3: *Aus der Lösungsmenge einer homogenen linearen Dgl n-ter Ordnung lassen sich stets* n *linear unabhängige Lösungsfunktionen auswählen. Mehr als* n *Lösungsfunktionen sind jedoch immer linear abhängig.*

Satz 4: $y_1(x), y_2(x), \ldots, y_n(x)$ *seien* n *linear unabhängige Integrale der homogenen linearen Dgl (45). Dann läßt sich das allgemeine Integral der linearen homogenen Dgl (45) als Linearkombination dieser* n *linear unabhängigen Lösungen darstellen:*

$$y(x) = C_1 \cdot y_1(x) + C_2 \cdot y_2(x) + \ldots + C_n \cdot y_n(x) \qquad (48).$$

Beweis: Nach Satz 1 und Satz 2 ist *jede* aus n Lösungen gebildete Linearkombination wiederum eine Lösung der homogenen Dgl (45). Da die n Integrale $y_1(x), y_2(x), \ldots, y_n(x)$ linear unabhängig sind, enthält die Darstellung (48) genau n unabhängige Integrationskonstanten, d. h. das Integral (48) ist die allgemeine Lösung der Dgl (45).

Definition: *Jedes System aus* n *linear unabhängigen Integralen der homogenen linearen Dgl* $\hat{L}_n(y) = 0$ *heißt ein Fundamentalsystem oder eine Fundamentalbasis der Dgl.*

Satz 4 kann nun auch folgendermaßen formuliert werden.

Satz 4a: *Das allgemeine Integral der homogenen linearen Dgl (45) läßt sich als Linearkombination der Basisfunktionen eines Fundamentalsystems der Dgl darstellen.*

Um nun festzustellen, ob ein gegebenes System aus n Lösungsfunktionen $y_1(x), y_2(x), \ldots, y_n(x)$ ein Fundamentalsystem der homogenen linearen Dgl $\hat{L}_n$ (y) = 0 darstellt oder nicht, macht man Gebrauch von dem folgenden Kriterium.

Satz: *Die* n *Funktionen* y_1 (x), y_2 (x), . . ., y_n (x) *seien im abgeschlossenen Intervall* < a, b > (n − 1)-*mal differenzierbar. Notwendig und hinreichend für die lineare Unabhängigkeit dieser Funktionen ist, daß die sog. Wronski-Determinante*

$$W(y_1, y_2, \ldots, y_n) = \begin{vmatrix} y_1 & y_2 & \cdots & y_n \\ y_1' & y_2' & \cdots & y_n' \\ \cdot & \cdot & & \cdot \\ \cdot & \cdot & & \cdot \\ y_1^{(n-1)} & y_2^{(n-1)} & \cdots & y_n^{(n-1)} \end{vmatrix}$$

für alle $x \in$ < a, b > *von Null verschieden ist.* $\qquad$ (49)

Jedes Fundamentalsystem der Dgl $\hat{L}_n$ (y) = 0 besitzt daher stets eine von Null verschiedene Wronski-Determinante. Umgekehrt bildet jedes aus n ingesamt (n − 1)-mal differenzierbaren Lösungsfunktionen der Dgl $\hat{L}_n$ (y) = 0 bestehende System, dessen Wronski-Determinante *nicht* verschwindet, eine Fundamentalbasis der Dgl.

Neben reellwertigen Lösungen können auch *komplexe* Integrale auftreten. Für solche Lösungen beweisen wir den folgenden Satz.

Satz 5: *Besitzt die homogene lineare Dgl* $\hat{L}_n$ (y) = 0 *eine komplexwertige Lösung* y (x) = u (x) + i · v (x), *so sind sowohl Realteil* u (x) *als auch Imaginärteil* v (x) *Lösungen der Dgl.*

Beweis: Nach Voraussetzung ist: $\hat{L}_n$ (y) = $\hat{L}_n$ (u + i · v) = 0. Wegen der Linearität des Operators $\hat{L}_n$ gilt weiter:

$$\hat{L}_n (u + i \cdot v) = \hat{L}_n (u) + \hat{L}_n (i \cdot v) = \hat{L}_n (u) + i \cdot \hat{L}_n (v) = 0 \qquad (50).$$

Gleichung (50) kann aber nur bestehen, wenn gleichzeitig

$$\hat{L}_n (u) = 0 \qquad und \qquad \hat{L}_n (v) = 0 \qquad (51)$$

ist. Die Gleichungen (51) besagen aber, daß Realteil u (x) und Imaginärteil v (x) selbst Lösungen der homogenen linearen Dgl sind.

Beispiel: Die Schwingungsgleichung $y'' + \omega_0^2 y = 0$ ist eine homogene lineare Dgl 2. Ordnung und besitzt, wie wir bereits an anderer Stelle gezeigt hatten, u. a. die beiden *partikulären* Integrale $y_1(x) = \sin \omega_0 x$ und $y_2(x) = \cos \omega_0 x$. Diese repräsentieren eine Fundamentalbasis der Schwingungsgleichung, da ihre Wronski-Determinante von Null verschieden ist:

$$W(y_1, y_2) = \begin{vmatrix} \sin \omega_0 x & \cos \omega_0 x \\ \omega_0 \cos \omega_0 x & - \omega_0 \sin \omega_0 x \end{vmatrix} = - \omega_0 \cdot \neq 0.$$

Die allgemeine Lösung der Schwingungsgleichung ist daher in der Form

$$y(x) = C_1 \cdot \sin \omega_0 x + C_2 \cdot \cos \omega_0 x$$

darstellbar.

Man überzeugt sich leicht, daß die Schwingungsgleichung auch komplexe Integrale besitzt. So ist z. B., $y(x) = e^{i \omega_0 x}$ eine Lösung der Dgl. Da nach Euler

$$y(x) = e^{i \omega_0 x} = \cos \omega_0 x + i \cdot \sin \omega_0 x$$

ist, sind nach Satz 5 sowohl der Realteil $\cos \omega_0 x$ als auch der Imaginärteil $\sin \omega_0 x$ Lösungen der Dgl, was wir ja bereits auf andere Weise nachgewiesen hatten.

Für lineare Dgln 1. Ordnung hatten wir gezeigt, daß sich die allgemeine Lösung der inhomogenen Dgl aus der allgemeinen Lösung der homogenen Dgl und einer partikulären Lösung der inhomogenen Dgl aufbauen läßt. Für lineare Dgln n-ter Ordnung formulieren wir den analogen Satz.

Satz: *Die allgemeine Lösung einer inhomogenen linearen Dgl n-ter Ordnung läßt sich als Summe aus der allgemeinen Lösung der homogenen Dgl und einer partikulären Lösung der inhomogenen Dgl darstellen.*

Beweis: $\varphi_0(x)$ sei die allgemeine Lösung der homogenen Dgl $\hat{L}_n(y) = 0$, $y_1(x)$ ein partikuläres Integral der inhomogenen Dgl $\hat{L}_n(y) = h(x)$:

$$\hat{L}_n(\varphi_0) = 0 \quad \text{und} \quad \hat{L}_n(y_1) = h(x) \tag{52}.$$

Dann ist die Summe $y(x) = \varphi_0(x) + y_1(x)$ ebenfalls eine Lösung der inhomogenen Dgl:

$$\hat{L}_n(y) = \hat{L}_n(\varphi_0 + y_1) = \hat{L}_n(\varphi_0) + \hat{L}_n(y_1) = 0 + h(x) = h(x) \tag{53}.$$

Da andererseits $\varphi_0(x)$ als allgemeine Lösung der homogenen Dgl n *unabhängige* Integrationskonstanten enthält, trifft diese Eigenschaft auch auf die Funktion $y(x) = \varphi_0(x) + y_1(x)$ zu, die damit das allgemeine Integral der inhomogenen Dgl darstellt.

Das Hauptproblem beim Aufsuchen des allgemeinen Integrals einer inhomogenen linearen Dgl n-ter Ordnung besteht somit in der Bestimmung eines partikulären Integrals der inhomogenen Dgl. In vielen Fällen kann man aber durch Probieren oder Erraten eine solche partikuläre Lösung finden.

2. Lineare Differentialgleichungen 2. Ordnung mit konstanten Koeffizienten

Die allgemeine Form einer linearen Dgl 2. Ordnung mit konstanten (reellen) Koeffizienten ist

$$a y'' + b y' + c y = f(x) \qquad (54)$$

(a, b, c sind Konstanten; $a \neq 0$). Sie spielen in Physik und Chemie eine bedeutende Rolle. Durch Dgln vom Typ (54) werden z. B. die ungedämpften, gedämpften und erzwungenen Schwingungen eines harmonischen Oszillators oder die Normalschwingungen eines diatomaren Moleküls beschrieben.

Ferner treten Dgln vom Typ (54) im Zusammenhang mit Schwingungsvorgängen im elektromagnetischen Schwingkreis auf. Daher wird Dgl (54) allgemein in der Literatur als *Schwingungsgleichung* bezeichnet.

Wir beschränken uns in diesem Abschnitt auf das Lösungsverfahren für die homogene Schwingungsgleichung

$$a y'' + b y' + c y = 0 \qquad (55),$$

da man nach den Ergebnissen des vorangegangenen Abschnitts das allgemeine Integral der inhomogenen Dgl (54) aus dem allgemeinen Integral der homogenen Dgl (55) durch Addition eines beliebigen partikulären Integrals der inhomogenen Dgl (54) gewinnen kann.

Wir lösen die homogene Dgl (55) durch den Exponentialfunktionsansatz $y(x) = e^{\lambda x}$, wobei wir für den Parameter λ auch komplexe Lösungen zulassen. Geht man mit diesem Ansatz in die homogene Dgl (55) ein, so erhält man für λ die folgende Bestimmungsgleichung:

$$a \lambda^2 + b \lambda + c = 0 \quad \text{oder} \quad \lambda^2 + \frac{b}{a} \lambda + \frac{c}{a} = 0 \qquad (56).$$

Gleichung (56) heißt die der Dgl (55) zugeordnete *charakteristische Gleichung*, deren Lösungen gegeben sind durch

$$\lambda_{1/2} = -a \pm \sqrt{D} \quad \text{mit} \quad a = \frac{b}{2a}, \quad D = \frac{b^2}{4a^2} - \frac{c}{a} \qquad (57).$$

Die Art der Lösungen der charakteristischen Gleichung und damit der Lösungstyp der Dgl (55) hängt im wesentlichen vom Verhalten der *Diskriminante* D ab. Wir unterscheiden dabei drei Fälle, je nachdem D größer, kleiner oder gleich Null ist.

1. Fall: $D > 0$

Für $D > 0$ liefert Gleichung (57) reelle, aber voneinander *verschiedene* Lösungen für λ: $\lambda_1 \neq \lambda_2$. Die beiden Partikularlösungen

$$y_1(x) = e^{\lambda_1 x} \quad \text{und} \quad y_2(x) = e^{\lambda_2 x} \tag{58}$$

bilden ein *Fundamentalsystem* der homogenen Schwingungsgleichung (55), da ihre zugehörige *Wronski-Determinante* von Null verschieden ist:

$$W(y_1, y_2) = \begin{vmatrix} e^{\lambda_1 x} & e^{\lambda_2 x} \\ \lambda_1 e^{\lambda_1 x} & \lambda_2 e^{\lambda_2 x} \end{vmatrix} = (\lambda_2 - \lambda_1) e^{(\lambda_1 + \lambda_2)x} \neq 0 \tag{59},$$

da nach Voraussetzung $\lambda_1 \neq \lambda_2$ ist. Die allgemeine Lösung der Dgl (55) hat damit die Form

$$y(x) = C_1 \cdot e^{\lambda_1 x} + C_2 \cdot e^{\lambda_2 x} \tag{60}.$$

2. Fall: $D = 0$

Die Lösungen der charakteristischen Gleichung sind reell, fallen jedoch zusammen:

$$\lambda_1 = \lambda_2 = \lambda = -a = -\frac{b}{2a} \tag{61}.$$

Wir erhalten daher durch den Ansatz $y(x) = e^{\lambda x}$ nur *ein* partikuläres Integral der homogenen Dgl (55). Die allgemeine Lösung findet man leicht mit Hilfe der Methode der *Variation der Konstanten*. Als Lösungsansatz wählen wir die Funktion

$$y(x) = C(x) \cdot e^{\lambda x} \tag{62}.$$

Einsetzen von (62) in die homogene Dgl (55) führt unter Berücksichtigung von (61) zur Dgl

$$C''(x) = 0 \tag{63},$$

350

deren allgemeines Integral die Form

$$C(x) = C_1 \cdot x + C_2 \tag{64}$$

besitzt. Damit ist das allgemeine Integral der homogenen Dgl (55) in der Form

$$y(x) = (C_1 \cdot x + C_2) \cdot e^{\lambda x} = C_1 \cdot x\,e^{\lambda x} + C_2 \cdot e^{\lambda x} \tag{65}$$

darstellbar. Die Fundamentalbasis wird offensichtlich von den beiden *linear unabhängigen* Funktionen $y_1(x) = x\,e^{\lambda x}$ und $y_2(x) = e^{\lambda x}$ gebildet, deren *Wronski-Determinante* tatsächlich von Null verschieden ist:

$$W(y_1, y_2) = \begin{vmatrix} x\,e^{\lambda x} & e^{\lambda x} \\ (1 + \lambda x)e^{\lambda x} & \lambda e^{\lambda x} \end{vmatrix} = -e^{2\lambda x} \neq 0 \tag{66}.$$

3. Fall: $D < 0$

Die charakteristische Gleichung (56) besitzt konjugiert komplexe Lösungen:

$$\lambda_{1/2} = -a \pm i\,\omega \quad \text{mit} \quad \omega = \sqrt{\frac{c}{a} - \frac{b^2}{4a^2}} \tag{67}.$$

Das allgemeine Integral der homogenen Dgl (55) besitzt damit die Form

$$y(x) = C_1\,e^{(-a + i\,\omega)x} + C_2\,e^{(-a - i\,\omega)x} =$$
$$= e^{-ax}(C_1\,e^{i\,\omega x} + C_2\,e^{-i\,\omega x}). \tag{68}$$

Benutzt man die Eulersche Formel $e^{i\,\omega x} = \cos\omega x + i\sin\omega x$, so läßt sich das allgemeine Integral (68) auch wie folgt schreiben:

$$y(x) = e^{-ax}(A\cos\omega x + i \cdot B\sin\omega x) \tag{69}$$

mit $A = C_1 + C_2$ und $B = C_1 - C_2$. Da nach den Ergebnissen des vorangegangenen Abschnitts Real- und Imaginärteil einer komplexen Lösungsfunktion selbst wieder Lösungen der Dgl sind, läßt sich die allgemeine Lösung (69) auch als Linearkombination der beiden *linear unabhängigen* Funktionen $e^{-ax}\cos\omega x$ und $e^{-ax}\sin\omega x$ darstellen:

$$y(x) = e^{-ax}(\widetilde{C}_1\cos\omega x + \widetilde{C}_2\sin\omega x) \tag{70}.$$

$\widetilde{C}_1$ und $\widetilde{C}_2$ sind dabei beliebige Konstanten. Die Fundamentalbasis wird von den beiden Funktionen $e^{-ax} \cos \omega x$ und $e^{-ax} \sin \omega x$ gebildet. Ihre Wronski-Determinante hat den von Null verschiedenen Wert $\omega \cdot e^{-2a}$

Beispiel: Der Bewegungsablauf eines harmonischen Oszillators, der Reibungskräften unterworfen ist, wird durch die homogene lineare Dgl 2. Ordnung mit konstanten Koeffizienten

$$m\,\ddot{x} + \rho\,\dot{x} + k\,x = 0 \quad \text{bzw.} \quad \ddot{x} + \frac{\rho}{m}\,\dot{x} + \omega_0^2\,x = 0 \qquad (\omega_0^2 = k/m)$$

beschrieben. Man kann sich einen solchen Oszillator etwa durch ein Federpendel realisiert denken, das sich durch eine zähe Flüssigkeit bewegt (m = Masse des Pendelkörpers; k = Kraftkonstante aus dem Hookeschen Gesetz; ρ = Reibungskoeffizient). Die unabhängige Variable ist die Zeit t, die abhängige Variable die Auslenkung $x = x(t)$ des Oszillators. Als Anfangsbedingungen geben wir vor: $x(0) = A$, $\dot{x}(0) = 0$. Wir suchen zunächst die spezielle Lösung für den Fall, daß die Diskriminante

$$D = a^2 - \omega_0^2 \qquad (a = \rho/2m)$$

größer Null ist. Setzen wir noch $D = \omega^2$, so erhalten wir als Lösungen der charakteristischen Gleichung (56):

$$\lambda_{1/2} = -a \pm \omega.$$

Beide Werte sind *negativ*. Das allgemeine Integral lautet dann

$$x(t) = C_1 \cdot e^{(-a+\omega)t} + C_2 \cdot e^{(-a-\omega)t} = e^{-at}(C_1 \cdot e^{\omega t} + C_2 \cdot e^{-\omega t}).$$

Unter Berücksichtigung der Anfangsbedingungen erhält man schließlich

$$x(t) = \frac{A}{2\omega}\left[(a+\omega)\,e^{(-a+\omega)t} + (-a+\omega)\,e^{(-a-\omega)t}\right].$$

Diese Funktion setzt sich additiv aus zwei exponentiell abklingenden Funktionen zusammen und definiert eine sog. *aperiodische* Schwingung, d. h. der Oszillator führt infolge der hohen Reibungskräfte *keine* periodische Bewegung mehr aus, sondern nähert sich asymptotisch der Gleichgewichtslage (vgl. Abb. 5).

Verschwindet dagegen die Diskriminante $D = a^2 - \omega_0^2$, dann nimmt die allgemeine Lösung der Schwingungsgleichung des linearen harmonischen Oszillators die Gestalt

$$x(t) = (C_1 \cdot t + C_2)\,e^{-\omega_0 t}$$

an. Mit den Anfangsbedingungen $x(0) = A$, $\dot{x}(0) = 0$ erhält man die spezielle Lösung

$$x(t) = A \cdot (\omega_0\,t + 1)\,e^{-\omega_0 t}.$$

Sie repräsentiert wiederum eine asymptotisch sich der Gleichgewichtslage nähernde *aperiodische* Schwingung (vgl. Abb. 5).

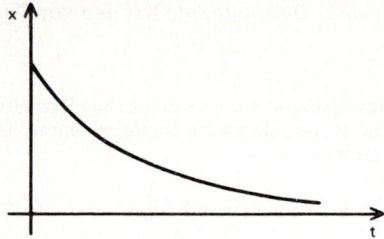

Abb. 5 Aperiodische Schwingung

Ist jedoch $D = a^2 - \omega_0^2 < 0$, so erhält man einen *echten* Schwingungsvorgang. Die Lösungen der charakteristischen Gleichung (56) sind dann:

$$\lambda_{1/2} = -a \pm i\,\omega \quad \text{mit} \quad \omega = \sqrt{\omega_0^2 - a^2} \ .$$

Der Schwingungsablauf läßt sich in diesem Fall allgemein durch die Funktion

$$x(t) = e^{-at} (C_1 \cdot \cos\omega t + C_2 \cdot \sin\omega t)$$

beschreiben. Unter Berücksichtigung der Anfangsbedingungen $x(0) = A$, $\dot{x}(0) = 0$ erhält man die *spezielle* Lösung

$$x(t) = A\, e^{-at} (\cos\omega t + \frac{a}{\omega}\sin\omega t),$$

die eine *gedämpfte* Schwingung darstellt (vgl. Abb. 6).

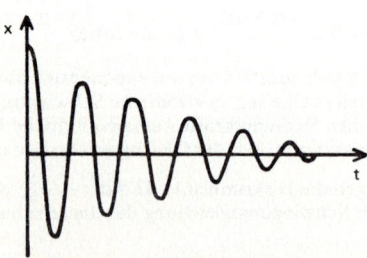

Abb. 6 Gedämpfte harmonische Schwingung

Die Dämpfung wird durch die Reibungskräfte hervorgerufen und durch den Amplitudenfaktor e^{-at} beschrieben, während die eigentliche Schwingung durch die periodische Funktion $\cos \omega t + \dfrac{a}{\omega} \sin \omega t$ repräsentiert wird. Zur Schwingung des *ungedämpften* harmonischen Oszillators gelangt man durch den Grenzübergang $\rho \to 0$ (d. h. $a \to 0$). Dann geht $x(t)$ gegen die Funktion $A \cos \omega_0 t$ (da $\omega \to \omega_0$ geht für $\rho \to 0$). Dieses Ergebnis hatten wir bereits früher auf einem anderen Wege abgeleitet.

3. Lösungsansätze in Form von Potenzreihen

Einen oft sehr fruchtbaren und relativ rasch zum Ziel führenden Ansatz zur Lösung einer vorgegebenen linearen Dgl n-ter Ordnung bildet der Ansatz in Form einer Potenzreihe

$$y(x) = \sum_{n=0}^{\infty} a_n (x - c)^n \tag{71}$$

(Potenzreihenentwicklung um die Stelle $x = c$). Die unbekannten Koeffizienten a_n lassen sich dann meist sukzessive aus sog. *Rekursionsformeln* bestimmen. Wir demonstrieren die Brauchbarkeit dieses Verfahrens an einem Beispiel.

Beispiel: Wir wollen versuchen, die lineare Dgl 2. Ordnung $y'' + y = 0$ durch einen Potenzreihenansatz in der Form

$$y(x) = a_0 + a_1 x^1 + a_2 x^2 + \ldots = \sum_{n=0}^{\infty} a_n x^n$$

zu lösen. Nach zweimaligem Differenzieren erhält man für y'':

$$y'' = 1 \cdot 2 \cdot a_2 + 2 \cdot 3 \cdot a_3 \cdot x + 3 \cdot 4 \cdot a_4 \cdot x^2 + \ldots = \sum_{n=0}^{\infty} (n+1)(n+2) a_{n+2} \cdot x^n.$$

Setzt man diese Ausdrücke in die gegebene Dgl ein, so ergibt sich

$$\sum_{n=0}^{\infty} [a_n + (n+1)(n+2) a_{n+2}] x^n = 0.$$

Diese Gleichung ist für *alle* Werte von x nur dann erfüllt, wenn die Koeffizienten einer *jeden* Potenz von x verschwinden:

$$a_n + (n+1)(n+2) a_{n+2} = 0.$$

Durch Umformung erhält man schließlich die Rekursionsformel

$$a_{n+2} = -\frac{a_n}{(n+1)(n+2)} \quad ,$$

aus der sich sämtliche Koeffizienten berechnen lassen, wenn a_0 und a_1 bekannt sind (diese beiden Koeffizienten spielen die Rolle der beiden Integrationskonstanten, die im allgemeinen Integral einer Dgl 2. Ordnung auftreten). Zunächst berechnen wir aus a_0 sukzessive alle zu den geraden Potenzen von x gehörenden Koeffizienten:

$$a_0; \quad a_2 = -\frac{a_0}{2!} \quad ; \quad a_4 = \frac{a_0}{4!} \quad ; \quad \ldots; \quad a_{2n} = (-1)^n \frac{a_0}{(2n)!} \quad ; \ldots .$$

Ebenso erhält man aus a_1 durch sukzessives Anwenden der Rekursionsformel sämtliche zu den ungeraden Potenzen von x gehörenden Koeffizienten (als Vielfache von a_1):

$$a_1; \quad a_3 = -\frac{a_1}{3!} \quad ; \quad a_5 = \frac{a_1}{5!} \quad ; \ldots; \quad a_{2n+1} = (-1)^n \frac{a_1}{(2n+1)!} \quad ; \ldots .$$

Damit lautet das allgemeine Integral der Dgl wie folgt:

$$y(x) = a_0 \sum_{n=0}^{\infty} (-1)^n \frac{x^{2n}}{(2n)!} + a_1 \sum_{n=0}^{\infty} (-1)^n \frac{x^{2n+1}}{(2n+1)!}$$

Die erste Potenzreihe stellt die Taylor-Entwicklung der Kosinusfunktion, die zweite Potenzreihe die Taylor-Entwicklung der Sinusfunktion dar, so daß wir zum bereits bekannten Ergebnis

$$y(x) = a_0 \cos x + a_1 \sin x$$

gelangen (a_0 und a_1 sind dabei willkürlich vorgegebene Konstanten). Damit haben wir das allgemeine Integral der Dgl $y'' + y = 0$ bestimmt.

D. Systeme linearer Differentialgleichungen 1. und 2. Ordnung mit konstanten Koeffizienten

Systeme linearer Dgln 1. und 2. Ordnung mit konstanten Koeffizienten treten bei der Behandlung reaktionskinetischer Probleme und im Zusammenhang mit Molekülschwingungen auf und sind daher für den Chemiker von größtem Interesse.

1. Systeme linearer Differentialgleichungen 1. Ordnung mit konstanten Koeffizienten

Definition: *Unter einem System linearer Dgln 1. Ordnung mit konstanten Koeffizienten wollen wir die folgenden* n *linearen Dgln*

1. Ordnung verstehen, die sich in eindeutiger Weise nach den Ablei-
tungen der n *unbekannten Funktionen* y_1 (x), y_2 (x), . . ., y_n (x)
auflösen lassen:

$$y_1' = a_{11} y_1 + a_{12} y_2 + \cdots + a_{1n} y_n + f_1 (x)$$

$$y_2' = a_{21} y_1 + a_{22} y_2 + \cdots + a_{2n} y_n + f_2 (x)$$

$$\vdots \qquad\qquad\qquad \vdots \qquad\qquad\qquad (72)$$

$$y_n' = a_{n1} y_1 + a_{n2} y_2 + \cdots + a_{nn} y_n + f_n (x).$$

Definition: *Unter einer Lösung des linearen Systems (72) versteht*
man irgendwelche n *differenzierbaren Funktionen* y_1 (x), y_2 (x),
. . ., y_n (x), die das System (72) identisch erfüllen.

Faßt man die Lösungsfunktionen y_1 (x), y_2 (x), . . ., y_n (x) zu
einem *Lösungsvektor* $\vec{y} = \vec{y}$ (x), ihre Ableitungen y_1' (x), y_2' (x),
. . ., y_n' (x) zu einem Vektor $\vec{y}' = \vec{y}'$(x) und die n Funktionen
f_1 (x), f_2 (x), . . ., f_n (x) zu einem Vektor $\vec{f} = \vec{f}$(x) zusammen,
so kann das lineare System (72) in der übersichtlicheren Form

$$\vec{y}' = A\,\vec{y} + \vec{f} \qquad\qquad\qquad (73)$$

dargestellt werden, wobei die n-reihige quadratische Matrix **A** als
Elemente genau die n^2 konstanten Koeffizienten a_{ij} aus (72) enthält. Ist $\vec{f}$ (x) = 0, d. h. ist f_1 (x) = f_2 (x) = . . . = f_n (x) = 0, so geht
das System (72, 73) in das *homogene* lineare System

$$\vec{y}' = A\,\vec{y} \qquad\qquad\qquad (74)$$

über. Ist dagegen $\vec{f}$ (x) $\neq$ $\vec{0}$, so heißt das lineare System (72, 73)
inhomogen.

Wir werden im folgenden zeigen, daß sich das allgemeine Integral
(allgemeiner Lösungsvektor) des inhomogenen linearen Systems (73)
aus dem allgemeinen Integral des homogenen linearen Systems (74)
und einem Partikularintegral des inhomogenen linearen Systems aufbauen läßt. Daher sollen zunächst einige wichtige Eigenschaften der
homogenen linearen Systeme behandelt werden.

Satz 1: *Ist* $\vec{y}$ *ein Lösungsvektor des homogenen linearen Systems* $\vec{y}' = A\,\vec{y}$, *so ist auch* $\vec{\tilde{y}} = C \cdot \vec{y}$ *ein Lösungsvektor, wobei* C *eine beliebige Konstante bedeutet.*

Beweis: Es ist

$$\vec{\tilde{y}}' = (C \cdot \vec{y})' = C \cdot \vec{y}' = C \cdot A\,\vec{y} = A\,C\,\vec{y} = A\,\vec{\tilde{y}} \qquad (75).$$

Satz 2: *Sind* $\vec{y}_1, \vec{y}_2, \ldots, \vec{y}_k$ *irgendwelche* k *Lösungsvektoren des homogenen linearen Systems* $\vec{y}' = A\,\vec{y}$, *so stellt auch jeder aus diesen* k *Vektoren durch Linearkombination gewonnene Vektor*

$$\vec{y} = C_1\,\vec{y}_1 + C_2\,\vec{y}_2 + \ldots + C_k\,\vec{y}_k \qquad (76)$$

einen Lösungsvektor des homogenen linearen Systems dar.

Beweis: Aus $\vec{y}_i' = A\,\vec{y}_i$ (i = 1, 2, \ldots, k) folgt:

$$\vec{y}' = (C_1\,\vec{y}_1 + \ldots + C_k\,\vec{y}_k)' = C_1\,\vec{y}_1' + \ldots + C_k\,\vec{y}_k' = C_1\,A\,\vec{y}_1 +$$

$$\ldots + C_k\,A\,\vec{y}_k = A\,C_1\,\vec{y}_1 + \ldots + A\,C_k\,\vec{y}_k = \qquad (77)$$

$$= A\,(C_1\,\vec{y}_1 + \ldots + C_k\,\vec{y}_k) = A\,\vec{y}\,.$$

Ohne Beweis führen wir den folgenden Satz an, der Aussagen über die Lösungsmannigfaltigkeit eines homogenen linearen Systems gestattet.

Satz 3: *Ein homogenes lineares System* $\vec{y}' = A\,\vec{y}$ *besitzt genau* n *linear unabhängige Lösungsvektoren* $\vec{y}_1, \vec{y}_2, \ldots, \vec{y}_n$. *Diese bilden in ihrer Gesamtheit eine sog. Fundamentalbasis (Fundamentalsystem) des homogenen linearen Systems, d. h. das allgemeine Integral (allgemeiner Lösungsvektor) läßt sich als Linearkombination der* n *Basisvektoren* $\vec{y}_1, \vec{y}_2, \ldots, \vec{y}_n$ *in der Form*

$$\vec{y} = C_1\,\vec{y}_1 + C_2\,\vec{y}_2 + \ldots + C_n\,\vec{y}_n \qquad (78)$$

darstellen. Dabei bedeuten $C_1, C_2, \ldots, C_n$ *willkürliche Konstanten.*
Das allgemeine Integral eines homogenen linearen Systems besitzt daher genau n *Integrationskonstanten (dies gilt auch für das inhomogene lineare System).*

In Kapitel VI.C.1. hatten wir gezeigt, daß n Vektoren genau dann linear unabhängig sind, wenn die aus ihren Komponenten gebildete Determinante *nicht* verschwindet. Damit haben wir ein Kriterium in der Hand, das es gestattet zu prüfen, ob n vorgegebene Lösungsvektoren eines homogenen linearen Systems (74) eine Fundamentalbasis bilden oder nicht.

Satz 4: n *Lösungsvektoren* $\vec{y}_1, \vec{y}_2, \ldots, \vec{y}_n$ *eines homogenen linearen Systems* $\vec{y}' = A\,\vec{y}$ *repräsentieren dann und nur dann ein Fundamentalsystem von* $\vec{y}' = A\,\vec{y}$, *wenn ihre Determinante für alle Werte von* x *aus dem gemeinsamen Definitionsbereich der Lösungsfunktionen von Null verschieden ist:*

$$
\begin{vmatrix}
y_{11}(x) & y_{12}(x) & \cdots & y_{1n}(x) \\
y_{21}(x) & y_{22}(x) & \cdots & y_{2n}(x) \\
\cdot & & & \cdot \\
\cdot & & \cdot & \\
\cdot & & & \cdot \\
y_{n1}(x) & y_{n2}(x) & \cdots & y_{nn}(x)
\end{vmatrix}
\neq 0 \qquad (79).
$$

Dabei ist $y_{ij}(x)$ die j-te Komponente des Lösungsvektors $\vec{y}_i = \vec{y}_i(x)$.

Beispiel: Das homogene lineare System

$$
\begin{pmatrix} y_1' \\ y_2' \end{pmatrix} = \begin{pmatrix} -1/3 & 2/3 \\ 4/3 & 1/3 \end{pmatrix} \cdot \begin{pmatrix} y_1 \\ y_2 \end{pmatrix}
$$

besitzt nach den obigen Sätzen *genau zwei linear unabhängige* Lösungsvektoren. So sind z. B. die beiden Vektoren

$$
\vec{y}_1 = \begin{pmatrix} e^x \\ 2e^x \end{pmatrix} \quad \text{und} \quad \vec{y}_2 = \begin{pmatrix} e^{-x} \\ -e^{-x} \end{pmatrix}
$$

Lösungen des homogenen linearen Systems, wie man leicht durch Einsetzen in das System verifiziert. Z. B. ist für $\vec{y}_1$:

$$
\vec{y}_1' = \begin{pmatrix} e^x \\ 2e^x \end{pmatrix} \quad \text{und damit} \quad \begin{pmatrix} e^x \\ 2e^x \end{pmatrix} = \begin{pmatrix} -1/3 & 2/3 \\ 4/3 & 1/3 \end{pmatrix} \cdot \begin{pmatrix} e^x \\ 2e^x \end{pmatrix}
$$

Matrizenmultiplikation ergibt schließlich:

$$e^x = -\frac{1}{3} e^x + \frac{2}{3} (2e^x) = e^x, \quad 2e^x = \frac{4}{3} e^x + \frac{1}{3} (2e^x) = 2e^x.$$

Damit ist gezeigt, daß $\vec{y}_1$ ein Lösungsvektor ist. Ebenso zeigt man, daß auch der Vektor $\vec{y}_2$ das homogene lineare System befriedigt. Die Lösungsvektoren $\vec{y}_1$ und $\vec{y}_2$ bilden sogar eine *Fundamentalbasis* des homogenen linearen Systems, da

$$\begin{vmatrix} e^x & 2e^x \\ e^{-x} & -e^{-x} \end{vmatrix} = -e^x e^{-x} - 2e^x e^{-x} = -3 \neq 0$$

ist.

Die allgemeine Lösung des inhomogenen linearen Systems $\vec{y}' = A\vec{y} + \vec{f}$ läßt sich aus der im folgenden Satz angeführten Eigenschaft des Systems bestimmen.

Satz 5: *Der allgemeine Lösungsvektor des inhomogenen linearen Systems $\vec{y}' = A\vec{y} + \vec{f}$ ist darstellbar als Summe aus dem allgemeinen Lösungsvektor des homogenen linearen Systems $\vec{y}' = A\vec{y}$ und einem speziellen Lösungsvektor des inhomogenen linearen Systems.*

Beweis: $\vec{y}_0$ sei der allgemeine Lösungsvektor des homogenen linearen Systems, $\vec{y}_1$ ein partikulärer Lösungsvektor des inhomogenen linearen Systems:

$$\vec{y}_0' = A\vec{y}_0 \quad \text{und} \quad \vec{y}_1' = A\vec{y}_1 + \vec{f} \tag{80}.$$

Dann ist auch der Summenvektor $\vec{y} = \vec{y}_0 + \vec{y}_1$ ein Lösungsvektor des inhomogenen linearen Systems:

$$\vec{y}' = (\vec{y}_0 + \vec{y}_1)' = \vec{y}_0' + \vec{y}_1' = A\vec{y}_0 + A\vec{y}_1 + \vec{f} = A(\vec{y}_0 + \vec{y}_1) + \vec{f} =$$

$$A\vec{y} + \vec{f}. \tag{81}$$

Der Summenvektor repräsentiert sogar das *allgemeine* Integral des inhomogenen linearen Systems, da er *genau* n *unabhängige* Integrationskonstanten enthält (diese kommen durch das allgemeine Integral des homogenen linearen Systems herein).

Damit ist das Problem, die Lösungsmannigfaltigkeit eines inhomogenen linearen Systems zu bestimmen, im wesentlichen auf die Bestimmung des allgemeinen Integrals des zugehörigen homogenen linearen Systems zurückgeführt worden.

Wir wollen daher im folgenden das Lösungsverfahren für das homogene lineare System ausführlich besprechen.

Das *homogene* lineare System $\vec{y}\,' = A\,\vec{y}$ läßt sich auch in der Form

$$y_i' = \sum_{j=1}^{n} a_{ij}\, y_j \qquad (i = 1, 2, \ldots, n) \tag{82}$$

darstellen. Als Lösungsansatz versuchen wir

$$y_i = A_i\, e^{\lambda x} \tag{83}.$$

Die Größe A_i wird als *Amplitudenfaktor* oder *Amplitude* bezeichnet. Gehen wir mit diesem Ansatz in das Gleichungssystem (82) ein, kürzen durch den von Null verschiedenen Faktor $e^{\lambda x}$, so erhalten wir die folgenden Gleichungen:

$$\lambda A_i = \sum_{j=1}^{n} a_{ij}\, A_j \qquad (i = 1, 2, \ldots, n) \tag{84}.$$

Gleichungssystem (84) läßt sich auf die folgende Form bringen:

$$
\begin{aligned}
(a_{11} - \lambda)\, A_1 \;+\;&\; a_{12}\, A_2 + \cdots + a_{1n}\, A_n &= 0 \\
a_{21}\, A_1 \;+\;&\; (a_{22} - \lambda)\, A_2 + \cdots + a_{2n}\, A_n &= 0 \\
&\;\;\vdots \\
a_{n1}\, A_1 \;+\;&\; a_{n2}\, A_2 + \cdots + (a_{nn} - \lambda)\, A_n &= 0 .
\end{aligned}
\tag{85}
$$

Die Gleichungen (85) repräsentieren für *festes* λ ein homogenes lineares Gleichungssystem in den unbekannten Amplituden A_i. Nach den Ergebnissen aus Kapitel VI.C.2. ist (85) dann und nur dann nichttrivial lösbar, wenn die Koeffizientendeterminante verschwindet:

$$
\begin{vmatrix}
a_{11} - \lambda & a_{12} & \cdots & a_{1n} \\
a_{21} & a_{22} - \lambda & \cdots & a_{2n} \\
\cdot & \cdot & & \cdot \\
\cdot & \cdot & & \cdot \\
\cdot & \cdot & & \cdot \\
a_{n1} & a_{n2} & \cdots & a_{nn} - \lambda
\end{vmatrix} = 0 \qquad (86).
$$

Gleichung (86) ist eine Bestimmungsgleichung vom Grade n in λ und wird bekanntlich *charakteristische Gleichung* der Koeffizientenmatrix genannt. Die n Lösungen dieser Gleichung werden in diesem Zusammenhang als *Eigenwerte* des homogenen linearen Systems (82) bezeichnet.

Wir wollen für die weiteren Untersuchungen nur solche charakteristischen Gleichungen behandeln, deren Eigenwerte sämtlich *reell* sind[6]. Dabei unterscheiden wir zwei Fälle: entweder sind alle Eigenwerte voneinander verschieden (Fall 1) oder es treten unter den n Eigenwerten mehrfache Eigenwerte auf (Entartung, Fall 2).

Fall 1: Alle n Eigenwerte der charakteristischen Gleichung (86) sind voneinander verschieden. Wir bezeichnen sie der Reihe nach mit λ_1, $\lambda_2, \ldots, \lambda_n$. Für jeden dieser Werte ist das Gleichungssystem (85) demnach in den Größen A_i *nicht-trivial* lösbar. Die zum Eigenwert λ_k gehörenden Amplituden bezeichnen wir der Reihe nach mit $A_{k1}, A_{k2}, \ldots, A_{kn}$ (der erste Index gibt also die Zugehörigkeit zu einem bestimmten Eigenwert an). Wir erhalten dann genau n *linear unabhängige* Lösungsvektoren

$$
\vec{y}_1 = \begin{pmatrix} A_{11} \\ A_{12} \\ \cdot \\ \cdot \\ \cdot \\ A_{1n} \end{pmatrix} e^{\lambda_1 x}; \quad
\vec{y}_2 = \begin{pmatrix} A_{21} \\ A_{22} \\ \cdot \\ \cdot \\ \cdot \\ A_{2n} \end{pmatrix} e^{\lambda_2 x}; \ldots; \quad
\vec{y}_n = \begin{pmatrix} A_{n1} \\ A_{n2} \\ \cdot \\ \cdot \\ \cdot \\ A_{nn} \end{pmatrix} e^{\lambda_n x} \qquad (87),
$$

---

[6] Dieser Fall tritt z. B. dann ein, wenn die Matrix **A** des homogenen linearen Systems $\vec{y}' = \mathbf{A}\,\vec{y}$ reell-symmetrisch ist.

die in ihrer Gesamtheit eine Fundamentalbasis des homogenen linearen Systems (82) bilden. Der allgemeine Lösungsvektor hat daher die Gestalt

$$\vec{y} = \begin{pmatrix} C_1 A_{11} e^{\lambda_1 x} + C_2 A_{21} e^{\lambda_2 x} + \cdots + C_n A_{n1} e^{\lambda_n x} \\ C_1 A_{12} e^{\lambda_1 x} + C_2 A_{22} e^{\lambda_2 x} + \cdots + C_n A_{n2} e^{\lambda_n x} \\ \vdots \qquad\qquad \vdots \qquad\qquad\qquad \vdots \\ C_1 A_{1n} e^{\lambda_1 x} + C_2 A_{2n} e^{\lambda_2 x} + \cdots + C_n A_{nn} e^{\lambda_n x} \end{pmatrix} \qquad (88).$$

Beispiele: a) Das homogene lineare System

$$\begin{pmatrix} y_1' \\ y_2' \end{pmatrix} = \begin{pmatrix} -1/3 & 2/3 \\ 4/3 & 1/3 \end{pmatrix} \cdot \begin{pmatrix} y_1 \\ y_2 \end{pmatrix}$$

wird durch den Ansatz $y_i = A_i e^{\lambda x}$ gelöst. Dies führt zu dem folgenden homogenen Gleichungssystem für die unbekannten Amplituden A_1, A_2:

$$(-\frac{1}{3} - \lambda) A_1 + \frac{2}{3} A_2 = 0$$

$$\frac{4}{3} A_1 + (\frac{1}{3} - \lambda) A_2 = 0.$$

Nicht-triviale Lösungen liegen nur dann vor, wenn die Koeffizientendeterminante verschwindet:

$$\begin{vmatrix} (-\frac{1}{3} - \lambda) & \frac{2}{3} \\ \frac{4}{3} & (\frac{1}{3} - \lambda) \end{vmatrix} = (\frac{1}{3} - \lambda)(-\frac{1}{3} - \lambda) - \frac{8}{9} = \lambda^2 - 1 = 0.$$

Die Eigenwerte dieser charakteristischen Gleichung sind $\lambda_1 = 1$ und $\lambda_2 = -1$. Für $\lambda_1 = 1$ erhält man das Gleichungssystem

$$-\frac{4}{3} A_1 + \frac{2}{3} A_2 = 0 \quad, \quad \frac{4}{3} A_1 - \frac{2}{3} A_2 = 0,$$

das z. B. durch $A_1 = 1$, $A_2 = 2$ befriedigt wird. Der Eigenwert $\lambda_2 = -1$ führt zum Gleichungssystem

$$\frac{2}{3} A_1 + \frac{2}{3} A_2 = 0 , \qquad \frac{4}{3} A_1 + \frac{4}{3} A_2 = 0.$$

Lösungen sind z. B. $A_1 = 1$, $A_2 = -1$. Daher bilden die beiden Vektoren

$$\vec{y}_1 = \begin{pmatrix} e^x \\ 2e^x \end{pmatrix} \quad \text{und} \quad \vec{y}_2 = \begin{pmatrix} e^{-x} \\ -e^{-x} \end{pmatrix}$$

eine *Fundamentalbasis* des homogenen linearen Systems. Der allgemeine Lösungsvektor hat damit die Gestalt

$$\vec{y} = C_1 \vec{y}_1 + C_2 \vec{y}_2 = \begin{pmatrix} C_1 e^x + C_2 e^{-x} \\ 2C_1 e^x - C_2 e^{-x} \end{pmatrix}$$

Dieses Ergebnis hatten wir bereits an früherer Stelle gefunden.

b) Wir behandeln abschließend ein wichtiges Beispiel aus der Reaktionskinetik. Eine chemische Reaktion verlaufe nach dem Schema

$$X \to Y \to Z,$$

d. h. ein Molekül vom Typ X wandle sich in ein Molekül vom Typ Y und dieses schließlich in ein Molekül vom Typ Z um. Die Molekülkonzentrationen zur Zeit t bezeichnen wir der Reihe nach mit $c_X(t)$, $c_Y(t)$, $c_Z(t)$. Ihre Differentialquotienten kennzeichnen dann die Konzentrationsänderung in der Zeiteinheit. Die Reaktion unterliegt dabei dem folgenden homogenen System linearer Dgln 1. Ordnung mit konstanten Koeffizienten:

$$\begin{pmatrix} c'_X \\ c'_Y \\ c'_Z \end{pmatrix} = \begin{pmatrix} -k_1 & 0 & 0 \\ k_1 & -k_2 & 0 \\ 0 & k_2 & 0 \end{pmatrix} \cdot \begin{pmatrix} c_X \\ c_Y \\ c_Z \end{pmatrix} , \text{ d. h. } \begin{aligned} c'_X &= -k_1 c_X \\ c'_Y &= k_1 c_X - k_2 c_Y \\ c'_Z &= k_2 c_Y \end{aligned} .$$

Diese Gleichungen lassen sich wie folgt interpretieren. Die erste Gleichung besagt, daß die Abnahme der Konzentration c_X der Molekülsorte X in der Zeiteinheit der augenblicklichen Konzentration dieser Sorte direkt proportional ist. Der zweiten Dgl können wir entnehmen, daß die Konzentrationsänderung c'_Y der Molekülsorte Y pro Zeiteinheit durch zwei Prozesse bestimmt wird: einmal durch die Umwandlung der Molekülsorte X in die Molekülsorte Y (Term $k_1 c_X$), zum anderen durch die Abnahme der Konzentration der Molekülsorte Y, da sich Y in Z umwandelt (Term $-k_2 c_Y$). Die letzte der drei Dgln enthält schließlich die Aussage, daß die Zunahme der Konzentration c_Z der Molekülsorte Z, bezogen auf die Zeiteinheit, durch die Konzentration der Molekülsorte Y bestimmt wird, da Y sich in Z umwandelt.

Aus der charakteristischen Gleichung

$$\begin{vmatrix} (-k_1 - \lambda) & 0 & 0 \\ k_1 & (-k_2 - \lambda) & 0 \\ 0 & k_2 & -\lambda \end{vmatrix} = -\lambda \, (k_1 + \lambda) \, (k_2 + \lambda) = 0$$

berechnen wir die folgenden *(einfachen)* Eigenwerte: $\lambda_1 = 0$, $\lambda_2 = -k_1$, $\lambda_3 = -k_2$. Zum ersten Eigenwert $\lambda_1 = 0$ gehört das Gleichungssystem

$$-k_1 A_1 \qquad\qquad = 0$$
$$k_1 A_1 - k_2 A_2 = 0$$
$$k_2 A_2 = 0 \, .$$

Die allgemeine Lösung dieses Systems lautet: $A_1 = A_2 = 0$, $A_3 = A$, wobei A eine willkürliche Konstante bedeutet. Der zugehörige Lösungsvektor ist also:

$$\vec{c}_1 = \begin{pmatrix} 0 \\ 0 \\ A \end{pmatrix}$$

Zum Eigenwert $\lambda_2 = -k_1$ gehört das Gleichungssystem

$$k_1 A_1 - (k_2 - k_1) A_2 \qquad\qquad = 0$$
$$k_2 A_2 + k_1 A_3 = 0$$

mit den Lösungen $A_1 = B$, $A_2 = B \cdot k_1 / (k_2 - k_1)$, $A_3 = -B \cdot k_2 / (k_2 - k_1)$. B ist dabei eine willkürliche Konstante. Der zugehörige Lösungsvektor hat die Gestalt

$$\vec{c}_2 = \begin{pmatrix} B \\ B \cdot k_1 / (k_2 - k_1) \\ -B \cdot k_2 / (k_2 - k_1) \end{pmatrix} \cdot e^{-k_1 t} \, .$$

Schließlich erhält man für den dritten Eigenwert $\lambda_3 = -k_2$ das Gleichungssystem

$$(-k_1 + k_2) A_1 \qquad\qquad = 0$$
$$k_1 A_1 \qquad\qquad = 0$$
$$k_2 A_2 + k_2 A_3 = 0 \, .$$

Die Lösungen lauten: $A_1 = 0$, $A_2 = C$, $A_3 = -C$, wobei C eine willkürliche Konstante ist. Der zugehörige Lösungsvektor ist

$$\vec{c}_3 = \begin{pmatrix} 0 \\ C \\ -C \end{pmatrix} e^{-k_2 t}$$

Damit besitzt das allgemeine Integral unseres reaktionskinetischen Problems die Gestalt

$$
\begin{pmatrix} c_X \\ \\ c_Y \\ \\ c_Z \end{pmatrix} = \begin{pmatrix} B e^{-k_1 t} \\ \\ B \dfrac{k_1}{k_2 - k_1}\, e^{-k_1 t} + C e^{-k_2 t} \\ \\ A - B \dfrac{k_2}{k_2 - k_1}\, e^{-k_1 t} - C e^{-k_2 t} \end{pmatrix}.
$$

Sind die Konzentrationen der drei Molekülsorten zu Beginn der Reaktion (t = 0) bekannt: $c_X(0) = a$, $c_Y(0) = b$, $c_Z(0) = c$, so erhält man die spezielle Lösung (in Komponentenschreibweise)

$$
c_X(t) = a e^{-k_1 t},
$$

$$
c_Y(t) = a \frac{k_1}{k_2 - k_1}\, e^{-k_1 t} + \frac{b(k_2 - k_1) - a k_1}{k_2 - k_1}\, e^{-k_2 t},
$$

$$
c_Z(t) = a + b + c - a \frac{k_2}{k_2 - k_1}\, e^{-k_1 t} - \frac{b(k_2 - k_1) - a k_1}{k_2 - k_1}\, e^{-k_2 t}.
$$

Fall 2: Ein oder mehrere Eigenwerte treten *mehrfach* auf. Man verfährt in diesem Falle folgendermaßen. Zu jedem *einfachen* Eigenwert (etwa λ_j) der charakteristischen Gleichung (86) gehört eine Lösung A_{j1}, A_{j2}, ..., A_{jn} des Systems (85). Diese Lösung gibt Anlaß zu dem folgenden Lösungsvektor des homogenen linearen Systems:

$$
\vec{y}_j = \begin{pmatrix} A_{j1} \\ A_{j2} \\ \cdot \\ \cdot \\ \cdot \\ A_{jn} \end{pmatrix} e^{\lambda_j x} \tag{89}.
$$

Ist λ_k ein *mehrfacher* (etwa p-facher) Eigenwert, so gehören zu λ_k die folgenden p *linear unabhängigen* Lösungsvektoren:

$$\vec{y}_k^{(1)} = \begin{pmatrix} C_{k1}^1 \\ C_{k2}^1 \\ \cdot \\ \cdot \\ \cdot \\ C_{kn}^1 \end{pmatrix} e^{\lambda_k x}, \quad \vec{y}_k^{(2)} = \begin{pmatrix} C_{k1}^2 x \\ C_{k2}^2 x \\ \cdot \\ \cdot \\ \cdot \\ C_{kn}^2 x \end{pmatrix} e^{\lambda_k x}, \ldots,$$

(90).

$$\vec{y}_k^{(p)} = \begin{pmatrix} C_{k1}^p x^{p-1} \\ C_{k2}^p x^{p-1} \\ \cdot \\ \cdot \\ \cdot \\ C_{kn}^p x^{p-1} \end{pmatrix} e^{\lambda_k x}$$

Diese p linear unabhängigen Lösungsvektoren lassen sich zu einem Lösungsvektor der Gestalt

$$\vec{y}_k = \begin{pmatrix} (B_1 C_{k1}^1 + B_2 C_{k1}^2 x + B_3 C_{k1}^3 x^2 + \ldots + B_p C_{k1}^p x^{p-1}) e^{\lambda_k x} \\ (B_1 C_{k2}^1 + B_2 C_{k2}^2 x + B_3 C_{k2}^3 x^2 + \ldots + B_p C_{k2}^p x^{p-1}) e^{\lambda_k x} \\ \cdot \\ \cdot \\ \cdot \\ (B_1 C_{kn}^1 + B_2 C_{kn}^2 x + B_3 C_{kn}^3 x^2 + \ldots + B_p C_{kn}^p x^{p-1}) e^{\lambda_k x} \end{pmatrix}$$

(91)

zusammenfassen ($B_1, B_2, \ldots, B_p$ sind willkürliche Konstanten). Dabei fällt auf, daß jede der n Komponenten des Lösungsvektors (91) in der Form

$$y_i(x) = R_{p-1}^{(i)}(x)\, e^{\lambda_k x} \qquad (i = 1, 2, \ldots, n) \qquad (92)$$

darstellbar ist, wobei $R_{p-1}^{(i)}(x)$ ein Polynom $(p-1)$-ten Grades in x bedeutet. Die Gesamtheit der Lösungsvektoren (89) und (90) bzw. (89) und (91) bildet eine *Fundamentalbasis* des homogenen linearen Systems.

Beispiel: Wir betrachten das folgende homogene lineare System:

$$\begin{pmatrix} y_1' \\ y_2' \\ y_3' \end{pmatrix} = \begin{pmatrix} 2 & 2 & -1 \\ -2 & 4 & 1 \\ -3 & 8 & 2 \end{pmatrix} \cdot \begin{pmatrix} y_1 \\ y_2 \\ y_3 \end{pmatrix} \quad .$$

Die zugehörige charakteristische Gleichung

$$\begin{vmatrix} 2 - \lambda & 2 & -1 \\ -2 & 4 - \lambda & 1 \\ -3 & 8 & 2 - \lambda \end{vmatrix} = -(\lambda - 6)(\lambda - 1)^2 = 0$$

besitzt den *einfachen* Eigenwert $\lambda_1 = 6$ und den *zweifachen* Eigenwert $\lambda_2 = 1$. Zu $\lambda_1 = 6$ gehört der Lösungsansatz

$$\vec{y}_1 = \begin{pmatrix} A_1 \\ A_2 \\ A_3 \end{pmatrix} e^{6x} \quad ,$$

dessen Amplituden A_i Lösungen des folgenden Gleichungssystems sind:

$$-4A_1 + 2A_2 - A_3 = 0$$
$$-2A_1 - 2A_2 + A_3 = 0$$
$$-3A_1 + 8A_2 - 4A_3 = 0 \ .$$

Dieses System wird gelöst z.B. durch $A_1 = 0$, $A_2 = 1$, $A_3 = 2$. Der zum einfachen Eigenwert $\lambda_1 = 6$ gehörenden Lösungsvektor lautet daher:

$$\vec{y}_1 = \begin{pmatrix} 0 \\ 1 \\ 2 \end{pmatrix} \cdot e^{6x} \quad .$$

Zum zweifachen Eigenwert $\lambda_2 = 1$ gehört der Ansatz

$$\vec{y}_2 = \begin{pmatrix} a_0 + a_1 x \\ b_0 + b_1 x \\ c_0 + c_1 x \end{pmatrix} \cdot e^x \ .$$

Geht man mit diesem Ansatz in das homogene lineare System ein und kürzt anschließend durch den allen Summanden gemeinsamen Faktor e^x, so führt der Koeffizientenvergleich in den Potenzen von x zu dem folgenden linearen Gleichungssystem:

$$
\begin{array}{llll}
a_0 - a_1 + 2b_0 & - c_0 & = 0 \\
-2a_0 + 3b_0 - b_1 + c_0 & = 0 \\
-3a_0 + 8b_0 & + c_0 - c_1 = 0 \\
a_1 + 2b_1 & - c_1 = 0 \\
- 2a_1 + 3b_1 & + c_1 = 0 \\
- 3a_1 + 8b_1 & + c_1 = 0
\end{array}
$$

Die allgemeinen Lösungen lauten: $a_0 = 5C_3 - 6C_2$, $a_1 = 5C_2$, $b_0 = C_3$, $b_1 = C_2$, $c_0 = 7C_3 - 11C_2$, $c_1 = 7C_2$. Dabei sind C_2 und C_3 *willkürliche* Konstanten. Der zum entarteten Eigenwert $\lambda_2 = 1$ gehörende Lösungsvektor lautet damit

$$
\vec{y}_2 = \begin{pmatrix} (5C_3 - 6C_2 + 5C_2\,x)\,e^x \\ (C_3 + C_2\,x)\,e^x \\ (7C_3 - 11C_2 + 7C_2\,x)\,e^x \end{pmatrix}
$$

Das *allgemeine* Integral des homogenen linearen Systems ist daher in der Form

$$
\vec{y} = \begin{pmatrix} (5C_3 - 6C_2 + 5C_2\,x)\,e^x \\ C_1\,e^{6x} + (C_3 + C_2\,x)\,e^x \\ 2C_1\,e^{6x} + (7C_3 - 11C_2 + 7C_2\,x)\,e^x \end{pmatrix}
$$

darstellbar und enthält genau drei unabhängige Integrationskonstanten.

2. Systeme linearer Differentialgleichungen 2. Ordnung mit konstanten Koeffizienten, behandelt am Beispiel des linearen Zweiteilchen-Vibrators

Im Zusammenhang mit der Untersuchung von Molekülschwingungen treten Systeme linearer Dgln 2. Ordnung mit konstanten Koeffizienten auf. Wir wollen die Eigenschaften solcher Systeme exemplarisch am Fall des linearen Zweiteilchen-Vibrators studieren. Dieser besteht aus zwei miteinander gekoppelten harmonischen Oszillatoren in linearer Anordnung (vgl. Abb. 7). Der Einfachheit halber setzen wir gleiche Teilchenmasse voraus ($m_1 = m_2 = m$). Die Oszillatoren unterscheiden sich also höchstens in ihren Federkonstanten (k_1, k_2). Die Kopplung der beiden Oszillatoren erfolgt über eine Kopplungsfeder (k_{12}). Die Lagekoordinaten (Auslenkungen) der beiden Massen

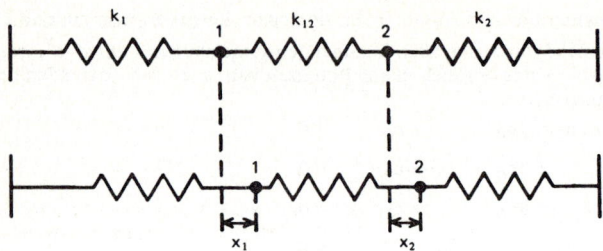

Abb. 7 Gekoppelte harmonische Oszillatoren

bezeichnen wir mit x_1 bzw. x_2[7]. Auf jedes Teilchen wirken dabei gleichzeitig zwei Federkräfte ein, die der jeweiligen Auslenkung der Federn proportional sind. So übt z. B. Feder 1 (k_1) auf die Masse 1 die Rückstellkraft $-k_1 \cdot x_1$ aus, während die Kopplungsfeder (k_{12}) an derselben Masse mit der Kraft $-k_{12}(x_1 - x_2)$ angreift. Nach den Gesetzen der klassischen Mechanik lauten die Bewegungsgleichungen für das gekoppelte Paar harmonischer Oszillatoren

$$m \ddot{x}_1 + k_1 x_1 + k_{12}(x_1 - x_2) = 0$$
$$m \ddot{x}_2 + k_2 x_2 + k_{12}(x_2 - x_1) = 0 \tag{93}.$$

Die Dgln (93) bilden ein System von zwei homogenen linearen Dgln 2. Ordnung mit konstanten Koeffizienten. Mit den folgendermaßen eingeführten Spaltenvektoren und Matrizen:

$$\vec{x} = \begin{pmatrix} x_1 \\ x_2 \end{pmatrix}, \quad \ddot{\vec{x}} = \begin{pmatrix} \ddot{x}_1 \\ \ddot{x}_2 \end{pmatrix}, \quad \mathbf{K} = \begin{pmatrix} (k_1 + k_{12}) & -k_{12} \\ -k_{12} & (k_2 + k_{12}) \end{pmatrix}$$

$$\tag{94}$$

läßt sich das System (93) auch in der Matrizenform

$$m \ddot{\vec{x}} = -\mathbf{K} \vec{x} \tag{95}$$

darstellen. Man verfährt nun ganz analog wie bei den Systemen linearer Dgln 1. Ordnung mit konstanten Koeffizienten (vgl. hierzu Kapitel IX.D.1.). Mit dem Lösungsansatz

$$x_1(t) = A_1 e^{i \omega t}$$
$$x_2(t) = A_2 e^{i \omega t} \qquad \text{oder} \qquad \vec{x} = \begin{pmatrix} A_1 \\ A_2 \end{pmatrix} e^{i \omega t} \tag{96}$$

---

[7] Wir lassen nur Schwingungen längs der Systemachse (x-Achse) zu. Daher benötigen wir für jedes Teilchen nur eine Lagekoordinate.

erhält man aus Gleichung (95) nach Kürzen durch den gemeinsamen Faktor $e^{i\omega t}$ das folgende homogene lineare Gleichungssystem in den beiden unbekannten Amplituden A_1, A_2:

$$(k_1 + k_{12} - m\omega^2)\, A_1 \qquad\qquad\qquad - k_{12}'\, A_2 = 0$$
$$-k_{12}\, A_1 + (k_2 + k_{12} - m\omega^2)\, A_2 = 0\,. \qquad (97)$$

Gleichungssystem (97) ist dann und nur dann *nicht-trivial* lösbar, wenn die aus den Koeffizienten gebildete Determinante verschwindet:

$$\begin{vmatrix} (k_1 + k_{12} - m\omega^2) & -k_{12} \\ -k_{12} & (k_2 + k_{12} - m\omega^2) \end{vmatrix} = 0 \qquad (98).$$

Gleichung (98) ist eine Gleichung 4. Grades in ω und heißt *charakteristische Gleichung* des homogenen linearen Systems (95). Die vier Wurzeln *(Eigenwerte)* der charakteristischen Gleichung sind

$$\omega_{1/2/3/4} = \pm \sqrt{\frac{1}{2m}\left[(k_1 + k_2 + 2k_{12}) \pm \sqrt{(k_2 - k_1)^2 + 4k_{12}^2}\right]}$$
$$(99).$$

Sie sind sämtlich *reell*. Sind alle Wurzeln voneinander *verschieden*, so erhalten wir zu jedem Eigenwert ω_j *genau ein* Amplitudenpaar A_{j1}, A_{j2} und damit den Lösungsvektor

$$\vec{x_j} = \begin{pmatrix} A_{j1} \\ A_{j2} \end{pmatrix} e^{i\omega_j t} \qquad (j = 1, 2, 3, 4) \qquad (100)$$

(der Index j kennzeichnet die Zugehörigkeit zum Eigenwert ω_j).

In der Theorie der Dgln wird bewiesen, daß ein System von n linearen Dgln 2. Ordnung genau 2n linear unabhängige Lösungsvektoren besitzt, die in ihrer Gesamtheit eine Fundamentalbasis des linearen Systems bilden. Falls die Eigenwerte nicht entartet sind, bilden die Lösungsvektoren (100) eine *Fundamentalbasis* des Systems (95). Im Falle unseres Zweiteilchen-Vibrators besteht das Fundamentalsystem aus genau vier Basisvektoren vom Typ (100).

Abschließend diskutieren wir einige für den Chemiker wichtige Modellfälle.

Fall A: Die beiden gekoppelten Oszillatoren sind identisch ($k_1 = k_2 = k$). Aus Gleichung (99) erhalten wir

$$\omega_{1/2} = \pm \sqrt{\frac{k + 2k_{12}}{m}} = \pm \omega_a, \quad \omega_{3/4} = \pm \sqrt{\frac{k}{m}} = \pm \omega_b \quad (101).$$

Durch Einsetzen von $\omega_{1/2}$ in das Gleichungssystem (97) findet man

$$-k_{12} A_1 - k_{12} A_2 = 0$$
$$-k_{12} A_1 - k_{12} A_2 = 0 \tag{102}$$

mit den Lösungen $A_1 = A$, $A_2 = -A$ (A ist eine willkürliche Konstante). Die zugehörigen Lösungsvektoren lauten:

$$\vec{x}_1 = \begin{pmatrix} A \\ -A \end{pmatrix} e^{i\omega_a t}, \quad \vec{x}_2 = \begin{pmatrix} A \\ -A \end{pmatrix} e^{-i\omega_a t} \tag{103}.$$

Zu den Eigenwerten $\omega_{3/4}$ gehört das lineare Gleichungssystem

$$k_{12} A_1 - k_{12} A_2 = 0$$
$$-k_{12} A_1 + k_{12} A_2 = 0 \tag{104}$$

mit den Lösungen $A_1 = A_2 = B$, wobei B eine willkürliche Konstante bedeutet. Die zugehörigen Lösungsvektoren haben die Form

$$\vec{x}_3 = \begin{pmatrix} B \\ B \end{pmatrix} e^{i\omega_b t}, \quad \vec{x}_4 = \begin{pmatrix} B \\ B \end{pmatrix} e^{-i\omega_b t} \tag{105}.$$

Durch Linearkombination der Basisvektoren $\vec{x}_1, \ldots, \vec{x}_4$ erhält man schließlich die allgemeine Lösung unseres Problems.

Ähnlich wie bei linearen Systemen 1. Ordnung läßt sich auch für lineare Systeme 2. Ordnung zeigen, daß sowohl Realteil als auch Imaginärteil einer komplexwertigen Lösung selbst Lösungen des linearen Systems darstellen. Da die Realteile von $e^{i\omega t}$ und $e^{-i\omega t}$ jeweils gleich $\cos \omega t$ sind, läßt sich die allgemeine Lösung unseres Problems auch in der Form

$$\vec{x} = \begin{pmatrix} a \cos \omega_a t + \beta \cos \omega_b t \\ -a \cos \omega_a t + \beta \cos \omega_b t \end{pmatrix} \tag{106}$$

darstellen, wobei a und β willkürliche Konstanten bedeuten. Setzt man $\beta = 0$, so erhält man die spezielle Lösung

$$\vec{\tilde{x}}_1 = \begin{pmatrix} a \cos \omega_a t \\ -a \cos \omega_a t \end{pmatrix} \tag{107},$$

die sich physikalisch wie folgt interpretieren läßt: die beiden Massenpunkte schwingen mit *gleicher* Frequenz ω_a und *gleicher* Amplitude, aber *in Gegenphase* (vgl. Abb. 8; die Pfeillänge ist der jeweiligen Auslenkung proportional). Man bezeichnet harmonische Schwingungen von Massenpunktsystemen, die mit gleicher Frequenz erfolgen, als *Normalschwingungen*.

Abb. 8 Normalschwingung (in Gegenphase)

Für unsere lineare Kette aus zwei gekoppelten Oszillatoren erhalten wir eine zweite Normalschwingung, wenn wir die Konstante $a = 0$ setzen:

$$\vec{\tilde{x}}_2 = \begin{pmatrix} \beta \cos \omega_b t \\ \beta \cos \omega_b t \end{pmatrix} \tag{108}.$$

Beide Massenpunkte schwingen bei diesem Schwingungstyp mit *derselben* Frequenz und Amplitude *in Phase* (vgl. Abb. 9). Unser System zweier gekoppelter harmonischer Oszillatoren besitzt demnach genau *zwei* Normalschwingungen (diese werden häufig auch als *Fundamentalschwingungen* bezeichnet). Der allgemeine Schwingungstyp entsteht nun durch Superposition der beiden Normalschwingungen $\vec{\tilde{x}}_1$ und $\vec{\tilde{x}}_2$.

Abb. 9 Normalschwingung (in Phase)

Interessant ist in diesem Zusammenhang, daß die Normalfrequenz ω_b mit der Eigenfrequenz $\omega_0 = \sqrt{k/m}$ der beiden *freien* Oszillatoren übereinstimmt. Dies ist jedoch nicht weiter verwunderlich, da bei Anregung dieser Frequenz beide Oszillatoren *phasen- und amplitudengleich* schwingen, so daß die zwischen ihnen bestehende Kopplung (k_{12}) *nicht* beansprucht wird. Anders sehen die Verhältnisse aus bei der Anregung des Systems in der Normalfrequenz ω_a. Da nun beide Oszillatoren *gegenphasig* schwingen, wird die zwischen ihnen bestehende Kopplungsfeder (k_{12}) beansprucht, so daß diese Normalfrequenz von der Kopplungskonstanten k_{12} abhängt.

Fall B: Setzen wir $k_1 = k_2 = 0$, so erhalten wir den Modellfall für ein *diatomares* Molekül vom Typ X_2. Die beiden (identischen) Bindungspartner sind über eine Feder (k_{12}) miteinander gekoppelt. Dieses System besitzt nur noch *eine* Normalschwingung mit der Frequenz

$$\omega_a = \sqrt{\frac{2k_{12}}{m}} \qquad (109).$$

Beide Massen schwingen mit *gleicher* Amplitude, aber *in Gegenphase* ($A_1 = -A_2$). Die zweite Normalfrequenz ω_b erhält dagegen den Wert Null. Das bedeutet, daß sich beide Massenpunkte *phasengleich* mit konstanter Geschwindigkeit bewegen *(Translationsbewegung)*. Die Gesamtbewegung des Systems setzt sich daher aus einer einzigen Normalschwingung zusammen, der sich eine Translationsbewegung überlagert.

Fall C: Entkoppelt man das System ($k_{12} = 0$), so erhält man zwei voneinander unabhängig schwingende Oszillatoren mit den Eigenfrequenzen $\omega_1 = \sqrt{k_1/m}$ bzw. $\omega_2 = \sqrt{k_2/m}$.

E. Randwertprobleme

In den vorangegangenen Abschnitten wurde gezeigt, daß Dgln i. a. nicht nur eine Lösung, sondern beliebig viele Lösungen besitzen. Dieser Sachverhalt äußerte sich im Auftreten von einer oder mehreren willkürlichen Konstanten (Parametern) im allgemeinen Integral der Dgl. Um eine eindeutige Lösung zu erhalten, mußten weitere Informationen über die Lösungsfunktion vorliegen. So wurde die spezielle Lösung meist aus vorgegebenen *Anfangswerten* bestimmt. Z. B. war es möglich, aus der Lösungsmannigfaltigkeit der Dgl

$$y'' + y = 0 \qquad (110)$$

diejenige Lösung herauszufinden, die für x = 0 den *Anfangsbedingungen* y (0) = A, y' (0) = 0 genügt. Lösungsfunktion ist dann bekanntlich die Funktion y (x) = A cos x. Bei Problemen dieser Art spricht man daher von *Anfangswertproblemen.*

Viele Fragestellungen in Physik und Chemie führen hingegen zu sog. *Randwertproblemen,* bei denen für die Lösungsfunktion gewisse Bedingungen an den Rändern des Intervalles der unabhängigen Variablen vorgegeben sind.

Beispiel: Diejenige Lösung y (x) der Dgl $y'' + y = 0$ wird gesucht, die an den Rändern des Intervalles $< 0, \pi >$ die Randbedingungen y (0) = y (π) = 0 erfüllt. Die allgemeine Lösung der gegebenen Dgl ist das Integral

$$y = C_1 \cos x + C_2 \sin x$$

(C_1 und C_2 sind dabei willkürliche Konstanten). Die Randbedingungen führen zu dem Gleichungssystem

$$C_1 + 0 \cdot C_2 = 0$$
$$-C_1 + 0 \cdot C_2 = 0 .$$

Dieses besitzt die nicht-triviale Lösung $C_1 = 0$, C_2 = const. = C, wobei C eine willkürliche von Null verschiedene Konstante bedeutet. Unser Randwertproblem wird also durch das Integral y = C sin x gelöst.

Nicht jedes Randwertproblem ist jedoch lösbar, wie das folgende Beispiel zeigt.

Beispiel: Wir greifen auf die Dgl $y'' + y = 0$ zurück, geben jedoch andere Randwerte vor: y (0) = 0, y' (π) = 0. Dies führt zu dem Gleichungssystem

$$C_1 + 0 \cdot C_2 = 0$$
$$0 \cdot C_1 + \quad C_2 = 0 ,$$

dessen Koeffizientendeterminante von Null verschieden ist:

$$\begin{vmatrix} 1 & 0 \\ 0 & 1 \end{vmatrix} = 1 \neq 0 .$$

Daher ist das lineare Gleichungssystem *nur trivial* lösbar (d. h. $C_1 = C_2 = 0$, $y \equiv 0$). Es gibt also *keine* nicht identisch verschwindende Funktion y (x), die die Dgl $y'' + y = 0$ für die vorgegebenen Randwerte erfüllt. Unser Randwertproblem ist also *unlösbar.*

F. Eigenwertprobleme

Ein in der Quantenmechanik häufig auftauchendes Problem besteht darin, die gewissen Randbedingungen unterworfenen Lösungen einer Dgl, die selbst noch eine unbestimmte Konstante als Parameter enthält, zu bestimmen. Es zeigt sich dabei, daß i. a. nur für ganz spezielle Werte des Parameters λ Lösungen der Randwertaufgabe existieren. Man nennt diese Werte *Eigenwerte* und die zugehörigen Lösungsfunktionen *Eigenfunktionen* der Dgl. Daher werden ganz allgemein Probleme dieser Art als *Eigenwertprobleme* bezeichnet.

Bei der Behandlung von Eigenwertaufgaben geht man zweckmäßigerweise wie folgt vor. Zunächst einmal bestimmt man das allgemeine Integral der Dgl, das jedoch noch in irgendeiner Weise vom Parameter λ abhängen wird. Im nächsten Schritt versucht man nun, den Parameter λ den vorgeschriebenen Randwerten „anzupassen". Wir erläutern dieses Verfahren an einem wichtigen Beispiel aus der Quantenmechanik.

Beispiel: Wir untersuchen die eindimensionale Bewegung eines Teilchens der Masse m in einem Potential der folgenden Gestalt (vgl. Abb. 10):

$$V(x) = \left\{ \begin{array}{ll} 0 & 0 < x < 1 \\ & \text{für} \\ \infty & x = 0 \quad \text{und} \quad x = 1 \end{array} \right\} \quad.$$

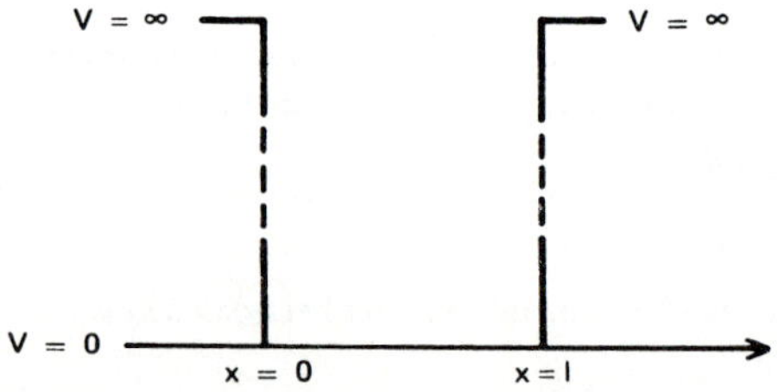

Abb. 10 Potentialtopf mit unendlich hohen Wänden

Das Teilchen befindet sich also in einem *Potentialtopf* endlicher Breite mit *unendlich* hohen Wänden und kann daher diesen niemals verlassen, d. h. beim Auftreffen auf eine Wand wird das Teilchen reflektiert und bewegt sich somit zwischen den beiden Wänden hin und her (sog. *Reflexionsoszillator*). Der Zustand des Teilchens wird durch eine als *Wellenfunktion* bezeichnete Zustandsfunktion $\psi(x)$ beschrieben, die selbst keiner physikalischen Größe entspricht, aber alle wesentlichen Informationen über das System enthält. Nach Born ist $\rho(x) = |\psi(x)|^2$ die Aufenthaltswahrscheinlichkeitsdichte des Teilchens, d. h.

$\rho(x)\,dx = |\,\psi(x)\,|^2\,dx$ ist die Wahrscheinlichkeit dafür, bei einer Ortsmessung das Teilchen im Intervall $<x, x + dx>$ anzutreffen. Die Wellenfunktion $\psi(x)$ genügt dabei der sog. *zeitunabhängigen Schrödinger-Gleichung*

$$\frac{d^2\psi}{dx^2} + \frac{2m}{\hbar^2}\,(E - V)\,\psi = 0 \qquad (\hbar = h/(2\pi))\,.$$

Dabei ist h das Plancksche Wirkungsquantum, E die Teilchenenergie und V das Potential, in dem das Teilchen sich bewegt. Für das gegebene *Kastenpotential* nimmt die Schrödinger-Gleichung die folgende Gestalt an:

$$\frac{d^2\psi}{dx^2} + \frac{2m}{\hbar^2}\,E\psi = 0\,.$$

Unser Eigenwertproblem besteht nun darin, festzustellen, ob die Schrödinger-Gleichung für bestimmte Werte des Energieparameters E Lösungen besitzt, die zugleich den Randbedingungen $\psi(0) = \psi(l) = 0$ genügen[8]. Mit anderen Worten: es sind die Eigenwerte und Eigenfunktionen der Schrödinger-Gleichung zu bestimmen. Wir bringen daher diese Dgl zunächst auf die Form

$$\psi'' + \lambda^2\psi = 0 \qquad (\lambda^2 = \frac{2m}{\hbar^2}\,E)\,.$$

Dies ist die wohlbekannte Schwingungsgleichung, die allgemein durch das Integral

$$\psi(x) = C_1 \sin \lambda x + C_2 \cos \lambda x$$

gelöst wird. Aus den Randbedingungen folgt das Gleichungssystem

$$0 \cdot C_1 \qquad\quad + C_2 \qquad = 0$$
$$(\sin \lambda l) \cdot C_1 + (\cos \lambda l) \cdot C_2 \qquad = 0\,,$$

das nur für eine verschwindende Koeffizientendeterminante nicht-triviale Lösungen besitzt:

$$\begin{vmatrix} 0 & 1 \\ \sin \lambda l & \cos \lambda l \end{vmatrix} = -\sin \lambda l = 0\,.$$

Dies ist genau dann der Fall, wenn $\sin \lambda l = 0$ ist, d. h. für $\lambda l = n\pi$ $(n = 1, 2, \ldots)$. Nur für diese Eigenwerte liegen nicht-triviale Lösungen der Schrödinger-Gleichung vor. Diese bestimmen sich aus dem linearen Gleichungssystem für die Koeffizienten C_1, C_2 zu

---

[8] Da die Potentialwände unendlich hoch sind, kann das Teilchen den Kasten nicht verlassen. Das bedeutet aber, daß die Wahrscheinlichkeitsdichte außerhalb des Kastens Null ist. Daher verschwindet die Wellenfunktion $\psi(x)$ außerhalb des Kastens. Aus Stetigkeitsgründen trifft dies auch für die beiden Randpunkte $x = 0$ und $x = l$ zu.

$$\psi_n(x) = A_n \sin n \frac{\pi x}{1} \quad ,$$

wobei A_n eine von Null verschiedene Konstante bedeutet. Damit können nach den Gesetzen der Quantenmechanik sich nur solche Teilchen im Potentialkasten der Länge 1 bewegen, deren Gesamtenergie einen der Werte

$$E_n = \frac{\hbar^2}{2m} \lambda_n^2 = \frac{\hbar^2 \pi^2}{2m \, 1^2} n^2 \qquad (n = 1, 2, \ldots)$$

annimmt. Man nennt die Gesamtheit der Energieeigenwerte das *Energieeigenwertspektrum* der Schrödinger-Gleichung. Da $| \psi(x) |^2$ die Wahrscheinlichkeitsdichteverteilung des Teilchens darstellt, gibt das Integral

$$\int_{-\infty}^{+\infty} | \psi(x) |^2 \, dx = \int_0^1 | \psi(x) |^2 \, dx \quad [9]$$

die Wahrscheinlichkeit dafür an, daß sich das Teilchen *irgendwo* im Inneren des Potentialkastens aufhält[10]. Man setzt daher den Wert des Integrals gleich Eins (*Normierung* der Eigenfunktionen).

Der Normierungsfaktor A_n bestimmt sich zu

$$A_n = \sqrt{2/1} \, ,$$

so daß die Eigenfunktionen die endgültige Gestalt

$$\psi_n(x) = \sqrt{2/1} \, \sin n \frac{\pi x}{1}$$

annehmen. Das Teilchen im Potentialkasten kann daher nur einen der Energiewerte E_n annehmen und wird in seinem Verhalten durch die zugehörige Wellenfunktion (Eigenfunktion) $\psi_n(x)$ beschrieben. Das Energieeigenwertspektrum ist *diskret*, d. h. wir können in umkehrbar eindeutiger Weise jedem Energieeigenwert eine natürliche Zahl n zuordnen, die man in diesem Zusammenhang als *Quantenzahl* bezeichnet.

---

[9] Da die Wellenfunktion $\psi(x)$ außerhalb des Kastens verschwindet, liefert dort die Integration keinen Beitrag.

[10] Diese Wahrscheinlichkeit ist gleich der Gewißheit, die üblicherweise gleich Eins gesetzt wird.

X. Fehler- und Ausgleichsrechnung

A. Fehlerrechnung

1. Fehlerarten

Die Bestimmung des Wertes einer Größe erfolgt durch einen *Meßvorgang* nach bestimmten *Meßmethoden* unter Verwendung bestimmter *Meßinstrumente.* So kann beispielsweise die Temperatur einer Flüssigkeit mit Hilfe eines geeichten Thermometers gemessen werden. Alle Meßvorgänge sind jedoch mit *Fehlern* behaftet, wobei man grundsätzlich zwischen *systematischen* und *zufälligen* oder *statistischen Fehlern* unterscheidet.

Systematische Fehler beruhen auf ungenauen Meßmethoden und fehlerhaften Meßinstrumenten. Sie entstehen z.B. durch falsche Justierung und/oder Eichung eines Meßinstruments. Ein solcher Fall liegt vor, wenn bei einem Thermometer infolge falscher Eichung alle Temperaturwerte um beispielsweise $2^\circ C$ zu hoch ausfallen. Ein weiteres Beispiel liefert der sog. Parallaxenfehler beim Ablesen von Meßwerten auf einer Skala. *Durch einen systematischen Fehler werden daher alle Meßwerte in einer bestimmten Richtung verschoben.* Systematische Fehler lassen sich daher stets durch eine Korrektur beheben, sie sind *vermeidbar.*

Zufällige Fehler sind dagegen *unvermeidbar,* da wir auf sie keinen Einfluß haben. Sie entstehen immer durch das Zusammenwirken einer mehr oder weniger großen Anzahl von Einzelfehlern und unterliegen dabei den *Gesetzmäßigkeiten der Statistik.* Sie werden daher häufig auch als *statistische Fehler* bezeichnet. Zu den zufälligen Fehlern zählt man u.a. Fertigungsmängel, die auch bei sorgfältigster Fertigung auftreten, oder Fehler, die durch Schwankung der äußeren Versuchsbedingungen (z.B. Temperatur- und Druckänderungen) zustande kommen.

In der Theorie der Fehlerrechnung können nur die *zufälligen* Fehler berücksichtigt werden, da nur diese den statistischen Gesetzen genügen.

Zufallsfehler führen zu einem zu kleinen oder aber zu einem zu großen Meßwert und werden daher stets mit *doppeltem* Vorzeichen angegeben.

2. Statistische Verteilung der Meßwerte bzw. Meßfehler (insbesondere Gauss'sche Normalverteilung)

Eine Größe X werde unter den folgenden Voraussetzungen n-mal gemessen:

(1) Systematische Fehler treten nicht auf;
(2) alle Meßwerte x_i ($i = 1, 2, \ldots, n$) unterliegen dem *gleichen Genauigkeitsmaß* (d.h. gleiches Meßverfahren, gleiches Meß-instrument).

Die Meßreihe $x_1, x_2, x_3, \ldots, x_n$ (auch *Urliste* genannt) wird der Größe nach geordnet, wobei die Häufigkeit n_i, mit der der einzelne Meßwert x_i auftritt, festgestellt und notiert wird. Die *Häufigkeitsverteilung* kann in einem sog. *Blockdiagramm* anschaulich dargestellt werden. Dazu werden die Meßdaten in sog. *Klassen* gleicher Klassenbreite Δx zusammengefaßt. Dies bedeutet:

(1) Das Spektrum der Meßwerte wird in Intervalle *gleicher* Länge Δx aufgeteilt;
(2) alle innerhalb eines Intervalls liegenden Werte werden zu einer Einheit, *Klasse* genannt, zusammengefaßt;
(3) anschließend werden über der Klassenmitte (Mitte eines jeden Intervalls) die Häufigkeiten aufgetragen.

Man erhält dann das in Abb. 1 skizzierte *Blockdiagramm der Häufigkeitsverteilung*.

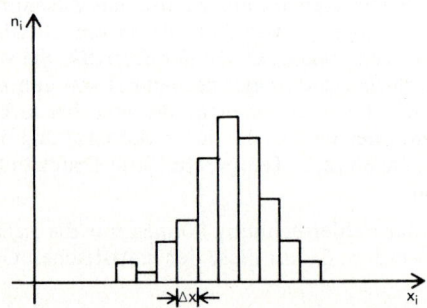

Abb. 1 Blockdiagramm einer Häufigkeitsverteilung

Beispiel: Das Versuchsprotokoll einer Luftdruckmessung an einem auf Meereshöhe liegenden Ort hat folgendes Aussehen (insgesamt 50 Meßwerte in der Einheit mm Hg-Säule):

Meßwert x_i (mm Hg-Säule)	Häufigkeit n_i
759,5	1
759,6	2
759,7	3
759,8	6
759,9	9
760,0	13
760,1	8
760,2	5
760,3	2
760,4	1

Wir wählen eine Klassenbreite von $\Delta x = 0,1$ und erhalten somit genau 10 Klassen. Das Blockdiagramm hat das folgende Aussehen (Abb. 2):

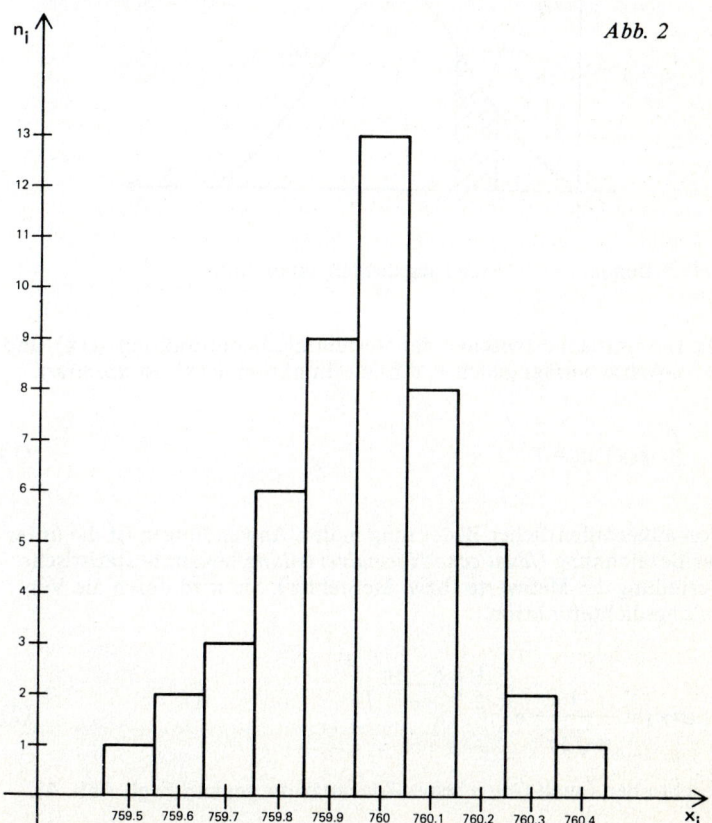

Abb. 2

Das in Abb. 1 dargestellte Blockdiagramm gibt die *diskrete* Häufigkeitsverteilung der Meßdaten wieder. Wird die Anzahl der Meßwerte erhöht ($n \rightarrow \infty$) und gleichzeitig die Klassenbreite verkleinert ($\Delta x \rightarrow 0$), so geht die *diskrete* Verteilung in eine *kontinuierliche* Funktion $\varphi(x)$ über, die als *Verteilungsdichtefunktion* bezeichnet wird. Dabei darf das Produkt $\varphi(x)\,dx$ als Maß für die *prozentuale Häufigkeit* aufgefaßt werden, mit der ein im Intervall $< x, x + dx >$ liegender Meßwert auftritt. $\varphi(x)\,dx$ entspricht dabei der in Abb. 3 schraffiert dargestellten Fläche:

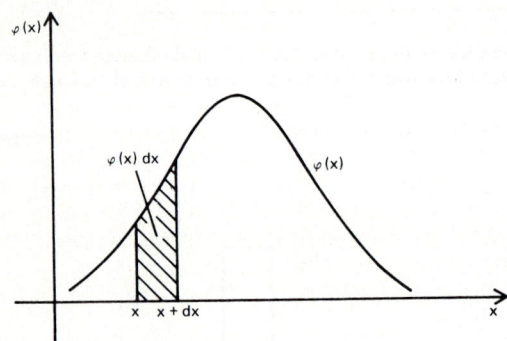

Abb. 3 Kontinuierliche Verteilungsdichtefunktion $\varphi(x)$

Die Gesamtfläche zwischen der Verteilungsdichtefunktion $\varphi(x)$ und der x-Achse beträgt gleich 1, d.h. die Funktion $\varphi(x)$ ist *normiert:*

$$\int_{-\infty}^{+\infty} \varphi(x)\,dx = 1 \tag{1}.$$

Von außerordentlicher Bedeutung in den Anwendungen ist die unter der Bezeichnung *Gauss'sche Normalverteilung* bekannte statistische Verteilung der Meßwerte (bzw. Meßfehler). Sie wird durch die Verteilungsdichtefunktion

$$\varphi(x) = \frac{1}{\sigma\sqrt{2\pi}}\, e^{-\frac{1}{2}\left(\frac{x - x_0}{\sigma}\right)^2} \tag{2}$$

beschrieben (auch *Gauss'sche Glockenkurve* genannt, vgl. Abb. 4).

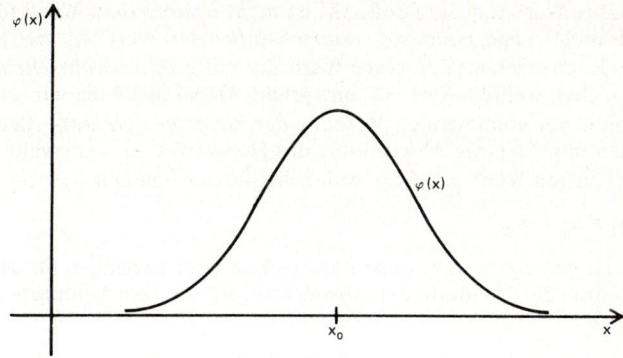

Abb. 4 Gauss'sche Normalverteilung

Darin bedeuten:

x_0 : *wahrer* Wert der Meßgröße X (bleibt in der Praxis
weitgehend unbestimmt)
σ : Standardabweichung
σ^2 : Varianz.

Standardabweichung σ bzw. *Varianz* σ^2 sind ein Maß für die *Streuung* der Meßwerte x um den wahren Wert x_0 und damit auch ein Maß für die Breite der Gauss-Verteilung. Die Normalverteilungsdichtefunktion (2) besitzt folgende wichtige Eigenschaften:

(1) Die Meßwerte x sind *symmetrisch* um den wahren Wert x_0 verteilt;
(2) je mehr der Meßwert x vom wahren Wert x_0 abweicht, um so geringer ist seine Häufigkeit (Wahrscheinlichkeit);
(3) $\varphi(x)$ ist normiert:

$$\int_{-\infty}^{+\infty} \frac{1}{\sigma\sqrt{2\pi}}\, e^{-\frac{1}{2}\left(\frac{x-x_0}{\sigma}\right)^2}\, dx = 1 \tag{3}.$$

3. Mittelwert und mittlerer Fehler bei Normalverteilung

Bei unseren weiteren Überlegungen setzen wir voraus, daß die Meßwerte $x_1, x_2, \ldots, x_n$ einer Größe X alle vom gleichen Genauigkeitsgrad sind und der Gauss'schen Normalverteilung (2) unterliegen.

Der wahre Wert x_0 der Größe X ist *nicht bestimmbar.* Wir sind jedoch in der Lage, einen sog. *wahrscheinlichsten* Wert x_w der Meßgröße X anzugeben, d.h. einen Wert, der mit *größter Wahrscheinlichkeit* dem wahren Wert x_0 entspricht. Dabei bedienen wir uns der von *Gauss* stammenden *Methode der kleinsten Quadrate.* Bezeichnet man mit Δx_i die Abweichung des Meßwertes x_i vom wahrscheinlichsten Wert x_w (sog. wahrscheinlicher Fehler):

$$\Delta x_i = x_i - x_w \tag{4},$$

so ist der *günstigste,* d.h. *wahrscheinlichste* Wert derjenige, für den die Summe der Quadrate der Abweichungen Δx_i ein *Minimum* annimmt:

$$S(x_w) = \sum_i (x_i - x_w)^2 \longrightarrow \text{Minimum} \tag{5}.$$

Die Funktion $S(x_w)$ muß daher die hinreichenden Bedingungen $S'(x_w) = 0$ und $S''(x_w) > 0$ erfüllen. Die beiden Ableitungen lauten:

$$S'(x_w) = \frac{d}{dx_w} \left(\sum_i (x_i - x_w)^2 \right) = \frac{d}{dx_w} \left[(x_1 - x_w)^2 + \right.$$

$$\left. + (x_2 - x_w)^2 + \ldots + (x_n - x_w)^2 \right] =$$

$$= -2(x_1 - x_w) - 2(x_2 - x_w) - \ldots - 2(x_n - x_w) =$$

$$= 2 \left[nx_w - (x_1 + x_2 + \ldots + x_n) \right] = 2 \left(nx_w - \sum_i x_i \right) \tag{6}.$$

$$S''(x_w) = 2n \tag{7}.$$

Aus der notwendigen Bedingung $S'(x_w) = 0$ folgt:

$$nx_w - \sum_i x_i = 0$$

$$x_w = \frac{\sum_i x_i}{n} = \frac{x_1 + x_2 + \ldots + x_n}{n} \tag{8}.$$

Ferner ist $S''(x_w) = 2n > 0$. Der *wahrscheinlichste* Wert x_w der Größe X ist demnach das *arithmetische Mittel* $\bar{x}$ aus den n Einzelmessungen $x_1, x_2, \ldots, x_n$:

$$x_w = \bar{x} = \frac{\sum\limits_i x_i}{n} \tag{9}$$

Wir halten diesen Sachverhalt in einem Satz fest.

Satz: *Der Meßwert* x *einer Größe* X *wird als arithmetisches Mittel* $\bar{x}$ *aus den* n *Einzelmessungen* $x_1, x_2, \ldots, x_n$ *ermittelt, falls die Meßwerte der Gauss'schen Normalverteilung unterliegen.*

Im weiteren Verlauf wollen wir uns nun mit dem Problem der *Genauigkeit von Einzelmessung und Mittelwert* beschäftigen. Ein mögliches Genauigkeitsmaß für die Einzelmessungen ist der sog. *durchschnittliche Fehler* $\overline{\Delta x}$. Er wird ermittelt, in dem man die Beträge der Abweichungen Δx_i addiert und das Ergebnis dann durch die Anzahl n der Messungen dividiert:

$$\overline{\Delta x} = \pm \frac{\sum\limits_i |\Delta x_i|}{n} \tag{10}$$

Ein besseres Genauigkeitsmaß ist der *mittlere Fehler* der Einzelmessungen. Er ist definiert durch die Gleichung

$$m = \pm \sqrt{\frac{\sum\limits_i (\Delta x_i)^2}{n-1}} \tag{11}$$

Der *mittlere Fehler* m_x des Mittelwertes $\bar{x}$ wird aus dem mittleren Fehler m der Einzelmessungen wie folgt berechnet:

$$m_x = \frac{m}{\sqrt{n}} = \pm \sqrt{\frac{\sum\limits_i (\Delta x_i)^2}{n(n-1)}} \tag{12}$$

Die mittleren Fehler m, m_x, definiert durch die Gleichungen (11) bzw. (12) besitzen die gleiche Dimension und Einheit wie die Meßgröße X selbst und werden als *absolute Fehler* bezeichnet. Die *relativen oder prozentualen Fehler* erhält man, in dem man den Absolutfehler durch den Mittelwert (= Meßwert) $\bar{x}$ dividiert und das Ergebnis mit 100 multipliziert. Er wird in Prozenten angegeben.

Beispiel: Wir kommen noch einmal auf das im vorangegangenen Abschnitt behandelte Beispiel (Luftdruckmessung) zurück. Mit der folgenden Tabelle berechnen wir Mittelwert $\bar{x}$, die Abweichungen $\Delta x_i = x_i - \bar{x}$, deren Quadrate $(\Delta x_i)^2 = (x_i - \bar{x})^2$ und daraus den durchschnittlichen und mittleren Fehler der Einzelmessungen sowie den mittleren Fehler m_x des Mittelwertes $\bar{x}$.

x_i	n_i	$n_i x_i$	$\lvert \Delta x_i \rvert$	$n_i \lvert \Delta x_i \rvert$	$(\Delta x_i)^2$	$n_i (\Delta x_i)^2$
759.5	1	759.5	0.47	0.47	0.2209	0.2209
759.6	2	1519.2	0.37	0.74	0.1369	0.2738
759.7	3	2279.1	0.27	0.81	0.0729	0.2187
759.8	6	4558.8	0.17	1.02	0.0289	0.1734
759.9	9	6839.1	0.07	0.63	0.0049	0.0441
760.0	13	9880.0	0.03	0.39	0.0009	0.0117
760.1	8	6080.8	0.13	1.04	0.0169	0.1352
760.2	5	3801.0	0.23	1.15	0.0529	0.2645
760.3	2	1520.6	0.33	0.66	0.1089	0.2178
760.4	1	760.4	0.43	0.43	0.1849	0.1849
	50	37998.5		7.34		1.745

(In der letzten Zeile stehen die jeweiligen Summenwerte, soweit sie benötigt werden)

$$\bar{x} = \frac{\sum_i x_i}{n} = \frac{37998.5}{50} = 759.97$$

$$\overline{\Delta x} = \pm \frac{\sum_i \lvert \Delta x_i \rvert}{n} = \pm \frac{7.34}{50} = \pm 0.15$$

$$m = \pm \sqrt{\frac{\sum_i (\Delta x_i)^2}{n-1}} = \pm \sqrt{\frac{1.745}{49}} = \pm 0.19$$

$$m_x = \frac{m}{\sqrt{n}} = \pm \frac{0.19}{\sqrt{50}} = \pm 0.03$$

Ergebnis: $x = (759.97 \pm 0{,}03)$ mm Hg-Säule.

4. Fehlerfortpflanzung

Ein in der Praxis häufig auftretendes Problem besteht darin, den Wert einer von zwei unabhängigen Meßgrößen x und y abhängigen Größe u zu ermitteln. Dabei soll vorausgesetzt werden, daß der funktionale Zusammenhang zwischen den drei Größen in expliziter Form u = f(x, y) bekannt ist. $\overline{x}$, $\overline{y}$ seien die *Meßwerte (Mittelwerte)*, Δx, Δy die *absoluten Fehler* der beiden Meßgrößen. Den Wert der abhängigen Größe u erhält man durch Einsetzen der Meßwerte von x und y in die Funktionsgleichung:

$$\overline{u} = f(\overline{x}, \overline{y}) \tag{13}.$$

Die Ungenauigkeiten Δx und Δy der Größen x und y ziehen eine Ungenauigkeit Δu der abhängigen Größe u nach sich. Dieser als *Fehlerfortpflanzung* bezeichnete Vorgang soll im folgenden näher untersucht werden. Dazu bilden wir das *totale Differential* der Funktion u = f(x, y):

$$du = f_x dx + f_y dy \tag{14}.$$

Gleichung (14) beschreibt, wie sich der Wert der abhängigen Größe u *näherungsweise* ändert, wenn sich die beiden unabhängigen Größen jeweils um kleine Werte dx bzw. dy ändern. Für kleine Fehler dx = Δx, dy = Δy erhalten wir aus Gleichung (14) einen Näherungswert für den Fehler Δu der abhängigen Größe u:

$$\Delta u \approx du = f_x \Delta x + f_y \Delta y \tag{15}$$

(f_x, f_y sind die partiellen Ableitungen von f nach x bzw. y).

Durch dieses *Fehlerfortpflanzungsgesetz* wird zum Ausdruck gebracht, wie sich die absoluten Fehler der beiden unabhängigen Meßgrößen auf den absoluten Fehler der abhängigen Größe auswirken. Da die Meßfehler Δx, Δy *doppeltes* Vorzeichen tragen, tritt der *ungünstigste* Fall, d.h. der *größtmögliche Fehler* der abhängigen Größe u genau dann ein, wenn alle Summanden in (15) das gleiche Vorzeichen besitzen. Der durch die Gleichung

$$\Delta u_{max} = \pm \left\{ |f_x \Delta x| + |f_y \Delta y| \right\} \tag{16}$$

definierte Fehler wird als *maximaler absoluter Fehler* bezeichnet.

In der Praxis gebräuchlicher ist der sog. *mittlere absolute Fehler.* Er wird nach der Vorschrift

$$m_u = \pm \sqrt{(f_x m_x)^2 + (f_y m_y)^2} \tag{17}$$

berechnet (sog. *Gauss'sches Fehlerfortpflanzungsgesetz*). Dabei sind m_x und m_y die mittleren Fehler der Mittelwerte von x bzw. y.

Die durch die Gleichungen (16) und (17) definierten Fehlerfortpflanzungsgesetze lassen sich ohne Schwierigkeiten auch für Funktionen von mehr als zwei unabhängigen Variablen formulieren. Für eine Funktion $y = f(x_1, x_2, \ldots, x_n)$ gilt dann:

$$\Delta y_{max} = \pm \left\{ |f_{x_1}\Delta x_1| + |f_{x_2}\Delta x_2| + \ldots + |f_{x_n}\Delta x_n| \right\} \qquad (18)$$

(*maximaler absoluter Fehler* von y)

$$m_y = \pm \sqrt{(f_{x_1}m_{x_1})^2 + (f_{x_2}m_{x_2})^2 + \ldots + (f_{x_n}m_{x_n})^2} \qquad (19)$$

(*mittlerer absoluter Fehler nach Gauss*).

Beispiel: In einem Experiment soll die Dichte von Silber bestimmt werden. Dazu wird die zur Verfügung stehende Silberkugel gewogen und ihr Volumen bestimmt. Man erhält für die Masse M und das Volumen V folgende Meßreihen (jeweils 10 Meßwerte):

M (g)	368.5	369.1	368.4	368.5	369.2	369.3	368.4	368.9	369.0	369.0
V (cm^3)	35.0	35.2	35.1	34.9	35.3	35.1	34.9	35.1	35.4	35.1

Zunächst berechnen wir für beide Größen den Mittelwert und den mittleren Fehler des Mittelwertes:

$\bar{M} = 368.83$ g $\qquad m_M = \pm 0.110$ g

$\bar{V} = 35.11$ cm^3 $\qquad m_V = \pm 0.050$ cm^3.

Für die Dichte $\rho = M/V$ der Silberkugel ergibt sich damit der Wert

$$\rho = \frac{\bar{M}}{\bar{V}} = \frac{368.83 \text{ g}}{35.11 \text{ cm}^3} = 10.505 \text{ g/cm}^3 .$$

Dieser Wert ist mit dem folgenden *maximalen absoluten Fehler* $\Delta\rho_{max}$ behaftet:

$$\rho = \frac{M}{V} \longrightarrow \frac{\partial\rho}{\partial M} = \frac{1}{V}, \quad \frac{\partial\rho}{\partial V} = -\frac{M}{V^2}$$

$$\Delta\rho_{max} = \pm \left\{ \left| \frac{\partial\rho}{\partial M}\Delta M \right| + \left| \frac{\partial\rho}{\partial V}\Delta V \right| \right\} = \pm \left\{ \left| \frac{\Delta M}{V} \right| + \left| -\frac{M\Delta V}{V^2} \right| \right\} =$$

$$= \pm \left(\frac{0.110}{35.11} + \frac{368.83 \cdot 0.050}{35.11^2} \right) \text{ g/cm}^3 = \pm 0.0181 \text{ g/cm}^3 .$$

Der *mittlere Fehler* der Dichte beträgt

$$m_\rho = \pm \sqrt{\left(\frac{\partial \rho}{\partial M} m_M\right)^2 + \left(\frac{\partial \rho}{\partial V} m_V\right)^2} =$$

$$= \pm \sqrt{\left(\frac{m_M}{V}\right)^2 + \left(-\frac{M m_V}{V^2}\right)^2} =$$

$$= \pm \sqrt{\left(\frac{0.110}{35.11}\right)^2 + \left(\frac{368.83 \cdot 0.050}{35.11^2}\right)^2} \; g/cm^3 = \pm 0.0153 \; g/cm^3.$$

B. Ausgleichsrechnung

Der experimentell arbeitende Chemiker steht häufig vor dem Problem, aus einer meist sehr großen Anzahl von gemessenen Werten (x_i, y_i) eines Paares zusammengehöriger Größen einen *funktionalen Zusammenhang* $y = f(x)$ herzuleiten. Die Aufgabe der *Ausgleichsrechnung* besteht nun darin, diejenige Kurve zu bestimmen, die sich den vorgegebenen Meßpunkten (x_i, y_i), i = 1, 2, . . ., n, „*möglichst gut*" anpaßt (vgl. Abb. 5). Die zu bestimmende Kurve mit der Funktionsgleichung $y = f(x)$ wird daher als *Ausgleichskurve* bezeichnet. Dabei ist noch folgendes zu beachten: selbst wenn der funktionale Zusammenhang $y = f(x)$ bekannt wäre, würden infolge der unvermeidbaren Streuung der Meßwerte durch Zufallsfehler nur einige wenige (oder gar keine) Meßpunkte auf der Funktionskurve liegen.

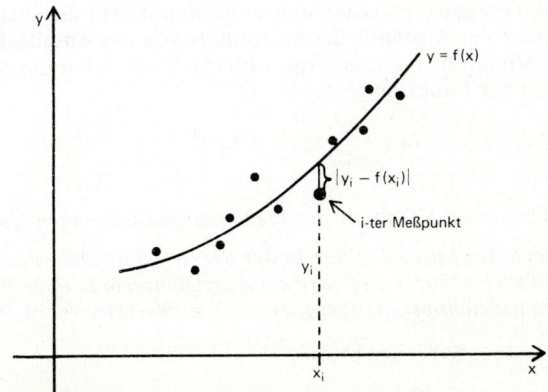

Abb. 5 Ausgleichskurve

Für die Lösung des Problems von wesentlicher Bedeutung ist dabei die Auswahl des *Funktionstyps,* der der Ausgleichung der zufälligen Meßfehler zugrunde gelegt werden soll. Infrage kommen z.B. lineare Funktionen vom Typ $y = ax + b$, Potenzfunktionen vom Typ $y = ax^b$ und Exponentialfunktionen vom Typ $y = ac^{bx}$. Die Auswahl des Funktionstyps ist von Fall zu Fall verschieden und kann oftmals aufgrund theoretischer Überlegungen getroffen werden.

In der Praxis ist die Ausgleichung von Meßfehlern durch lineare Funktionen von besonderer Bedeutung. So können auch *nichtlineare* Funktionen in vielen Fällen *linearisiert* werden. Ein Beispiel dafür liefert die *Poissonsche* Gleichung eines *adiabatischen* idealen Gases:

$$pV^\kappa = p_1 V_1^\kappa = \text{constant} = C \qquad (20).$$

Durch Logarithmieren erhält man

$$\ln(pV^\kappa) = \ln C, \quad \ln p + \ln V^\kappa = \ln C, \quad \ln p + \kappa \ln V = \ln C \qquad (21).$$

Setzt man formal

$$\ln p = y, \quad \ln V = x, \quad \kappa = -a, \quad \ln C = b \qquad (22),$$

so läßt sich die Poissonsche Gleichung (20) auch in der *linearen* Form

$$y = ax + b \qquad (23)$$

darstellen. Wir kommen auf dieses Beispiel später ausführlich zurück.

Allgemein löst man das Problem der Ausgleichung wie folgt:

(1) Zunächst entscheidet man sich für einen bestimmten Funktionstyp $y = f(x)$, der einen oder mehrere *Stellparameter* $\lambda_1, \lambda_2, \ldots, \lambda_k$ enthält $(k < n)$.

(2) Diese Parameter werden nun so bestimmt, daß die Quadratsumme der Abstände der Meßpunkte von der Ausgleichskurve ein Minimum annimmt (vgl. Abb. 5). Es ist daher das Minimum der Funktion

$$F(\lambda_1, \lambda_2, \ldots, \lambda_k) = \sum_i (y_i - f(x_i))^2 \qquad (24)$$

aufzusuchen *(Methode der kleinsten Quadrate nach Gauss).*

Wir behandeln im folgenden den in der Praxis wichtigsten Fall einer linearen Ausgleichskurve (sie wird als Ausgleichsgerade oder Regressionsgerade bezeichnet). Vorgegeben sind n Wertepaare $(n > 2)$

$$(x_1, y_1), \ (x_2, y_2), \ldots, (x_n, y_n) \qquad (25).$$

Nach dem *Gauss'schen Verfahren* bestimmen wir diejenige Gerade y = ax + b, die sich diesen Meßpunkten *„am besten"* anpaßt. Ist (x_i, y_i) der i-te Meßpunkt, so besitzt der zugehörige Punkt auf der Ausgleichsgeraden die Koordinaten $(x_i, ax_i + b)$. Beide Punkte unterscheiden sich lediglich in ihren Ordinatenwerten um

$$\Delta y_i = y_i - (ax_i + b) = y_i - ax_i - b \tag{26}$$

(vgl. hierzu Abb. 6).

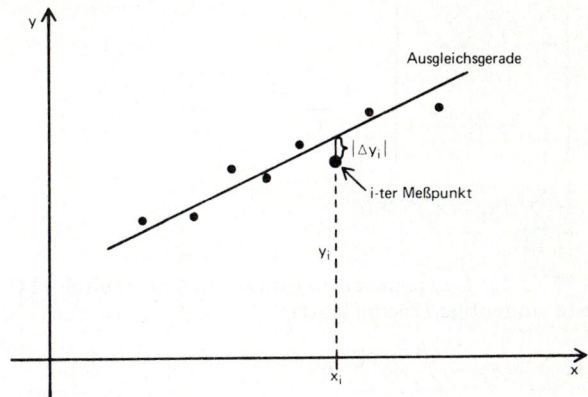

Abb. 6 Ausgleichsgerade

Die Stellparameter a und b werden nun so bestimmt, daß die Summe

$$F(a, b) = \sum_i (\Delta y_i)^2 = \sum_i (y_i - ax_i - b)^2 \tag{27}$$

ein *Minimum* annimmt. Aus den beiden *notwendigen* Bedingungen

$$\frac{\partial F}{\partial a} = 2 \sum_i (y_i - ax_i - b)(-x_i) = 0 \tag{28}$$

$$\frac{\partial F}{\partial b} = 2 \sum_i (y_i - ax_i - b)(-1) = 0 \tag{29}$$

folgt das lineare Gleichungssystem

$$\left(\sum_i x_i{}^2 \right) a + \left(\sum_i x_i \right) b = \sum_i x_i y_i$$

$$\left(\sum_i x_i \right) a + nb \qquad = \sum_i y_i$$

(30).

Die Koeffizientendeterminante D besitzt dabei einen von Null verschiedenen Wert:

$$D = \begin{vmatrix} \sum_i x_i{}^2 & \sum_i x_i \\ \sum_i x_i & n \end{vmatrix} = n \sum_i x_i{}^2 - \left(\sum_i x_i \right)^2 =$$

$$= \frac{1}{2} \sum_{i,j} (x_i - x_j)^2 > 0$$

(31).

Die mit Hilfe der *Cramerschen Regel* (vgl. hierzu Kapitel VI.C.2.d) ermittelte eindeutige Lösung lautet:

$$a = \frac{n \sum_i x_i y_i - \sum_i x_i \sum_i y_i}{n \sum_i x_i{}^2 - \left(\sum_i x_i \right)^2}$$

(32)

$$b = \frac{\sum_i x_i{}^2 \sum_i y_i - \sum_i x_i \sum_i x_i y_i}{n \sum_i x_i{}^2 - \left(\sum_i x_i \right)^2}$$

(33).

Auch die hinreichenden Bedingungen sind erfüllt. Auf einen Nachweis wollen wir an dieser Stelle jedoch verzichten.

Beispiel: Für *adiabatische* Zustandsänderungen eines idealen Gases gilt die *Poissonsche Gleichung* pV^κ = constant = C. Dabei ist κ das Verhältnis aus der Molwärme C_p bei konstantem Druck zur Molwärme C_V bei konstantem Volumen: $\kappa = C_p/C_V$. Für das Edelgas Helium wurden in einem Experiment jeweils Volumen V und Druck p gemessen. Die Ergebnisse sind in der folgenden Tabelle zusammengestellt worden.

V (cm^3)	200	500	1000	1500	2000	3000	4000	5000
p (Kp/cm^2)	27.5	6.1	1.9	0.95	0.61	0.31	0.20	0.13

Mit Hilfe der Ausgleichsrechnung sollen κ und C ermittelt werden.

Die Poissonsche Gleichung $pV^\kappa = C$ läßt sich, wie wir bereits in den Gleichungen (21, 22) gezeigt haben, *linearisieren:*

$pV^\kappa = C \longrightarrow y = ax + b$

$x = \ln V, \quad y = \ln p, \quad a = -\kappa, \quad b = \ln C.$

In der folgenden Tabelle stellen wir die benötigten Größen x_i, y_i, x_i^2 und $x_i y_i$ zusammen und berechnen daraus gemäß der Formelausdrücke (32) und (33) die Koeffizienten a und b:

V	p	x_i	y_i	x_i^2	$x_i y_i$
200	27.5	5.29832	3.31419	28.07217	17.55961
500	6.1	6.21461	1.80829	38.62135	11.23781
1000	1.9	6.90776	0.64185	47.71708	4.43377
1500	0.95	7.31322	−0.05129	53.48319	−0.37512
2000	0.61	7.60090	−0.49430	57.77372	−3.75710
3000	0.31	8.00637	−1.17118	64.10192	−9.37692
4000	0.20	8.29405	−1.60944	68.79126	−13.34876
5000	0.13	8.51719	−2.04022	72.54258	−17.37695
Summenwerte		58.15242	0.39790	431.10327	−11.00366

$$a = \frac{8 \cdot (-11.00366) - 58.15242 \cdot 0.3979}{8 \cdot 431.10327 - (58.15242)^2} = -1.6562$$

$$b = \frac{431.10327 \cdot 0.3979 - 58.15242 \cdot (-11.00366)}{8 \cdot 431.10327 - (58.15242)^2} = 12.08878$$

Aus a und b lassen sich κ und C errechnen:

$\kappa = -a = 1.6562, \quad \ln c = b = 12.08878, \quad C = 177865$

$pV^{1.6562} = 177865$.

Literaturhinweise

Übungsbücher

1. *Papula:* Übungen und Anwendungen zur Mathematik für Chemiker. Enke, Stuttgart 1977

Handbücher

1. *Dreszer:* Mathematik-Handbuch. Deutsch, Thun und Frankfurt/M. 1975
2. *Meyer:* Meyers Handbuch über die Mathematik. Bibliographisches Institut, Mannheim—Wien—Zürich 1972

Formelsammlungen

1. *Bartsch:* Taschenbuch mathematischer Formeln. Deutsch, Thun und Frankfurt/M. 1978
2. *Bronstein/Semendjajew:* Taschenbuch der Mathematik. Deutsch, Thun und Frankfurt/M. 1980
3. *Gröbner/Hofreiter:* Integraltafel (2 Bände). Springer, Wien—New York 1973/75

Mengenlehre

1. *Haupt:* Mengenlehre. Deutsch, Thun und Frankfurt/M. 1975
2. *Quine:* Mengenlehre und ihre Logik. Vieweg, Wiesbaden 1973

Gruppentheorie (insbesondere Symmetriegruppen)

1. *Baumslag/Chandler:* Gruppentheorie. McGraw-Hill, Düsseldorf—New York 1979
2. *Borsdorf/Dietz/Leonhardt/Reinhold:* Einführung in die Molekülsymmetrie. Verlag Chemie, Physik-Verlag, Weinheim 1973
3. *Dirl/Kasperkovitz:* Gruppentheorie. Vieweg, Wiesbaden 1977
4. *Dmitriev:* Symmetrie in der Welt der Moleküle. Deutscher Verlag für Grundstoffindustrie, Leipzig 1979
5. *Hollas:* Die Symmetrie von Molekülen. W. de Gruyter, Berlin 1975
6. *Jaffé/Orchin:* Symmetrie in der Chemie. Hüthig, Heidelberg
7. *Mitschka:* Elemente der Gruppentheorie. Herder, Freiburg—Basel—Wien 1972
8. *Stiefel/Fässler:* Gruppentheoretische Methoden und ihre Anwendung. Teubner, Stuttgart 1979
9. *Weyl:* Symmetrie. Birkhäuser, Basel—Stuttgart

Vektorrechnung, Vektoranalysis

1. *Bourne/Kendall:* Vektoranalysis. Teubner, Stuttgart 1973
2. *Sirk/Rang:* Vektorrechnung. Steinkopf, Darmstadt 1974
3. *Spiegel:* Vektoranalysis. McGraw-Hill, Düsseldorf–New York 1977

Analytische Geometrie und lineare Algebra

1. *Ayres:* Algebra. McGraw-Hill, Düsseldorf–New York 1979
2. *Ayres:* Matrizen. McGraw-Hill, Düsseldorf–New York 1978
3. *Eisenreich:* Lineare Algebra und analytische Geometrie. Akademie-Verlag, Berlin 1979
4. *Greub:* Lineare Algebra. HTB. Springer, Berlin–Heidelberg–New York 1976
5. *Kowalsky:* Lineare Algebra. W. de Gruyter, Berlin 1977
6. *Lipschutz:* Lineare Algebra. McGraw-Hill, Düsseldorf–New York 1977
7. *Pickert:* Analytische Geometrie. Akademische Verlagsgesellschaft, Leipzig 1976
8. *Schaal:* Lineare Algebra und analytische Geometrie (3 Bände). Vieweg, Wiesbaden 1976/77
9. *Zurmühl:* Matrizen und ihre technischen Anwendungen. Springer, Berlin–Göttingen–Heidelberg 1964

Differential- und Integralrechnung

1. *Ayres:* Differential- und Integralrechnung. McGraw-Hill, Düsseldorf–New York 1975
2. *Blatter:* Analysis (3 Bände). HTB. Springer, Berlin–Heidelberg–New York 1980
3. *Courant:* Vorlesungen über Differential- und Integralrechnung (2 Bände). Springer, Berlin–Heidelberg–New York 1971/72
4. *Erwe:* Differential- und Integralrechnung (2 Bände). Bibliographisches Institut, Mannheim–Wien–Zürich 1973
5. *Mangoldt/Knopp:* Einführung in die Höhere Mathematik (4 Bände). Hirzel, Stuttgart 1974/75
6. *Piskunow:* Differential- und Integralrechnung (4 Bände). Teubner, Leipzig 1972
7. *Rudin:* Analysis. Physik-Verlag, Weinheim 1980
8. *Smirnow:* Lehrgang der Höheren Mathematik (5 Bände). Deutscher Verlag der Wissenschaften, Berlin 1979
9. *Stein:* Einführungskurs Höhere Mathematik. Vieweg, Wiesbaden 1981

Differentialgleichungen

1. *Ayres:* Differentialgleichungen. McGraw-Hill, Düsseldorf–New York 1975
2. *Berane/Knorr:* Gewöhnliche Differentialgleichungen 1. Ordnung. Vieweg, Wiesbaden 1977
3. *Berane/Knorr/Lowke:* Gewöhnliche Differentialgleichungen höherer Ordnung. Vieweg, Wiesbaden 1978

4. *Bräuning:* Gewöhnliche Differentialgleichungen. Deutsch, Thun und Frankfurt/M. 1977
5. *Braun:* Differentialgleichungen und ihre Anwendungen. Springer, Berlin— Heidelberg—New York 1979
6. *Erwe:* Gewöhnliche Differentialgleichungen. Bibliographisches Institut, Mannheim—Wien—Zürich 1964
7. *Erwe/Peschl:* Partielle Differentialgleichungen 1. Ordnung. Bibliographisches Institut, Mannheim—Wien—Zürich 1973
8. *Kamke:* Differentialgleichungen (2 Bände). Akademische Verlagsgesellschaft, Leipzig 1977/79
9. *Michlin:* Partielle Differentialgleichungen in der mathematischen Physik. Deutsch, Thun und Frankfurt/M. 1978
10. *Weise:* Differentialgleichungen. Vandenhoeck und Ruprecht, Göttingen 1966

Wahrscheinlichkeitsrechnung, Statistik, Fehler- und Ausgleichsrechnung

1. *Blume:* Statistische Methoden für Ingenieure und Naturwissenschaftler. VDI-Verlag, Düsseldorf 1980
2. *Brücker-Steinkuhl:* Die Analyse des Zufallgeschehens. Akademische Verlagsgesellschaft, Wiesbaden 1980
3. *Chung:* Elementare Wahrscheinlichkeitstheorie und stochastische Prozesse. Springer, Berlin—Heidelberg—New York 1978
4. *Engel:* Wahrscheinlichkeitsrechnung und Statistik. Klett, Stuttgart 1978
5. *Fisz:* Wahrscheinlichkeitsrechnung und mathematische Statistik. Deutscher Verlag der Wissenschaften, Berlin (Ost) 1980
6. *Goldberg:* Die Wahrscheinlichkeit. Vieweg, Wiesbaden 1973
7. *Hartwig:* Einführung in die Fehler- und Ausgleichsrechnung. Hanser, München 1967
8. *Haseloff/Hoffmann:* Kleines Lehrbuch der Statistik. W. de Gruyter, Berlin 1970
9. *Kreyszig:* Statistische Methoden und ihre Anwendungen. Vandenhoeck und Ruprecht, Göttingen 1977
10. *Lipschutz:* Wahrscheinlichkeitsrechnung. McGraw-Hill, Düsseldorf—New York 1976
11. *Rasch:* Einführung in die mathematische Statistik. Deutscher Verlag der Wissenschaften, Berlin (Ost) 1978
12. *Sachs:* Angewandte Statistik. Springer, Berlin—Heidelberg—New York 1978
13. *Sachs:* Statistische Methoden. Springer, Berlin—Heidelberg—New York 1979
14. *Spiegel:* Statistik. McGraw-Hill, Düsseldorf—New York 1976
15. *Strehl:* Wahrscheinlichkeitsrechnung und elementare statistische Anwendungen. Herder, Freiburg—Basel—Wien 1974
16. *Stange:* Angewandte Statistik (2 Bände). Springer, Berlin—Heidelberg— New York 1970/71

Spezielle Literatur

1. *Lebedew:* Spezielle Funktionen und ihre Anwendungen. Bibliographisches Institut, Mannheim–Wien–Zürich 1973
2. *Margenau/Murphy:* Die Mathematik für Physik und Chemie (2 Bände). Deutsch, Thun und Frankfurt/M. 1965/67
3. *Thirring:* Lehrbuch der mathematischen Physik, Band 3 (Quantenmechanik von Atomen und Molekülen). Springer, Wien–New York 1979

400

$$\vec{m} = \begin{pmatrix} \sin \vartheta \cos \varphi \\ \sin \vartheta \sin \varphi \\ \cos \vartheta \end{pmatrix}$$

$$\overline{F}^{T} \cdot \overline{F} \cdot c = \overline{F}^{T} \cdot y$$

$$z_1/z_2 = \left(\frac{a_1 a_2 + b_1 b_2}{a_2^2 + b_2^2} \,,\ \frac{b_1 a_2 - a_1 b_2}{a_2^2 + b_2^2} \right)$$

$$A^{-1} = \frac{1}{\det(A)} \cdot C^{T}$$